Operaciones de Equipos de Movimientos de Tierra

RICHARD SKIBA

AFTER MIDNIGHT
PUBLISHING

Skiba, Richard (author)

Operaciones de Equipos de Movimientos de Tierra

Non-fiction

Este libro ha sido traducido de la versión original en inglés con la ayuda de TranslateGPT.

Contents

Prólogo

Este libro cubre una gama selectiva de equipos de movimiento de tierras, específicamente minicargadoras, cargadores frontales, retroexcavadoras, excavadoras, topadoras, camiones cisterna, camiones de acarreo y volquete, estabilizadores y compactadores de rodillo. Para cada uno de estos equipos, se abordan los usos, componentes clave, principios de funcionamiento, preparación para las operaciones, prácticas operativas, operación segura y finalización de las operaciones.

La información sobre los equipos de movimiento de tierras proporcionada en este libro tiene un carácter general y puede no abarcar todos los aspectos de su operación. Es importante señalar que cada planta o equipo tiene sus propias características específicas y requisitos operativos que pueden variar. Se recomienda encarecidamente a los operadores de equipos de movimiento de tierras que consulten las guías y manuales del fabricante antes de operar cualquier equipo para garantizar el cumplimiento de las normas de seguridad y los procedimientos operativos.

Además, es crucial reconocer que las operaciones y la terminología pueden diferir entre jurisdicciones. Los operadores de equipos de movimiento de tierras deben ser conscientes de que las regulaciones y directrices relativas al uso de equipos pueden variar según la ubicación. Por lo tanto, es esencial que los operadores de equipos se familiaricen con las leyes, regulaciones y normas aplicables en sus respectivas jurisdicciones.

Adicionalmente, se insta a los operadores de equipos de movimiento de tierras a revisar las políticas y procedimientos del lugar de trabajo antes de operar cualquier equipo. Pueden existir protocolos específicos del lugar de trabajo para abordar peligros y consideraciones de seguridad únicas, que deben seguirse para garantizar operaciones seguras.

Además, es importante reconocer que en muchas jurisdicciones se aplican requisitos de licencias operativas. Los operadores de equipos de movimiento de tierras son responsables de asegurarse de cumplir con todos los requisitos legislativos jurisdiccionales relevantes a sus lugares de práctica. Esto puede incluir la obtención de las licencias, certificaciones o permisos apropiados para operar grúas de manera legal y segura dentro de su jurisdicción.

Los gráficos de carga, especificaciones, interpretaciones y cálculos de muestra utilizados a lo largo de este libro son solo para fines de demostración y no deben usarse de otra manera. Cada modelo de equipo viene acompañado de sus propios gráficos operativos y características distintivas, que pueden variar según las configuraciones y la capacidad nominal del equipo y son proporcionados por el fabricante del equipo. No son transferibles de un modelo a otro, y los operadores deben asegurarse siempre de referirse a la documentación relevante para la planta que están operando.

Si bien se han hecho esfuerzos para proporcionar información precisa e informativa sobre la operación de equipos, se recuerda a los usuarios la necesidad de la debida diligencia y el cumplimiento de las regulaciones aplicables, las directrices del fabricante, las políticas del lugar de trabajo y los requisitos de licencia para garantizar operaciones de grúas seguras y legales.

1
Introducción

El equipo de movimiento de tierras se refiere a una amplia categoría de maquinaria pesada diseñada para diversas tareas relacionadas con el movimiento de tierra, suelo, rocas y otros materiales durante actividades de construcción, excavación, minería, paisajismo y agricultura. Estas máquinas se utilizan para manipular la superficie terrestre con fines como nivelación, excavación, cavado y transporte de materiales. Algunos tipos comunes de equipos de movimiento de tierras incluyen topadoras, excavadoras, retroexcavadoras, cargadores frontales, camiones volquete, motoniveladoras, zanjadoras y minicargadoras. Cada tipo de equipo cumple funciones específicas y es esencial en diferentes etapas de proyectos de construcción y movimiento de tierras.

El movimiento de tierras abarca el proceso de reubicar grandes volúmenes de suelo utilizando maquinaria pesada, típicamente empleada para excavar cimientos de edificios y transportar materiales hacia y desde los sitios de construcción. Además, el equipo de movimiento de tierras juega un papel crucial en la limpieza de escombros, vegetación y obstáculos de áreas designadas. Sus aplicaciones se extienden a la excavación de zanjas, facilitando operaciones mineras y asegurando una correcta nivelación.

Asimismo, este equipo es indispensable para preparar terrenos para diversos proyectos, incluyendo desarrollos residenciales, obras de ingeniería civil como la construcción de carreteras, sistemas de drenaje, puentes y estacionamientos, entre otros. Esencialmente, el movimiento de tierras sirve como la columna vertebral de las iniciativas de infraestructura y construcción.

Existe una diversa gama de maquinaria de movimiento de tierras, que va desde unidades compactas diseñadas para espacios confinados hasta colosos industriales presentes en operaciones mineras y canteras extensas. Estas máquinas pueden utilizar orugas de acero o caucho o neumáticos de alta resistencia, según su uso previsto.

Cada pieza de maquinaria de movimiento de tierras está diseñada con un propósito específico, con algunos modelos destinados a la excavación y reubicación de suelo, otros para el transporte de materiales y otros para tareas de compactación. Existe equipo especializado para nivelar, crear inclinaciones, zanjar y diversas operaciones de corte del suelo. Además, hay maquinaria versátil capaz de realizar múltiples funciones, satisfaciendo una amplia gama de necesidades de movimiento de tierras.

Aunque la gama de equipos de movimiento de tierras es extensa, abarcando desde vehículos cotidianos hasta maquinaria especializada, enfoquémonos en los tipos principales comúnmente utilizados hoy en día:

Excavadora: Entre las piezas de equipo más prevalentes e indispensables en los sitios de construcción, la excavadora está diseñada para tareas de excavación. Compuesta por componentes como orugas/neumáticos, una cabina, brazo, pluma, brazo hidráulico y un accesorio (generalmente un balde o cuchara de metal), elimina eficientemente tierra y rocas de un lugar y las deposita en otro. Además de la excavación, realiza diversas tareas como mezcla de materiales, limpieza de sitios, colocación de tuberías, demolición, paisajismo, excavación de zanjas y más.

Figura 1: Una excavadora Caterpillar 330 recogiendo tierra. Matthew T Rader, CC BY-SA 4.0, vía Wikimedia Commons.

Cargador de Ruedas: Crucial para mover materiales pesados dentro de los sitios de construcción, el cargador de ruedas cuenta con un gran balde o cuchara frontal para transportar tierra, rocas u otros materiales. Equipado con cuatro grandes ruedas, una cabina, brazos, brazo hidráulico y un balde metálico de gran tamaño, facilita tareas como el transporte de materiales, carga en otros vehículos, relleno, limpieza de sitios y levantamiento.

Figura 2: Cargador frontal Komatsu WA150. Bob Adams de Amanzim-toti, Sudáfrica, CC BY-SA 2.0, vía Wikimedia Commons.

Retroexcavadora: Combinando capacidades de excavación y carga, la retroexcavadora es versátil, con un balde frontal para cargar y un balde trasero montado para excavar. Su adaptabilidad se ve mejorada por la opción de reemplazar los baldes y cargadores con diversos accesorios. Además de cargar y excavar, puede usarse para paisajismo, mezcla de materiales, bancado, levantamiento, zanjas y más.

Figura 3: Retroexcavadora Case 580 Super N. Daderot, CC0, vía Wikimedia Commons.

Topadora: Una máquina de gran potencia capaz de empujar vastas cantidades de tierra y roca con su hoja frontal, la topadora es esencial para nivelación, corte de drenajes y otras tareas que requieren una fuerza de empuje significativa. A menudo cuenta con un desgarrador trasero para romper materiales más duros. Los avances modernos incluyen controles programables para una nivelación de precisión.

Figura 4: Topadora Komatsu empujando carbón. Petar Milošević, CC BY-SA 4.0, vía Wikimedia Commons.

Minicargadora / Cargadora de Orugas: Compacta, ágil y altamente versátil, la minicargadora es ideal para maniobrar en espacios reducidos. Su accesorio frontal puede ser intercambiado por varias opciones como un balde, una azada rotativa, una hoja topadora, un martillo o una barrena, lo que la hace adaptable para tareas como romper rocas, limpieza de sitios, carga, excavación y más.

Figura 5: Minicargadora Mustang 2054. Orderinchaos, CC BY-SA 4.0, vía Wikimedia Commons.

Camiones Volquete: Esenciales para transportar grandes cantidades de materiales dentro de los sitios de construcción, los camiones volquete mueven eficientemente material de un lugar a otro antes de depositarlo en el destino final.

Figura 6: Camión volquete. Noorse, CC BY 2.0, vía Wikimedia Commons.

Zanjadoras: Utilizadas principalmente para cavar zanjas, las zanjadoras emplean un sistema de cinta transportadora para excavar y depositar la tierra junto a la zanja.

*Figura 7: Zanjadora de ruedas Eagle 6500. Trencher Expert, CC BY-SA
3.0, vía Wikimedia Commons.*

Escrepas: Diseñadas para el rápido movimiento de tierra a través
de grandes áreas, las escrepas sobresalen en tareas de excavación y
nivelación en sitios de construcción expansivos.

*Figura 8: Escrepa Caterpillar 613C. Bill Jacobus de Houston, EE.UU.,
CC BY 2.0, vía Wikimedia Commons.*

Los principios operativos del equipo de movimiento de tierras varían según el tipo de equipo, pero generalmente incluyen los siguientes aspectos clave:

1. Fuente de Energía: El equipo de movimiento de tierras es impulsado por diversas fuentes como motores diésel, motores eléctricos o sistemas hidráulicos. La fuente de energía proporciona la energía necesaria para operar los componentes del equipo.

2. Sistemas de Control: El equipo de movimiento de tierras está equipado con sistemas de control que permiten a los operadores gestionar el movimiento y las funciones de la maquinaria. Estos sistemas de control pueden incluir joysticks, palancas, pedales o interfaces electrónicas.

3. Sistemas Hidráulicos: Muchos tipos de equipos de movimiento de tierras utilizan sistemas hidráulicos para generar potencia y controlar los movimientos. El fluido hidráulico es presurizado por una bomba y luego dirigido a cilindros hidráulicos, motores u otros actuadores para mover componentes como brazos, cucharas o hojas.

4. Componentes Mecánicos: El equipo de movimiento de tierras se compone de varios componentes mecánicos como orugas, ruedas, engranajes y rodamientos. Estos componentes facilitan el movimiento, la estabilidad y la funcionalidad de la maquinaria.

5. Accesorios: La mayoría de los equipos de movimiento de tierras pueden equiparse con diferentes accesorios para realizar tareas específicas. Por ejemplo, las excavadoras pueden usar cucharas, barrenas o martillos, mientras que las topadoras pueden usar hojas o desgarradores. El accesorio a menudo es intercambiable

para adaptarse a diferentes requisitos laborales.

6. Características de Seguridad: La seguridad es una preocupación primordial en la operación del equipo de movimiento de tierras. El equipo está diseñado con características de seguridad como estructuras de protección contra vuelcos (ROPS), sistemas de protección contra objetos que caen (FOPS), alarmas de retroceso y mecanismos de parada de emergencia para proteger a los operadores y transeúntes.

7. Requisitos de Mantenimiento: El mantenimiento regular es esencial para garantizar el correcto funcionamiento y la longevidad del equipo de movimiento de tierras. Las tareas de mantenimiento pueden incluir la lubricación, inspección de componentes, reemplazo de piezas desgastadas y resolución de problemas mecánicos o hidráulicos.

8. Capacitación de Operadores: La capacitación adecuada es necesaria para que los operadores comprendan los principios operativos, los procedimientos de seguridad y los requisitos de mantenimiento del equipo de movimiento de tierras. Los programas de capacitación educan a los operadores sobre los controles del equipo, técnicas para una operación eficiente y protocolos para prácticas de trabajo seguras.

En general, los principios operativos del equipo de movimiento de tierras implican la utilización efectiva de fuentes de energía, sistemas de control, mecanismos hidráulicos, componentes mecánicos, accesorios, características de seguridad, prácticas de mantenimiento y capacitación de operadores para llevar a cabo diversas tareas de construcción y excavación de manera eficiente y segura.

Los operadores de equipos de movimiento de tierras necesitan poseer una variedad de conocimientos y habilidades para operar la maquinaria de manera segura y efectiva. Estos incluyen:

1. Familiaridad con el Equipo: Los operadores deben tener un conocimiento profundo del equipo específico de movimiento de tierras que operarán, incluidos sus controles, funciones, capacidades y limitaciones. Esto incluye saber cómo arrancar y apagar el equipo correctamente.

2. Procedimientos de Seguridad: La seguridad es primordial en la operación de equipos de movimiento de tierras. Los operadores deben estar al tanto de los protocolos y procedimientos de seguridad, incluyendo el uso adecuado del equipo de protección personal (EPP), el cumplimiento de las regulaciones de seguridad del sitio y las precauciones para prevenir accidentes, como vuelcos, colisiones o fallas del equipo.

3. Condiciones del Sitio: Los operadores deben evaluar las condiciones del sitio antes de comenzar el trabajo, incluyendo el terreno, la estabilidad del suelo, obstáculos y peligros aéreos. Entender el entorno del sitio ayuda a los operadores a anticipar riesgos potenciales y adaptar sus técnicas de operación en consecuencia.

4. Técnicas de Operación: La operación efectiva de equipos de movimiento de tierras requiere habilidad y precisión. Los operadores deben aprender técnicas de operación adecuadas para tareas como excavación, levantamiento, nivelación, empuje y carga. Esto incluye controlar la velocidad del equipo, la dirección y los accesorios para lograr los resultados deseados de manera eficiente.

5. Conocimiento de Mantenimiento: Los operadores deben estar

al tanto de las prácticas básicas de mantenimiento del equipo para garantizar que la maquinaria se mantenga en condiciones óptimas de funcionamiento. Esto incluye realizar inspecciones previas a la operación, verificar los niveles de fluidos, engrasar las partes móviles y reportar cualquier problema mecánico o anormalidad.

6. Habilidades de Comunicación: La comunicación clara es esencial para una operación segura y eficiente, especialmente cuando se trabaja en equipo o con personal en tierra. Los operadores deben ser capaces de comunicarse efectivamente usando señales manuales, radios bidireccionales u otros dispositivos de comunicación para coordinar movimientos, señalizar advertencias y transmitir instrucciones.

7. Procedimientos de Emergencia: Los operadores deben estar familiarizados con los procedimientos de emergencia y saber cómo responder rápida y adecuadamente en caso de accidentes, fallas del equipo u otras emergencias. Esto incluye saber cómo apagar el equipo, evacuar el área de manera segura y administrar primeros auxilios si es necesario.

8. Consideraciones Ambientales: Los operadores deben ser conscientes de los factores ambientales como las condiciones climáticas, las regulaciones ambientales y los impactos potenciales en los ecosistemas circundantes. Minimizar el daño ambiental y asegurar el cumplimiento de las regulaciones son aspectos importantes de la operación responsable del equipo.

9. Cumplimiento de Regulaciones: Los operadores deben estar al tanto de las regulaciones y normas relevantes que rigen la operación del equipo, incluyendo los requisitos de licencia, los límites de carga, las restricciones de ruido y los es-

tándares de emisiones. El cumplimiento de estas regulaciones ayuda a garantizar una operación segura y legal del equipo de movimiento de tierras.

Al adquirir conocimientos y habilidades en estas áreas, los operadores de equipos de movimiento de tierras pueden desempeñar sus funciones de manera segura, eficiente y responsable, contribuyendo al éxito de los proyectos de construcción y excavación mientras minimizan los riesgos para el personal y el medio ambiente.

Frecuentemente, la maquinaria de movimiento de tierras se utiliza en proyectos centrados en la preparación del terreno y la colocación de cimientos, marcando típicamente el inicio de emprendimientos a gran escala.

No obstante, el equipo de movimiento de tierras demuestra ser invaluable en una variedad de proyectos, que abarcan operaciones mineras, canteras de áridos, construcción de puentes y túneles, limpieza de sitios, desarrollo de embalses y presas, infraestructura de carreteras y ferrocarriles, construcciones municipales, así como la instalación de alcantarillados y redes de tuberías subterráneas.

Los capítulos restantes de este libro cubren los principios de operación segura y las aplicaciones de los siguientes equipos de movimiento de tierras:

- Operaciones con Minicargadoras

- Operaciones con Cargadoras

- Operaciones con Retroexcavadoras/Cargadoras

- Operaciones con Excavadoras

- Operaciones con Topadoras

- Operaciones con Camiones Cisterna

- Operaciones con Camiones de Acarreo

- Operaciones de Superficie

Existen varias razones por las que las personas pueden sentirse atraídas por una carrera como operador de equipos de movimiento de tierras. Operar maquinaria pesada ofrece un entorno de trabajo práctico y dinámico. Para aquellos que prosperan con la actividad física y disfrutan trabajar con sus manos, el rol de operador de equipos de movimiento de tierras puede ser muy atractivo.

Los operadores de equipos de movimiento de tierras tienen la oportunidad de trabajar con una amplia gama de maquinaria, incluyendo excavadoras, topadoras, cargadoras, motoniveladoras y más. Esta diversidad mantiene el trabajo estimulante y permite a los operadores desarrollar habilidades en varios tipos de equipos.

Las industrias de la construcción y la minería, donde el equipo de movimiento de tierras es fundamental, a menudo proporcionan perspectivas de empleo estables. Con la demanda continua de proyectos de infraestructura y operaciones mineras, existe una necesidad constante de operadores de equipos capacitados.

Los operadores de equipos de movimiento de tierras suelen recibir una compensación competitiva, particularmente a medida que acumulan experiencia y destreza en la operación de diferentes tipos de maquinaria. Además, pueden estar disponibles oportunidades para pago de horas extras y beneficios, dependiendo del empleador.

A partir de marzo de 2024, en los Estados Unidos, los operadores de excavadoras ganan un salario promedio por hora de $24.85 (USD), equivalente a $57,950 anuales, con salarios que oscilan entre $41,193 y $81,525. En Australia, el salario promedio anual para los operadores de excavadoras se encuentra entre $130,000 y $150,000 (AUD). Mientras tanto, en el Reino Unido, el salario típico para los operadores de excavadoras es de £19.35 por hora o £36,369 anuales (GBP), y en Canadá, promedian $62,098 por año (CAD) [1-4].

En Australia, el salario promedio anual para los operadores de camiones volquete varía de $115,000 a $135,000, con un salario medio de $95,693 por año y un rango salarial de $92,000 a $124,000 para los conductores de camiones de acarreo. Mientras tanto, en el Reino Unido, los conductores de camiones volquete reciben un salario medio anual de £31,200 o £16 por hora, con un promedio de £17.69 [1, 4, 5].

El salario de un operador de retroexcavadora en los Estados Unidos es de $23.81 por hora, o $55,593 anuales, con un rango que va desde $37,743 hasta $81,885. En el Reino Unido, los operadores de retroexcavadora ganan un promedio anual de £32,886 [6, 7].

A través de la experiencia acumulada y la capacitación adicional, los operadores de equipos de movimiento de tierras pueden avanzar en sus carreras y asumir roles con mayores responsabilidades. Estos roles pueden incluir supervisor de equipos, gerente de sitio o coordinador de seguridad, ofreciendo vías para el crecimiento y desarrollo profesional.

Muchos operadores de equipos de movimiento de tierras aprecian la oportunidad de trabajar al aire libre, a menudo en entornos diversos como sitios de construcción, operaciones mineras y proyectos de infraestructura. Este entorno de trabajo al aire libre ofrece un cambio de escenario refrescante y permite a los individuos conectarse con la naturaleza mientras trabajan.

Los operadores de equipos de movimiento de tierras desempeñan un papel fundamental en los proyectos de construcción y desarrollo, contribuyendo a la creación de carreteras, puentes, edificios y otras infraestructuras vitales. Saber que su trabajo es fundamental para moldear el entorno construido puede ser profundamente gratificante para los operadores.

Pursuing a career as an earthmoving equipment operator can be an enticing choice for individuals seeking hands-on work, job stability, competitive wages, and the chance to make a meaningful impact in construction and development projects.

Seguir una carrera como operador de equipos de movimiento de tierras puede ser una opción atractiva para las personas que buscan un trabajo práctico, estabilidad laboral, salarios competitivos y la oportunidad de tener un impacto significativo en proyectos de construcción y desarrollo.

2

Operaciones con Minicargadoras

U na minicargadora, también conocida como cargadora compacta o skid-steer, es una máquina compacta, impulsada por un motor, que cuenta con un chasis rígido y brazos de elevación diseñados para acomodar diversas herramientas o accesorios que ahorran trabajo. Numerosos fabricantes producen sus propias versiones de este equipo, incluyendo Kubota, Bobcat, Terex, Case, Caterpillar, Gehl Company, Hyundai, JCB, JLG, John Deere, Komatsu, LiuGong, New Holland, Volvo, Wacker Neuson, entre otros.

Las minicargadoras son máquinas versátiles utilizadas en una amplia gama de industrias y aplicaciones debido a su tamaño compacto, maniobrabilidad y capacidad para acomodar diversos accesorios. Algunos usos comunes de las minicargadoras incluyen:

1. **Construcción**: Las minicargadoras se utilizan ampliamente en sitios de construcción para tareas como excavación, nivelación, zanjeo y manejo de materiales. Pueden maniobrar fácilmente en espacios reducidos, lo que las hace ideales para tareas en áreas confinadas.

2. **Paisajismo**: Los paisajistas utilizan minicargadoras para tareas

como nivelación, excavación y movimiento de materiales como tierra, mantillo y grava. También se utilizan para tareas como la eliminación de árboles, trituración de tocones y limpieza de maleza.

3. **Agricultura**: Los agricultores y ganaderos usan minicargadoras para diversas tareas agrícolas, incluyendo alimentar al ganado, limpiar establos, mover pacas de heno y mantener cercas. También se utilizan para tareas como la siembra, labranza y cosecha en operaciones de menor escala.

4. **Remoción de nieve**: Las minicargadoras equipadas con accesorios de sopladores de nieve o palas para nieve se utilizan comúnmente para la remoción de nieve en estacionamientos, entradas de vehículos, aceras y otras áreas donde los vehículos más grandes pueden no ser adecuados.

5. **Demolición**: Las minicargadoras se utilizan en proyectos de demolición para tareas como desmantelar estructuras, remover escombros y limpiar sitios. Su tamaño compacto les permite trabajar eficientemente en espacios confinados y navegar alrededor de obstáculos.

6. **Trabajos de servicios públicos**: Las empresas de servicios públicos utilizan minicargadoras para tareas como cavar zanjas para la colocación de tuberías y cables, reparar líneas de servicios públicos y el mantenimiento general de la infraestructura.

7. **Silvicultura**: En las operaciones forestales, las minicargadoras se utilizan para tareas como limpiar maleza, remover tocones de árboles y transportar troncos. A menudo están equipadas con accesorios específicos para la silvicultura.

8. **Gestión de residuos**: Las minicargadoras se utilizan en instala-

ciones de gestión de residuos para tareas como cargar y descargar contenedores, clasificar reciclables y gestionar operaciones en vertederos.

9. **Mantenimiento general**: Las minicargadoras son valiosas para tareas de mantenimiento general en diversos entornos, incluyendo parques, campos de golf, campus y instalaciones industriales. Pueden utilizarse para tareas como limpieza, paisajismo y trabajos ligeros de construcción.

En general, las minicargadoras ofrecen versatilidad y eficiencia, lo que las convierte en activos valiosos en una amplia gama de industrias y aplicaciones.

Las minicargadoras suelen contar con configuraciones de cuatro ruedas, con las ruedas bloqueadas mecánicamente en sincronización en cada lado. Las ruedas motrices del lado izquierdo pueden operar independientemente de las ruedas motrices del lado derecho, sin un mecanismo de dirección separado. En su lugar, la máquina gira variando la velocidad de los pares de ruedas, lo que hace que el vehículo se deslice o arrastre sus ruedas de orientación fija por el suelo. El chasis robusto y los rodamientos de ruedas duraderos previenen daños por las fuerzas torsionales generadas por este movimiento de deslizamiento. La dirección se logra generando una velocidad diferencial en los lados opuestos del vehículo.

Figura 9: Minicargadora Mustang 2054. Orderinchaos, CC BY-SA 4.0, vía Wikimedia Commons.

Similar a los vehículos con orugas, las minicargadoras pueden causar una fricción significativa en superficies blandas o frágiles, lo que puede dañarlas. Sin embargo, esto se puede mitigar utilizando ruedas especializadas como la rueda Mecanum, que reduce la fricción en el suelo. Las minicargadoras sobresalen en maniobrabilidad, capaces de ejecutar giros de radio cero, lo que las hace valiosas para tareas de carga compactas y ágiles. Algunas minicargadoras pueden estar equipadas con orugas en lugar de ruedas, conocidas como cargadoras de terrenos múltiples.

A diferencia de un cargador frontal tradicional, los brazos de elevación de estas máquinas corren paralelos al operador, con los puntos de pivote posicionados detrás de los hombros del conductor. Debido a la proximidad del operador a las partes móviles, las primeras minicargadoras presentaban preocupaciones de seguridad en comparación con los cargadores frontales convencionales, especialmente durante el ingreso y egreso del operador. Sin embargo, las minicargadoras modernas están equipadas con cabinas completamente cerradas y características de seguridad adicionales para proteger al operador. Similar a los cargadores frontales convencionales, pueden mover materiales entre diferentes ubicaciones, transportar materiales en sus cucharones y cargar materiales en camiones o remolques.

Figura 10: Componentes de una Minicargadora. Imagen trasera - Minicargadora Bobcat S650, Bob Adams de George, Sudáfrica, CC BY-SA 2.0, vía Wikimedia Commons.

Una minicargadora sirve como una máquina versátil utilizada para excavar, reunir, levantar y trasladar diversos materiales, notablemente tierra y arena. Además, realiza tareas como nivelación, martilleo de cemento y carga de camiones. Las actividades populares que involucran minicargadoras incluyen la limpieza de sitios, esparcimiento de materiales, barrido de carreteras, relleno, carga y remoción de materiales, preparación de césped y preparación de losas, entre otras.

Predominantemente empleada para propósitos de excavación, la minicargadora se destaca por su versatilidad, agilidad y ligereza, con una variedad de accesorios disponibles para diversas aplicaciones. Es comúnmente encontrada en sitios de construcción, donde sus brazos adaptables acomodan varias funciones de paisajismo.

En Australia, estas máquinas a menudo se denominan "bobcats", aunque en países como Estados Unidos, este término se refiere específicamente a una marca prominente de minicargadoras que ganó popularidad en la década de 1970, y sigue siendo una de las marcas más grandes de minicargadoras a nivel mundial.

Otra variante, las cargadoras de terrenos múltiples, entran en juego cuando las condiciones del terreno requieren una tracción mejorada, como en nieve, barro, arena o matorral. Las minicargadoras cuentan con la dirección bloqueada en ambos lados, lo que permite la operación independiente de las ruedas o orugas derecha e izquierda. Esta configuración permite a la minicargadora lograr una maniobrabilidad excepcional y ejecutar giros cerrados, conocidos coloquialmente como "girar sobre una moneda".

Típicamente, los brazos de la cargadora operan mediante hidráulica, lo que permite que el balde u otros accesorios se eleven de manera vertical o radial. El movimiento radial permite que el balde se arquee alejándose de la minicargadora hasta alcanzar alturas tan altas como la cabina antes de retraerse hacia adentro.

Al considerar opciones de alquiler de minicargadoras, las elecciones típicamente incluyen el alquiler de minicargadoras de dos orugas o de cuatro ruedas. En términos de operación, las ruedas pueden operarse independientemente en cada lado de la máquina, con los ejes delantero y trasero sincronizados. Como las ruedas mantienen una alineación fija y carecen de la capacidad de girar, el operador de la minicargadora debe aumentar la velocidad de las ruedas en un lado para inducir el arrastre o deslizamiento sobre la superficie. Esta acción provoca que la máquina gire en la dirección opuesta, de ahí el nombre "minicargadora" (skid steer).

El alquiler de minicargadoras es extremadamente popular en las industrias de la construcción, el paisajismo y la minería debido a su naturaleza versátil. Ya sea optando por el alquiler de minicargadoras de dos orugas o de cuatro ruedas, entender la variedad de opciones de accesorios disponibles es crucial para optimizar los resultados del proyecto. Entre los accesorios más comunes al alquilar una minicargadora se encuentra un balde, aunque existe una amplia gama de alternativas para facilitar diversas tareas. Estos pueden incluir el alquiler de trituradoras de tocones, palas para árboles, astilladoras de madera, zanjadoras, horquillas para palets, lanzas para pacas, desgarros, cultivadoras, zanjadoras de rueda, sierras de pavimento, fresadoras de pavimento y mezcladoras de cemento, entre otros.

En última instancia, el alquiler de minicargadoras ofrece una multitud de beneficios en diversas aplicaciones, permitiendo la realización de tareas que las opciones de alquiler de plantas individuales pueden no lograr. Antes de alquilar una máquina, es crucial entender las posibles ventajas para el presupuesto y los plazos del proyecto. Ya sea emprendiendo tareas de paisajismo, excavación, construcción o limpieza de nieve, el alquiler de minicargadoras presenta una solución eficiente y confiable, siempre que la máquina esté bien mantenida, debidamente revisada y operada por profesionales con licencia.

Figura 11: Minicargadora con orugas. Wikideas1, CC0, vía Wikimedia Commons.

Hay diferentes tipos de minicargadoras, cada una diseñada con características específicas para adaptarse a diversas aplicaciones. Estos incluyen:

- **Minicargadoras con ruedas**:

  - Las minicargadoras con ruedas están equipadas con neumáticos de goma, lo que las hace adecuadas para su uso en superficies sólidas como pavimento, concreto y suelo compactado.

  - Ofrecen excelente maniobrabilidad y velocidad, siendo ideales para tareas que requieren reubicación frecuente o desplazamientos a corta distancia.

  - Las minicargadoras con ruedas se utilizan comúnmente en construcción, paisajismo, agricultura y operaciones de manejo de materiales.

- **Minicargadoras con orugas**:

  ○ Las minicargadoras con orugas, también conocidas como cargadoras compactas de orugas (CTL), cuentan con orugas en lugar de ruedas, proporcionando mejor tracción y flotación, especialmente en terrenos blandos o irregulares.

  ○ Estas máquinas son adecuadas para operaciones en terrenos embarrados, arenosos o accidentados donde las minicargadoras con ruedas pueden tener dificultades.

  ○ Las minicargadoras con orugas ejercen una menor presión sobre el suelo, reduciendo la compactación del suelo y minimizando el daño a superficies delicadas.

  ○ Se utilizan comúnmente en aplicaciones de silvicultura, paisajismo, agricultura y construcción donde las condiciones del terreno son desafiantes.

- **Minicargadoras mini**:

  ○ Las minicargadoras mini son versiones compactas de las minicargadoras estándar, diseñadas para aplicaciones que requieren maniobrabilidad en espacios confinados o donde el acceso es limitado.

  ○ Estas máquinas son más pequeñas y ligeras en comparación con las minicargadoras convencionales, lo que las hace adecuadas para su uso en áreas residenciales, entornos urbanos y espacios interiores.

  ○ Las minicargadoras mini son utilizadas a menudo por paisajistas, contratistas de servicios públicos y propietarios de viviendas para tareas como cavar zanjas, mover materiales y realizar trabajos ligeros de construcción.

- **Minicargadoras con plataforma de pie:**

  - Las minicargadoras con plataforma de pie están diseñadas para que los operadores se paren en una plataforma en lugar de sentarse en una cabina tradicional.

  - Estas máquinas compactas ofrecen una huella más pequeña y una mayor visibilidad, permitiendo a los operadores maniobrar fácilmente en espacios reducidos y navegar obstáculos de manera más efectiva.

  - Las minicargadoras con plataforma de pie se utilizan comúnmente en aplicaciones de paisajismo, mantenimiento de terrenos y construcción donde la maniobrabilidad y la eficiencia son esenciales.

Cada tipo de minicargadora tiene sus ventajas y es adecuada para diferentes aplicaciones según factores como el terreno, las limitaciones de espacio y los requisitos específicos del trabajo. Elegir el tipo correcto de minicargadora garantiza un rendimiento y productividad óptimos en diversas condiciones de trabajo.

Figura 12: Minicargadora mini/con plataforma de pie. Ditch Witch SK 1050, Daderot, CCO, vía Wikimedia Commons.

Características de la Máquina

La relación entre el ancho de la banda de rodadura y la distancia entre ejes es crucial para el funcionamiento eficiente de una minicargadora. Si los neumáticos están demasiado separados, la minicargadora gastará demasiada potencia durante los giros, lo que llevará a un desgaste más rápido de los neumáticos. Generalmente, la relación recomendada entre el ancho de la banda de rodadura y la distancia entre ejes es de 1.3 a 1 [8].

El ancho de la banda de rodadura se refiere a la distancia medida desde el centro del neumático izquierdo hasta el centro del neumático derecho. La distancia entre ejes se mide desde el centro del neumático delantero hasta el centro del neumático trasero, ver Figura 13.

Figura 13: Ancho de la banda de rodadura y distancia entre ejes. Imagen trasera - Minicargadora Bobcat S570, Steven Pavlov, CC BY-SA 4.0, vía Wikimedia Commons.

Según las directrices establecidas por la Sociedad de Ingenieros Automotrices (SAE), la capacidad operativa nominal se determina como la mitad de la carga de vuelco. Esta clasificación indica el peso máximo que la máquina puede transportar de manera segura durante circunstancias operativas típicas. Por ejemplo, si la carga de vuelco es de 1996 kg (4400 lb), entonces la capacidad operativa nominal sería de 998 kg (2200 lb), según las normas de la SAE [8].

Los operadores deben asegurarse de no superar la capacidad operativa nominal, ya que hacerlo puede comprometer la estabilidad y maniobrabilidad de la minicargadora, lo que podría resultar en daños al equipo. Sobrecargar el balde o usar un accesorio pesado en una posición elevada puede causar que la minicargadora se incline hacia adelante. En tales casos, no utilizar el cinturón de seguridad puede llevar a que el operador sea expulsado de la cabina de protección. Esto puede resultar en que la minicargadora pase por encima del operador o que el operador sea aplastado por el balde o la carga.

La distribución del peso de una minicargadora es intencionalmente desigual entre las ruedas delanteras y traseras, generalmente configurada en una proporción de 70% a 30%. Esta configuración mejora la maniobrabilidad de la minicargadora, especialmente al girar. Si la distribución del peso se dividiera equitativamente entre las ruedas delanteras y traseras, al 50% cada una, la minicargadora requeriría más potencia del motor y experimentaría capacidades de giro disminuidas. Cuando el balde está vacío, aproximadamente el 70% del peso descansa sobre las ruedas traseras, con el 30% restante en las ruedas delanteras [8]. Por el contrario, cuando el balde está lleno, la distribución del peso cambia, con alrededor del 70% del peso soportado por las ruedas delanteras y el 30% por las ruedas traseras. Consulte la Figura 14.

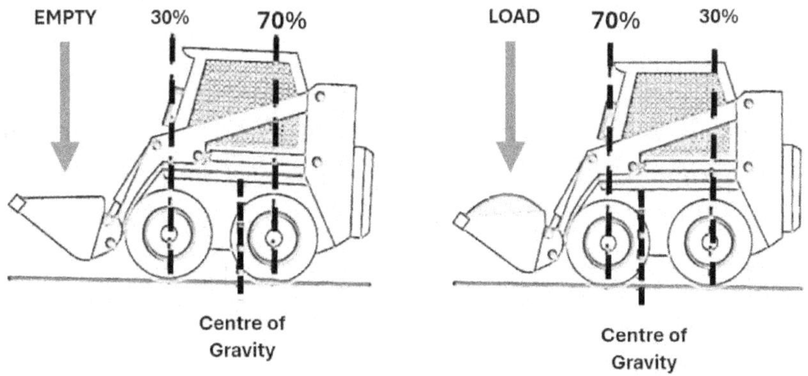

Figura 14: Peso en las ruedas delanteras y traseras cargadas y vacías.

Como ejemplo, una minicargadora con un peso total de 2806 kg (6185 lb) y una capacidad operativa nominal de 794 kg (1750 lb) tendrá una distribución del peso como se muestra en la Figura 15.

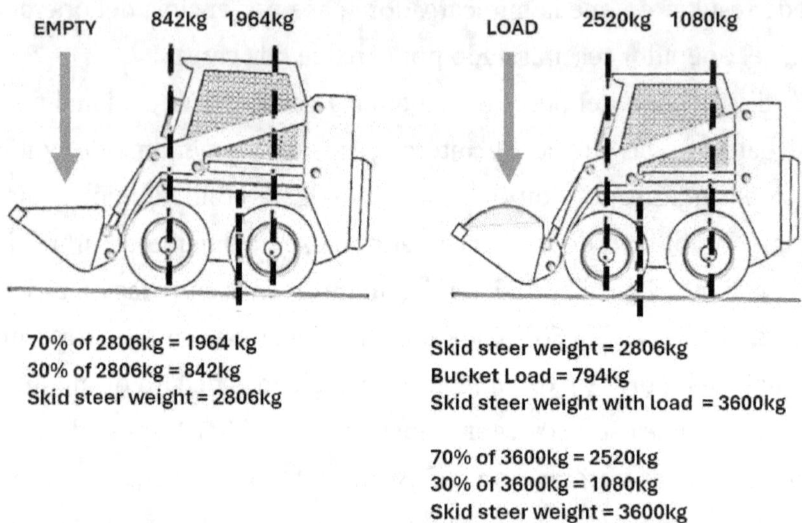

Figura 15: Cálculos de distribución del peso.

Los neumáticos que soportan el 70% del peso son aquellos sobre los cuales la máquina gira durante la operación. Comprender esta dinámica es crucial, especialmente en espacios reducidos o concurridos. Combinado con el entendimiento del centro de gravedad, este conocimiento permite a los operadores trabajar de manera segura y eficiente.

El centro de gravedad (COG) en una minicargadora se refiere al punto donde se concentra la mayor parte de su peso. Es un concepto crucial de entender porque afecta la estabilidad y el equilibrio de la máquina durante la operación.

En una minicargadora, el centro de gravedad típicamente se encuentra en algún lugar dentro del chasis, a menudo más cerca de la parte trasera debido a los componentes pesados del motor y la transmisión. Sin embargo, la ubicación exacta puede variar dependiendo de factores como la distribución del peso de los accesorios, la carga en el balde y la posición del operador.

El centro de gravedad representa el punto de equilibrio de una minicargadora, donde todas las fuerzas que actúan sobre la máquina están equilibradas uniformemente, ver Figura 16. Este punto se desplaza continuamente durante la operación, particularmente en respuesta a los cambios en la distribución del peso en la parte delantera de la minicargadora.

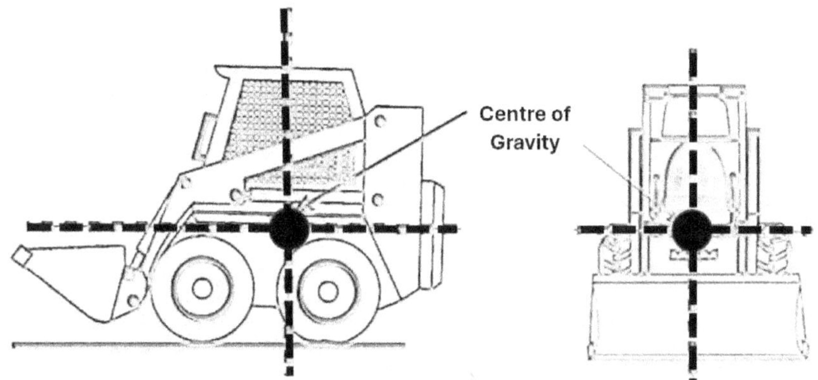

Figura 16: Centro de gravedad de la minicargadora.

Cuando la minicargadora está estacionaria en un terreno nivelado, el centro de gravedad suele estar posicionado bajo y centrado entre las cuatro ruedas. Esta configuración maximiza la estabilidad, haciendo menos probable que la máquina se vuelque.

Durante la operación, movimientos como girar, levantar o transportar cargas pueden desplazar el centro de gravedad. Por ejemplo, al girar bruscamente o levantar una carga pesada a gran altura, el centro de gravedad se mueve hacia el exterior del giro o hacia la carga levantada, respectivamente. Estos desplazamientos pueden afectar la estabilidad de la minicargadora y aumentar el riesgo de vuelco, especialmente si el centro de gravedad se desplaza más allá de los límites de estabilidad de la máquina.

Cuando cargas el balde, el centro de gravedad se desplaza hacia adelante. Además, el centro de gravedad se ajusta verticalmente dependiendo de la altura y el peso del balde. A medida que levantas el balde, el centro de gravedad asciende, y el acto de levantar transfiere peso a las ruedas delanteras. En consecuencia, el centro de gravedad se eleva con la altura de la carga, resultando en un centro de gravedad más alto con cargas más pesadas. Ver Figura 17.

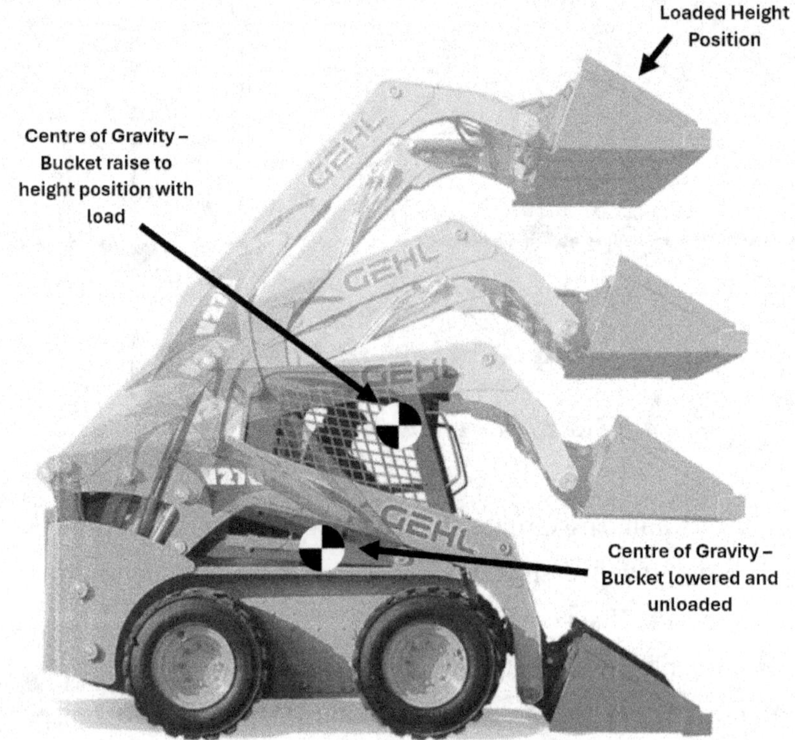

Figura 17: Desplazamiento del centro de gravedad con la carga y la altura de elevación. Imagen trasera - Zralok1, CC BY-SA 3.0, vía Wikimedia Commons.

Los operadores deben ser conscientes del centro de gravedad de la minicargadora y entender cómo sus acciones impactan su estabilidad. La capacitación adecuada y el cumplimiento de prácticas de operación seguras, como evitar movimientos bruscos y operar dentro de los límites de capacidad de la máquina, son esenciales para mantener la estabilidad y prevenir accidentes. Además, los fabricantes suelen proporcionar pautas y recomendaciones para una operación segura basadas en el centro de gravedad y las características de estabilidad de la minicargadora.

Existen varios accesorios disponibles para las minicargadoras, incluyendo cucharones, retroexcavadoras, barrenas, astilladoras, zanjadoras y horquillas para palets. El peso de cada accesorio afecta el centro de gravedad de manera diferente.

Por ejemplo, las horquillas para palets, al ser alargadas, hacen que el centro de gravedad se desplace hacia adelante cuando se cargan hasta la capacidad operativa nominal. Para mantener la estabilidad, la capacidad operativa nominal debe disminuirse para asegurar que el centro de gravedad permanezca detrás de las ruedas delanteras. Si el centro de gravedad se desplaza demasiado hacia adelante, la máquina se vuelve inestable y corre el riesgo de volcarse.

Se pueden instalar contrapesos adicionales en la parte trasera de la cargadora para evitar el vuelco. Esto puede aumentar el estrés en los brazos. Evite conducir con una carga alta. Mantenga la carga lo más baja posible.

Antes de usar un nuevo accesorio, revise cuidadosamente el manual del operador. Este detalla los peligros potenciales asociados con el accesorio y proporciona instrucciones para una operación segura. Asegúrese de que los accesorios estén montados y fijados de manera segura. La liberación repentina de un accesorio puede resultar en una carga caída, potencialmente desestabilizando la cargadora y causando lesiones a los transeúntes.

Preparación y Planificación de las Operaciones

Planificar y preparar las operaciones con minicargadoras implica varios pasos clave para garantizar la eficiencia, la seguridad y la finalización exitosa de las tareas. Aquí tienes una guía completa sobre cómo planificar y preparar las operaciones con minicargadoras:

1. **Entender los Requisitos de la Tarea**: Comienza por comprender a fondo los requisitos de la tarea o proyecto para el cual se utilizará la minicargadora. Considera factores como el tipo de materiales a mover, el terreno del área de trabajo y cualquier desafío o restricción específica.

2. **Seleccionar la Minicargadora Adecuada**: Elige la minicargadora apropiada para la tarea basándote en factores como el tamaño de la máquina, su capacidad de elevación y el tipo de accesorios necesarios. Asegúrate de que la minicargadora seleccionada sea adecuada para manejar las demandas del trabajo de manera efectiva.

3. **Verificar Regulaciones y Requisitos**: Familiarízate con todas las regulaciones, estándares y requisitos de seguridad relevantes que rigen las operaciones con minicargadoras en tu jurisdicción. Asegura el cumplimiento de estas regulaciones para mantener un entorno de trabajo seguro y legal.

4. **Realizar una Evaluación del Sitio**: Realiza una evaluación exhaustiva del sitio de trabajo para identificar posibles peligros, obstáculos o riesgos que puedan afectar las operaciones con minicargadoras. Toma las medidas necesarias para mitigar estos riesgos y asegurar un entorno de trabajo seguro.

5. **Inspeccionar la Minicargadora**: Antes de comenzar las operaciones, realiza una inspección preoperacional completa de la minicargadora para asegurarte de que esté en buenas condiciones de funcionamiento. Revisa todos los componentes mecánicos, hidráulicos y eléctricos, así como las características de seguridad, en busca de signos de daño o mal funcionamiento.

6. **Preparar los Accesorios**: Si se van a utilizar accesorios con la minicargadora, asegúrate de que los accesorios adecuados estén seleccionados e instalados correctamente. Inspecciona los accesorios en busca de defectos o daños que puedan afectar su rendimiento durante la operación.

7. **Establecer Canales de Comunicación**: Establece canales de comunicación claros con el resto del personal involucrado en la tarea, como trabajadores en tierra, supervisores y operadores de equipos. Asegúrate de que todos comprendan sus roles y responsabilidades y puedan comunicarse efectivamente durante las operaciones.

8. **Desarrollar un Plan de Trabajo**: Desarrolla un plan de trabajo detallado que describa la secuencia de tareas, los procedimientos operativos y las medidas de seguridad a seguir durante las operaciones con minicargadoras. Considera factores como horarios de trabajo, utilización de equipos y planes de contingencia para circunstancias imprevistas.

9. **Proporcionar Capacitación e Instrucción**: Asegúrate de que todos los operadores y el personal involucrado en las operaciones con minicargadoras reciban la capacitación e instrucción adecuadas sobre prácticas de operación seguras, uso de equipos y procedimientos de emergencia. Aborda cualquier brecha en el conocimiento o habilidades mediante capacitación adicional según sea necesario.

10. **Prepararse para Emergencias**: Desarrolla un plan de respuesta a emergencias completo que describa los procedimientos para responder a accidentes, lesiones, fallas de equipos y otras emergencias. Asegúrate de que todo el personal esté familiarizado con el plan y sepa cómo implementarlo efectivamente.

Entender y ser consciente de los requisitos del contrato es fundamental. La especificación del contrato describe las responsabilidades para diferentes aspectos del proceso de sellado y el resultado deseado. Sin embargo, a menudo es responsabilidad del constructor evaluar si el sello propuesto cumple con los criterios de rendimiento especificados. Por lo tanto, es crucial que la persona responsable del sellado comprenda tanto los requisitos de "responsabilidad por defectos" como los de "rendimiento" estipulados en el contrato.

Antes de la planificación, es crucial evaluar las consideraciones de seguridad y medioambientales relacionadas con el sitio. Esto incluye abordar cuestiones como la seguridad vial, riesgos de incendio, impactos de ruido y la posible contaminación del agua de lluvia y del aire. Se deben implementar medidas adecuadas para mitigar los riesgos, incluyendo la provisión de equipos de extinción de incendios, kits para derrames y instalaciones de primeros auxilios.

Al completar el programa de inducción, es esencial familiarizarse con las características de seguridad del área de trabajo inmediata. Esto incluye identificar la ubicación de los extintores, paradas de emergencia, estaciones de primeros auxilios y procedimientos de evacuación de emergencia. Aunque el programa de inducción proporciona una capacitación general en seguridad, la orientación específica del lugar de trabajo asegura estar preparado para responder eficazmente a emergencias.

La planificación efectiva es crucial para la ejecución exitosa de las tareas. Dependiendo de la escala de la operación, los requisitos diarios de trabajo pueden comunicarse mediante reuniones verbales o instrucciones escritas de los supervisores. Es imperativo que estas instrucciones sean recibidas y comprendidas claramente. Si hay incertidumbre sobre los requisitos de la tarea, se recomienda buscar aclaraciones del supervisor. Además, realizar una visita al sitio antes de comenzar el trabajo permite una inspección exhaustiva del trabajo y asegura la preparación adecuada del equipo.

La planificación desempeña un papel vital en la gestión de proyectos, asegurando que se completen a tiempo, dentro del presupuesto y de acuerdo con los estándares requeridos. Establece una secuencia de actividades, aclara roles y responsabilidades y proporciona dirección para la acción. La planificación efectiva reduce la incertidumbre, elimina la duplicación de esfuerzos y permite un mejor control de los costos. Organizar el trabajo de manera eficiente garantiza que las tareas se realicen en una secuencia lógica, optimizando recursos y minimizando el desperdicio.

La planificación y organización son esenciales para alcanzar los objetivos del proyecto y asegurar un entorno de trabajo seguro y productivo. Adherirse a los procedimientos establecidos y a los protocolos de seguridad mejora la eficiencia y minimiza los riesgos, contribuyendo en última instancia al éxito de los proyectos.

La planificación sirve como un marco fundamental para guiar las acciones hacia un objetivo específico, proporcionando claridad y dirección para supervisores, gerentes y empleados por igual. Implica organizar y secuenciar actividades necesarias para lograr los objetivos, asegurando que todos comprendan qué se debe hacer, quién es responsable, dónde, cuándo, por qué y cómo debe hacerse. Al anticipar el cambio y prepararse para él, la planificación ayuda a reducir la incertidumbre, prevenir la duplicación de esfuerzos y gastos, y sentar las bases para una monitorización y evaluación efectivas del desempeño y los logros.

Además, la planificación permite un mejor control de los costos al asegurar una correcta asignación de recursos y materiales, facilitando operaciones más fluidas y previniendo escasez de última hora. La falta de planificación adecuada puede llevar a una mayor dificultad en la realización de tareas, desafíos inesperados y oportunidades perdidas. Aquellos que planifican efectivamente pueden abordar proactivamente los desafíos y aprovechar las oportunidades, mientras que aquellos que no lo hacen pueden enfrentar contratiempos y obstáculos.

En la industria de la construcción, las habilidades de planificación y organización son especialmente cruciales para gestionar eficientemente las cargas de trabajo y los proyectos. Ya sea como empleado, contratista o gerente de proyectos, la planificación efectiva implica considerar diversos factores como la secuenciación de oficios, la gestión de retrasos y interrupciones, y la gestión de costos. Estas habilidades son esenciales para estimaciones precisas, priorización de proyectos, adaptación a circunstancias imprevistas y aseguramiento de una mayor productividad y rentabilidad.

Para supervisores y empleadores, la planificación y organización exitosas de proyectos resultan en numerosos beneficios, incluyendo una mayor eficiencia, reducción de desperdicios, mejora en la comunicación entre trabajadores, mayor seguridad y mejor identificación de peligros. Seguir un programa de trabajo bien organizado no solo maximiza la utilización de los recursos, sino que también fomenta un sentido de orgullo y satisfacción entre los empleados, llevando a una mayor moral y éxito general.

Incluso para tareas aparentemente simples, la planificación es esencial para garantizar eficiencia y efectividad. Ya sea lavar un coche o gestionar todo un departamento, tener objetivos claros y planes bien definidos aumenta la probabilidad de éxito. Aunque los planes a veces pueden fallar debido a circunstancias imprevistas, mantener la flexibilidad y monitorear el progreso permite realizar ajustes a tiempo y asegurar el avance hacia los objetivos deseados.

En resumen, la planificación es un proceso sencillo pero esencial que implica determinar tareas, anticipar desafíos y considerar diversas formas de alcanzar las metas. Al seguir un proceso de planificación estructurado y fomentar una comunicación clara, las personas y organizaciones pueden mejorar la productividad, mitigar riesgos y lograr los resultados deseados.

Cuando las instrucciones no se explican claramente, es fácil que las cosas salgan mal. Además de entender con precisión qué tareas se espera que realices, es importante comprender cómo tu papel encaja en el panorama general y por qué ciertas tareas son necesarias. La asignación justa del trabajo también es crucial para mantener la moral; sentirse sobrecargado en comparación con tus colegas o constantemente asignado a tareas menos deseables puede ser desmoralizante.

La comunicación es clave:

- Si encuentras alguna incertidumbre respecto a las instrucciones de trabajo, no dudes en discutirlas con tu supervisor.

- Cuando las instrucciones sean poco claras o necesites aclaraciones sobre cuestiones específicas, busca ayuda de alguien que pueda proporcionarte claridad.

- Cuando seas tú quien entregue instrucciones, asegúrate de que tu mensaje sea transmitido de manera clara y comprensible.

Las instrucciones de trabajo pueden ser transmitidas a través de varios canales, incluyendo:

- **Documentación escrita**: Documentos oficiales como informes, memorandos, manuales y estándares de servicio.

- **Instrucciones verbales**: Directivas comunicadas oralmente por supervisores o gerentes.

- **Reuniones de equipo**: Reuniones donde los equipos de trabajo reciben instrucciones, informan sobre el progreso y discuten tareas futuras.

- **Planes/especificaciones**: Dibujos y documentos detallados que describen los requisitos del trabajo, incluyendo aspectos de construcción, mecánicos y eléctricos, así como listas de materiales e instrucciones escritas.

Las instrucciones de trabajo efectivas deben incluir:

- El propósito del trabajo.

- Secuencia de tareas.

- Evaluación de peligros.

- Procedimientos de emergencia.

- Requisitos de equipo de protección personal (EPP).

- Plazos.

- Prioridades.

Las instrucciones completas proporcionan información valiosa sobre medidas de seguridad, eficiencia y planificación. Si tienes dudas sobre algún aspecto de las instrucciones, no dudes en buscar aclaraciones con tu supervisor para prevenir posibles errores.

La planificación implica evaluar las tareas, asignar tiempo, determinar el equipo y los materiales necesarios, y delinear los métodos de trabajo y los análisis de riesgos. Es esencial asegurarse de que la empresa posea la experiencia necesaria para llevar a cabo el trabajo de manera efectiva.

Consideraciones para el Entorno de Trabajo:

- El equipo y los materiales utilizados deben ser apropiados para la escala del proyecto.

- Cumplimiento con los planes de gestión de residuos para evitar multas de las autoridades locales o agencias ambientales.

- Consideración de las condiciones climáticas y las restricciones de ruido impuestas por las regulaciones o los consejos locales.

- Métodos de supresión de polvo y buenas prácticas de limpieza para mantener un entorno de trabajo limpio y seguro.

Buenas Prácticas de Limpieza:
- Apilar los materiales ordenadamente.

- Disposición adecuada de los residuos.

- Separación de productos de desecho.

- Prevención de la contaminación.

- Asegurar la limpieza de las instalaciones.

- Mantenimiento regular de las áreas de trabajo.

Directrices Generales de Seguridad para Operar una Minicargadora:
1. Solo el personal autorizado, o aquellos bajo la instrucción de personal autorizado, deben operar la minicargadora.

2. Utiliza los peldaños y pasamanos provistos y mantén un contacto de tres puntos al subir y bajar de la máquina; evita saltar.

3. Mantén los peldaños, pasamanos y pasarelas libres de grasa y escombros para prevenir resbalones y caídas.

4. Usa el cinturón de seguridad en todo momento y considera usar protección auditiva mientras operas o estás cerca de la máquina.

5. Asegúrate de que las ventanas y espejos estén limpios; toca la bocina durante cinco segundos antes de arrancar o mover la máquina para alertar al personal cercano.

6. Antes de dejar el asiento del operador o permitir que alguien suba a la máquina, aplica el freno de estacionamiento.

7. Familiarízate con la ubicación, función y uso de todos los instru-

mentos, controles, luces indicadoras y dispositivos de seguridad en la cabina.

8. Lee y entiende todas las señales de seguridad y advertencia, y las etiquetas; informa sobre cualquier señal de seguridad dañada o faltante a tu supervisor o instructor.

9. Sigue todas las Regulaciones de la Empresa y Procedimientos del Sitio para asegurar un entorno de trabajo seguro.

10. Abstente de fumar cerca de líquidos inflamables y puntos de control.

11. Mantente alerta a cualquier cableado o mangueras rotas o deshilachadas; infórmalos de inmediato para prevenir accidentes.

12. Presta atención a los escudos y guardas dañados o faltantes que cubren componentes eléctricos y partes afiladas, calientes o móviles; informa cualquier problema de inmediato.

13. Evita manipular o fumar cerca de baterías.

14. Minimiza el contacto de la piel con aceites o combustibles; si ocurre contacto, lávate de inmediato. Ten cuidado alrededor de las líneas de aceite y combustible que operan bajo presión y calor.

15. Ten en cuenta la posibilidad de caída de rocas desde las bandejas de las minicargadoras cargadas y otros equipos de trabajo en cualquier momento.

Inspecciones:

1. Realiza una revisión completa preoperacional antes de arrancar la minicargadora.

2. Ten en cuenta que el aceite y el refrigerante pueden calentarse durante la operación; verifica el nivel de refrigerante durante la revisión preoperacional cuando la máquina esté fría para evitar quemaduras.

Operación Segura:

- Antes de comenzar cualquier trabajo con la minicargadora, considera:

  - Ser consciente de la maquinaria circundante, vehículos ligeros y personal.

  - Usar el protocolo adecuado de radio bidireccional al maniobrar alrededor de otras máquinas.

  - Inspeccionar y reportar posibles peligros en el área de trabajo.

  - Mantener el control operativo total de la minicargadora en todo momento.

  - Adherirse a los límites de velocidad de la minicargadora y conducir con precaución según las condiciones del camino.

  - Prevenir daños a los neumáticos y seguir los procedimientos aprobados de apagado y estacionamiento.

  - Usar el equipo de protección personal (EPP) según las instrucciones.

Figura 18: Evalúa el entorno de trabajo antes de comenzar las opera-
ciones. ŠJů, Wikimedia Commons, CC BY 4.0, vía Wikimedia Commons.

Documentación de Cumplimiento:

1. Los documentos de cumplimiento describen la información, los procesos y los procedimientos que deben seguirse y sirven como guía para las tareas en el lugar de trabajo.

2. Estos documentos pueden incluir requisitos legislativos, organizacionales y del sitio, directrices del fabricante, manuales operativos, normas australianas y requisitos de salud y seguridad ocupacional (OHS), entre otros.

Interpretación de Requisitos:

1. Comprende la terminología utilizada para clasificar los niveles de cumplimiento, como "debería", "considerar" y "debe".

2. Aplica los requisitos relevantes según la ubicación y situación específica del trabajo.

Aplicación de Requisitos y Procedimientos:

1. Familiarízate con los documentos y procedimientos de cumplimiento aplicables y aplícalos desde la planificación hasta la finalización del trabajo.

2. Busca asistencia si encuentras dificultades para entender o aplicar los requisitos.

Obtención y Aplicación de Instrucciones de Trabajo:

1. Obtén instrucciones de trabajo a partir de planos, dibujos, especificaciones, documentos del proyecto o supervisores.

2. Confirma la comprensión haciendo preguntas y repitiendo tu comprensión de las instrucciones.

3. Identifica peligros en el área de trabajo y formula procedimientos de trabajo seguro en consecuencia.

Presta Atención a:

1. Condiciones del suelo, líneas eléctricas, árboles, alcantarillas, zanjas, líneas de servicio, personas trabajando en altura, dirección del viento y puentes.

2. Siempre asegúrate de obtener los permisos relevantes antes de comenzar cualquier trabajo de excavación.

   ○ Si tienes dudas, pregunta.

La Vigilancia del Operador es Crucial, con Atención Dirigida a:

- Evaluar las condiciones del suelo y de las carreteras.

- Identificar la presencia de líneas eléctricas.

- Tener en cuenta los árboles y otros obstáculos.

- Notar la ubicación de alcantarillas y excavaciones abiertas.

- Reconocer la existencia de líneas de servicio.

- Ser consciente de la ubicación de ventanas y puntos ciegos.

- Monitorear la dirección del viento y las condiciones climáticas.

- Considerar la hora del día y las condiciones de iluminación.

- Tener en cuenta las capacidades de carga de puentes y las restricciones de ancho.

Durante la Operación de la Máquina, los Operadores Deben Estar Siempre Alertas a:

- Redes de comunicación.

- Presencia de barricadas y señalización.

- Personal de control y peatones.

- Semáforos y otras señales.

Con respecto a las líneas eléctricas:

- Mantén una distancia mínima de las líneas eléctricas de alta tensión.

- Para las líneas eléctricas de baja tensión, mantén la misma distancia a menos que estés específicamente capacitado en activos eléctricos.

- Los requisitos de distancia pueden variar si las líneas eléctricas están aisladas según los estándares de las autoridades locales.

- Asegúrate de la presencia de observadores, permisos y Declaraciones de Métodos de Trabajo Seguro (SWMS) según lo requerido para operaciones específicas del sitio.

- En caso de contacto con líneas eléctricas, es más seguro permanecer dentro de la minicargadora hasta que se corte la energía y se declare seguro el área.

- Si la ayuda no llega y es necesario evacuar, salta lejos del equipo, evitando el contacto simultáneo con el suelo y la cargadora para prevenir una descarga eléctrica.

Para identificar posibles peligros subterráneos:

- Utiliza localizadores de cables y revisa mapas y planos.

- Busca orientación de los supervisores y contacta a las autoridades de suministro relevantes para obtener más información.

Trabajo en condiciones de poca luz o de noche:

Trabajar en condiciones de poca luz o de noche expone a los trabajadores a varios riesgos, incluyendo la posibilidad de ser golpeados por vehículos en movimiento y el aumento de la probabilidad de resbalones, tropiezos y caídas.

Ejemplos de Controles:

Para mitigar estos riesgos, se pueden implementar medidas como asegurar la presencia de al menos dos trabajadores en todo momento, proporcionar iluminación adicional y equipar a los trabajadores con ropa fluorescente o retrorreflectante como chalecos y polainas.

Sol y Calor:

La exposición prolongada al sol plantea riesgos como el cáncer de piel, trastornos cutáneos, lesiones oculares, estrés por calor y enfermedades relacionadas con el calor. Cada lugar de trabajo debe realizar su propia evaluación de los riesgos de exposición al sol e implementar medidas para controlar la exposición de los trabajadores a la luz solar.

Ejemplos de Controles:

Controlar la exposición al sol puede implicar el uso de protección personal como protector solar y gafas de sol, programar tareas al aire libre durante las partes más frescas del día y proporcionar áreas de sombra y hidratación abundante.

Fatiga:

La fatiga, causada por períodos prolongados de esfuerzo físico o mental sin el descanso suficiente, puede afectar la capacidad de una persona para funcionar normalmente, llevando a un rendimiento disminuido y un mayor riesgo de incidentes y lesiones.

Ejemplos de Controles:

Controlar los riesgos de fatiga puede incluir limitar las responsabilidades de los trabajadores del turno de noche a tareas principales, programar trabajos de bajo riesgo durante períodos de alta fatiga y proporcionar supervisión adecuada y planes de respuesta a emergencias.

Resbalones, Tropiezos y Caídas:

Factores como contaminantes, superficies del suelo, obstáculos y calzado contribuyen al riesgo de resbalones, tropiezos y caídas en el lugar de trabajo.

Ejemplos de Controles:

Las medidas para controlar estos riesgos incluyen eliminar peligros en la etapa de diseño, implementar buenas prácticas de limpieza y asegurar una iluminación adecuada para las tareas.

Ruido:

Niveles excesivos de ruido pueden causar daño auditivo, y controlar la exposición al ruido implica identificar fuentes de ruido excesivo, reducir el ruido en la fuente y proporcionar protección auditiva a los trabajadores.

Ejemplos de Controles:

Controlar el ruido puede involucrar rediseñar la maquinaria, programar trabajos ruidosos para momentos en que haya menos personas presentes y proporcionar dispositivos de protección auditiva.

Agua Reciclada:

El agua de fuentes no potables, incluyendo el agua reciclada, puede contener peligros biológicos, y los lugares de trabajo deben tomar medidas para prevenir daños por la exposición a dicha agua.

Clima Inclemente:

Las condiciones de clima húmedo pueden crear peligros como superficies resbaladizas y riesgos eléctricos, requiriendo que los lugares de trabajo implementen sistemas de trabajo seguros para mitigar estos riesgos.

Tareas Manuales Peligrosas:

Las tareas manuales que implican levantar, transportar y mover objetos pueden llevar a trastornos musculoesqueléticos, y controlar estos riesgos implica modificar las tareas y obtener asistencia cuando sea necesario.

Hay varios métodos para crear un plan de trabajo que asegure el cumplimiento de los procedimientos del sitio y las prácticas de trabajo seguras. Una evaluación de riesgos informal es uno de estos métodos, simplificando la identificación de peligros y la implementación de medidas de control. Este proceso puede involucrar herramientas básicas como cuadernos de bolsillo y un conjunto de procedimientos.

Un proceso común de evaluación de riesgos en las industrias de minería y construcción es SLAM, que significa STOP, LOOK, ASSESS y MANAGE. Es un sistema sencillo y efectivo utilizado globalmente, ofreciendo evidencia documentada de los riesgos identificados de salud y seguridad.

STOP (DETÉN)

El plan de trabajo comienza con una evaluación de riesgos, haciendo preguntas críticas para identificar posibles peligros y determinar la forma más segura y productiva de completar las tareas. Las consideraciones incluyen el entorno, las habilidades requeridas, el equipo necesario y los procedimientos relevantes.

LOOK (MIRA)

Después de detenerse, los empleados deben evaluar el lugar de trabajo en busca de posibles peligros, incluyendo riesgos ergonómicos y de salud que podrían llevar a accidentes y lesiones.

ASSESS (EVALÚA)

A continuación, los empleados evalúan los peligros identificados basándose en sus consecuencias y la probabilidad de ocurrencia, utilizando una matriz de riesgos para determinar el nivel de riesgo asociado con cada tarea.

MANAGE (GESTIONA)

Finalmente, los empleados implementan controles para minimizar los riesgos a niveles tan bajos como razonablemente posible (ALARP). Esto implica reducir la energía, aislar peligros, mejorar el conocimiento y las habilidades, planificar tareas y utilizar herramientas y procesos efectivos.

SLAM Diario

Los trabajadores deben realizar esta evaluación diariamente o antes de comenzar nuevas tareas. Los procesos de monitoreo para factores de calidad y medioambientales también deben ser considerados, con atención a los sistemas existentes, la frecuencia de monitoreo y la gestión de retroalimentación.

SAM

Prevenir accidentes y enfermedades es preferible a reaccionar después de que ocurran incidentes. Enfoques simples como SLAM o SAM (Spot the Hazard, Assess the Risk, Make the Changes) proporcionan marcos efectivos para gestionar peligros y riesgos en el lugar de trabajo.

Spot the Hazard (S)

Identificar peligros en el lugar de trabajo, incluyendo riesgos ambientales, químicos, biológicos, ergonómicos y eléctricos.

Assess the Risk (A)

Evaluar la seriedad de los peligros identificados e informar los riesgos a la gestión o a los representantes de salud y seguridad ocupacional (OHS) para una acción apropiada.

Make the Changes (M)

Implementar medidas para controlar los riesgos, como eliminar peligros, mejorar las rutinas de trabajo o proporcionar capacitación para minimizar riesgos.

Al planificar cualquier proyecto, es crucial evaluar su impacto ambiental y tomar medidas para mitigar cualquier efecto adverso. En muchos países, existen leyes, regulaciones, políticas y directrices destinadas a proteger el medio ambiente. Dentro de la industria de la construcción en general, las preocupaciones ambientales clave incluyen la contaminación del agua pluvial, basura, polvo y escorrentía de sedimentos. Las actividades de construcción deben llevarse a cabo de manera que eviten la contaminación de los cuerpos de agua.

La escorrentía de agua pluvial puede transportar contaminantes a cuerpos de agua y áreas costeras, mientras que la escorrentía de sedimentos puede asfixiar la vida acuática y llevar al ensilamiento de los sistemas hídricos. Además, la basura puede contaminar el agua pluvial.

Implementar prácticas efectivas de gestión de basura y residuos, junto con medidas de control de erosión, sedimentos y polvo, ofrece numerosos beneficios. Estos incluyen ahorro de costos en esfuerzos de limpieza, reducción de peligros por lodo y polvo, mejora de las condiciones de trabajo durante el clima húmedo, mejor salud y seguridad ocupacional, mejor drenaje, minimización de pérdidas de material almacenado, menos quejas del público y una imagen positiva en la comunidad.

El control del polvo no solo es una preocupación ambiental sino también una cuestión de salud y seguridad ocupacional (OHS). Las actividades de construcción inherentemente producen polvo, lo que representa riesgos para los trabajadores, especialmente de materiales como el cemento o productos a base de yeso.

Varios controles pueden mitigar los peligros del polvo, incluyendo el uso de pulverizadores y nebulizadores de agua, métodos húmedos para el corte de concreto, limpieza rápida de escombros, uso de mascarillas aprobadas en áreas de alto riesgo de inhalación y empleo de aspiradoras industriales.

Las prácticas efectivas de drenaje del sitio pueden reducir significativamente el impacto ambiental de la escorrentía de agua pluvial. Medidas como desviar el agua de las pendientes, descargar el agua pluvial en áreas estables y evitar la descarga hacia las entradas/salidas del sitio son esenciales.

Reciclar materiales siempre que sea posible es vital para prácticas de construcción sostenibles. Materiales como acero, aluminio, madera, concreto, ladrillos, plásticos, vidrio y alfombras pueden reciclarse, reduciendo la demanda de nuevos recursos y minimizando los residuos en los vertederos.

Para minimizar aún más el impacto ambiental, se deben tomar medidas para reducir el uso de materiales de construcción. Esto incluye estrategias como consumir menos materiales, reutilizar los existentes, reciclar recursos, utilizar materiales renovables y optar por productos con alto contenido reciclado.

La gestión adecuada de los acopios de arena y suelo es crucial para prevenir la degradación ambiental. Los controles como designar áreas de entrega, evitar el almacenamiento en aceras o reservas de carreteras, ubicar los acopios detrás de controles de sedimentos y mantener una distancia segura de áreas peligrosas deben implementarse.

Las cercas de sedimentos juegan un papel vital en el control de la escorrentía de sedimentos. Estas cercas ayudan a prevenir que los sedimentos salgan del sitio y deben colocarse a lo largo de las curvas de nivel, inspeccionarse y repararse regularmente, e instalarse correctamente para asegurar su efectividad.

Una variedad de accesorios equipa una sola máquina para abordar diversas tareas de paisajismo y construcción con facilidad. Los agricultores a menudo utilizan minicargadoras en sus propiedades para diversos propósitos, beneficiándose de su adaptabilidad y funcionalidad.

Diseñadas principalmente para excavar, las minicargadoras cuentan con una construcción ligera y una maniobrabilidad excepcional. Más allá de la excavación, estas máquinas versátiles pueden realizar una multitud de funciones, incluyendo levantamiento, nivelación, remoción de escombros, demolición, limpieza y nivelación. Sobresalen en varias tareas como actuar como un montacargas todo terreno, realizar movimientos de tierra en grandes cantidades y facilitar la distribución automatizada del suelo con precisión. Además, son eficientes en el perfilado de carreteras, trabajos de concreto y tareas en superficies duras, incluyendo el aserrado de concreto.

Las minicargadoras vienen en dos configuraciones: de cuatro ruedas o equipadas con dos orugas. Las minicargadoras con ruedas utilizan un sistema de transmisión por cadena, mientras que las variantes con orugas emplean transmisiones hidrostáticas. Aunque las minicargadoras generalmente están estandarizadas, están disponibles en varios tamaños, categorizadas como de marco pequeño, mediano y grande, cada una difiriendo en capacidad de peso y potencia.

La extensa gama de accesorios para minicargadoras mejora su versatilidad y utilidad en diferentes aplicaciones. Algunos accesorios disponibles incluyen barrenas para perforación eficiente de agujeros, rompedoras de rocas para la rotura robusta de concreto y rocas, y cucharones de agarre para mover objetos grandes. Además, hay cucharones de rocas para la remoción efectiva de piedras y rocas, horquillas para el manejo de materiales y desbrozadoras para la limpieza de vegetación. Las fresadoras preparan el suelo para la siembra, mientras que las zanjadoras crean zanjas de varios tamaños. Los rastrillos recogen escombros y las escobas barren áreas, mientras que los esparcidores y las barras de nivelación son adecuadas para nivelar y esparcir suelo.

Figura 19: Minicargadora con accesorios de horquilla levantando un palé. The Official CTBTO Photostream, CC BY 2.0, vía Wikimedia Commons.

Elegir el accesorio adecuado es crucial para optimizar la productividad y eficiencia en cada tarea. Escoger el equipo adecuado, ya sea una minicargadora o una excavadora, es fundamental para asegurar la eficiencia y efectividad en las tareas de construcción, a menudo consideradas entre las más desafiantes y laboriosas. ¿No estás seguro de qué maquinaria es la más adecuada para tu próximo proyecto, si una minicargadora, una excavadora o una combinación? La decisión depende de factores como la aplicación, las condiciones del sitio de trabajo, las limitaciones espaciales, la urgencia y el potencial de utilización.

Las minicargadoras, reconocidas por su compacidad y versatilidad, sobresalen en la excavación, el empuje y el movimiento de tierra, haciéndolas indispensables en varias aplicaciones como la retroexcavación, el fresado de pavimentos, la labranza, la mezcla de cemento, la limpieza de sitios, la remoción de basura y la trituración de madera. A diferencia de las excavadoras, las minicargadoras cuentan con un carro fijo, lo que mejora su adaptabilidad.

Seleccionar la minicargadora adecuada implica considerar varios factores. Primero, evalúa el tamaño de la máquina, asegurándote de que coincida con los requisitos de tu proyecto y la capacidad de la superficie del sitio. Las minicargadoras de marco pequeño son ideales para trabajos de demolición y maniobras en espacios estrechos, mientras que los marcos medianos a grandes manejan tareas más pesadas de manera eficiente. Además, ten en cuenta la superficie del trabajo—si es terreno plano o irregular—y elige entre minicargadoras con ruedas u orugas según corresponda.

Los controles juegan un papel crucial, con los controles tradicionales de pedal y palanca siendo comunes en las minicargadoras convencionales, mientras que las variantes modernas cuentan con controles de joystick para una operación más suave. La amplia gama de accesorios disponibles para las minicargadoras mejora aún más su utilidad, pero se debe asegurar la compatibilidad con máquinas específicas. Accesorios como cucharones, herramientas de trabajo en tierra, horquillas, mezcladoras de concreto, herramientas para el control de vegetación, pinzas y escobas ofrecen versatilidad en el manejo de diversas tareas.

Para maximizar la eficiencia y versatilidad, opta por una minicargadora capaz de acomodar una amplia gama de accesorios compatibles con las necesidades de tu proyecto. Evaluar la compatibilidad de los accesorios de la máquina asegura un rendimiento óptimo y versatilidad, haciendo que sea una inversión de alquiler valiosa para tus esfuerzos de construcción.

Antes de operar cualquier maquinaria, es imperativo familiarizarse con todos los protocolos de seguridad y aislamiento.

Procedimientos de Extinción de Incendios: Las máquinas involucradas en operaciones de trabajo pesado, funcionando continuamente, a menudo operan a temperaturas elevadas. Aunque los incendios en máquinas son raros, pueden llevar a una destrucción completa si no se controlan rápidamente.

Entender el tetraedro del fuego, que comprende combustible, calor, un agente oxidante y una reacción en cadena química, es crucial. Cualquier alteración de estos factores puede prevenir, suprimir o controlar un incendio.

El principio de extinción de incendios gira en torno a eliminar un lado del triángulo del fuego, impidiendo así la ignición. Los operadores, a menudo posicionados a varios metros del suelo, deben evitar abandonar inmediatamente la máquina durante un incendio y en su lugar seguir pasos específicos para minimizar el daño:

- Apaga completamente la máquina para evitar que el ventilador del motor agrave el incendio.

- Si está equipada con un sistema de radio bidireccional, utiliza los procedimientos de emergencia para solicitar ayuda.

- Activa el sistema de supresión de incendios dentro de la cabina o utiliza un extintor portátil si es seguro hacerlo.

- Asegura un camino despejado para retirarte y aléjate de la máquina si el incendio persiste después de los intentos de extinción.

Sistemas de Supresión de Incendios: Las máquinas equipadas con sistemas de supresión de incendios requieren protocolos específicos durante los incidentes de incendio:

- Si se ven llamas, detén la máquina inmediatamente, apaga el motor y activa el sistema de supresión de incendios. Espera asistencia adicional con un extintor portátil.

- Si se detecta humo, detén la operación, investiga la causa y activa el sistema de supresión de incendios si es necesario. Informa cualquier incidente al supervisor de inmediato.

Gestión de Incidentes: Todos los incidentes deben ser reportados, investigados y gestionados según el Procedimiento de Reporte, Investigación y Escalamiento de Incidentes de WHS de la organización.

Respuesta y Preparación para Emergencias: Para sitios de construcción o carreteras, individuos competentes deben desarrollar e implementar procedimientos y planes de respuesta a emergencias. Estos planes deben ser probados, y los trabajadores educados sobre su contenido y responsabilidades. Los sitios de trabajo fijos deben adherirse a planes de evacuación de emergencia específicos y directrices delineadas en manuales específicos del sitio y estándares de WHS.

Revisión Previa al Inicio de una Minicargadora: La revisión previa al inicio de una minicargadora implica una inspección sistemática de varios componentes para asegurar que la máquina esté en condiciones seguras de funcionamiento antes de la operación. Aquí hay una explicación detallada de cada paso típicamente involucrado en una revisión previa al inicio de una minicargadora:

1. **Inspección Exterior**: Comienza inspeccionando visualmente el exterior de la minicargadora. Busca signos de daños, como abolladuras, rasguños o fugas. Revisa los neumáticos o las orugas en busca de desgaste y asegúrate de que estén correctamente inflados y libres de defectos visibles.

2. **Niveles de Fluidos**: Verifica los niveles de fluidos, incluyendo aceite del motor, fluido hidráulico, refrigerante y combustible. Asegúrate de que cada fluido esté en el nivel adecuado según las especificaciones del fabricante. Si algún nivel de fluido está bajo, rellénalo según sea necesario.

3. **Correas y Mangueras**: Inspecciona las correas y mangueras en

busca de signos de desgaste, grietas o fugas. Asegúrate de que estén bien sujetas y libres de cualquier daño que pueda llevar a un mal funcionamiento durante la operación.

4. **Controles e Instrumentos**: Prueba todos los controles e instrumentos para asegurarte de que funcionen correctamente. Esto incluye la dirección, los pedales, los joysticks, los indicadores, las luces, la bocina y cualquier otro mecanismo de control. Asegúrate de que respondan correctamente y sin problemas a las entradas.

5. **Características de Seguridad**: Verifica todas las características de seguridad, como cinturones de seguridad, sistemas de protección contra vuelcos (ROPS) y sistemas de protección contra objetos que caen (FOPS), si están equipados. Asegúrate de que estén en buen estado y funcionen como se pretende para proteger al operador durante la operación.

6. **Accesorios**: Si la minicargadora está equipada con accesorios, inspecciónalos para verificar una instalación adecuada y condición. Asegúrate de que estén bien montados y libres de defectos que puedan afectar su rendimiento.

7. **Frenos y Dirección**: Prueba los frenos y la dirección para asegurarte de que sean receptivos y efectivos. Escucha cualquier ruido inusual o resistencia que pueda indicar un problema con estos sistemas.

8. **Fugas de Fluidos**: Busca signos de fugas de fluidos alrededor de la minicargadora, incluyendo aceite, fluido hidráulico, refrigerante o combustible. Aborda cualquier fuga de inmediato para prevenir peligros potenciales o daños a la máquina.

9. **Integridad Estructural**: Finalmente, inspecciona la integridad

estructural general de la minicargadora, incluyendo el marco, el chasis y la carrocería. Busca signos de daño, corrosión o fatiga que puedan comprometer la seguridad o el rendimiento de la máquina.

Realizando una revisión previa al inicio completa según estos pasos, los operadores pueden asegurar que la minicargadora esté en condiciones seguras y óptimas de funcionamiento antes de comenzar cualquier tarea u operación. Esto ayuda a prevenir accidentes, malfuncionamientos y tiempos de inactividad, maximizando la productividad y eficiencia en el sitio de trabajo.

Para iniciar y controlar la minicargadora: En primer lugar, consulta el manual del propietario para obtener instrucciones esenciales. Normalmente, contiene directrices de seguridad para los operadores y procedimientos operativos para la minicargadora. Además, contiene el código necesario para desbloquear el vehículo, un requisito previo para su operación.

Asegúrate de estar sentado correctamente: Colócate cómodamente en la minicargadora y agarra la barra de seguridad, bajándola sobre ti. Ten en cuenta que la barra de seguridad está diseñada para descansar en la posición baja sin bloquearse, similar a un cinturón de seguridad.

Antes de operar la minicargadora, realiza una inspección visual completa de tus alrededores, revisando el frente, la parte trasera y los lados en busca de cualquier obstáculo o peligro.

Arrancar la minicargadora: Gira la llave hacia la derecha. Una vez que el panel de código se ilumine, introduce el código correcto proporcionado en el manual. Luego, gira completamente la llave para arrancar la minicargadora. Asegúrate de que la velocidad de ralentí no esté configurada demasiado alta antes de comenzar. Los pasos para arrancar una minicargadora incluyen:

1. Agarra las manijas exteriores con ambas manos, asegurando tres puntos de contacto mientras asciendes los escalones.

2. Entra en la cabina, girándote mientras entras.

3. Siéntate y ajusta el asiento y otras características a tu preferencia para mayor comodidad.

4. Abrocha tu cinturón de seguridad; ten en cuenta que ciertos modelos requieren que el cinturón de seguridad esté abrochado antes de arrancar.

5. Alcanza la jaula antivuelco por encima y bájala usando ambas manos; los modelos más nuevos exigen asegurar la jaula antivuelco antes de arrancar.

6. Gira la llave de encendido un cuarto de vuelta y espera la señal audible.

7. Suelta el freno de estacionamiento presionando el botón superior.

8. Gira completamente la llave de encendido para arrancar el motor.

9. Anula el mecanismo de seguridad presionando el botón verde "listo", que desbloquea las marchas.

10. Empuja los controles de los brazos hacia adelante para iniciar el movimiento y poner en marcha la minicargadora.

Figura 20: Ejemplo de cabina de minicargadora.

Familiarízate con los joysticks, que permiten el control de la mini-cargadora. Existen dos patrones de joystick: ISO y H. En el patrón ISO, el joystick izquierdo gestiona el movimiento del vehículo, mientras que el joystick derecho controla los brazos y los accesorios, ver Figura 21 y Figura 22. Por el contrario, el patrón H combina los movimientos de los joysticks para operadores experimentados.

Utiliza la minicargadora para la tarea prevista, asegurando que el accesorio adecuado esté montado en los brazos de control, como horquillas para levantar palets o un balde para mover materiales.

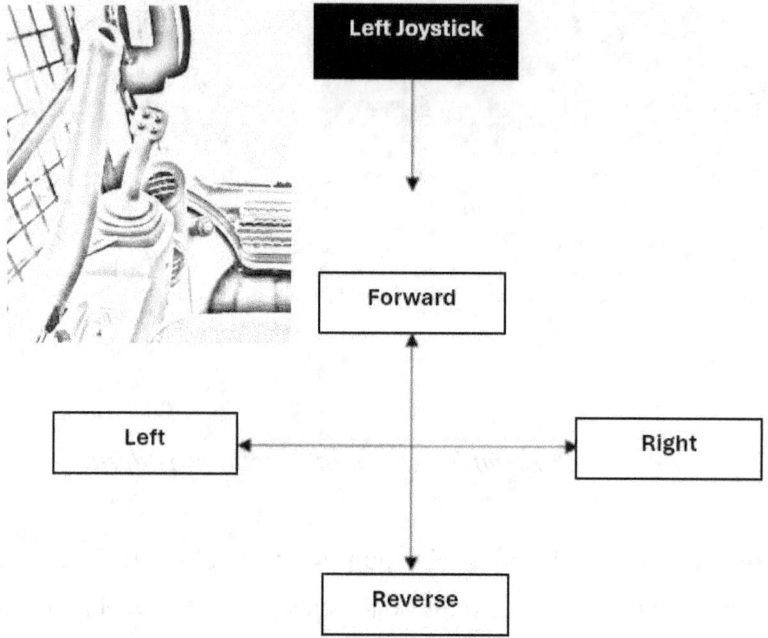

Figura 21: Patrón ISO - Control del joystick izquierdo.

Ajusta la velocidad de ralentí, ya sea mediante un pedal o una palanca ubicada típicamente en el lado derecho de la minicargadora. Configura las RPM en la configuración más alta para obtener la máxima potencia.

Levanta el balde o las horquillas al menos 12" (30 cm) del suelo para evitar que golpeen el suelo cuando la minicargadora esté en movimiento. En el patrón ISO, tira del joystick derecho hacia atrás en dirección suroeste para levantar los brazos de control e inclinar el accesorio hacia arriba.

Navega la minicargadora empujando el joystick izquierdo en la dirección deseada. Empujarlo hacia adelante mueve la minicargadora hacia adelante, mientras que empujarlo hacia la izquierda o la derecha hace que gire en esa dirección. Para retroceder, tira del joystick izquierdo hacia atrás, ya sea directamente hacia atrás para un retroceso en línea recta o en diagonal para girar.

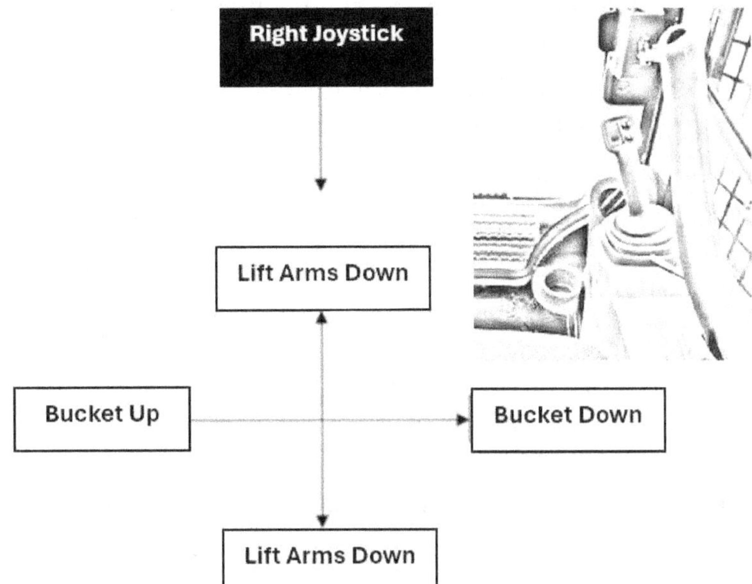

Figura 22: Patrón ISO - Control del joystick derecho.

Operar una Minicargadora

A diferencia de los automóviles estándar, las minicargadoras típicamente utilizan controles de brazo separados derecho e izquierdo, a menudo denominados joysticks, para manejar la dirección y la aceleración [9].

Los controles de brazo de cada lado dictan la velocidad y dirección de las respectivas ruedas u orugas:

- **Para girar o moverse hacia la izquierda**: empuja el control del brazo izquierdo hacia adelante.

- **Para girar o moverse hacia la derecha**: empuja el control del brazo derecho hacia adelante.

- **Para moverse recto hacia adelante**: empuja ambos controles de brazo hacia adelante.

- **Para moverse en reversa**: tira de ambos controles de brazo hacia ti.

Algunas minicargadoras emplean un solo control de brazo para ejecutar todas las maniobras de dirección. Para los controles de un solo brazo, el movimiento del joystick determina la dirección:

- **Para girar o moverse hacia la izquierda**: empuja el control del brazo hacia adelante y a la izquierda.

- **Para girar o moverse hacia la derecha**: empuja el control del brazo hacia adelante y a la derecha.

- **Para moverse recto hacia adelante**: empuja el control del brazo hacia adelante.

- **Para moverse en reversa**: tira del control del brazo hacia ti.

Características y Medidores Básicos de una Minicargadora

Cada minicargadora debería poseer las siguientes características y medidores:

- **Medidor de Temperatura**: Indica los niveles de calor del motor.

- **Medidor de Combustible**: Muestra el combustible restante.

- **Medidor de Horas**: Registra las horas de uso de la máquina.

- **Liberación de Presión Auxiliar**: Utilizado para liberar la presión hidráulica en los accesorios con mangueras hidráulicas.

- **Flujo Variable**: Ajusta el flujo de presión hidráulica según las necesidades del accesorio.

- **Flujo Alto**: Proporciona potencia hidráulica adicional para accesorios específicos.

- **Flujo Máximo**: Activa la máxima potencia hidráulica para accesorios de trabajo pesado.

- **Bob-Tach**: Facilita la adición o liberación de accesorios a través de controles de botones superiores.

Requisitos de Flujo de los Accesorios

Ciertos accesorios pueden operar efectivamente en varios ajustes de flujo. Es recomendable consultar el manual del fabricante para determinar los requisitos ideales de galones por minuto (GPM) para el rendimiento óptimo del accesorio.

Operar una Minicargadora Durante la Elevación y Descarga
Uso de los Pedales

Cada pedal controla una función específica de tus accesorios mediante el movimiento del pie. El pedal del pie izquierdo gobierna el brazo, mientras que el pedal del pie derecho controla el balde.

- **Pedal Izquierdo (Brazo)**

  - Para bajar el brazo: empuja suavemente la punta del pie izquierdo hacia adelante en el pedal.

  - Para levantar el brazo: empuja suavemente el talón izquierdo hacia atrás en el pedal.

- **Pedal Derecho (Balde)**

  - Para descargar el balde: empuja suavemente la punta del pie derecho hacia adelante en el pedal.

  - Para curvar el balde para excavar: empuja suavemente el talón derecho hacia atrás en el pedal.

Controles del Brazo y Balde para Minicargadoras con Control de un Solo Brazo

Cuando operas una minicargadora equipada con control de un solo brazo para la dirección, el control del brazo no utilizado se emplea para operar el balde y el brazo.

- **Para excavar con/curvar el balde**: mueve el control del brazo hacia la izquierda.

- **Para descargar el balde**: mueve el control del brazo hacia la derecha.

- **Para bajar el brazo**: tira del control del brazo hacia atrás.

- **Para levantar el brazo**: empuja el control del brazo hacia adelante.

Mecanismos de Seguridad en Minicargadoras

Las minicargadoras vienen equipadas con hasta siete mecanismos de seguridad diferentes para proteger al operador. Estos incluyen:

1. Cinturón de Seguridad

2. Guardias y Cubiertas de Seguridad

3. Dispositivos de Advertencia

4. Dirección Suplementaria y Frenos de Emergencia

5. Etiquetas de Advertencia

Estos dispositivos sirven como controles para prevenir daños tanto al operador como a otros, enfatizando la importancia de una inspección y mantenimiento vigilante por parte de un operador competente.

Cinturón de Seguridad

Normalmente, las minicargadoras están equipadas con cinturones de seguridad para evitar que el operador se caiga del asiento en caso de vuelco. Algunos cinturones de seguridad cuentan con una conexión eléctrica que prohíbe el funcionamiento de la máquina a menos que el cinturón de seguridad esté abrochado.

Es imperativo recordar que los cinturones de seguridad deben usarse en todo momento. La mayor probabilidad de supervivencia en un accidente se asegura estando dentro de la cabina con el cinturón de seguridad bien abrochado.

Antes de arrancar la máquina, los operadores deben inspeccionar minuciosamente el cinturón de seguridad en busca de defectos, incluyendo cintas deshilachadas, hebillas dañadas, operación adecuada del deslizador antideslizante y hardware de montaje del cinturón seguro. Si se identifican defectos, no se debe operar la máquina hasta que se realicen los reemplazos necesarios.

Además, todos los empleados que viajen en vehículos de la empresa y equipos móviles deben usar cinturones de seguridad, con los pasajeros sentados en asientos aprobados y sus cinturones abrochados antes del movimiento. No usar cinturones de seguridad puede resultar en consecuencias legales y pérdida del derecho a la compensación de trabajadores.

Barras de Protección para el Operador

Las barras de protección para el operador, incluyendo estructuras de protección contra vuelcos (ROPS) y estructuras de protección contra objetos que caen (FOPS), están diseñadas específicamente para proporcionar protección contra aplastamientos al operador en caso de vuelco, permitiendo la flexión controlada de los miembros estructurales.

Es crucial notar que el diseño de la cabina no debe alterarse de ninguna manera, ya que hacerlo podría dejar inoperativo el sistema de protección durante un vuelco y potencialmente anular la garantía del fabricante.

Distribución de Peso y Centro de Gravedad

Ten en cuenta la importancia de la distribución del peso y el centro de gravedad al maniobrar la máquina, especialmente en espacios reducidos o confinados. Asegúrate de que la operación hidráulica sea suave y fluida, sin movimientos bruscos o impactos fuertes cuando los brazos o el balde alcancen sus límites. Apunta a una velocidad constante y suave al operar los brazos de elevación hidráulica y el balde.

Mantén el Movimiento en Todos los Neumáticos

Mantén el movimiento en todos los neumáticos, con los neumáticos internos rotando lentamente para minimizar el consumo de energía y la perturbación del suelo. Evita dejar que el neumático interior deje de girar, particularmente en superficies más duras donde mantener la tracción es crucial para el control.

Aprovecha Efectivamente la Potencia de la Máquina

Evita girar en exceso, especialmente al navegar por las esquinas. Mantén el control de la máquina en todo momento y suelta las palancas de dirección si la máquina comienza a sentirse incontrolable, ya que tus acciones pueden contribuir al problema.

Asegura Estabilidad y Visibilidad

Mantén el centro de gravedad lo más bajo posible, especialmente al viajar o girar. Mantén el balde posicionado bajo para mantener la estabilidad. Recuerda posicionar el extremo más pesado cuesta arriba al atravesar pendientes, con la parte trasera más pesada cuando está descargada y la parte delantera más pesada cuando está cargada.

Evita el Deslizamiento Lateral

Evita conducir la minicargadora de lado en las pendientes y en su lugar conduce hacia arriba y hacia abajo lentamente y con precaución. Prohíbe que haya pasajeros en la máquina, ya sea en el balde o en el regazo del operador. Abstente de usar la minicargadora como un elevador improvisado o como un transportador de personal, ya que puede ocurrir una falla hidráulica.

Operación Segura

Nunca arranques el motor ni operes los controles desde fuera de la cabina, ya que los accesorios del cargador o del brazo de elevación podrían moverse inesperadamente, representando un peligro de aplastamiento. Siempre verifica la presencia de obstáculos y compañeros de trabajo antes de retroceder, y usa los reposabrazos para mantener el control en terrenos irregulares.

Abordar Zanjones u Obstáculos

Cuando te encuentres con zanjones u obstáculos, abórdalos en ángulo para maximizar el contacto de los neumáticos con el suelo y asegurar la estabilidad. Siguiendo estas pautas, puedes mejorar la seguridad y la eficiencia al operar la minicargadora.

Factores que Pueden Causar Pérdida de Estabilidad Durante las Operaciones

Cualquiera de los siguientes factores puede causar una pérdida de estabilidad durante las operaciones:

1. Aceleración rápida

2. Frenado repentino

3. Viajar con la carga demasiado alta

4. Descargar la carga demasiado rápido

5. Bajar los brazos de elevación demasiado rápido

6. Terreno irregular

7. Desagües

8. Pendientes

9. Girar en pendientes

10. Girar demasiado rápido

11. Carga desigual

12. Obstáculos

13. Zanjas

14. Juegos bruscos

15. Baja presión de los neumáticos

16. Sobrecargar el balde

Mantener la Estabilidad en Minicargadoras

Mantener la estabilidad en las minicargadoras es crucial para la seguridad del operador, los transeúntes, la carga y el entorno de trabajo. Para asegurar la estabilidad:

1. Mantén la presión de los neumáticos recomendada.

2. Evita sobrecargar la máquina con cargas excesivamente grandes, especialmente material húmedo que puede ser más pesado.

3. Asegura que la carga esté distribuida uniformemente en el balde.

4. Ajusta las operaciones según las condiciones del suelo y el clima.

5. Viaja a velocidades apropiadas según las condiciones del suelo y el clima.

6. Reduce la velocidad en superficies irregulares y utiliza la máquina para despejar peligros cuando sea posible.

7. Evita conducir lateralmente en pendientes.

8. Mantén el área de trabajo limpia y libre de obstáculos.

9. Mantén un flujo operativo suave.

10. Mantente alerta a obstáculos y equipos periféricos.

11. Ten precaución al conducir en el agua; verifica la profundidad de antemano.

12. Planifica las tareas minuciosamente.

13. Mantén las manos alejadas de obstrucciones en la cargadora.

Cálculos Básicos para el Operador de Cargadora

Como operador de cargadora, es esencial familiarizarse con los cálculos básicos de área y volumen. El área se determina multiplicando la longitud por el ancho, mientras que el volumen se calcula multiplicando el área (longitud x ancho) por la profundidad.

Calcular el Peso de la Carga

Antes de levantar cualquier carga, es crucial calcular su peso con precisión. Esto se puede lograr mediante:

- Revisar las marcas de peso en la carga.

- Revisar los documentos de entrega o de información.

- Consultar los documentos de la báscula si están disponibles.

- Calcular el peso del material si es necesario.

Cuando tengas dudas sobre el peso, busca orientación de un supervisor o colega, o elige cargas más pequeñas dentro de los límites de carga segura de la minicargadora.

Estimar la Cantidad de Material Dentro de los Límites de Carga Segura

Para estimar la cantidad de material dentro de los límites de carga segura, consulta el manual del operador o las placas de datos para la capacidad del balde. Alternativamente, utiliza la siguiente fórmula como una guía aproximada:

Longitud x Altura x Ancho ÷ 2

Durante la Carga

Asegúrate de que las cuatro ruedas permanezcan en el suelo mientras cargas. Ajusta el ángulo del balde según el tipo de material, aumentando el ángulo para materiales duros y compactos. Un ángulo excesivo puede causar vibración en el balde, mientras que un ángulo insuficiente puede resultar en rebotes y deslizamientos sobre el material.

Figura 23: El ángulo correcto del balde es importante durante la carga. SFC ORBE, USA, Dominio público, vía Wikimedia Commons.

Maximiza el acelerador y avanza hacia la pila, ajustando la velocidad al apretar las palancas y manteniendo una presión constante. Mantén el empuje hacia adelante mientras ruedas el balde para evitar un llenado incorrecto o una sobrecarga del motor.

La minicargadora no está diseñada para empujar grandes cantidades de material. Enfócate en empujar de manera suave y constante hacia la pila mientras coronas y elevas el balde para asegurar un llenado completo.

Mientras ruedas el balde con el empuje hacia adelante, eleva los brazos, teniendo en cuenta que algunos materiales pueden no necesitar esta operación.

Antes de retroceder o cambiar de dirección, siempre verifica sobre tu hombro.

Transportar la Carga

Mantén la carga lo más baja posible con el balde completamente rodado hacia atrás, ajustando la altura según el terreno y posicionando el camión o la minicargadora para minimizar el movimiento. Considera las condiciones del viento, la superficie del suelo, el peso del material y el centro de gravedad para mantener la estabilidad de la minicargadora.

Figura 24: Transportar la carga lo más baja posible. Aktron, CC BY 3.0, vía Wikimedia Commons.

Mover la Carga

Antes de levantar y mover la carga, asegúrate de que los accesorios estén correctamente asegurados y que las eslingas, si se utilizan, estén posicionadas para mantener el equilibrio. Comunica tus intenciones claramente, monitorea cualquier movimiento o peligro, usa una línea de guía para estabilizar la carga y deposítala de manera segura antes de retirar los accesorios o las eslingas.

Descargar

Levanta los brazos al acercarte al camión/contenedor, manteniendo la parte superior del balde nivelada, y descarga la carga lentamente.

Figura 25: Descarga la carga lentamente. ŠJů (cs:ŠJů), CC BY-SA 3.0, vía Wikimedia Commons.

Visibilidad y Seguridad en Equipos Pesados

La visibilidad a menudo es limitada en equipos pesados debido a la posición elevada del operador. Es responsabilidad del operador mantener las ventanas, luces y reflectores limpios en cualquier vehículo para asegurar la máxima visibilidad en todo momento. Antes de avanzar o retroceder, el operador debe asegurarse de que el área esté libre de obstrucciones y considerar el uso de señales de bocina según sea necesario. Los operadores también deben ser conscientes de su campo de visión y puntos ciegos, así como de los puntos ciegos de otros equipos, para hacer los ajustes necesarios. Se debe evitar estacionar directamente detrás de otros equipos móviles, y los operadores deben asegurarse de ser visibles o utilizar contacto por radio antes de proceder.

Políticas y Procedimientos para la Seguridad en el Sitio

Deben establecerse políticas y procedimientos efectivos para gestionar la seguridad en el sitio. Estos deben formar parte de un sistema de gestión global que identifique y controle eficazmente los riesgos asociados con el trabajo realizado. Un sistema de seguridad integral debe incluir procesos para:

- Identificar a las personas con responsabilidades de salud y seguridad ocupacional.

- Gestionar la salud y seguridad de los contratistas y subcontratistas.

- Establecer procedimientos de consulta para asuntos de salud y seguridad.

- Identificar peligros y controlar riesgos.

- Ubicar servicios subterráneos.

- Desarrollar reglas de seguridad en el sitio.

- Monitorear actividades en el sitio y hacer cumplir las reglas de seguridad.

- Establecer comodidades en el sitio.

- Implementar mantenimiento continuo.

- Proporcionar inducción específica del sitio para trabajadores y otras personas.

- Asegurar que solo trabajadores capacitados y competentes trabajen en el sitio.

- Garantizar que toda la planta y equipo sean seguros y no representen riesgos para la salud antes de su uso.

- Identificar requisitos para un recinto de planta móvil y estacionamiento de vehículos.

- Desarrollar planes de gestión del tráfico.

- Identificar y controlar riesgos para el público.

- Desarrollar planes de respuesta a emergencias para situaciones de emergencia previsibles.

Gestión de la Seguridad de los Trabajadores

Cada empleador en el sitio debe gestionar efectivamente la seguridad de sus trabajadores, planta móvil y equipo. Deben establecerse procesos y procedimientos para garantizar el desarrollo de declaraciones de métodos de trabajo seguros para trabajos de construcción de alto riesgo, el desarrollo de procedimientos de trabajo seguros para otras tareas con riesgos para los trabajadores o el público, contar con trabajadores competentes o supervisión directa de trabajadores, planes de respuesta a emergencias para situaciones de emergencia previsibles, incluidos los procedimientos para gestionar los riesgos asociados con una persona atrapada por el suelo u otro material, y monitorear la salud y las condiciones de los trabajadores. Si se utiliza una planta motorizada, debe estar en buen estado mecánico, ser segura para su uso y contar con la documentación de seguridad requerida.

Peligros en el Sitio

Los peligros en el sitio pueden incluir el movimiento de materiales y equipos, terreno irregular, caídas, proximidad de planta móvil y otros vehículos, ruido o polvo excesivo, servicios públicos, suelo contaminado y condiciones climáticas y radiación UV. Los empleadores deben esforzarse por eliminar los riesgos para la salud y la seguridad en la medida de lo razonablemente practicable, como desenergizar las líneas eléctricas si es necesario. Si los riesgos no pueden eliminarse, deben reducirse mediante medidas como implementar controles obligatorios especificados por la ley, sustituir nuevas actividades o equipos, aislar a las personas de los peligros, utilizar controles de ingeniería o emplear una combinación de estos métodos. Cualquier riesgo restante debe controlarse mediante controles administrativos como capacitación específica en seguridad y EPP, como protección auditiva y ropa de alta visibilidad.

Accesorios para Minicargadoras

Las minicargadoras son máquinas versátiles capaces de realizar diversas tareas. Equipadas típicamente con un balde para mover tierra, grava, alimento y materiales similares, las minicargadoras pueden cambiar fácilmente entre diferentes accesorios para adaptarse a diferentes tareas.

Una de las principales ventajas de las minicargadoras o cargadoras multi-terreno es la amplia gama de herramientas de trabajo disponibles. Las herramientas de trabajo Caterpillar, por ejemplo, están específicamente diseñadas para interactuar con el sistema de acoplamiento rápido universal de la máquina, lo que permite cambios de accesorios rápidos y seguros sin que el operador tenga que salir de la cabina. Algunas de las herramientas de trabajo ofrecidas incluyen baldes para tierra, baldes utilitarios, horquillas para palets, baldes con pinza utilitaria, rastrillos para paisajismo y más.

*Figura 26: Muestra de accesorio - Horquil-
las. Wikideas1, CC0, vía Wikimedia Commons.*

Quitar un accesorio implica encontrar una superficie plana, asegurarse de que no haya distracciones, localizar el botón de liberación
o los pasadores de bloqueo, y retroceder el dispositivo hasta que la
placa de montaje se libere. Agregar un accesorio con un sistema de

acoplamiento rápido implica alinear la placa de montaje, deslizarla en el soporte del nuevo accesorio, bloquear los brazos en su lugar y presionar el botón de acoplamiento. Los sistemas manuales requieren asegurar el nuevo accesorio con pasadores de bloqueo y asegurar una alineación adecuada sin resistencia.

Figura 27: Muestra de accesorio - Barrena.

Los accesorios para minicargadoras vienen en varios tipos, incluyendo baldes, retroexcavadoras, escobas, rastrillos, zanjadoras, cortadoras de maleza, fresadoras, barrenas, martillos, desbrozadoras y horquillas. Cada accesorio sirve para propósitos específicos, como excavación, jardinería, demolición, perforación y manejo de materiales.

Los accesorios para minicargadoras se consideran universales debido a su intercambiabilidad entre diferentes modelos y marcas. Esta universalidad se facilita por el sistema de "acoplamiento rápido", un mecanismo de acoplamiento estándar utilizado en todo el mundo en las minicargadoras.

Figura 28: Minicargadora CASE SR210 con accesorio de garra. Case Construction Equipment, CC BY-SA 4.0, vía Wikimedia Commons.

El sistema Bob-Tach es un sistema de montaje rápido de accesorios utilizado en minicargadoras y cargadoras compactas de orugas fabricadas por Bobcat Company. Permite a los operadores cambiar rápidamente los baldes y accesorios sin salir de la cabina, mejorando la eficiencia y versatilidad en el sitio de trabajo.

Funcionamiento del Sistema Bob-Tach

El sistema Bob-Tach generalmente consta de dos palancas ubicadas en los brazos de la cargadora que controlan el mecanismo de bloqueo del accesorio. Al tirar de estas palancas, se desactiva el mecanismo de bloqueo, permitiendo al operador retirar o instalar accesorios rápida y fácilmente. Este sistema está diseñado para ser fácil de usar y asegura una conexión segura entre el accesorio y los brazos de la cargadora, minimizando el riesgo de accidentes o desprendimientos durante la operación.

Ventajas del Sistema Bob-Tach

En general, el sistema Bob-Tach simplifica el proceso de cambiar entre diversas herramientas de trabajo, como baldes, horquillas para palets, barrenas y más, haciendo que la minicargadora o la cargadora compacta de orugas sean más adaptables a diferentes tareas y aplicaciones en el sitio de trabajo.

Instrucciones para Usar el Sistema Bob-Tach

Cuando una cargadora está equipada con el sistema Bob-Tach, diseñado para el cambio rápido de baldes y accesorios:

1. **Tira de las palancas Bob-Tach hacia arriba completamente.**

2. **Inclina el Bob-Tach hacia adelante y conduce la cargadora hacia adelante hasta que el borde superior del Bob-Tach esté completamente bajo la brida del balde.** Evita golpear las palancas Bob-Tach contra el balde.

3. **Inclina el Bob-Tach hacia atrás hasta que el balde esté fuera del suelo y luego detén el motor.**

Advertencia

Para prevenir lesiones o muerte, apaga la máquina antes de salir del asiento del operador. Antes de salir:

- Baja los brazos de elevación para colocar el accesorio plano en el suelo.

- Detén el motor.

- Activa el freno de estacionamiento.

- Levanta la barra del asiento y ajusta los pedales hasta que ambos se bloqueen de manera segura.

Para bloquear las cuñas del Bob-Tach, empuja las palancas hacia abajo como se muestra. Siempre consulta el manual del propietario para adjuntar diferentes accesorios auxiliares a tu máquina para evitar lesiones o muerte.

Nota

Siempre consulta el manual del operador o contacta al distribuidor cuando operes o instales nuevos accesorios.

Cambios Rápidos de Accesorios Montados en el Brazo

Los accesorios montados en el brazo pueden cambiarse rápidamente. El sistema se compone de:

A. **Placa de montaje pivotante** fijada a los brazos de elevación del brazo. B. **Mangos de cierre** para asegurar el accesorio a la placa de montaje pivotante. C. **Silla del accesorio** (parte del accesorio).

Para montar un accesorio, asegúrate de que los mangos de cierre estén completamente en la posición "arriba" para retraer los pasadores de bloqueo. Alinea la placa de montaje de la minicargadora con la silla del accesorio ajustando la minicargadora mientras subes o bajas la parte superior de la placa de montaje bajo la silla del accesorio hidráulicamente. Eleva la placa de montaje usando los controles de pie o de mano hasta que la superficie trasera del accesorio descanse contra la placa de montaje. Baja el accesorio con el balde inclinado hacia adelante (asegurándote de que no toque el suelo). Una vez en posición, apaga el motor, activa el freno de estacionamiento y sal de la minicargadora. Empuja firmemente hacia abajo las palancas de bloqueo para enganchar los pasadores de bloqueo en las lengüetas de retención.

Nota: Algunas minicargadoras pueden contar con un sistema de bloqueo de accesorios por botón que activa hidráulicamente los pasadores desde el asiento del operador.

Desmontaje del Accesorio

Para quitar el accesorio, invierte el proceso de instalación. Cuando el accesorio esté libre, baja ligeramente el brazo y retrocede lentamente asegurándote de que esté estable.

Advertencia: No intentes bloquear los pasadores de bloqueo manuales desde dentro de la cabina del operador. Mantén todas las partes del cuerpo dentro de la cabina.

Quitar un Accesorio Hidráulicamente Propulsado

Desconectar un accesorio hidráulicamente propulsado no solo implica la conexión mecánica, sino también las mangueras hidráulicas.

Sigue estos pasos para desconectar las mangueras hidráulicas:

- Asegúrate de que el accesorio esté en una posición estable.

- Baja los brazos de elevación y mueve las palancas de control hidráulico hacia adelante y hacia atrás para liberar la presión estática.

- Empuja hacia atrás el anillo de bloqueo.

- Retira las mangueras hidráulicas de los acoplamientos y coloca las tapas de polvo en cada conector.

- Cuelga las mangueras en el equipo, manteniéndolas fuera del suelo para evitar daños a la máquina o lesiones a ti mismo.

Advertencia: Recuerda quitar las líneas hidráulicas antes de retirarte.

Operación Hidráulica de la Minicargadora

La minicargadora opera como una máquina hidráulica impulsada por un motor. Al arrancar el motor, cada acción, ya sea movimiento en el suelo, dirección, control de los brazos de elevación, posicionamiento del balde u operación de accesorios, involucra mecanismos hidráulicos.

Potencia Hidráulica: El término "hidráulico" se refiere a fluidos bajo presión. Si bien cualquier líquido puede ser presurizado, no todos los líquidos son adecuados para el trabajo hidráulico. Por ejemplo, una manguera de jardín dejada al sol demuestra agua presurizada, pero el agua no puede funcionar eficazmente como un fluido hidráulico debido a su tendencia a vaporizarse a altas temperaturas. El aceite es el fluido hidráulico típico utilizado en equipos agrícolas, ya que puede fluir efectivamente a través de sistemas con aberturas mínimas y soportar alta presión.

Precauciones al Usar Sistemas Hidráulicos

Para operar sistemas hidráulicos de manera segura y eficiente, es crucial considerar los siguientes puntos:

- Limpieza del aceite hidráulico.

- Generación de calor durante la operación.

- Riesgos asociados con fugas de aceite bajo presión.

Asegúrate de comprender cada punto claramente y, si es necesario, busca orientación de un supervisor o técnico hidráulico.

Requisitos de Aceite Limpio

Las bombas hidráulicas y las válvulas de control operan con pequeñas holguras y tolerancias cerradas. Los contaminantes como arena y suciedad pueden causar desgaste y daño a estos componentes. Por lo tanto, se debe utilizar aceite hidráulico limpio y se debe tener cuidado de mantener la limpieza alrededor de las áreas de llenado y conexiones.

Las cubiertas de los conectores hidráulicos siempre deben estar en su lugar para evitar que el polvo, la suciedad, la grasa y la humedad entren en el sistema, asegurando así una mayor durabilidad del sistema.

Peligros de la Generación de Calor

A medida que el fluido hidráulico se mueve a través del sistema, encuentra resistencia por parte de las cargas, lo que lleva a un aumento de la presión y la acumulación de calor. Bajo condiciones de carga pesada, las mangueras y conexiones pueden calentarse. Antes de tocar cualquier conexión, es esencial sentir el calor colocando el dorso de la mano cerca.

Si las conexiones están calientes, permite que el sistema hidráulico se enfríe antes de hacer cualquier ajuste.

Fugas de Aceite a Alta Presión

La presión dentro de los sistemas hidráulicos puede superar los 2000 psi, lo que representa un riesgo de fugas en las mangueras y conexiones. Estas fugas pueden no ser siempre visibles y pueden causar lesiones graves si el aceite se inyecta bajo la piel. Nunca verifiques las fugas con la mano y busca atención médica inmediata si ocurre una inyección de aceite.

Conectar Mangueras Hidráulicas a los Acopladores

Los acopladores hidráulicos facilitan conexiones rápidas y sencillas. Sigue estos pasos:

1. Limpia los acopladores para eliminar la suciedad y arena.

2. Retira las cubiertas de polvo de los acopladores.

3. Empuja los acopladores juntos hasta que el anillo de bloqueo encaje las dos partes de forma segura. Algunos sistemas pueden contar con palancas de bloqueo de estilo antiguo o anillos de bloqueo manuales.

Si la conexión resulta difícil, intenta lo siguiente: a. Libera cualquier presión estática moviendo las palancas de control hidráulico de un lado a otro. b. Verifica si hay obstrucciones que bloqueen el movimiento del anillo de bloqueo en el acoplador hembra.

En algunos casos, las mangueras que llevan a los cilindros hidráulicos pueden estar invertidas, lo que resulta en acciones inesperadas de las válvulas/palancas de control. Para corregir esto, cambia las mangueras al acoplador hembra opuesto.

Desconectar Mangueras Hidráulicas

Para desconectar las mangueras hidráulicas:

- Alivia la presión estática moviendo la palanca de control.

- Empuja hacia atrás el anillo de bloqueo.

- Retira la manguera hidráulica.

- Coloca las tapas de polvo en cada conector.

- Cuelga las mangueras en el implemento y mantenlas fuera del suelo.

Levantamiento de Cargas con la Minicargadora

Generalmente, la minicargadora no se considera adecuada para tareas de levantamiento similares a las grúas. Como resultado, el uso de cadenas, cables o eslingas se asocia típicamente con retroexcavadoras, excavadoras y grúas. Sin embargo, en ausencia de estas máquinas, se deben seguir pautas específicas al usar equipos de levantamiento:

- Nunca intentes levantar mientras el equipo cuelga sobre el borde de corte.

- Evita usar la garra de un balde 4 en 1 para sostener una eslinga de cadena o cuerda.

- Asegúrate de que el peso levantado no exceda la Carga de Trabajo Segura (SWL) especificada en el manual del propietario tanto de la máquina como de la cadena/cuerda/eslinga.

- Solo adjunta equipos de levantamiento utilizando un grillete en D adjunto a una orejeta de levantamiento aprobada por un ingeniero y soldada al balde.

- Evita usar cadenas de arrastre.

- Usa solo equipos de levantamiento y ganchos etiquetados para sujetar la carga.

- Consulta la unidad de manejo manual para obtener más orientación.

Determinar la Carga de Trabajo Segura (SWL)

El primer paso es determinar la Carga de Trabajo Segura (SWL) de la máquina con horquillas acopladas, según lo descrito en el manual del propietario y el manual de las horquillas. Esta información debe ser familiar para los operadores y también puede estar visible en la máquina para referencia rápida.

Un Bobcat, especialmente con accesorios como el balde 4 en 1 y las horquillas aprobadas por ingenieros, puede funcionar eficazmente como un montacargas. Las horquillas están generalmente clasificadas alrededor de 1600 kg, lo cual está dentro de la capacidad de levantamiento de la máquina. Sin embargo, los operadores deben considerar cuidadosamente la carga para evitar el vuelco.

Métodos para Estimar el Peso de las Cargas

Existen varios métodos para estimar el peso de las cargas, incluyendo el uso de albaranes de entrega, conocimiento del peso del producto, consultas al fabricante o señales visuales como los pesos estampados en los productos. Si los pesos no están disponibles de inmediato, es esencial errar por el lado de la precaución y estimar conservadoramente.

Levantamiento de Cargas

Al levantar cargas, los operadores deben asegurarse de que la carga esté baja al suelo, dentro de la SWL de la máquina, en terreno estable y distribuida uniformemente a través de los brazos de elevación. La comunicación entre el operador y otros trabajadores involucrados en la operación es crucial para la seguridad. Deben establecerse y entenderse señales simples de mano y cuerpo por todos los involucrados antes de comenzar la operación.

En casos donde la comunicación se interrumpe, los operadores deben apagar la máquina de inmediato, apagarla y quitarse la protección auditiva para abordar cualquier problema. La comunicación efectiva y la adherencia a los protocolos de seguridad son fundamentales en las operaciones de minicargadoras para prevenir accidentes y garantizar la seguridad de todo el personal involucrado.

Concluir las Operaciones de la Minicargadora

Antes de apagar la minicargadora, es importante seguir los procedimientos adecuados descritos en el manual del propietario. Como enfoque general, primero, asegúrate de que el vehículo esté estacionado en una superficie nivelada para prevenir cualquier movimiento inesperado. Luego, disminuye gradualmente la velocidad del motor y permite que se estabilice. Baja los brazos de elevación y coloca cualquier accesorio plano en el suelo para asegurar la estabilidad durante el apagado.

A continuación, es crucial permitir que el motor se enfríe lo suficiente. Apagar un motor caliente prematuramente puede hacer que la película delgada de aceite que recubre las partes del motor se queme, resultando en un posible contacto metal sobre metal al reiniciar. Este período de enfriamiento es particularmente importante si la máquina está equipada con un turbocompresor, ya que permitir que el motor se enfríe durante tres a cinco minutos permite que el turbo iguale su temperatura.

Después de asegurarte de que el motor se haya enfriado adecuadamente, coloca los controles en la posición neutral y activa el freno de estacionamiento para asegurar el vehículo. Apaga todas las luces y accesorios para conservar la energía de la batería. Luego, procede a apagar completamente el motor.

Para aliviar cualquier presión hidráulica dentro del sistema, es aconsejable ciclar los controles antes de finalmente retirar la llave de encendido para completar el proceso de apagado. Seguir estos pasos asegura un apagado seguro y adecuado de la minicargadora.

Salir de la Minicargadora

Al salir de la minicargadora, es importante seguir un procedimiento sistemático para garantizar la seguridad. Comienza por desabrochar el cinturón de seguridad para liberarte del dispositivo de sujeción del asiento. Luego, levanta la barra del asiento para permitir una salida más fácil de la cabina.

Finalmente, sal de la cabina utilizando una técnica de salida de tres puntos. Esto implica usar ambas manos y un pie o ambos pies y una mano para mantener tres puntos de contacto con la máquina mientras sales. Siguiendo este procedimiento, puedes minimizar el riesgo de resbalones, tropiezos o caídas al salir de la minicargadora.

Mantenimiento de la Minicargadora

El mantenimiento es crucial para asegurar el funcionamiento eficiente de tu minicargadora. Las tareas de mantenimiento regular, similares a las requeridas para mantener un automóvil, pueden ser realizadas por el operador de la máquina después de cada turno o aproximadamente cada 10 horas de operación. Estas tareas incluyen:

- Limpiar y lubricar el balde y la cargadora.

- Reabastecer combustible.

- Verificar y rellenar todos los fluidos.

- Inspeccionar los filtros de aire.

- Examinar la batería.

- Asegurar una cabina de trabajo limpia.

- Limpiar las ventanas.

- Reportar cualquier falla a los supervisores.

- Completar las entradas del libro de registro.

- Verificar la presión de los neumáticos.

Al inflar los neumáticos, se debe tener precaución para evitar peligros asociados con ruedas de llanta dividida.

Tareas de Mantenimiento Programado

Las tareas de mantenimiento programado son esenciales para mantener la seguridad y eficacia de la minicargadora. Estas tareas pueden realizarse al final de un trabajo, de forma regular (por ejemplo, semanal o mensualmente), o durante los descansos en las actividades laborales. El mantenimiento programado generalmente implica:

- Limpieza.

- Servicios autorizados.

- Reemplazo de piezas de servicio como filtros y fluidos.

- Drenaje de tanques de combustible y aire.

- Monitoreo y registro de cualquier problema.

Precauciones Durante las Reparaciones

Al realizar reparaciones en la minicargadora, es crucial seguir ciertas precauciones. Los operadores deben estar calificados y autorizados, adherirse a las pautas del proveedor, verificar los medidores de horas y las etiquetas de servicio, y asegurarse de que los accesorios estén correctamente mantenidos y revisados. Se debe evitar manipular la maquinaria, ya que la mayoría de las organizaciones tienen personal de mantenimiento designado para tales tareas.

Sistema Hidráulico y Motor

El sistema hidráulico de las minicargadoras es impulsado por un motor de combustión interna, que opera una bomba hidráulica. Monitorear los niveles de fluido hidráulico, verificar la existencia de fugas de aceite y tener precaución al trabajar con los hidráulicos elevados son esenciales para una operación segura.

Los motores diésel requieren un calentamiento adecuado antes de arrancar, y se deben tomar precauciones para prevenir problemas como la exposición al monóxido de carbono en espacios cerrados y abordar rápidamente los problemas del sistema de aceite. Las baterías contienen ácido sulfúrico y pueden explotar si se manejan incorrectamente, por lo que se debe tener cuidado al cambiarlas o desconectarlas.

Reabastecimiento de Combustible

Al reabastecer combustible, se debe apagar el motor y abordar los derrames de inmediato según los procedimientos del sitio. Al reemplazar partes o equipos defectuosos, la minicargadora debe estar estacionada de manera segura, se deben usar reemplazos y herramientas apropiadas, y se debe buscar asistencia calificada si no se está seguro.

Inspección Regular

La inspección regular del motor, el sistema hidráulico y el sistema de control es necesaria para identificar posibles problemas como dificultades para arrancar el motor, discrepancias en el nivel del fluido hidráulico y fallos en el sistema de control. Abordar estos problemas de inmediato asegura un rendimiento óptimo y la seguridad de la minicargadora.

Transporte de la Minicargadora

Aunque la mayoría de la maquinaria grande se transporta típicamente por una empresa especializada en transportes, el tamaño de una minicargadora a menudo permite el auto-transporte. Para un transporte exitoso, incluye:

1. Asegúrate de usar rampas aprobadas por ingenieros con una

Carga de Trabajo Segura (SWL) mayor que la minicargadora.

2. Utiliza pernos de bloqueo para asegurar las rampas en el cuerpo del volquete.

3. Siempre retrocede hacia los volquetes o remolques para evitar que la máquina ruede hacia atrás.

4. Ten en cuenta que las rampas hacia un volquete pueden ser más empinadas y largas, y puede ser necesario planificar para acomodar todos los accesorios.

5. Asegúrate de que la máquina no se extienda fuera del vehículo flotante.

6. Usa cadenas de sujeción en camiones de lados planos.

Al Llegar a un Nuevo Sitio

- Llena completamente la hoja de verificación de pre-arranque, incluyendo las horas del motor antes de mover la máquina.

- Asegúrate de que todo el equipo de supresión de incendios esté en su lugar, cargado y en condiciones de servicio.

- No quites las tapas del radiador o del tanque de aceite cuando estén calientes, ya que el contenido puede estar bajo presión. (Nota: Las tapas no estarán calientes si el pre-arranque ocurre al inicio del día como se pretende.)

- Evita la acumulación de papel, trapos, escombros, etc., alrededor del radiador, escape, motor, escalera o cabina.

- Informa todos los defectos y daños nuevos de inmediato. Asegúrate de que todos los niveles de fluidos (aceites de motor, aceites hidráulicos, refrigerante y diésel) estén llenos. (Nota: El nivel de fluido hidráulico será visible en la parte inferior del visor al inicio y subirá al centro del objetivo durante la operación a medida que el aceite hidráulico se expanda.)

- No abras la tapa del depósito de aceite hidráulico para verificar el nivel, ya que los sistemas hidráulicos son sensibles a la contaminación. El rendimiento máximo se logra con fluido hidráulico limpio.

- Refrénate de operar una máquina insegura o dañada.

- Verifica el funcionamiento general de la máquina, incluyendo la operación de luces intermitentes y alarmas de reversa.

3

Operaciones del Cargador

Un cargador frontal, también conocido como cargador frontal, cargador de balde o simplemente cargador, es un tipo de equipo pesado comúnmente utilizado en la construcción, agricultura y jardinería. Se caracteriza por un balde grande y ancho en la parte delantera del vehículo que se utiliza para recoger, levantar y mover materiales como tierra, grava, arena y escombros.

Los cargadores frontales están típicamente equipados con sistemas hidráulicos que permiten al operador controlar el levantamiento, inclinación y descarga del balde. A menudo están montados sobre ruedas o orugas para proporcionar movilidad y estabilidad. Los cargadores frontales son máquinas versátiles y pueden equiparse con varios accesorios como horquillas, garras y quitanieves para realizar una amplia gama de tareas.

Figura 29: Un cargador en la Mina de Oro Sunrise Dam. Calistemon, CC BY-SA 3.0, vía Wikimedia Commons.

Uso y Funciones del Cargador Frontal

Estos cargadores son comúnmente vistos en sitios de construcción para mover tierra y escombros, en entornos agrícolas para manejar cultivos y alimento, y en proyectos de jardinería para transportar materiales y dar forma al terreno. Son valorados por su eficiencia, potencia y versatilidad en el manejo de diferentes tipos de materiales y tareas.

El cargador frontal juega un papel crucial en las operaciones diarias en los sitios de construcción. Estos versátiles cargadores sobre ruedas son hábiles en transferir materiales de los acopios a los camiones y transportarlos alrededor de los sitios de trabajo. Vienen en varios tamaños de baldes, siendo los modelos más grandes comúnmente usados en contextos mineros. Además, los cargadores sobre ruedas de tamaño pequeño y mediano a menudo cuentan con acopladores de accesorios, permitiéndoles utilizar una gama de herramientas de trabajo como horquillas, escobas y jibs de elevación.

En las operaciones de cantera y minería, el cargador frontal cumple múltiples funciones, incluyendo cavar, nivelar, empujar, cargar y transportar materiales, manejar cargas similar a una grúa y servir como portaherramientas. También contribuye a tareas como preparar y nivelar áreas de almacenamiento de materiales, nivelar y rehabilitar áreas, remolcar cargas y otros equipos similar a un tractor, y realizar la limpieza general de las áreas de trabajo del piso de la cantera.

Responsabilidades del Operador del Cargador Frontal

El operador del cargador frontal tiene una responsabilidad crucial en asegurar el movimiento fluido de los camiones de acarreo y minimizar el tiempo de inactividad gestionando sistemáticamente los giros de los camiones. Mantener los sitios de carga libres de material suelto es esencial para reducir el daño a los neumáticos, el desgaste y el mantenimiento mecánico de los vehículos, mejorando así la eficiencia y reduciendo costos. Además, los operadores pueden estar encargados de preparar áreas de almacenamiento de materiales y realizar tareas generales de limpieza.

Definiciones y Capacidades

Operar un cargador frontal requiere un alto nivel de coordinación mano-ojo para lograr una superficie nivelada. Para el propósito de este recurso, se aplican ciertas definiciones: un accesorio se refiere a un balde u otro implemento diseñado para acoplarse al FEL (cargador frontal), mientras que una persona competente para cualquier tarea se define como un individuo con el conocimiento, habilidades y experiencia necesarios para realizar esa tarea de manera efectiva. El FEL en sí es una unidad que comprende brazos de elevación y dispositivos de sujeción, destinados a montarse en la parte frontal de un tractor agrícola y equipados para la instalación de un balde u otro accesorio. La capacidad nominal denota la capacidad máxima de elevación en kilogramos a la altura máxima para el FEL y el balde estándar, determinada de acuerdo con ASAE S301. El término "rollback" se refiere a la pérdida de control de la carga, resultando en que la carga caiga hacia atrás sobre el tractor y/o el operador. La ROL (carga operativa nominal) significa la carga máxima en kilogramos que puede ser levantada a la altura total sin exceder las especificaciones del tractor, manteniendo la estabilidad, determinada para una combinación específica de tractor, FEL y accesorio.

Componentes de un Cargador Frontal

Un cargador frontal típicamente consta de varios componentes clave que trabajan juntos para realizar diversas tareas en la construcción, minería, agricultura y otras industrias. Estos componentes incluyen:

1. **Chasis:** El chasis es el bastidor base del cargador frontal, proporcionando soporte estructural y alojamiento para todos los demás componentes. Generalmente está montado sobre un conjunto de ruedas u orugas para proporcionar movilidad.

2. **Motor:** El motor impulsa el cargador frontal y acciona el sistema hidráulico. Proporciona la energía necesaria para mover la máquina y operar sus accesorios.

3. **Sistema Hidráulico:** El sistema hidráulico es una parte crucial del cargador frontal, responsable de alimentar sus movimientos y accesorios. Incluye bombas hidráulicas, cilindros, válvulas, mangueras y depósitos. El sistema hidráulico permite levantar, bajar, inclinar y otros movimientos de los brazos del cargador y del balde.

4. **Brazos del Cargador:** También conocidos como brazos de elevación o brazos, los brazos del cargador están conectados al chasis y se extienden hacia adelante para soportar el balde u otros accesorios. Se pueden levantar, bajar e inclinar para manipular la carga.

5. **Balde:** El balde es el accesorio principal utilizado para recoger, levantar y transportar materiales. Está montado en la parte delantera de los brazos del cargador y viene en varios tamaños y configuraciones según la aplicación prevista.

6. **Acoplador de Accesorios:** Muchos cargadores frontales están equipados con un acoplador de accesorios, que permite un cambio rápido y fácil de accesorios como horquillas, escobas, garras y más. El acoplador bloquea el accesorio de manera segura y asegura la compatibilidad con los brazos del cargador.

7. **Cabina del Operador:** La cabina del operador es donde el operador controla el cargador frontal y realiza diversas tareas. Generalmente cuenta con un asiento, controles para operar la máquina y los accesorios, instrumentación y características de seguridad como estructuras de protección contra vuelcos (ROPS) y estructuras de protección contra objetos que caen (FOPS).

8. **Contrapeso:** Para mantener la estabilidad y el equilibrio al levantar cargas pesadas, los cargadores frontales a menudo incluyen contrapesos montados en la parte trasera de la máquina. Estos contrapesos ayudan a prevenir el vuelco y aseguran una operación segura.

Estos componentes trabajan juntos sin problemas para permitir que el cargador frontal realice una amplia gama de tareas de manera eficiente y efectiva, convirtiéndolo en una máquina versátil e indispensable en muchas industrias.

Figura 30: Componentes de un cargador frontal con ruedas. Imagen de fondo - Grendelkhan, CC BY-SA 4.0, vía Wikimedia Commons.

Figura 31: Componentes de un cargador frontal con orugas. Imagen de fondo - Foto de la Marina de los EE. UU. por el Fotógrafo de 3ra Clase John P. Curtis, Dominio público, vía Wikimedia Commons.

Los cargadores con ruedas y los cargadores con orugas (ver Figura 32 y Figura 33) son ambos tipos de cargadores frontales utilizados para el manejo de materiales, excavación y otras tareas en diversas industrias. Aunque comparten similitudes en funcionalidad, difieren en su diseño, rendimiento y adecuación para diferentes aplicaciones.

Figura 32: Cargador de orugas Caterpillar. Kevin M Haddocks, Marina de los EE. UU., Dominio público, vía Wikimedia Commons.

Aquí hay algunas diferencias clave entre los cargadores con ruedas y los cargadores con orugas:

- **Movilidad:**

  - **Cargadores con Ruedas:** Los cargadores con ruedas están equipados con neumáticos de goma, lo que les permite moverse rápidamente y de manera eficiente en superficies lisas como carreteras, pavimentos y suelo compactado. Ofrecen una excelente maniobrabilidad y son ideales para aplicaciones donde se requiere viajar con frecuencia a mayores distancias.

  - **Cargadores con Orugas:** Los cargadores con orugas cuentan con orugas en lugar de neumáticos, proporcionando una tracción y flotación superior en terrenos blandos, desiguales o rugosos como barro, grava y suelo suelto. Son más estables y capaces de navegar por pendientes pronunciadas, condiciones fangosas y terrenos accidentados, lo que los hace ideales para aplicaciones fuera de carretera y entornos de trabajo desafiantes.

- **Presión sobre el Suelo:**

  - **Cargadores con Ruedas:** Los cargadores con ruedas ejercen una mayor presión sobre el suelo debido a que el peso concentrado de la máquina se distribuye sobre un área de contacto menor de los neumáticos. Como resultado, pueden causar más compactación del suelo y daños en la superficie, lo que los hace menos adecuados para condiciones de suelo blando o sensible.

  - **Cargadores con Orugas:** Los cargadores con orugas ejercen una menor presión sobre el suelo gracias a la mayor área de contacto de las orugas, que distribuye el peso de la máquina de manera más uniforme. Esto reduce la compactación del suelo y minimiza el daño al terreno sensible, lo que hace que los cargadores con orugas sean preferibles para trabajar en áreas ambientalmente sensibles o en condiciones de suelo blando.

- **Estabilidad:**

  - **Cargadores con Ruedas:** Los cargadores con ruedas típicamente tienen un centro de gravedad más alto en comparación con los cargadores con orugas, lo que puede afectar su estabilidad, especialmente al levantar cargas pesadas o operar en terrenos desiguales. Sin embargo, ofrecen una mayor agilidad y maniobrabilidad, lo que los hace adecuados para aplicaciones donde se requieren radios de giro ajustados.

  - **Cargadores con Orugas:** Los cargadores con orugas tienen un centro de gravedad más bajo y una huella de oruga más ancha, proporcionando una mayor estabilidad y tracción, particularmente en pendientes y superficies desiguales. Esto los hace muy adecuados para tareas que requieren levantar y transportar cargas pesadas en condiciones de terreno difíciles.

- **Mantenimiento:**

  - **Cargadores con Ruedas:** Los cargadores con ruedas generalmente requieren menos mantenimiento en comparación con los cargadores con orugas, ya que tienen menos partes móviles y componentes asociados con el sistema de orugas. Las tareas de mantenimiento, como el reemplazo de neumáticos, alineación y balanceo, son más simples y rentables.

  - **Cargadores con Orugas:** Los cargadores con orugas tienen sistemas de orugas más complejos que requieren inspección regular, ajuste y mantenimiento para asegurar la tensión, alineación y lubricación adecuadas. El reemplazo de las orugas y el mantenimiento del tren de rodaje pueden ser más laboriosos y costosos en comparación con los cargadores con ruedas.

En general, la elección entre cargadores con ruedas y cargadores con orugas depende de factores como la aplicación específica, las condiciones del terreno, los requisitos de movilidad y las preferencias operativas. Los cargadores con ruedas son preferidos para aplicaciones que priorizan la velocidad, maniobrabilidad y versatilidad en superficies lisas, mientras que los cargadores con orugas destacan en proporcionar tracción, estabilidad y flotación en entornos desafiantes fuera de carretera.

Figura 33: Cargador de orugas Liebherr 631. btr, CC BY-SA 2.5, vía Wikimedia Commons.

Cargadores Frontales con Ruedas

Los cargadores frontales con ruedas, también conocidos como cargadores de ruedas, vienen en varios tipos, cada uno diseñado para aplicaciones e industrias específicas. Algunos de los tipos comunes de cargadores frontales incluyen:

1. **Cargadores de Ruedas Compactos:** Estos son cargadores de ruedas de tamaño más pequeño, diseñados para maniobrabilidad en espacios reducidos y aplicaciones de trabajo liviano. A menudo se utilizan en jardinería, construcción y agricultura para tareas como cargar materiales en camiones, mover paletas y despejar escombros.

2. **Cargadores de Ruedas Pequeños:** Los cargadores de ruedas pequeños son ligeramente más grandes que los cargadores de

ruedas compactos y ofrecen mayor capacidad de elevación y tamaño de balde. Son máquinas versátiles adecuadas para una amplia gama de aplicaciones, incluyendo manejo de materiales, jardinería, remoción de nieve y construcción ligera.

3. **Cargadores de Ruedas Medianos:** Los cargadores de ruedas medianos son más grandes y potentes que los cargadores de ruedas compactos y pequeños, lo que los hace adecuados para tareas más pesadas en construcción, minería, canteras y aplicaciones industriales. Tienen mayores capacidades de elevación y baldes más grandes, permitiéndoles manejar mayores volúmenes de material de manera más eficiente.

4. **Cargadores de Ruedas Grandes:** Los cargadores de ruedas grandes son el tipo más potente y robusto de cargadores frontales, diseñados para aplicaciones de trabajo pesado en minería, canteras, manejo de materiales a granel y grandes proyectos de construcción. Tienen las capacidades de elevación más altas, los baldes más grandes y son capaces de manejar los materiales y condiciones operativas más difíciles.

5. **Cargadores de Ruedas de Elevación Alta:** Los cargadores de ruedas de elevación alta son máquinas especializadas equipadas con brazos de elevación extendidos que proporcionan mayor altura de elevación y alcance. Se utilizan comúnmente en aplicaciones donde los materiales necesitan ser cargados o apilados a mayores alturas, como en almacenes, puertos e instalaciones industriales.

6. **Portaherramientas Integrados:** Los portaherramientas integrados son cargadores frontales equipados con un sistema de acoplador rápido que permite cambios fáciles de accesorios. Se utilizan comúnmente en construcción, agricultura y opera-

ciones de manejo de materiales, donde se requieren múltiples accesorios como baldes, horquillas, garras y escobas para diferentes tareas.

7. **Cargadores de Ruedas Articulados:** Los cargadores de ruedas articulados cuentan con una junta articulada entre las secciones del chasis delantero y trasero, lo que permite una mayor maniobrabilidad y flexibilidad en terrenos irregulares. Se utilizan comúnmente en construcción, agricultura y jardinería para tareas como carga, nivelación y manejo de materiales.

Cada tipo de cargador frontal ofrece características y capacidades únicas para satisfacer las necesidades específicas de diferentes industrias y aplicaciones, proporcionando versatilidad, eficiencia y productividad en los sitios de trabajo.

Ejemplos de Cargadores Frontales

Cargadores de Ruedas Caterpillar 924K, 930K, 938K: Caterpillar ha mejorado el diseño de sus cargadores de ruedas compactos—el 924K, 930K y 938K—con varias nuevas características. Estas incluyen mejoras de software que permiten que el sistema de transmisión hidrostática opere de manera más similar a una máquina de transmisión mecánica. Además, el pedal de control izquierdo (desacelerador y freno) ha sido rediseñado para mayor precisión, y los niveles de respuesta de los implementos ahora pueden ajustarse a través de la pantalla secundaria en la cabina. Otras mejoras incluyen acopladores de rosca en el sistema hidráulico auxiliar para una operación más fácil y una modificación en el enlace del cargador para mejorar la visibilidad hacia adelante.

Figura 34: Caterpillar 924K. E911a, CC BY-SA 4.0, vía Wikimedia Commons.

Atlas Copco LHD Scooptram: Atlas Copco ofrece sus modelos de cargadores de carga/arrastre/descarga (LHD) Scooptram—ST7, ST1030 y ST14—con una opción de balde de descarga lateral, mejorando la versatilidad y la productividad. Esta adición acelera el ciclo de carga, ya que el cargador solo necesita colocarse paralelo al camión para descargar. Equipados con el balde de descarga lateral, estos modelos LHD son adecuados para diversas aplicaciones, incluyendo proyectos de ingeniería civil, construcción de túneles ferroviarios y de carreteras, y desarrollo de minas.

Kubota Serie R30 de Cargadores de Ruedas: La serie R30 de cargadores de ruedas, que incluye los modelos R530 y R630, marca la entrada de Kubota en el rango de 60 a 80 caballos de fuerza. El R630 cuenta con una potencia de 64.4 caballos de fuerza y una fuerza de arranque del balde de 10,415 libras, mientras que el R530 ofrece 51 caballos de fuerza y 7,761 libras de fuerza de balde. Ambos modelos presentan una mejor visibilidad y ofrecen transmisiones hidrostáticas, con el R630 ofreciendo además una transmisión electrónica con cuatro modos.

Caterpillar 903C Cargador de Ruedas: El cargador compacto de ruedas Cat 903C está equipado con un enlace de cargador Z-bar, tracción hidrostática, ejes de propulsión libres de mantenimiento y ejes oscilantes con reducción planetaria. La cabina cuenta con puertas de entrada dual, columna de dirección inclinable, controles hidráulicos de bajo esfuerzo y un sistema HVAC opcional. Contrapesos externos opcionales y múltiples opciones de neumáticos permiten la personalización para diversas aplicaciones.

Takeuchi TW65, TW80 Cargadores de Ruedas: Los nuevos cargadores de ruedas compactos de la Serie 2 TW65 y TW80 cumplen con los estándares de emisiones Tier 4-Final con un motor diésel Deutz de 73 caballos de fuerza. Ofrecen un rendimiento mejorado, mayor facilidad de servicio y un entorno mejorado para el operador. Los cargadores ofrecen mayor compatibilidad con accesorios, controles de joystick operados por piloto y un sistema de transmisión hidrostática de dos velocidades para un control preciso de los accesorios.

Volvo L150H, L180H, L220H Cargadores de Ruedas: La Serie H de cargadores de ruedas de Volvo, que incluye los modelos L150H, L180H y L220H, cuenta con motores diésel D13J de Tier 4-Final emparejados con sistemas de tren motriz e hidráulicos de Volvo. Ofrecen mayor eficiencia de combustible, cambio de potencia automático y cunas de ejes traseros con componentes libres de mantenimiento. Las cabinas pueden inclinarse para facilitar el acceso, y los cargadores están equipados con controles avanzados para mejorar la productividad.

Figura 35: Cargador Volvo L150H. Neuwieser de Alemania, CC BY-SA 2.0, vía Wikimedia Commons.

Cargadores de Ruedas Case 21F, 121F, 221F, 321F Tier 4-Final: Los cargadores de ruedas compactos de la Serie F de Case están completamente rediseñados, con distancias entre ejes más cortas, alturas de cabina reducidas, mayor fuerza de arranque y mayor compatibilidad con accesorios. Ofrecen un rendimiento mejorado, mayor facilidad de servicio y mayor comodidad en la cabina.

Cargador de Ruedas Hyundai HL730-9A: El cargador de ruedas HL730-9A de Hyundai cuenta con un motor Cummins de 128 caballos de fuerza que cumple con los estándares Tier 4-Interim. Ofrece un control de transmisión mejorado, mayor eficiencia de combustible y mayor comodidad para el operador. El cargador está equipado con tecnología avanzada para la gestión remota y el acceso a servicios.

Cargador de Ruedas Kawasaki 70Z7: El cargador de ruedas Kawasaki 70Z7 es una máquina potente con un motor Cummins de 173 caballos de fuerza que cumple con los estándares Tier 4-Interim. Cuenta con funciones avanzadas de IntelliTech para operaciones automatizadas y ofrece alta productividad y confiabilidad para diversas aplicaciones.

Controles del Cargador Frontal

Los controles de un cargador frontal (ver Figura 36 para un ejemplo) generalmente consisten en varias palancas, pedales e interruptores que permiten al operador maniobrar el cargador de manera efectiva y realizar diferentes tareas. Aquí hay una explicación de los controles comunes de un cargador frontal:

1. **Volante:** El volante permite al operador controlar la dirección del cargador frontal. Girar el volante a la izquierda o a la derecha dirige las ruedas en consecuencia, permitiendo que el cargador se mueva en la dirección deseada.

2. **Pedal de Aceleración:** También conocido como pedal del acelerador, este pedal controla la velocidad del cargador frontal. Presionar el pedal aumenta las RPM (revoluciones por minuto) del motor, permitiendo que el cargador se mueva hacia adelante o hacia atrás a diferentes velocidades.

3. **Pedal de Freno:** El pedal de freno se usa para reducir la velocidad o detener el cargador frontal. Presionar el pedal aplica los frenos, reduciendo la velocidad del cargador o llevándolo a una parada completa cuando sea necesario.

4. **Palancas de Control del Cargador:** Estas palancas se usan

típicamente para operar el sistema hidráulico del cargador, controlando el movimiento de los brazos del cargador, el balde y cualquier implemento adjunto. La posición de estas palancas determina la dirección y la velocidad de los movimientos del cargador, como levantar, bajar, inclinar y volcar.

5. **Controles de los Brazos del Cargador:** Pueden proporcionarse controles separados para operar los brazos del cargador de manera independiente. Estos controles permiten al operador extender o retraer los brazos del cargador y ajustar su altura según sea necesario para cargar y descargar materiales.

6. **Palancas de Control del Balde:** Similar a las palancas de control del cargador, estas palancas controlan el movimiento del balde u otros accesorios. Permiten al operador abrir, cerrar, inclinar y girar el balde para un manejo eficiente de los materiales.

7. **Interruptores de Control Auxiliar:** En cargadores equipados con sistemas hidráulicos auxiliares, se proporcionan interruptores de control auxiliar para activar funciones hidráulicas adicionales, como operar accesorios como horquillas, escobas o garras hidráulicas.

8. **Panel de Instrumentos:** El panel de instrumentos generalmente muestra información importante como las RPM del motor, el nivel de combustible, la temperatura, la presión hidráulica y las luces de advertencia para varios sistemas. Permite al operador monitorear el rendimiento del cargador e identificar cualquier problema que pueda surgir durante la operación.

Estos controles pueden variar ligeramente dependiendo del modelo específico y del fabricante del cargador frontal, pero generalmente sirven funciones similares para asegurar una operación segura y eficiente del equipo.

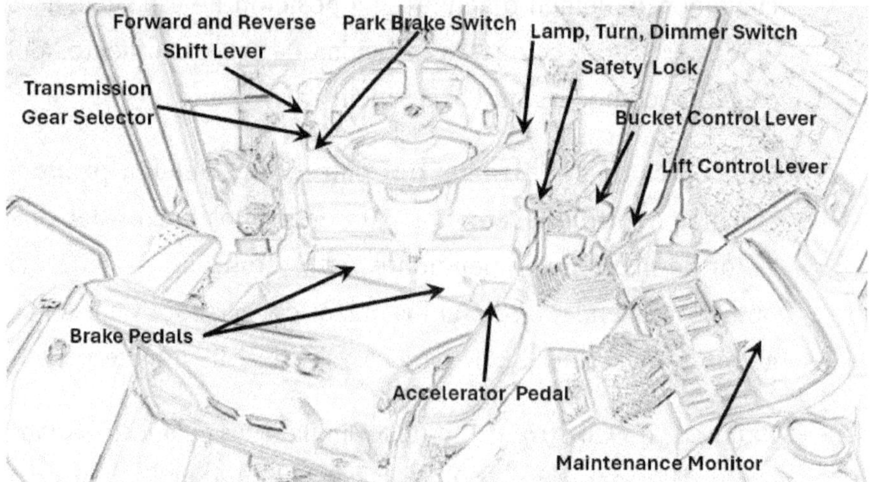

Figura 36: Ejemplo de controles típicos para un cargador frontal.

Controles del balde

Los controles de operación del balde abarcan dos funciones principales: elevación e inclinación. Para la elevación, los operadores pueden elevar el balde, mantener su posición, bajarlo o activar un modo flotante. Al inclinar el balde, los operadores pueden inclinarlo hacia atrás, acercarlo o inclinarlo hacia adelante, con opciones para mantener la posición o iniciar el volcado o descarga.

Controles de los Pedales

Además, los controles de los pedales juegan un papel crucial en la maniobra del cargador frontal. El pedal derecho actúa como el freno de servicio, facilitando las acciones de frenado regular durante el movimiento. Por otro lado, el pedal izquierdo es responsable de activar el freno y desenganchar la transmisión, permitiendo la aceleración del motor para mejorar la velocidad hidráulica.

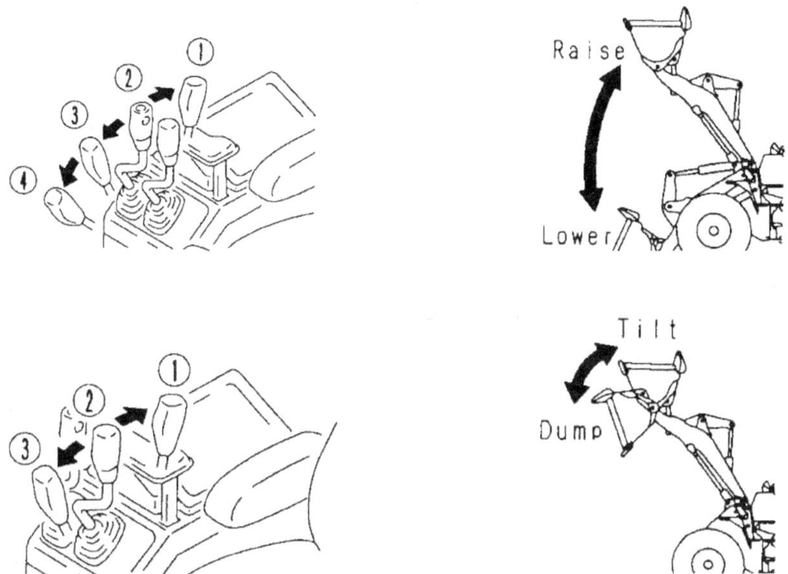

Figura 37: Controles del balde.

Planificación y Preparación para las Operaciones del Cargador

Tras completar el programa de inducción y estar listo para comenzar a trabajar en el lugar de trabajo real, es recomendable solicitar a su supervisor una sesión informativa sobre los protocolos de seguridad locales dentro del área de trabajo inmediata. Esta sesión debería cubrir características esenciales de seguridad, incluyendo la ubicación y tipos de extintores y mangueras de incendios, mecanismos de parada de emergencia para equipos eléctricos y suministro de combustible, políticas de etiquetado de emergencia, procedimientos de evacuación, señalización especial, estaciones de primeros auxilios, regulaciones de tráfico en canteras, sistemas de comunicación y teléfonos de emergencia, protocolos para el manejo de derrames de productos químicos o petróleo, áreas designadas para el estacionamiento de vehículos, y normas y procedimientos de seguridad para radios bidireccionales. Si bien el programa de inducción proporciona una visión general, esta orientación en el lugar de trabajo se adapta a los peligros específicos y medidas de seguridad de su entorno de trabajo inmediato, garantizando la preparación para responder de manera segura a situaciones de emergencia.

Dependiendo de la escala de las operaciones, las instrucciones diarias de trabajo pueden comunicarse a través de sesiones informativas verbales o directivas escritas de su supervisor. Es crucial recibir y comprender claramente estas instrucciones. Si hay dudas sobre los requisitos de alguna tarea, busque aclaraciones con su supervisor. Además, puede ser necesario realizar una visita al sitio para inspeccionar el trabajo antes de preparar el cargador para trabajar. Inspeccionar el material que se va a manipular es una parte integral de la planificación de las operaciones, considerando factores como si el material será movido únicamente con el cargador, cargado en un camión de acarreo, almacenado en un stock o excavado directamente del frente o de una pila de almacenamiento. La implementación de procedimientos de operación segura específicos del sitio debe ser parte del proceso de planificación, teniendo en cuenta consideraciones como los límites de velocidad del sitio, el trabajo alrededor de cables eléctricos aéreos, servicios subterráneos, transportadores, otras maquinarias, operaciones de voladura y regulaciones de tráfico del sitio que involucren vehículos cargados y camiones de agua.

Operación Segura

La operación segura requiere la adhesión a todas las normas de seguridad, precauciones e instrucciones al operar o realizar mantenimiento en la máquina. Asegurar la seguridad, tanto propia como de los demás, depende de la operación cuidadosa y el juicio del operador del cargador frontal. Un operador bien entrenado y vigilante mitiga significativamente el riesgo de accidentes. Por lo tanto, es imperativo seguir todos los protocolos de seguridad y abstenerse de operar la máquina cuando se sienta mal, bajo la influencia de medicamentos que induzcan somnolencia, o después de consumir alcohol.

Un cargador de ruedas está diseñado para manejar, cargar y transportar material suelto cuando está equipado con el accesorio adecuado, como un balde, garra o horquillas de elevación. No está destinado para aplastar, desgarrar o compactar material cargado. Es fundamental asegurarse de que el operador esté adecuadamente capacitado y certificado para operar el equipo para la aplicación específica de manejo de materiales. Solo el personal designado y autorizado debe operar el cargador de ruedas.

El operador del cargador de ruedas debe tener aptitud mental y física, junto con buena visión, percepción espacial, audición adecuada y tiempo de reacción rápido. La adherencia a las pautas para el uso adecuado del cargador de ruedas es esencial para prevenir peligros, como se detalla en el manual de instrucciones y seguridad del fabricante. El operador debe estar completamente familiarizado con la disposición y operación de todos los controles, monitores e indicadores del cargador de ruedas, así como comprender sus capacidades y limitaciones de elevación.

Antes de poner en marcha el cargador de ruedas, el operador debe planificar meticulosamente el procedimiento operativo de la máquina en función de las condiciones y el entorno de trabajo existentes. La conciencia de la ubicación de todos los servicios subterráneos y aéreos en el sitio de trabajo es crucial. Tanto el operador como el personal de mantenimiento deben identificar un enfoque claro y seguro hacia la máquina.

Una inspección diaria de recorrido del cargador de ruedas y de los alrededores del sitio de trabajo es obligatoria. Esto incluye verificar las conexiones de pasadores y pernos asegurados, artículos de desgaste, fugas hidráulicas y de combustible, y cualquier daño estructural. También se debe prestar atención a las deficiencias de mantenimiento, como tuercas de las ruedas sueltas, inflación incorrecta de los neumáticos, daños en los neumáticos y problemas con la funcionalidad del embrague o frenos, así como líneas de combustible o hidráulicas desgastadas o dañadas.

Operación y Seguridad del Cargador Frontal

Operar una máquina defectuosa o dañada está estrictamente prohibido. Al acceder a la máquina, utilice una postura de tres puntos en escaleras, peldaños y asideros proporcionados, evitando el uso del volante o del joystick como asidero. Familiarícese con la salida de emergencia de la máquina y realice una inspección y revisión exhaustiva antes de cada cambio de turno, según se indica en el manual de instrucciones del fabricante.

Asegúrese de que todas las tareas de mantenimiento se hayan completado y documentado, y que todas las puertas estén desbloqueadas pero cerradas y aseguradas para evitar movimientos involuntarios. Además, asegúrese de que todas las ventanas y espejos estén despejados y limpios, con los espejos debidamente posicionados para una visibilidad óptima del operador hacia la parte trasera de la máquina. Antes de operar el cargador de ruedas, siéntese y abroche el cinturón de seguridad, ajuste el asiento y los reposabrazos a la posición de operación más cómoda y confirme que el área de operación esté libre de personal y obstrucciones.

Pautas de Seguridad en el Lugar de Trabajo:

- Cuando colabore con otro operador o una persona que gestione el tráfico en el lugar de trabajo, asegúrese de que todo el personal entienda las señales manuales designadas.

- Cumpla estrictamente todas las normas y regulaciones de seguridad aplicables al sitio de trabajo.

- Verifique que todas las protecciones y cubiertas estén correctamente posicionadas y repárelas rápidamente si se encuentran dañadas.

Precaución: Operar bajo condiciones comprometidas puede afectar el juicio e incrementar el riesgo de accidentes. Siempre utilice correctamente las características de seguridad, como las palancas de bloqueo de seguridad y los cinturones de seguridad. Nunca retire las características de seguridad y manténgalas siempre en condiciones óptimas para prevenir lesiones graves o fatalidades debido a un uso incorrecto.

Evite usar ropa suelta, joyas o cabello largo que puedan enredarse en los controles o en las partes móviles, ya que esto representa un riesgo significativo de lesión o muerte. Además, evite usar ropa impregnada de aceite, ya que es inflamable. Siempre use equipo de protección personal adecuado, incluyendo casco, gafas de seguridad, zapatos de seguridad, mascarilla o guantes al operar o mantener la máquina. Tenga en cuenta que en ambientes polvorientos o peligrosos, puede ser necesario usar una mascarilla u otra protección respiratoria.

Antes de utilizar el cargador frontal (FEL) y sus accesorios, realice una inspección minuciosa para asegurarse de que todas las características de seguridad estén operativas. Si se encuentra alguna característica de seguridad que no funcione correctamente, absténgase de usar el FEL y sus accesorios hasta que se resuelva el problema. Opere el FEL y sus accesorios de acuerdo con las instrucciones del fabricante.

Consideraciones Antes de Comenzar las Operaciones:

Considere varios factores, incluyendo líneas eléctricas aéreas, servicios subterráneos, terreno, proximidad del personal, especificaciones de la carga, límite de vuelco (ROL), velocidad de desplazamiento y contrapesos. Familiarícese con las distancias de aproximación específicas de la jurisdicción reguladora para trabajos cerca de líneas eléctricas aéreas.

Durante el transporte, asegúrese de que la carga esté posicionada en el nivel más bajo posible y mantenga una velocidad segura que no exceda los 10 km/h, considerando el terreno para la estabilidad. Al operar en pendientes, tenga en cuenta que la estabilidad de un tractor y la capacidad del FEL para prevenir el vuelco están comprometidas.

Siempre use gafas de seguridad, cascos y guantes pesados al manipular virutas de metal o materiales diminutos, especialmente durante tareas que involucren martillos o la limpieza con aire comprimido del elemento limpiador de aire. Asegúrese de que no haya nadie cerca de la máquina y verifique el funcionamiento adecuado de todo el equipo de protección antes de su uso.

Precaución: Siempre active el bloqueo de seguridad (si está equipado) antes de dejar el asiento del operador. Al abandonar el asiento, coloque de manera segura la palanca de bloqueo de seguridad en la posición de BLOQUEO y el interruptor del freno de estacionamiento en la posición de ENCENDIDO para evitar movimientos inesperados y posibles lesiones o daños.

Evite saltar sobre o fuera de la máquina y nunca intente abordar o desembarcar de una máquina en movimiento, ya que estas acciones pueden causar lesiones imprevistas. Al abordar o desembarcar, mantenga el contacto de tres puntos con los pasamanos y escalones y evite sostener cualquier palanca de control.

Antes de entrar o salir de la máquina, inspeccione los pasamanos y escalones en busca de aceite, grasa o barro, y límpielos de inmediato para evitar peligros de deslizamiento. Además, repare cualquier daño y apriete los pernos sueltos para asegurar la integridad estructural.

Precauciones para el Sistema de Protección Contra Vuelcos:

- **Nunca opere la máquina sin el Sistema de Protección Contra Vuelcos (ROPS):** El ROPS está diseñado para proteger al operador en caso de un vuelco. Debe cumplir con todas las regulaciones y estándares, y cualquier daño debe ser reportado al supervisor o al distribuidor del equipo para su reparación. Abroche el cinturón de seguridad mientras opere la máquina, ya que el ROPS solo puede brindar una protección adecuada cuando se usa junto con el cinturón de seguridad.

Asegúrese de tomar las precauciones adecuadas al manejar accesorios y acumuladores, adhiriéndose estrictamente a las instrucciones del fabricante y a los protocolos de seguridad para mitigar riesgos y garantizar la operación segura de la máquina.

Prevención de Incidentes de Rollback:

Los incidentes de rollback, donde la carga se mueve hacia atrás sobre el operador, representan un riesgo significativo durante las operaciones de manejo de materiales. Por lo tanto, es imperativo que todos los cargadores frontales (FEL) incorporen un sistema de prevención de rollback.

Diseñadores:

- Deben asegurar la eliminación del rollback cuando la combinación de tractor, FEL y accesorio se usa según lo previsto en una superficie nivelada.

- Deben proporcionar orientación sobre el control del rollback en terrenos inclinados, incluyendo la especificación de limitaciones de carga para los accesorios aprobados por el fabricante.

Ensambladores:

- Cuando el FEL y sus accesorios provienen de diferentes diseñadores, el ensamblador debe asegurar la compatibilidad y la eliminación de riesgos de rollback. Los sistemas de auto-nivelación deben estar diseñados para prevenir la creación de rollback.

El ángulo del accesorio de cubo de movimiento de tierras en relación con el suelo aumenta significativamente a medida que se levanta el FEL, lo que puede causar que la carga se desplace hacia atrás sobre el tractor o el operador.

Con un dispositivo de auto-nivelación anti-rollback incorporado en el FEL y sus accesorios, el ángulo se mantiene constante, eliminando efectivamente el riesgo de rollback cuando se opera correctamente.

De manera similar, el ángulo del accesorio de horquilla para palets en relación con el suelo aumenta a medida que se levanta el FEL, lo que puede llevar a un posible rollback sobre el tractor o el operador.

Al integrar un dispositivo de auto-nivelación anti-rollback en el FEL y sus accesorios, el ángulo se mantiene constante, asegurando que el riesgo de rollback se elimine cuando se opere correctamente.

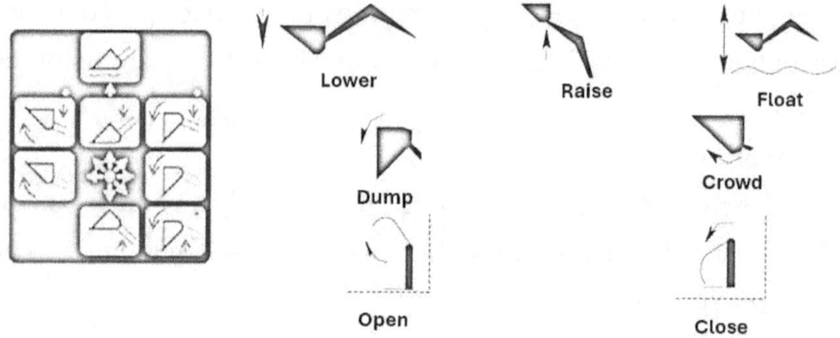

Figura 38: Identificación típica de los controles operativos.

Identificación típica de los controles operativos

Peligros de Corte y Recomendaciones de Seguridad

Los peligros de corte que surgen entre el brazo móvil y la estructura estacionaria del tractor deben identificarse y, cuando sea factible, eliminarse. En casos donde no se pueda eliminar completamente un peligro, las instrucciones del fabricante deben incluir información y pautas que identifiquen los posibles peligros y recomienden los controles apropiados.

El cargador frontal (FEL) debe diseñarse para una fácil remoción para asegurar un acceso sin obstrucciones para el mantenimiento e inspección del tractor. Cuando esté desconectado del tractor, debe permanecer estable.

En situaciones donde desconectar el FEL sea impráctico, como durante el servicio en campo, un sistema de trabajo seguro debe prevenir el descenso accidental de los brazos de elevación levantados en caso de pérdida de presión hidráulica en el FEL. Debe integrarse un dispositivo de seguridad mecánico o hidráulico en el diseño. Si se utiliza un dispositivo de seguridad mecánico, debe ser fácilmente accesible en el FEL o en el tractor.

Un dispositivo de seguridad hidráulico, si se proporciona, debe garantizar que el brazo levantado no pueda bajar debido a una o múltiples fugas o fallos hidráulicos en el sistema, como la falla de una manguera, daño en el sello del pistón o fuga en la válvula.

Señalización y Advertencias de Seguridad

El FEL y sus accesorios deben mostrar de manera prominente señales pictóricas y/o escritas advirtiendo sobre riesgos significativos de seguridad. Estas señales pueden incluir mensajes como "No exceder el ROL," "Zona de aplastamiento" o "Uso de dispositivos mecánicos durante el mantenimiento." Todos los símbolos deben conformarse a los estándares de señalización del entorno laboral de la localidad, con todo el texto en inglés y las mediciones en unidades métricas.

Además, el FEL debe exhibir claramente señales pictóricas y escritas advirtiendo sobre riesgos serios de seguridad. Adicionalmente, los accesorios del FEL pueden requerir una señalización similar advirtiendo sobre sus peligros específicos de seguridad.

Cumplimiento de Normas de Seguridad

El ROPS debe adherirse a los estándares locales, tanto en la fabricación como en el mantenimiento. Una placa o calcomanía que confirme el cumplimiento debe estar fijada al marco del ROPS o dentro de la cabina del tractor.

Es importante notar que, aunque normalmente no se requiere una estructura protectora contra objetos caídos (FOPS) para tractores agrícolas, debe considerarse el potencial de introducir riesgos de caída asociados con las actividades del FEL y sus accesorios, lo que podría requerir la instalación de un FOPS.

Uso Apropiado de los Accesorios del FEL

Los accesorios del FEL están diseñados específicamente para aplicaciones particulares y deben utilizarse únicamente para sus propósitos previstos. Por ejemplo, levantar pacas grandes de heno redondas usando un cubo puede no ser seguro.

La inclusión de un FEL eleva el centro de gravedad del tractor, resultando en una combinación menos estable en comparación con el tractor solo. Además, tener una carga levantada en el accesorio aumenta aún más el centro de gravedad.

El centro de gravedad (CG) es un concepto crucial para entender la estabilidad y el equilibrio de un cargador frontal (FEL) durante su operación. Representa el punto donde se puede considerar que actúa todo el peso del cargador y cualquier carga adjunta. En un FEL, el centro de gravedad típicamente se encuentra dentro de la estructura del propio cargador cuando no está llevando ninguna carga.

Sin embargo, a medida que el cargador levanta o transporta una carga, la distribución del peso cambia, causando que el centro de gravedad se desplace en consecuencia. Este desplazamiento del centro de gravedad está influenciado por factores como el peso de la carga, su posición relativa al FEL y la altura a la que se levanta.

Cuando se agrega una carga al FEL, el centro de gravedad se mueve hacia la carga, haciendo que la parte delantera del cargador se vuelva más pesada. Como resultado, la estabilidad del FEL se ve afectada, con un mayor riesgo de volcar hacia adelante. De manera similar, levantar una carga a mayores alturas eleva el centro de gravedad, aumentando el riesgo de que el FEL vuelque hacia atrás.

Comprender cómo se desplaza el centro de gravedad durante la operación es esencial para que los operadores mantengan la estabilidad y prevengan accidentes. Una correcta colocación de la carga, el cumplimiento de los límites de peso y un manejo cauteloso pueden ayudar a mitigar los riesgos asociados con los cambios en el centro de gravedad de un cargador frontal. Esto se demuestra en la Figura 39.

En la Figura 39, el punto marcado como "X" representa el centro de gravedad típico al operar un cargador frontal. Al agregar una paca grande, el centro de gravedad se desplaza al punto "Y". Levantar una paca grande redonda relocaliza aún más el centro de gravedad al punto "Z". Elevar la carga exacerba el desplazamiento del centro de gravedad, aumentando el riesgo de volcar. Además, el punto "O" denota el centro de gravedad de la paca redonda en sí.

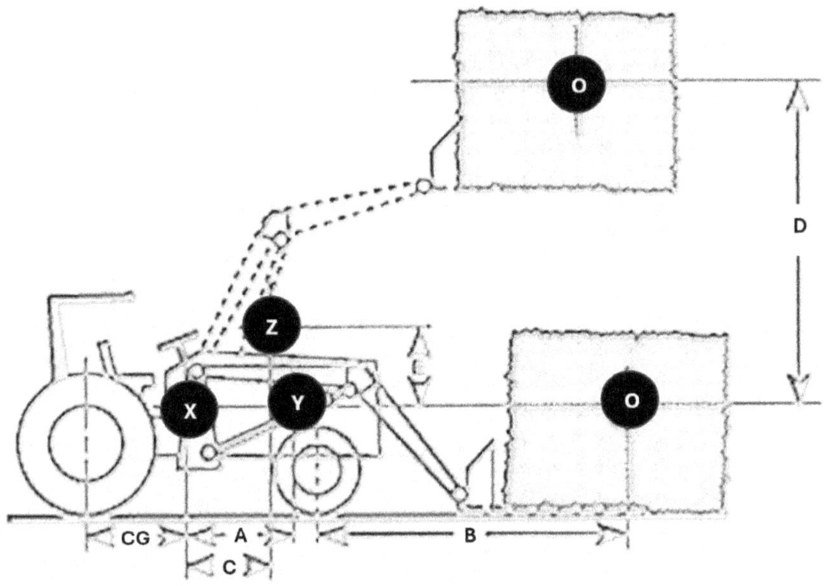

Figura 39: Centro de gravedad del cargador frontal.

Realizar una revisión previa al arranque de un cargador frontal es esencial para asegurar que la máquina esté en buenas condiciones de funcionamiento y sea segura para operar. Esto incluye:

- Inspección Exterior:

  - Camine alrededor del cargador frontal e inspeccione visualmente el exterior en busca de signos de daños, fugas o componentes sueltos.

- ○ Verifique que los neumáticos o las orugas estén adecuadamente inflados, sin daños y sin signos de desgaste.

- ○ Inspeccione las luces, señales y marcas reflectantes para asegurarse de que funcionen correctamente.

- • Niveles de Fluidos:

  - ○ Verifique los niveles de aceite del motor, fluido hidráulico, refrigerante y combustible utilizando las varillas de medición o indicadores visuales correspondientes. Rellene los fluidos según sea necesario.

- • Sistema Hidráulico:

  - ○ Busque cualquier fuga visible en las mangueras hidráulicas, conexiones y cilindros.

  - ○ Verifique que los controles hidráulicos funcionen de manera suave y respondan adecuadamente.

  - ○ Asegúrese de que el depósito hidráulico esté adecuadamente lleno y que el fluido esté limpio.

- • Compartimento del Motor:

  - ○ Abra el compartimento del motor e inspeccione el motor en busca de signos de fugas, daños o componentes sueltos.

  - ○ Revise el filtro de aire y límpielo o reemplácelo si es necesario.

  - ○ Inspeccione los terminales de la batería para detectar corrosión y asegúrese de que estén conectados de manera segura.

- Características de Seguridad:

  - Pruebe el cinturón de seguridad para asegurarse de que funcione correctamente y se abroche de manera segura.

  - Verifique que la estructura de protección contra vuelcos (ROPS) esté en buenas condiciones.

  - Asegúrese de que el extintor esté presente, completamente cargado y dentro de la fecha de vencimiento.

- Accesorios y Controles:

  - Inspeccione los accesorios (por ejemplo, cubo, horquillas) en busca de daños o desgaste.

  - Pruebe los controles para asegurarse de que funcionen correctamente, incluyendo el brazo de elevación, la inclinación del cubo, la dirección y los frenos.

  - Asegúrese de que todas las palancas de control, pedales e interruptores funcionen correctamente y no se atasquen.

- Interior de la Cabina:

  - Entre en la cabina del operador y revise el estado del asiento, pedales y volante.

  - Pruebe la visibilidad limpiando las ventanas y espejos.

  - Verifique que todos los indicadores, medidores y luces de advertencia estén operativos.

- Documentación:

- ○ Asegúrese de que el manual del operador, los registros de mantenimiento y cualquier permiso o certificación requerido estén presentes y actualizados.

- ○ Verifique si existen boletines de seguridad o retiradas emitidos por el fabricante.

- • Verificaciones Finales:

  - ○ Arranque el motor y escuche cualquier ruido o vibración inusual.

  - ○ Pruebe los frenos, acelerador y transmisión, activándolos y desactivándolos.

  - ○ Realice una breve prueba de manejo para asegurarse de que el cargador frontal opere sin problemas y responda correctamente a los controles.

- • Procedimiento de Apagado:

  - ○ Una vez completada la revisión previa al arranque, apague el motor y asegure el cargador frontal de acuerdo con las directrices del fabricante.

  - ○ Informe cualquier problema o anomalía descubierta durante la revisión previa al arranque al personal adecuado para una inspección o mantenimiento adicional.

Al seguir estos pasos, los operadores pueden asegurarse de que el cargador frontal esté en condiciones óptimas para una operación segura y eficiente. Las revisiones previas al arranque regulares son cruciales para identificar problemas potenciales temprano y prevenir accidentes o averías.

La inspección del área de trabajo implica varios métodos para idear un plan de trabajo que asegure el cumplimiento de los procedimientos del sitio y resultados seguros. Una evaluación informal de riesgos es uno de estos métodos, que sirve como un enfoque simplificado para identificar peligros asociados con tareas específicas e implementar medidas de control. Este proceso puede incluir el uso de herramientas básicas como un cuaderno de bolsillo para registrar peligros y un conjunto de procedimientos.

En industrias como la minería y la construcción, un proceso de evaluación de riesgos comúnmente utilizado es el método SLAM, que significa STOP (Detenerse), LOOK (Mirar), ASSESS (Evaluar) y MANAGE (Gestionar). Este enfoque sistemático es ampliamente adoptado por su simplicidad y efectividad en la gestión de riesgos en los lugares de trabajo. Comienza con la fase STOP, donde se inicia una evaluación de riesgos haciendo preguntas cruciales sobre posibles peligros y precauciones necesarias.

Posteriormente, en la fase LOOK, los empleados examinan el entorno de trabajo en busca de peligros específicos derivados de la interacción humana, la maquinaria y las condiciones circundantes. Esto incluye la identificación de peligros ergonómicos y de salud que podrían llevar a accidentes o lesiones.

Durante la fase ASSESS, los riesgos se evalúan y se categorizan según sus consecuencias y la probabilidad de ocurrencia. Los empleados califican los peligros identificados y evalúan el nivel de riesgo que representan al realizar las tareas.

Finalmente, en la fase MANAGE, todos los riesgos identificados se mitigan al nivel más bajo posible (ALARP) mediante la implementación de controles apropiados. Estos controles buscan reducir la energía o la probabilidad de los peligros, empleando estrategias como la aislación, la protección, la capacitación y la planificación de trabajo efectiva.

Se anima a los trabajadores a realizar evaluaciones diarias SLAM o evaluaciones similares al comenzar nuevas tareas para garantizar la seguridad continua. Además, en el enfoque SAM—Spot the Hazard, Assess the Risk, Make the Changes (Identificar el Peligro, Evaluar el Riesgo, Hacer los Cambios)—se recuerda a los empleados su responsabilidad de prevenir accidentes mediante la identificación proactiva de peligros, la evaluación de riesgos y la implementación de los cambios necesarios para controlarlos.

Capacidad Nominal

Determinar la capacidad nominal de un cargador frontal implica varios factores y cálculos. A continuación se explica paso a paso:

1. **Consultar las Especificaciones del Fabricante**: El fabricante del cargador frontal proporciona especificaciones detalladas que incluyen la capacidad nominal. Estas especificaciones generalmente están disponibles en el manual del cargador o en la documentación técnica.

2. **Comprender la Capacidad Nominal**: La capacidad nominal se refiere al peso máximo que el cargador está diseñado para levantar de manera segura en condiciones ideales. Es crucial entender las condiciones bajo las cuales la capacidad nominal es válida, incluyendo factores como la posición de la carga, la altura de elevación y la estabilidad.

3. **Identificar la Posición de la Carga**: La capacidad nominal puede variar según la posición de la carga con respecto al cargador. Por ejemplo, la capacidad nominal puede diferir si la carga está posicionada a nivel del suelo o si se levanta a una cierta altura.

4. **Considerar la Altura de Elevación**: La capacidad nominal puede cambiar dependiendo de la altura de elevación. Generalmente, los cargadores tienen una capacidad nominal más

baja a medida que aumenta la altura de elevación debido a preocupaciones de estabilidad.

5. **Evaluar la Distribución de la Carga**: La distribución de la carga juega un papel significativo en la determinación de la capacidad nominal. Las cargas distribuidas de manera desigual o con un centro de gravedad alto pueden reducir la estabilidad del cargador y su capacidad nominal.

6. **Tener en Cuenta las Condiciones de Operación**: Las condiciones de operación como el terreno, la pendiente y los factores ambientales pueden afectar el rendimiento y la capacidad nominal del cargador. Asegúrese de que la capacidad nominal sea apropiada para las condiciones específicas de operación.

7. **Realizar Cálculos**: Una vez que tenga toda la información relevante y las especificaciones, puede calcular la capacidad nominal según las directrices del fabricante. Esto generalmente implica aplicar fórmulas o usar tablas de carga proporcionadas por el fabricante.

8. **Verificar Factores de Seguridad**: Los fabricantes a menudo incluyen factores de seguridad en la capacidad nominal para tener en cuenta las incertidumbres y asegurar una operación segura. Es esencial adherirse a estos factores de seguridad y nunca exceder la capacidad nominal para prevenir accidentes o daños al equipo.

9. **Capacitación y Certificación**: Los operadores deben recibir la capacitación y certificación adecuadas para entender cómo operar el cargador de manera segura y dentro de los límites de su capacidad nominal. Esta capacitación incluye aprender sobre los límites de carga, la estabilidad y las prácticas de operación

segura.

El fabricante también puede mostrar la capacidad nominal en una tabla. Un ejemplo se muestra en la Figura 40.

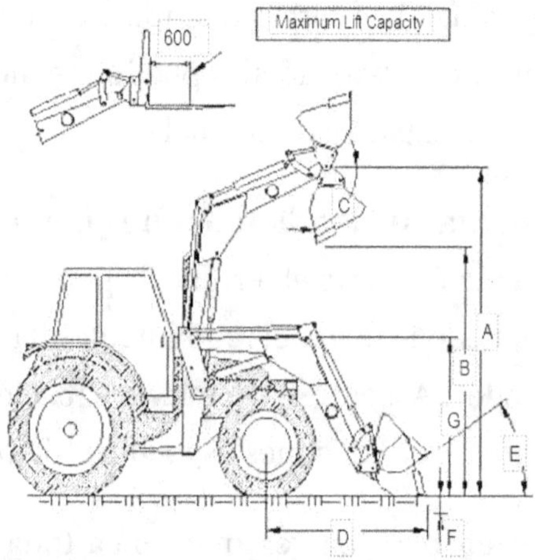

Loader Model	A Max Lift Height	B Clearance when dumped	C Max dump angle (Deg)	D Reach at ground	E Crowd back	F Digging depth	G Overall height	H Heaped Capacity	I Max lift capacity (kg)
60	3260	2400	80	1900	30	240	1565	0.51	1050
80	3490	2540	80	2000	28	240	1660	0.51	1350
120	3825	2855	80	2100	28	240	1760	0.73	1550
140	4050	3080	80	2150	28	240	1870	0.73	1550
160	4050	3080	80	2150	28	240	1870	0.73	2000
180	4310	3310	80	2405	40	280	1900	0.88	3150

Figura 40: Ejemplo de tabla de capacidad nominal para un cargador frontal.

Las tablas de carga, también conocidas como tablas de capacidad nominal, proporcionan información sobre la carga máxima que una grúa u otro equipo puede levantar de manera segura. Es crucial que el operador tenga acceso a la tabla de carga para asegurarse de que el equipo no se sobrecargue.

En algunos casos, ciertos tipos de equipos móviles motorizados, como las grúas, pueden tener múltiples tablas de carga para diferentes configuraciones de pluma y contrapeso. Estas tablas de carga pueden ser complejas e incluir diversas condiciones que deben seguirse para garantizar operaciones de levantamiento seguras.

La tabla de carga para el equipo móvil debe especificar la capacidad para cada ubicación de punto de elevación y la configuración correspondiente. La información clave que debe incluirse en la tabla de carga comprende los detalles del fabricante, el modelo del equipo y la fecha de fabricación, junto con las ubicaciones de los puntos de elevación y sus capacidades nominales. Además, debe indicar las configuraciones de la pluma, las cargas máximas de elevación para cada punto y configuración, los requisitos de los estabilizadores, las tolerancias de pendiente lateral y las deducciones para accesorios como cubos o dispositivos de enganche rápido.

En cuanto a los puntos de elevación, las cargas solo deben suspenderse desde los puntos de elevación designados o los accesorios de enganche rápido si se proporcionan, a menos que se haya diseñado e instalado específicamente otro punto de elevación designado. Estos puntos de elevación y accesorios son generalmente suministrados por el fabricante del equipo o diseñados por un ingeniero. A menudo consisten en ensamblajes soldados que se adhieren al extremo del brazo del cucharón cuando el cubo no está en uso.

El diseño de los puntos de elevación debe garantizar que se evite el desenganche accidental de la carga y que las eslingas no puedan desprenderse. También deben estar estructurados para mantener las eslingas alejadas de la pluma o los accesorios. No se deben usar ganchos en los brazos del cucharón o en otros accesorios del equipo de movimiento de tierras, ya que pueden desengancharse a medida que el brazo gira, incluso si están equipados con un pestillo.

Además, los puntos de elevación no deben adjuntarse a cubos de enganche rápido o cubos en general, ya que esto puede llevar a la carga no intencionada de los pasadores y las conexiones, la posible sobrecarga del equipo, el daño a las eslingas y el daño al cubo durante las actividades de excavación.

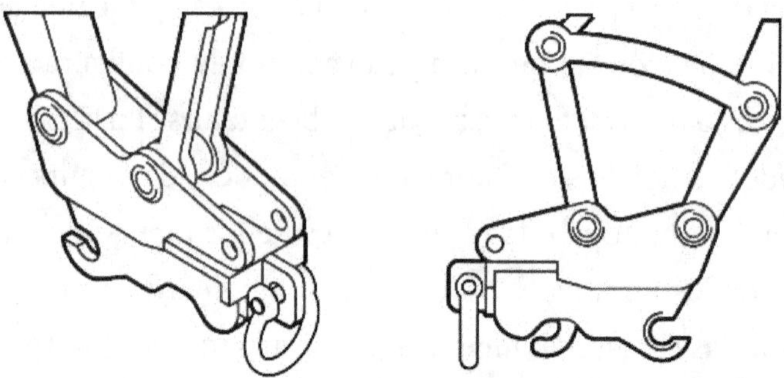

Figura 41: Puntos de elevación de ojo cerrado en una excavadora.

Las conexiones rápidas son accesorios instalados en los brazos de excavadoras o retroexcavadoras para facilitar el montaje y desmontaje rápido de diversos implementos, lo que requiere la implementación de medidas adecuadas de gestión de riesgos.

La protección contra explosiones es una característica de seguridad crucial que debe instalarse en equipos de movimiento de tierras utilizados como grúa, especialmente cuando la capacidad nominal excede 1 tonelada. Se debe buscar orientación del fabricante del equipo original sobre la instalación de protección contra explosiones. En casos donde la capacidad nominal del equipo es de 1 tonelada o más y no se cuenta con protección contra explosiones, el equipo no debe emplearse para levantar cargas cerca de los trabajadores.

La protección contra explosiones está diseñada específicamente para ser instalada en cilindros hidráulicos críticos para prevenir el colapso potencial del brazo o brazo de excavación. Varias condiciones deben considerarse al evaluar la necesidad de protección contra explosiones:

- Se debe obtener información sobre la instalación de dispositivos de protección contra explosiones del fabricante del equipo.

- La capacidad nominal máxima del equipo debe cumplir con las especificaciones del fabricante, incluyendo tanto capacidades nominales simples como variables.

- Para equipos con capacidades de elevación variables, se debe usar la capacidad de elevación en el radio mínimo para determinar la necesidad de protección contra explosiones.

- El equipo debe cumplir plenamente con los requisitos de diseño aplicables a grúas móviles.

- Es imperativo que los operadores no puedan desactivar los dispositivos de protección contra explosiones para mejorar las medidas de seguridad.

A diferencia de las grúas, los equipos de movimiento de tierras (EME), como excavadoras, cargadores frontales y retroexcavadoras, no están diseñados principalmente para levantar cargas. Aunque los fabricantes pueden configurar los EME para realizar tareas de elevación como función secundaria, los operadores deben asegurar, en la medida de lo razonablemente posible, que cualquier equipo utilizado para levantar o transportar una carga suspendida libremente esté específicamente diseñado para ese propósito. Los EME solo deben utilizarse para elevación donde el uso de una grúa no sea factible y donde la elevación sin precisión sea suficiente.

Los EME no son adecuados para tareas de elevación de precisión, como la erección de estructuras de acero o la colocación de paneles de concreto prefabricados, situaciones que requieren múltiples equipos para un levantamiento, o cuando se necesitan estabilizadores para la estabilidad, a menos que el EME esté equipado con estabilizadores y estos estén desplegados.

Antes de emplear los EME para tareas de elevación (como función secundaria), se deben considerar varias medidas de control de riesgos:

- Asegurar que la capacidad nominal, la estabilidad y la idoneidad del equipo estén establecidas.

- Mostrar los límites de carga de trabajo en el equipo con una tabla de carga adecuada.

- Verificar que el diseño y la ubicación de los puntos de elevación cumplan con las especificaciones del fabricante.

- Transportar cargas con el brazo de elevación completamente retraído.

- Usar estabilizadores para lograr la estabilidad del equipo.

- Prohibir a cualquier persona estar bajo una carga suspendida.

- Asegurar que los operadores sean competentes para realizar la tarea.

- Verificar que los cubos tipo trampa estén firmemente atornillados o enganchados positivamente.

- Desarrollar e implementar sistemas de trabajo seguros.

Las cargas solo deben suspenderse desde el punto de elevación designado por el fabricante en el brazo o la conexión rápida, asegurando que el punto de elevación forme un ojo cerrado y esté diseñado para prevenir el desenganche o la separación no intencionada de las eslingas. Las conexiones rápidas solo pueden usarse para soportar implementos específicamente diseñados para el equipo y deben ser operadas por personal competente.

Se deben establecer sistemas de trabajo seguros, incluyendo el desarrollo de Declaraciones de Método de Trabajo Seguro para trabajos de construcción de alto riesgo, considerando factores como la selección de equipos, inspección, mantenimiento de equipos de elevación, establecimiento de zonas de exclusión y manejo adecuado de las cargas transportadas.

Se deben mantener registros de todos los servicios, mantenimientos, reparaciones y fallos del equipo.

Operar un Cargador

Operar un cargador frontal requiere atención cuidadosa a los procedimientos de seguridad y principios de operación. Aquí hay una guía paso a paso sobre cómo conducir un cargador frontal:

- **Revisión previa al arranque:**

  - Antes de operar el cargador frontal, realiza una revisión previa para asegurar que todos los componentes estén en buen estado. Esto incluye verificar los niveles de fluidos, inspeccionar los neumáticos o las orugas en busca de daños y asegurarse de que todas las características de seguridad funcionen correctamente.

- **Arrancar el motor:**

  - Una vez completada la revisión previa al arranque, arranca el motor según las instrucciones del fabricante. Permite que el motor se caliente antes de accionar cualquier control.

- **Ajuste del asiento:**

  - Ajusta el asiento y los espejos para asegurar una visibilidad adecuada y comodidad durante la operación.

- **Activar el freno de estacionamiento:**

  - Antes de mover el cargador, activa el freno de esta-cionamiento para evitar movimientos no intencionados.

- **Seleccionar la transmisión:**

  - Dependiendo del modelo del cargador frontal, selecciona el modo de transmisión apropiado (adelante, neutral, reversa).

- **Operar los controles del joystick:**

  - Familiarízate con los controles del joystick para elevar, bajar, inclinar y descargar el balde del cargador. Practica usar los controles para manipular el balde de manera suave y precisa.

- **Conducir hacia adelante:**

  - Para mover el cargador frontal hacia adelante, libera el freno de estacionamiento, cambia a la marcha adelante y presiona suavemente el pedal del acelerador. Usa el volante para man-iobrar el cargador en la dirección deseada.

- **Conducir en reversa:**

  - Al conducir en reversa, asegúrate de que el área detrás del cargador esté libre de obstáculos. Cambia a la marcha rever-sa, usa los espejos para guiarte y avanza lentamente mientras mantienes conciencia de tu entorno.

- **Operar el balde:**

  - Usa los controles del joystick para elevar, bajar, inclinar y descargar el balde del cargador según sea necesario para cargar y descargar materiales. Practica operar el balde para lograr un control preciso sobre sus movimientos.

- **Observar las precauciones de seguridad:**

  - Siempre usa el cinturón de seguridad mientras operas el cargador frontal.

  - Mantén una distancia segura de obstáculos, peatones y otros vehículos.

  - Evita giros bruscos o maniobras repentinas que puedan causar el vuelco del cargador.

  - Ten cuidado con las obstrucciones aéreas, como líneas eléctricas o ramas de árboles.

  - Usa precaución al operar en pendientes o terrenos irregulares, ajustando tu velocidad y enfoque según sea necesario.

  - Sigue todas las pautas de seguridad descritas en el manual del operador y recibe capacitación adecuada antes de operar el cargador frontal.

- **Apagar:**

  - Una vez que hayas completado tu trabajo, regresa el cargador a un lugar seguro, activa el freno de estacionamiento y apaga el motor según las instrucciones del fabricante.

Antes de arrancar la máquina, realiza una revisión visual alrededor del vehículo para asegurarte de que no haya personas ni obstáculos en las cercanías. No arranques el motor si se muestra una señal de advertencia en la palanca de operación. Asegúrate de estar en la posición adecuada antes de iniciar el arranque del motor. Solo el personal autorizado, como el conductor, debe ingresar a la cabina de conducción o a cualquier otra área del vehículo. Verifica el funcionamiento del zumbador de marcha atrás, si está instalado, antes de operar el vehículo.

Procedimientos de Arranque y Operación para el Cargador de Ruedas:

- Opera el cargador de ruedas únicamente al aire libre o en espacios interiores bien ventilados.

- Mantén una comunicación clara con los colegas y asegúrate de tener buena visibilidad en todo momento.

- Alerta al personal cercano de la activación de la máquina haciendo sonar la bocina dos veces o activando la luz de baliza/destellante, si está disponible.

- Proporciona una persona señalizadora en áreas confinadas con visibilidad limitada, asegurándote de que permanezca a una distancia segura del cargador de ruedas.

- Prueba y confirma el contacto por radio con el operador, si es aplicable.

- Mantén la cabina, las palancas de control y los pedales limpios, evitando colocar objetos en el panel de control.

- Abstente de almacenar herramientas, equipos o líquidos inflamables en la cabina.

- Arranca el motor siguiendo las especificaciones del fabricante y monitorea el panel de control en busca de anomalías.

- Activa el control del circuito servo antes de utilizar cualquier función hidráulica.

- Prueba todas las funciones del cargador de ruedas, incluyendo dirección, frenos, luces y señales.

- Aumenta la velocidad del motor y permite que los componentes del sistema se calienten a las temperaturas de funcionamiento.

- Ten precaución durante la operación, manteniendo suficiente distancia de las líneas eléctricas y obstáculos.

- Familiarízate con el peso, las dimensiones y el centro de gravedad de la carga.

- Opera dentro de las capacidades de la máquina y utiliza movimientos lentos y progresivos del joystick bajo condiciones de carga.

- Reduce la velocidad de viaje, especialmente en condiciones de poca visibilidad o terrenos difíciles.

- Permite tiempo y espacio adecuados para detenerte, evitando aplicaciones bruscas de frenos con una carga.

- Cumple con las normas y regulaciones de transporte al operar en vías públicas, considerando las condiciones del camino, los despejes y las limitaciones de carga.

- Baja los accesorios y las cargas lo más cerca del suelo posible durante el desplazamiento de la máquina.

- Nunca dejes la máquina desatendida mientras el motor está en marcha o en movimiento.

- Prohíbe que alguien se acerque o esté cerca de la máquina durante su operación.

- En caso de contacto con una línea eléctrica de alta tensión, permanece en la cabina, advierte a otros y mueve la máquina si es posible.

- Sal de la cabina solo después de que la línea eléctrica esté apagada o la máquina esté a una distancia segura.

- Minimiza las cargas de choque y las sacudidas de la máquina reduciendo la velocidad de viaje y evitando irregularidades en el camino.

Ventilación en Áreas Cerradas:

- Abre puertas y ventanas para asegurar una ventilación adecuada al arrancar el motor o manejar combustible, aceite o pintura en áreas cerradas o mal ventiladas.

- Usa ventiladores si se requiere ventilación adicional.

Mantenimiento y Precauciones de Seguridad para Combustibles, Aceites y el Motor:

- Usa equipo de protección personal al manejar combustible y aceite.

- Espera a que el aceite del motor y el aceite hidráulico se enfríen antes de realizar operaciones de mantenimiento.

- Alivia la presión antes de retirar las tapas de aceite para evitar que el aceite caliente salga disparado.

- Ten precaución al revisar las temperaturas del refrigerante y del aceite para evitar quemaduras.

Prevención de Incidentes de Aplastamiento o Corte:

- Evita colocar cualquier parte del cuerpo entre partes móviles o componentes del equipo.

- Mantén las manos y los pies alejados de partes móviles como ventiladores del motor, correas y puntos de bisagra.

Precauciones al Trabajar con Equipos Elevados:

- Siempre apoya los accesorios elevados durante el servicio o las reparaciones y nunca camines debajo de ellos a menos que estén debidamente soportados.

- Usa soportes o apoyos cuando el cargador frontal esté elevado con un gato.

Bloqueo de Articulación:
- Utiliza el bloqueo de articulación al acceder al área del chasis entre las ruedas, asegurándote de que el motor esté apagado durante la instalación o retirada.

Operación en Reversa: Cuando operes la máquina en reversa, sigue las siguientes pautas: Alerta a las personas cercanas haciendo sonar la bocina. Asegúrate de que no haya personas alrededor o detrás de la máquina. Asigna a una persona designada para supervisar los procedimientos de seguridad, especialmente cuando el vehículo esté en modo reversa. Asigna a una persona designada para gestionar el flujo de tráfico en áreas peligrosas o donde la visibilidad sea limitada. Prohíbe que las personas se acerquen a la trayectoria del vehículo mientras esté en operación. Estos protocolos deben seguirse incluso si el vehículo está equipado con un zumbador de marcha atrás y un espejo retrovisor.

Verificaciones de Seguridad: Antes de arrancar la máquina, verifica que la palanca de seguridad esté en posición neutral.

Precauciones de Operación: Mantén una distancia de 40 a 50 cm entre la cuchara del scraper y el suelo al conducir en terreno nivelado. Ten precaución y reduce la velocidad al atravesar terreno irregular, manteniendo una dirección estable y evitando giros bruscos. En caso de falla del motor mientras esté en movimiento, evita usar el volante, aplica los frenos de inmediato y detén el vehículo.

Operación en Pendientes: Conducir en pendientes empinadas, taludes o laderas puede llevar a un vuelco o deslizamiento. Al conducir en pendientes, taludes o laderas, mantén una distancia de 20 a 30 cm (8 a 12 pulgadas) entre la cuchara del scraper y el suelo. En emergencias, baja rápidamente la cuchara al suelo para ayudar a detener el vehículo y prevenir el vuelco. Evita hacer giros o transitar por las pendientes; estas maniobras deben realizarse en terreno nivelado. No conduzcas sobre áreas cubiertas de hierba, hojas caídas o placas de acero mojadas para evitar deslizamientos. Al conducir cerca del borde de una pendiente, mantén una velocidad muy baja. Al descender pendientes, mantén una velocidad reducida y utiliza el motor como freno. En caso de falla del motor en una pendiente, aplica los frenos de inmediato, baja la cuchara y detén el vehículo.

Operación en Terreno Blando: Evita trabajar cerca de acantilados, zanjas empinadas o profundas, ya que el colapso podría llevar al vuelco del vehículo y a posibles lesiones o muertes. Ten en cuenta que la estabilidad del suelo en estas áreas puede disminuir tras condiciones climáticas adversas. Ten precaución al trabajar cerca de suelo suelto o blando, ya que el peso y la vibración de la máquina pueden causar colapsos. Instala una estructura de protección contra vuelcos (ROPS) cuando operes en áreas peligrosas o donde exista riesgo de caída de escombros. Utiliza tanto ROPS como cinturones de seguridad al trabajar en áreas propensas a caídas de escombros y posible vuelco del vehículo.

Algunas máquinas presentan una configuración de enlace de descarga en la que un cubo que descansa plano sobre el suelo se inclina automáticamente cuando se levanta a unos pocos pies sobre el nivel del suelo. Si el operador desea evitar esta inclinación automática, puede utilizar el control de descarga para contrarrestarla. También se incorporan dispositivos de desconexión automática para detener el levantamiento en la altura máxima o en otra altura preseleccionada, así como para devolver el cubo a su ángulo de excavación después de descargar. Estos mecanismos permiten a los operadores gestionar las funciones de la máquina con ambas manos en los controles del tractor mientras maniobran.

Carga del Cubo

A continuación, se describen las prácticas seguras y eficaces para una variedad de trabajos típicos realizados con una cargadora frontal [10]. Para cargar el cubo de manera efectiva:

1. Coloca la palanca de control de rango de velocidad en la primera (1) posición de marcha y la palanca de control direccional en la posición de avance (F).

2. Ajusta la palanca de rango de transmisión a la posición baja.

3. Baja el cubo usando la palanca de control del brazo de elevación y ajusta el borde de corte y la parte inferior del cubo para que estén paralelos al suelo utilizando la palanca de control del cubo (asegurando la alineación con los indicadores de puntero del cubo).

4. Conduce lentamente la máquina hacia adelante para empujar el borde de corte hacia la pila hasta que el cubo esté casi lleno.

5. Alterna entre tirar hacia atrás la palanca de control del brazo de elevación y la palanca de control del cubo de manera incremental para elevar el brazo de elevación e inclinar el cubo hacia atrás, continuando hasta que el cubo esté completamente cargado.

6. Coloca la palanca de control del brazo de elevación en la posición HOLD (mantenimiento).

7. Cambia la palanca de control de dirección a la posición de reversa (R) y retrocede fuera de la pila, manteniendo la carga baja y el cubo ligeramente inclinado hacia atrás.

8. Transporta la carga al área de descarga, manteniendo una posición de carga baja y el cubo ligeramente inclinado hacia atrás. Generalmente, las cargadoras realizan tareas de excavación con

el cubo plano o ligeramente inclinado hacia abajo, permitiendo la máxima penetración en bancos y puntos altos, facilitando el movimiento suave de la máquina.

Para los cubos que no se inclinan hacia atrás pero permanecen planos cuando los cilindros de descarga están completamente retraídos, esta posición es óptima tanto para excavar como para levantar y transportar una carga.

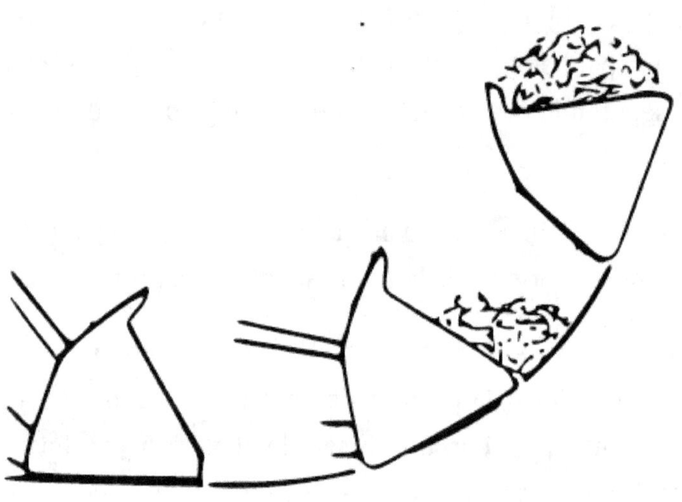

Figura 42: Carga del Cubo

Para excavar en tierra dura, el cubo debe inclinarse hacia abajo en un ángulo de diez a treinta grados. Una vez que haya penetrado a una profundidad de dos a seis pulgadas, debe aplanarse por completo mientras se continúa el movimiento hacia adelante del tractor hasta que el cubo esté lleno. Este enfoque combina una penetración inicial efectiva, una posición robusta del cubo durante la mayor parte del paso y un potente efecto de palanca durante el cambio de ángulo. En algunas condiciones del suelo, hacer ajustes menores y continuos al ángulo mientras se excava puede mejorar la penetración.

Figura 43: Excavación con el cargador frontal.

Rampa Descendente: Al excavar hacia abajo, como al cortar una excavación o una rampa, el material duro puede requerir inclinar el fondo del balde en un ángulo de diez a treinta grados en relación con la línea de las ruedas y cortar en rebanadas delgadas. Es importante que la inclinación descendente de la rampa sea gradual, ya que la máquina se vuelve más pesada en la parte delantera con un balde cargado y puede inclinarse hacia adelante al retroceder fuera del hoyo.

Nivelación y Excavación: Durante tareas de nivelación o excavación, ajuste el balde de manera que el indicador de posición del balde indique una posición nivelada (con las punteras alineadas). Incline el balde ligeramente hacia adelante hacia la posición de descarga para facilitar la penetración. Una vez que el borde de corte haya penetrado, use la palanca de control del balde para ajustar el balde a la profundidad deseada y evitar una excavación excesiva. Mueva gradualmente la palanca de control del balde hacia adelante y hacia atrás para lograr una nivelación suave y uniforme. Para mantener un nivel adecuado, presione el acelerador a la mitad del recorrido en primera (1) o segunda (2) marcha, rango bajo. Cuando el balde esté lleno o se haya alcanzado la profundidad deseada, tire de la palanca de control del balde hasta la posición de "INCLINACIÓN HACIA ATRÁS" y el balde descanse contra los topes. Luego, levante ligeramente los brazos de empuje del suelo para transportar la carga.

Transporte de la Carga: Al transportar la carga, ajuste la velocidad de desplazamiento de la máquina según la distancia del transporte y las condiciones de la superficie. Reduzca la velocidad en terrenos irregulares y al hacer giros cerrados. Mantenga el balde cargado aproximadamente a 14 pulgadas del suelo. Evite transportar una carga con el balde levantado más de la mitad. Mantenga el balde lo más cerca posible del suelo para mejorar la visibilidad y la estabilidad de la máquina, especialmente en pendientes o durante giros.

Descarga del Balde: Levante el balde usando la palanca de control de elevación hasta que despeje el borde superior del lado del camión o contenedor de descarga. Asegúrese de que la máquina esté perpendicular al lado del camión o contenedor para una descarga uniforme dentro del área designada. Una vez que el balde esté a la altura adecuada, coloque la palanca de control del brazo de elevación en la posición "HOLD" y empuje gradualmente la palanca de control del balde a la posición "DESCARGAR". Evite empujar abruptamente la palanca de control del balde hacia adelante para prevenir una descarga rápida que pueda dañar el cuerpo del camión o los cilindros hidráulicos. Después de vaciar el balde, regrese la palanca de control del balde a la posición de INCLINACIÓN HACIA ATRÁS, revise detrás del cargador, toque la bocina y retroceda la máquina lejos del camión o contenedor. Baje el balde ajustando la palanca de control de elevación y regrese a la pila para otra carga.

Manipulación de Materiales Grandes y Pesados: Se debe tener especial cuidado al cargar materiales grandes y pesados, como ripio o rocas, para proteger el camión que se está cargando. Comience cargando materiales más pequeños para amortiguar la caja contra el impacto de los elementos más grandes. Descargue estos materiales desde la altura más baja posible y a un ritmo lento para evitar daños al fondo o los lados de la caja.

Viaje sin Carga en el Balde: Al trasladar la máquina a otro sitio de trabajo sin carga en el balde, coloque el balde vacío aproximadamente a 14 pulgadas del suelo en la posición inclinada hacia atrás. Ajuste la velocidad de desplazamiento del cargador según las condiciones de la superficie. Evite conducir la máquina en reversa para lograr velocidades más altas o un mejor control de la dirección. El viaje continuo en reversa puede resultar en una mala visibilidad sobre el capó trasero y podría causar que el motor se sobrecaliente debido a la interrupción del flujo de aire a través del radiador.

Acopio de Material: Eleve el balde lleno de material a una altura donde pueda ver debajo de él mientras está sentado en el asiento del operador del cargador. Evite levantar el balde demasiado alto para evitar que el material caiga sobre el parabrisas o el operador al conducir sobre la pila. Tenga cuidado al ascender la pila para descargar el balde lleno, asegurándose de que las ruedas del cargador suban uniformemente sobre la pila. Si una rueda sube a la pila mientras la otra se desvía hacia un lado, existe el riesgo de que el cargador se vuelque. Aunque una rampa puede ayudar, tenga cuidado de evitar vuelcos.

La distancia recorrida hasta la cima de la pila depende de la altura a la que se desee apilar el material. Ascienda la pila a la misma distancia para cada carga del balde para minimizar los espacios donde el agua puede acumularse y dañar el material. Mantenga la parte superior de la pila lo más nivelada posible. Al alcanzar la altura deseada en la pila, descargue el balde y aplique el freno simultáneamente para estabilizar el cargador sobre la pila. Después de descargar el material, cambie la palanca de selección de dirección a reversa y descienda lentamente de la pila. Evite bajar en punto muerto para prevenir descensos rápidos, lo cual podría causar accidentes o daños al cargador.

Las operaciones de apilamiento seguras implican adherirse a las pautas mencionadas y mantener la vigilancia ante posibles peligros.

Para empujar una cantidad de tierra suelta, la posición plana del balde es ideal. Sin embargo, al esparcir y nivelar la tierra, incline el balde hacia abajo de manera pronunciada para facilitar el flujo libre desde la parte inferior hacia los agujeros y evitar que el suelo pegajoso se adhiera. Tenga cuidado de no engancharse con obstrucciones sólidas en un ángulo pronunciado, ya que esto coloca el balde en su posición más débil y maximiza el apalancamiento contra el mecanismo de volcado.

La profundidad del corte se puede regular ya sea mediante los cilindros de elevación o los cilindros de volcado. El borde estará más alto cuando esté plano y dos o más pies más bajo cuando esté completamente volcado, dependiendo de la posición de los brazos de empuje.

Excavación de Taludes: En relación con la potencia y el peso de la máquina, el balde demuestra una penetración limitada. El elevador opera a un ritmo significativamente más lento en comparación con la velocidad del cargador, lo que hace que el balde a menudo se entierre bajo más tierra de la que puede efectivamente desenterrar y levantar. Al tratar con taludes de material duro, es ventajoso mantener una orientación inclinada para ayudar a romper las cargas. Esto se puede lograr excavando en capas desde la parte superior del talud y luego cortando hacia arriba desde la parte inferior, asegurando que cada corte sea paralelo a la pendiente. Si bien este método puede alargar cada ciclo de excavación ligeramente debido a la mayor distancia recorrida, puede ser más suave para la máquina en comparación con excavar en grandes trozos.

Para excavar en el talud, el balde del cargador se empuja inicialmente en una posición plana hasta que el cargador comienza a disminuir la velocidad, luego se eleva y se inclina hacia atrás alternativamente. El movimiento hacia adelante debe controlarse para mantener el balde dentro del talud, permitiendo que su acción de inclinación facilite la excavación. Un esfuerzo adicional hacia adelante en un balde inclinado hacia atrás puede arriesgarse a causar daños y no ofrecerá una mejora en la eficiencia de excavación. Una combinación suave de movimientos de amontonar, inclinar y levantar es esencial para obtener resultados óptimos.

Para taludes de altura modesta, alrededor de dos o tres pies, la excavación se puede lograr manteniendo el balde a nivel de la grada final y corriendo al costado del talud. El balde corta el talud sin empujar en exceso, utilizando su costado y parte inferior para realizar la excavación. La tierra se acumula en el balde, aunque con más peso en el lado del talud.

Conducir la máquina directamente hacia el talud puede hacer que el balde se atasque, haciendo que las ruedas traseras se levanten del suelo. En tales casos, se recomienda cambiar el cargador a reversa y retroceder. A medida que el balde se jala ligeramente dentro del talud, típicamente se desentierra y se eleva con la carga intacta.

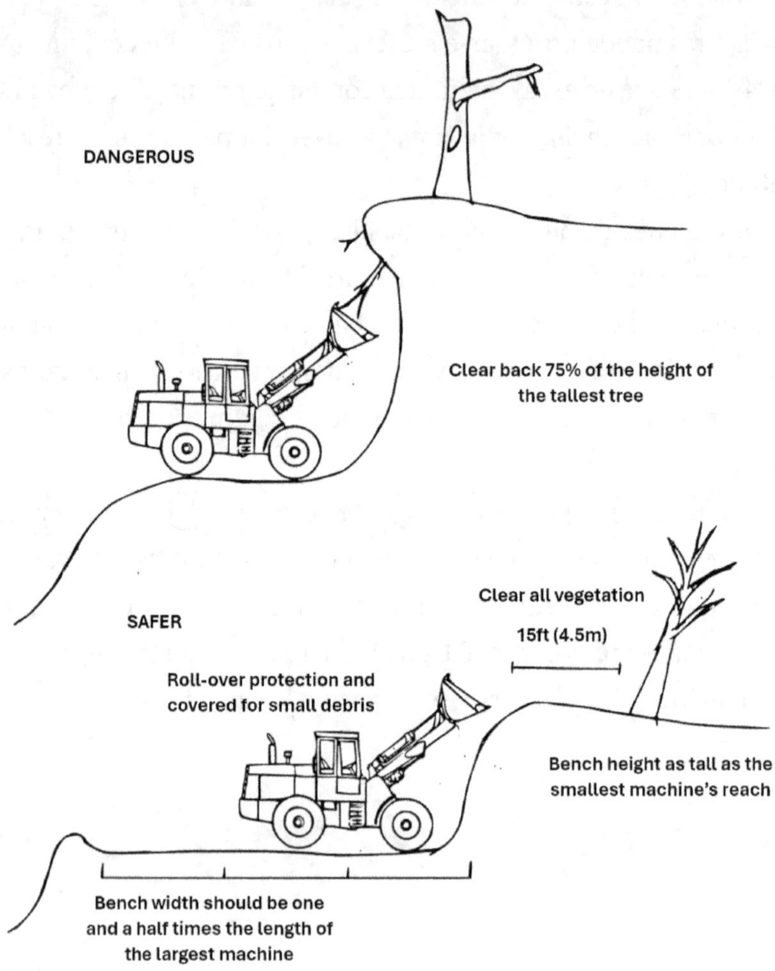

Figura 44: Bancos y frente de trabajo (basado en Symons (1985)).

Trabajar debajo de bancos altos y en bancos requiere precauciones de seguridad adicionales para mitigar los riesgos de derrumbes y vuelcos.

Carga útil: La cantidad de material recolectado en el balde varía según factores como las propiedades del material, la pendiente del banco, el terreno a atravesar y la habilidad del operador. Por lo general, una carga estándar de un balde de una yarda puede oscilar entre media yarda y una yarda y media, promediando alrededor de siete octavos a una yarda durante una excavación media. Los baldes de retroceso generalmente acomodan cargas más grandes en comparación con los planos.

Al vaciar cerca del punto de excavación, se suele priorizar la rapidez en completar cada ciclo sobre maximizar las cargas en cada pasada, especialmente al arrojar material al costado o cargar un camión correctamente posicionado. Sin embargo, a medida que aumenta la distancia al punto de descarga, la importancia de las cargas de capacidad también crece.

Si la carga necesita ser transportada sobre terreno accidentado o cuesta arriba, debe limitarse a un peso que la máquina pueda manejar sin volcarse. En caso de que el balde no se llene adecuadamente, se debe retroceder la cargadora, bajar el balde al nivel del suelo y hacer otra pasada. Cuando la carga está distribuida de manera desigual, el segundo corte debe hacerse en ángulo para asegurar que el lado vacío penetre primero.

Puede ser difícil para el operador juzgar con precisión la cantidad en el balde a menos que las condiciones de excavación permitan que la tierra llegue a la parte superior del fondo del balde.

Excavación: En suelos densos, un problema común es la penetración excepcional del balde, lo que puede causar que sea arrastrado hacia abajo por el corte que ha hecho, levantando la parte trasera de la cargadora. Este problema se puede resolver manteniendo el balde lo más plano posible o posicionando el fondo del balde casi verticalmente, aunque esto puede forzar el balde.

En suelos pesados, puede ser ventajoso para el tiempo de ciclo permitir que el balde excave y luego hacer una pasada adicional para nivelar el área según sea necesario.

Transporte de Material: Si el terreno entre la excavación y la descarga es duro y liso, las operaciones como retroceder, girar y descargar pueden realizarse de manera segura y rápida con el balde cargado mantenido por debajo del nivel de los ojos. Sin embargo, en terrenos accidentados, la cargadora debe moverse lentamente para evitar volcarse hacia adelante o hacer que el balde golpee el suelo sobre baches o crestas. Bajar completamente el balde ayuda a descargar su peso de la cargadora, ayudando a recuperar el equilibrio si ocurre un desequilibrio.

Dejar caer abruptamente un balde cargado y detenerlo en el aire puede dañar una manguera del cilindro de elevación o hacer que la cargadora se incline hacia adelante nuevamente. Mantener el balde lo más cerca del suelo posible reduce la gravedad de las consecuencias del desequilibrio.

El balde no debe levantarse alto si hay rocas o protrusiones en la parte trasera, ya que pueden caer y causar lesiones o daños, especialmente cuando la estación del operador está en la parte delantera de la cargadora.

Carga de Camiones: Lo siguiente se centra en las cargadoras pequeñas comúnmente utilizadas equipadas con baldes de aproximadamente 2 yardas (1,83 metros) de tamaño. Todas las operaciones se detallan en términos de control manual. Mientras que algunas máquinas más grandes en esta categoría y más allá pueden incorporar dispositivos de desenganche automático, estos dispositivos simplifican las operaciones sin alterar sus principios subyacentes. Además de operar la cargadora, el operador de la cargadora tiene responsabilidades adicionales. Es su deber asegurarse de que ningún camión esté sobrecargado, ya que el derrame sobre los lados del camión no solo desperdicia material sino que también representa un peligro para el tráfico. Además, deben evitar la contaminación del stockpile. Por ejemplo, girar los neumáticos descuidadamente o hacer surcos en el suelo de la zona de trabajo podría contaminar un stockpile de agregado clasificado. Los intentos de rectificar esto podrían introducir inadvertidamente materiales no limpios o más grandes en la pila, lo que podría causar daños a la maquinaria o superficies donde se aplica el material.

Maniobra de la Cargadora: Los pasos típicos involucrados en la carga de un camión son los siguientes: La cargadora se dirige hacia la pila o banco, se cambia a rango bajo, se acciona el acelerador y se baja el balde hasta que casi toque el suelo. Cuando el balde entra en el banco, se activa la palanca de elevación en la posición de SUBIDA para facilitar el levantamiento a medida que penetra. Una vez lleno, se cambia el selector de dirección a reversa y se retrocede la máquina. La palanca de elevación puede colocarse en la posición de MANTENER cuando el balde esté a unos pocos pies del suelo.

Durante el proceso de retroceso, la cargadora debe girar para quedar de frente al costado del camión que se va a cargar. Luego se cambia a la marcha hacia adelante, se mueve la palanca de elevación hacia arriba y se avanza con la máquina. El balde debe levantarse lo suficiente para evitar que el borde del balde golpee el camión durante la descarga, y es recomendable mantenerlo lo suficientemente alto para despejar el costado del camión y evitar accidentes mientras se retrocede. Típicamente, la elevación se completa antes de llegar al camión. Luego, se coloca el control en la posición de MANTENER y se posiciona la cargadora de manera que el balde quede directamente sobre la carrocería del camión.

Una práctica recomendada es sincronizar la elevación para que el balde despeje el camión de manera segura mientras se mueve sobre él, y el control puede permanecer en la posición de SUBIDA durante la descarga. Cuando se abre la válvula de descarga, esta interrumpe la válvula de elevación para que el levantamiento se detenga, reanudándose inmediatamente cuando se cierra la válvula de descarga. Este "balde en vivo" es más fácil de controlar sobre la carrocería del camión que cuando la elevación está en MANTENER.

En cualquier escenario, la cargadora se avanza hasta que el balde se posicione como se desea sobre la carrocería del camión. Se debe tener cuidado de no impactar el costado del camión, los neumáticos o el tanque de gasolina. Luego se mueve la palanca de descarga hacia adelante para descargar la carga. Es aconsejable descargar el primer o segundo balde lentamente para minimizar el impacto en el camión. Si el suelo es pegajoso, se puede sacudir el balde suavemente moviendo la palanca de la válvula de descarga hacia adelante y hacia atrás contra los topes de descarga, pero esto debe hacerse con precaución para evitar reventar una manguera. Después de asegurar la distancia libre, se cambia la máquina a marcha atrás, se retrocede y se levanta el borde del balde si es necesario para despejar la carrocería. Una vez libre del camión, se detiene la máquina, se cambia a marcha adelante, se dirige hacia el banco y se baja el balde a la posición de excavación durante el viaje de regreso. Las condiciones favorables como la excavación fácil, la colocación adecuada del camión y una zona de almacenamiento suave contribuyen a un ciclo más rápido. La mayoría de las máquinas son capaces de completar ciclos dentro de 15 a 30 segundos.

En escenarios donde las cargadoras con ruedas enfrentan desafíos como barro, nieve, hielo o superficies irregulares que causan pérdida de tracción y patinaje de las ruedas, es esencial abordar este problema rápidamente para evitar el desgaste prematuro de los neumáticos. Una solución implica emplear un mecanismo que sincroniza la rotación de todas las ruedas en un eje, asegurando que se muevan a la misma velocidad. Este mecanismo efectivamente "bloquea" las ruedas juntas, redirigiendo la potencia a la rueda con mayor tracción cuando ocurre el deslizamiento.

Además, el uso de neumáticos con una banda de rodadura inapropiada para superficies específicas también puede contribuir al patinaje de las ruedas. Por ejemplo, las superficies de concreto requieren neumáticos con un patrón de rodadura diferente al de las superficies de tierra.

Emparejar la banda de rodadura del neumático con el tipo de superficie mejora la tracción y minimiza el riesgo de patinaje de las ruedas.

Figura 45: Neumáticos correctos deben ser usados para la superficie de operación. JoachimKohler-HB, CC BY-SA 4.0, vía Wikimedia Commons.

En caso de emergencia, contar con protocolos establecidos es crucial para minimizar daños. Los procedimientos a seguir en caso de vuelco incluyen:

1. Brace – Mantén un agarre firme en el volante y presiona los pies firmemente contra el suelo.

2. Lean – Inclínate en dirección contraria al impacto a medida que la cargadora comienza a caer.

3. Exit – Sal por una ventana o puerta una vez que la cargadora se haya detenido, evitando saltar.

En caso de colisión, es importante aparcar y apagar la cargadora de manera segura antes de salir para evaluar posibles lesiones o daños.

Es esencial estar siempre al tanto de la ubicación de los extintores de incendios y los botiquines de primeros auxilios. Implementar medidas proactivas de prevención de accidentes, como designar rutas de viaje, instalar barreras y asegurar una comunicación clara, puede reducir eficazmente los riesgos en los sitios de trabajo.

Adjuntos

Las cucharas de uso general son lo suficientemente versátiles para manejar la mayoría de las tareas de la cargadora. Sin embargo, para trabajos especializados, hay otras cucharas disponibles que optimizan el rendimiento de la máquina. Las cucharas para materiales ligeros son adecuadas para cargas más livianas, soportando un mayor volumen de sustancia al mismo peso que una cuchara general. Las cucharas para rocas o cribas cuentan con diseños de rejilla delgada, permitiendo a las cargadoras remover rocas mientras dejan pasar el suelo. Para aquellos con necesidades multifuncionales, existen cucharas multiuso equipadas con cuchillas, cucharas y garras, permitiendo a la cargadora gestionar múltiples tareas sin problemas [11].

Las cucharas están típicamente construidas de acero de alta resistencia para asegurar fuerza y fiabilidad mientras se mantienen ligeras. Están diseñadas para resistir el retroceso y garantizar la seguridad del operador sin comprometer la integridad estructural de la máquina.

Dientes de la cuchara de la cargadora frontal: También conocidos como hojas de toro, los dientes de la cuchara añaden funcionalidad más allá de la estética a una cargadora. Como un jardinero Zen cuidando un jardín de piedras, las hojas de toro pueden transformar una pesada cargadora en un rastrillo delicado. Los dientes de la cuchara son invaluables para sitios con sistemas de raíces densas, capaces de penetrar superficies desafiantes. Están disponibles adjuntos de rastrillo de estilo de dientes con espacios enrejados para tareas que requieren la eliminación de arbustos o rocas sin perturbar el nivel del suelo.

Figura 46: Una Caterpillar 930G equipada con un rastrillo para cargadora. Joseph Madden en en.wikipedia, CC BY 3.0, vía Wikimedia Commons.

Horquillas para cargadora frontal: Los accesorios de horquilla mejoran la capacidad de la cargadora para manejar objetos con precisión. Las horquillas vienen en varios diseños para usos específicos o generales. Las horquillas genéricas imitan a los montacargas, proporcionando estabilidad al levantar palets pesados, mientras que las horquillas especializadas, como las horquillas para pacas, tienen púas para manejar pacas de heno de manera eficiente, siendo particularmente útiles en la industria agrícola.

Garra para cargadora frontal: Los accesorios de garra dotan a las cargadoras de una gran capacidad para manejar objetos de diversos tamaños y formas. Por ejemplo, los accesorios de garra para árboles son ideales para aplicaciones forestales, agarrando troncos o postes de madera con brazos hidráulicos para un manejo rápido. Los accesorios de garra de potencia son ideales para fosos de ensilaje, transfiriendo eficientemente grandes volúmenes de ensilaje sin derrames, con múltiples variaciones disponibles para satisfacer las necesidades agrícolas.

Figura 47: Cargadora frontal usando un accesorio de garra. Robert Kaufmann, Dominio público, a través de Wikimedia Commons.

Barredoras y escobas para cargadoras frontales: Barrer puede no ser una tarea obvia para las cargadoras frontales, pero los accesorios como los raspadores de lodo y las escobas ofrecen una utilidad invaluable en la agricultura y la construcción. Estos accesorios, como los modelos Agriclean y Bucketbroom, pueden limpiar eficientemente el polvo y los escombros de áreas amplias, de manera similar a los barrenderos de calles.

Accesorios a bordo: Los avances tecnológicos han llevado al desarrollo de herramientas y dispositivos intrincados que mejoran el rendimiento de la cargadora. Las básculas a bordo proporcionan mediciones precisas del peso, mejorando la seguridad y la productividad. Además, los sistemas de lubricación automática simplifican el mantenimiento, liberando tiempo para el trabajo en el sitio en lugar de la lubricación manual.

Conclusión de las operaciones con la cargadora

Siempre asegúrese de que la cargadora de ruedas esté estacionada en un terreno estable y nivelado. Baje el accesorio completamente al suelo de acuerdo con las instrucciones del fabricante y desactive los controles hidráulicos del servosistema para evitar la activación no intencionada de la función hidráulica. Para despresurizar los circuitos hidráulicos, baje completamente el accesorio, desactive el sistema servo y mueva la(s) palanca(s) del joystick en un movimiento circular varias veces antes de colocarlas en la posición neutral.

Si estaciona la cargadora de ruedas en una pendiente, active el freno de mano, coloque el cucharón en posición de descarga, bájelo completamente al suelo y use cuñas de rueda o dispositivos de bloqueo suministrados para evitar el movimiento cuesta abajo. Desactive el sistema servo de la cargadora, active el freno de mano, reduzca gradualmente la velocidad del motor y déjelo en ralentí durante unos minutos antes de apagarlo. Asegúrese de que las ventanas y las cubiertas estén cerradas y bloqueadas de manera segura. Descienda de la máquina de frente utilizando una postura de tres puntos, nunca salte.

Si la máquina estará estacionada por un período prolongado, retire el interruptor de desconexión de la batería. Bloquee la máquina de manera segura para evitar el uso no autorizado o el vandalismo. Limpie con vapor la cargadora de ruedas antes de inspecciones, mantenimiento o reparaciones, evitando rociar directamente sobre componentes y conectores eléctricos, y evite usar solventes químicos agresivos, excepto para los frenos.

No abra un circuito hidráulico sin despresurizarlo completamente. Evite usar las manos o los dedos para alinear pernos o pasadores durante el servicio. Utilice dispositivos de elevación apropiados, eslingas o cadenas para partes y componentes pesados. Use siempre las herramientas correctas y equipo de protección personal (EPP) según lo requieran las regulaciones de seguridad en el lugar de trabajo. No se posicione usted mismo ni a otros debajo de la máquina o de los accesorios elevados a menos que estén bloqueados de manera segura, considerando posibles desplazamientos de carga.

Utilice una plataforma de elevación y use un arnés de cuerpo completo cuando trabaje a alturas superiores a 2 metros. Al transportar la cargadora de ruedas, utilice un remolque con capacidad de carga adecuada y cumpla con las restricciones de peso y altura de transporte establecidas por el Departamento de Transporte. Al remolcar una cargadora de ruedas inoperativa, utilice equipo de remolque diseñado para la capacidad de carga requerida, siga el manual de la máquina, evite movimientos bruscos y asegúrese de que nadie esté cerca del equipo de remolque o de las máquinas.

Nunca modifique la configuración de la cargadora de ruedas sin la aprobación por escrito del fabricante. Inspeccione regularmente las líneas hidráulicas y los conjuntos de mangueras según el manual de la máquina y reemplace las piezas defectuosas de inmediato. No intente reparar un acumulador dañado; reemplácelo completamente si está defectuoso y solo cargue acumuladores con nitrógeno hasta el límite de presión especificado. Realice soldaduras en estructuras portantes solo por soldadores experimentados y certificados por AWS.

Coloque señales de seguridad informando a visitantes, vendedores y proveedores sobre los peligros y las distancias seguras. Capacite a los empleados sobre las señales de advertencia y alarmas audibles e identifique áreas propensas a escombros voladores. Asegúrese de que las señales de seguridad sean visibles y completas, instruya a los empleados a seguir sus instrucciones completamente, delimite las áreas prohibidas durante la operación de la cargadora de ruedas y mantenga los pasillos libres de peligros de tropiezos. Siga buenas prácticas de orden y limpieza en todo momento.

Procedimientos de Apagado y Estacionamiento:

- Siempre estacione la cargadora de ruedas en un terreno estable y nivelado.

- Baje el accesorio completamente al suelo siguiendo las instrucciones del fabricante y desactive los controles hidráulicos del sistema servo para evitar funciones hidráulicas no intencionadas.

- Para liberar la presión hidráulica, baje completamente el accesorio, desactive el sistema servo y mueva la(s) palanca(s) del joystick en un movimiento circular varias veces antes de devolverlas a la posición neutral.

- Si estaciona temporalmente en una pendiente, active el freno de mano, coloque el cucharón en posición de descarga y bájelo completamente al suelo. Use cuñas de rueda u otros medios para evitar que la máquina ruede cuesta abajo.

- Desactive el sistema servo de la cargadora de ruedas y active el freno de mano. Reduzca gradualmente la velocidad del motor y déjelo en ralentí durante unos minutos antes de apagarlo.

- Asegure y bloquee las ventanas y las cubiertas, y asegúrese de que todas las puertas y cubiertas estén debidamente cerradas con llave.

- Descienda de la máquina de frente, manteniendo una postura de tres puntos. Evite saltar de la máquina a toda costa.

- Si la máquina estará estacionada por un período prolongado, retire el interruptor de desconexión de la batería.

- Asegure y bloquee la máquina para evitar el acceso no autorizado o el vandalismo.

Cuando no esté en uso, almacene la cargadora frontal y sus accesorios de acuerdo con las directrices del fabricante. Para un almacenamiento más seguro, las cargadoras frontales conectadas a tractores deben colocarse en el suelo. Si están separadas del tractor, asegure su estabilidad para evitar cualquier riesgo de caída.

Figura 48: Cargadora frontal en una plataforma lista para el transporte. Bob Adams de George, Sudáfrica, CC BY-SA 2.0, vía Wikimedia Commons.

Mantener las cargadoras de manera constante es crucial para asegurar un funcionamiento óptimo y prevenir problemas mecánicos que podrían comprometer la seguridad. Los operadores deben seguir de cerca las instrucciones de mantenimiento del fabricante proporcionadas en el manual del equipo. Las tareas de mantenimiento regular incluyen:

- **Cambio de fluidos**: Cambiar regularmente el aceite del motor, el refrigerante, el fluido de la transmisión y los filtros según las horas de operación.

- **Lubricación**: Aplicar grasa a los rodamientos y juntas para evitar agarrotamientos y posibles fallos.

- **Reemplazo de filtros**: Reemplazar los filtros de aire y combustible obstruidos para mantener el correcto funcionamiento del motor.

- **Limpieza a presión**: Limpiar la parte inferior y el chasis para eliminar cualquier acumulación de barro o escombros.

Mantener el manual de la cargadora con la máquina asegura que los operadores tengan fácil acceso a los procedimientos de mantenimiento. Además, mantener un registro de mantenimiento proporciona documentación del cuidado adecuado.

4

Operaciones de Retroexcavadora/ Cargadora

Una retroexcavadora es una pieza versátil de equipo pesado, comúnmente utilizada en proyectos de construcción, paisajismo y excavación. Consiste en una unidad similar a un tractor con un brazo articulado y un balde o cuchara de excavación montado en la parte trasera de la máquina. El diseño de la retroexcavadora le permite realizar diversas tareas, incluyendo cavar zanjas, excavar tierra, cargar camiones, levantar materiales y demoler estructuras.

Figura 49: Una retroexcavadora JCB 3CX. HumongoNationphoto-gallery, CC BY-SA 2.0, vía Wikimedia Commons.

El brazo de la retroexcavadora tiene tres componentes principales: el brazo principal (boom), el brazo secundario o brazo (dipper o stick) y el balde. El brazo principal es el componente grande y vertical que sostiene los otros componentes y proporciona movimiento vertical. El brazo secundario está conectado al brazo principal y puede extenderse y retraerse horizontalmente. Al final del brazo secundario se encuentra el balde, que puede cavar, levantar y descargar materiales.

Las retroexcavadoras están equipadas con ruedas o orugas para movilidad y estabilidad, permitiéndoles navegar por diversos terrenos. Son operadas por operadores capacitados que utilizan controles hidráulicos para maniobrar el brazo y el balde con precisión.

En general, las retroexcavadoras son valoradas por su versatilidad, eficiencia y capacidad para realizar una amplia gama de tareas en sitios de construcción y otros entornos de trabajo.

Los operadores de retroexcavadoras son responsables de operar las retroexcavadoras y sus accesorios para llevar a cabo diversas tareas como excavación, ruptura, perforación, nivelación y compactación de tierra, roca y otros materiales.

En su día a día, sus deberes incluyen preparar y posicionar la máquina para la operación, seleccionar, instalar y remover accesorios, operar los controles, monitorear la operación de la máquina, ajustar los controles para regular la presión, velocidad y flujo de operación mientras aseguran la seguridad de otros trabajadores, manipular los accesorios usando controles manuales e hidráulicos, y realizar tareas de mantenimiento rutinario como servicio, lubricación, limpieza, reabastecimiento de combustible y hacer ajustes y reparaciones menores.

Consideraciones para los operadores de retroexcavadoras incluyen la necesidad de habilidades de conducción y el requerimiento de trabajar al aire libre.

Una retroexcavadora es un tipo de máquina de excavación equipada con un balde de excavación unido a un brazo articulado de dos partes. Las retroexcavadoras suelen tener un balde de estilo cargador en la parte delantera y una retroexcavadora adicional en la parte trasera.

Las retroexcavadoras son conocidas por su estabilidad al mover cargas pesadas gracias al uso de estabilizadores hidráulicos y patas para estabilidad adicional. Se emplean comúnmente en diversas tareas como la instalación de cables telefónicos o tuberías dentro de proyectos de movimientos de tierra civiles o mineros. Además, son lo suficientemente versátiles como para ser conducidas directamente a los sitios de trabajo, eliminando la necesidad de transportar la máquina usando camiones de plataforma larga.

Las retroexcavadoras encuentran aplicaciones en una amplia gama de proyectos, incluyendo excavación, jardinería, ruptura de asfalto, construcción, demolición, limpieza de nieve, levantamiento de cables, transporte de materiales, pavimentación de carreteras, excavación de zanjas, y trabajos de cimentación.

Las retroexcavadoras son valoradas por su capacidad para combinar las funcionalidades de excavadoras, cargadores de ruedas y otras máquinas de construcción en una sola máquina, reduciendo la necesidad de múltiples máquinas en un sitio de trabajo. También pueden realizar tareas como la plantación de árboles y perforaciones a pequeña escala con los accesorios adecuados.

Originalmente basadas en tractores, las retroexcavadoras fueron inventadas por empresas de tractores y agricultura en la década de 1950 para agilizar los procesos de construcción y reducir los costos asociados con la contratación de múltiples máquinas. Las retroexcavadoras constan de tres secciones principales: la sección del cargador, la sección de la retroexcavadora y la sección del tractor.

La sección del cargador funciona de manera similar a un cargador frontal o un minicargador, con capacidades de excavación y levantamiento. Puede equiparse con varios accesorios, como barrenas, escarificadores, martillos hidráulicos, ruedas de compactación, garras y horquillas.

La sección de la retroexcavadora, ubicada en la parte trasera de la máquina, actúa como el brazo de una excavadora y es capaz de excavar una variedad de materiales. Cuenta con un balde más estrecho que un balde de excavadora estándar, pero puede equiparse con diferentes accesorios de balde para capacidades de excavación más amplias.

La sección del tractor sirve como la columna vertebral de la retroexcavadora, albergando la electrónica, un potente motor diésel, neumáticos resistentes y los controles de operación. Está basada en un cuerpo de tractor estándar conocido por su fiabilidad y capacidad de trabajo continuo.

Una retroexcavadora típicamente consta de varios componentes principales, ver Figura 50, cada uno desempeñando un papel crucial en su operación y funcionalidad. Estos componentes incluyen:

1. Sección del Cargador:

- La sección del cargador está posicionada en la parte frontal de la retroexcavadora y se asemeja a un cargador frontal o un minicargador.

- Cuenta con un balde de cargador que puede elevarse, bajarse e inclinarse utilizando controles hidráulicos.

- El balde del cargador se utiliza para levantar, transportar y cargar materiales como tierra, grava y escombros.

- Se pueden instalar varios accesorios en la sección del cargador, incluidos barrenas, escarificadores, martillos hidráulicos, ruedas de compactación, garras y horquillas, para mejorar su versatilidad en diferentes tareas.

2. Sección de la Retroexcavadora:

- La sección de la retroexcavadora se encuentra en la parte trasera de la retroexcavadora y consta de un brazo articulado de dos partes con un balde de excavación adjunto al final.

- Funciona de manera similar al brazo de una excavadora y se utiliza para tareas de excavación, zanjeo y trabajos de desmonte.

- El brazo de la retroexcavadora consta de dos componentes principales: el brazo principal y el brazo secundario.

- El balde de excavación adjunto al final del brazo secundario puede elevarse, bajarse y curvarse utilizando controles hidráulicos para excavar materiales.

3. Sección del Tractor:

- La sección del tractor sirve como el cuerpo principal de la retroexcavadora y alberga componentes esenciales como el motor, la transmisión, el sistema hidráulico y la cabina del operador.

- Por lo general, está basada en un chasis de tractor estándar y proporciona la potencia y movilidad necesarias para operar la retroexcavadora.

- La sección del tractor cuenta con un motor diésel turboalimentado potente que genera la potencia necesaria para mover la retroexcavadora y operar sus sistemas hidráulicos.

- La cabina del operador está ubicada dentro de la sección del tractor y proporciona un espacio de trabajo cómodo y ergonómico para el operador. Está equipada con controles, instrumentos y asientos para que el operador controle la retroexcavadora de manera segura y eficiente.

- El sistema hidráulico, que consta de bombas hidráulicas, cilindros, válvulas y mangueras, impulsa las diversas funciones hidráulicas de la retroexcavadora, incluyendo el movimiento de las secciones del cargador y la retroexcavadora.

4. Estabilizadores y Pies de Apoyo:

- Los estabilizadores o pies de apoyo se despliegan desde la retroexcavadora para proporcionar estabilidad y soporte adicionales al operar las secciones del cargador o la retroexcavadora.

- Estos componentes consisten en patas o brazos extensibles que pueden bajarse al suelo para estabilizar la retroexcavadora y prevenir el vuelco o balanceo durante operaciones de levantamiento o excavación pesadas.

◦ Los estabilizadores y pies de apoyo son especialmente importantes para mantener la estabilidad en terrenos irregulares o al levantar cargas pesadas con las secciones del cargador o la retroexcavadora.

Estos componentes principales trabajan juntos para permitir que la retroexcavadora realice una amplia gama de tareas de manera eficiente y efectiva, convirtiéndola en un equipo de construcción versátil y valioso.

Figura 50: Componentes principales de la retroexcavadora. Imagen de fondo - hodihu, CC BY 2.0, a través de Wikimedia Commons.

Elegir entre una retroexcavadora y una excavadora implica considerar varios factores, ya que estas máquinas difieren en tamaño, capacidad de rotación, versatilidad y adecuación a diferentes entornos.

Tamaño: La distinción principal entre una excavadora y una retroexcavadora radica en su tamaño. Las excavadoras son más grandes y pesadas, generalmente pesan alrededor de 15 toneladas, mientras que las retroexcavadoras suelen pesar hasta 7,5 toneladas. La diferencia de tamaño y peso puede influir significativamente en la selección de la máquina según el entorno y los requisitos del proyecto.

Entorno: Las excavadoras, al ser más pesadas, son adecuadas para proyectos de demolición, minería y grandes obras industriales. En contraste, las retroexcavadoras, al ser más pequeñas y adaptables, son preferibles para la agricultura, la remoción de nieve y proyectos de construcción y excavación de mediana escala.

Rotación: Las excavadoras y las retroexcavadoras tienen diferentes capacidades de rotación, lo que afecta su versatilidad operativa. Las excavadoras pueden rotar 360 grados completos, mientras que las retroexcavadoras tienen una rotación limitada de 200 grados. Los requisitos del proyecto y la necesidad de flexibilidad de rotación deben guiar la elección entre estas máquinas.

Versatilidad: Tanto las excavadoras como las retroexcavadoras cuentan con un brazo, un balancín y un cazo, lo que les permite realizar tareas similares. Sin embargo, las retroexcavadoras generalmente ofrecen una gama más amplia de accesorios, lo que aumenta su versatilidad en comparación con las excavadoras. Además, las retroexcavadoras y las miniexcavadoras pueden circular por carreteras, lo que las hace adecuadas para proyectos urbanos con sitios de trabajo dispersos.

Seleccionar la retroexcavadora adecuada: Los factores a considerar al elegir una retroexcavadora incluyen su tamaño, capacidad de conducción (4x4, 2x4 o sobre orugas) y la carga de trabajo prevista. Las retroexcavadoras son máquinas versátiles adecuadas para diversas tareas como pequeñas demoliciones, pavimentación de carreteras, instalación de tuberías y transporte de objetos pesados. Son ideales en situaciones donde se requieren múltiples máquinas, pero contratar máquinas individuales no es rentable.

Beneficios de usar una retroexcavadora: Alquilar una retroexcavadora ofrece varias ventajas sobre una excavadora, incluida una mejor maniobrabilidad en terrenos difíciles y eficiencia de costos debido a su doble funcionalidad como cargadora sobre ruedas y excavadora. Las retroexcavadoras son ideales para cargas de trabajo ligeras a medianas, proyectos de construcción más pequeños y sitios industriales donde las limitaciones de espacio o presupuesto impiden el uso de múltiples máquinas.

Elegir el tamaño y la tracción adecuados: Las retroexcavadoras vienen en varios tamaños, categorizadas según su peso operativo. Las retroexcavadoras más grandes (más de 10 toneladas) son adecuadas para sitios de construcción y grandes operaciones agrícolas, mientras que las más pequeñas (menos de 10 toneladas) son ideales para depósitos industriales y tareas agrícolas más pequeñas. Además, el tipo de tracción (2x4, 4x4 o sobre orugas) debe coincidir con los requisitos del terreno, siendo las retroexcavadoras sobre orugas adecuadas para condiciones de suelo desafiantes.

Las retroexcavadoras vienen en varios tipos, cada una diseñada para adaptarse a aplicaciones y terrenos específicos. Los principales tipos de retroexcavadoras incluyen:

- **Retroexcavadora Estándar:**

  - Las retroexcavadoras estándar son el tipo más común y se utilizan ampliamente en la construcción, agricultura, jardinería y trabajos de servicios públicos.

  - Generalmente cuentan con un cucharón cargador frontal y un brazo excavador montado en la parte trasera con un cucharón de retroexcavadora.

  - Las retroexcavadoras estándar son máquinas versátiles capaces de realizar una amplia gama de tareas, incluyendo excavación, carga, levantamiento y zanjeo.

- **Retroexcavadora Mini:**

  - Las retroexcavadoras mini son versiones más pequeñas y compactas de las retroexcavadoras estándar, lo que las hace ideales para trabajar en espacios reducidos y entornos urbanos.

  - Ofrecen una funcionalidad similar a las retroexcavadoras estándar, pero con una menor profundidad de excavación, alcance y capacidad de levantamiento.

  - Las retroexcavadoras mini se utilizan comúnmente en pequeños proyectos de excavación, jardinería y trabajos de construcción ligera.

- **Retroexcavadora con Brazo Extensible:**

  - Las retroexcavadoras con brazo extensible cuentan con un brazo telescópico que puede extenderse y retraerse para aumentar el alcance y la profundidad de excavación.

  - Estas retroexcavadoras son particularmente útiles para tareas que requieren excavar a mayores profundidades o alcanzar sobre obstáculos.

  - Las retroexcavadoras con brazo extensible se utilizan comúnmente en trabajos de servicios públicos, instalación de líneas de agua y alcantarillado, y aplicaciones de zanjeo profundo.

- **Retroexcavadora de Desplazamiento Lateral:**

  - Las retroexcavadoras de desplazamiento lateral están

equipadas con un mecanismo hidráulico que permite al operador desplazar todo el conjunto de la retroexcavadora hacia un lado.

- Esta característica permite una posición más precisa del brazo y el cucharón, facilitando el trabajo en espacios confinados y junto a obstáculos.

- Las retroexcavadoras de desplazamiento lateral se utilizan comúnmente en jardinería, mantenimiento de carreteras y proyectos de construcción urbana donde se requiere una excavación precisa.

- **Accesorio de Retroexcavadora para Tractor Compacto:**

  - Los accesorios de retroexcavadora para tractores compactos están diseñados para montarse en tractores compactos, convirtiéndolos en máquinas de excavación versátiles.

  - Estos accesorios generalmente cuentan con un brazo y un cucharón de excavación más pequeños en comparación con las retroexcavadoras estándar, pero ofrecen una funcionalidad similar.

  - Los accesorios de retroexcavadora para tractores compactos son populares entre jardineros, propietarios de viviendas y contratistas a pequeña escala para excavar zanjas, plantar árboles y realizar trabajos de excavación ligera en propiedades residenciales y sitios de trabajo pequeños.

Las inspecciones regulares y el mantenimiento preventivo son cruciales para garantizar el funcionamiento seguro y eficiente de las plantas móviles motorizadas. Un programa integral de mantenimiento e inspección debe considerar el entorno de trabajo y el uso de la planta.

Debe seguir las recomendaciones del fabricante o ser elaborado por una persona calificada para lograr resultados de seguridad similares o cumplir con la norma australiana correspondiente. Cuando la planta está montada en un vehículo portador, como una volqueta en un camión, el programa de mantenimiento debe abarcar tanto los requisitos del vehículo como los del fabricante de la planta.

El programa de mantenimiento debe abarcar:

- Revisiones y pruebas diarias antes de comenzar

- Evaluaciones regulares de los controles de riesgo de la planta

- Inspección rutinaria, servicio y mantenimiento a intervalos designados

- Inspecciones mayores en intervalos especificados

Todas las inspecciones, actividades de mantenimiento, defectos encontrados, reparaciones realizadas y alteraciones estructurales deben registrarse diligentemente en el libro de servicio y en los registros de mantenimiento de la planta. Estos registros deben conservarse durante la vida útil de la planta y proporcionarse al comprador en el momento de su venta.

Los dispositivos de advertencia juegan un papel crucial en las operaciones de vehículos y equipos móviles. Si bien los requisitos de servicio mayor generalmente son manejados por el personal del taller, los conductores/operadores son responsables de ciertos aspectos del servicio, como asegurar que los niveles de fluidos sean correctos. Es imperativo mantener el tipo y nivel correcto de fluido en los compartimentos apropiados para evitar problemas como formación de lodos, corrosión y reducción de la efectividad de la lubricación causada por niveles incorrectos o la adición de fluidos inadecuados.

Los sistemas de dirección suplementaria y frenos de emergencia proporcionan una capa adicional de seguridad para las máquinas, especialmente aquellas dirigidas por un mecanismo de dirección diferencial. Estos sistemas utilizan una segunda fuente de fluido presurizado y un mecanismo de actuador de freno controlado independientemente para controlar la dirección en caso de una falla del fluido principal. Al interconectar los puertos de fluido y dirigir selectivamente el fluido presurizado, estos sistemas permiten la dirección continua incluso en situaciones de emergencia.

Las etiquetas de advertencia son características de seguridad esenciales en las máquinas, indicando peligros específicos y precauciones. Los operadores deben familiarizarse con estas señales durante la inspección previa al arranque para asegurar una operación segura.

El centro de gravedad (CDG) es un concepto crucial para comprender la estabilidad y el equilibrio de una retroexcavadora, o cualquier otro tipo de equipo pesado. En términos simples, el centro de gravedad es el punto en el cual se considera que actúa todo el peso de la retroexcavadora. Es el punto teórico donde se concentra toda la masa de la retroexcavadora.

En una retroexcavadora, el centro de gravedad generalmente se encuentra en algún lugar dentro del marco de la máquina, generalmente más cerca de los componentes más pesados como el motor, la transmisión y el sistema hidráulico. Sin embargo, la ubicación exacta del centro de gravedad puede cambiar dependiendo de varios factores, incluyendo la posición de los componentes del equipo, la carga que está levantando la retroexcavadora y el terreno en el que está operando.

Comprender el centro de gravedad es crucial porque afecta directamente la estabilidad de la retroexcavadora. Cuando el centro de gravedad está dentro de la base de la máquina, esta permanece estable. Sin embargo, si el centro de gravedad se desplaza fuera de la base, como cuando se levanta una carga pesada o se opera en un terreno irregular, la retroexcavadora se vuelve inestable, aumentando el riesgo de vuelco.

Los operadores deben estar conscientes del centro de gravedad de la retroexcavadora y cómo puede cambiar durante la operación. Deben considerar factores como el peso y la distribución de la carga que se está levantando, el ángulo del brazo y el cucharón de la retroexcavadora, y las condiciones del terreno. Al entender el centro de gravedad y tomar las precauciones apropiadas, los operadores pueden minimizar el riesgo de accidentes y asegurar una operación segura de la retroexcavadora.

Durante las operaciones de retroexcavadora, el centro de gravedad (CDG) de la máquina puede cambiar debido a varios factores. Comprender cómo estos factores afectan al CDG es crucial para mantener la estabilidad y prevenir vuelcos o accidentes. A continuación, se explica cómo cambia el centro de gravedad durante las operaciones con retroexcavadora:

1. **Posición del Brazo y el Cucharón**: Cuando el brazo y el cucharón de la retroexcavadora están extendidos, el CDG se desplaza hacia el extremo extendido. Esto se debe a que el peso de la carga o material levantado por el cucharón se añade al peso total en ese extremo de la máquina. Como resultado, el CDG se mueve desde el centro de la máquina hacia el extremo extendido.

2. **Distribución de la Carga**: El peso y la distribución de la carga levantada por la retroexcavadora también afectan al CDG. Si la carga es pesada o está distribuida de manera desigual, puede hacer que el CDG se desplace hacia el lado o extremo donde está situada la carga. Esto puede hacer que la máquina sea más propensa a volcarse en esa dirección.

3. **Terreno**: Operar en un terreno desigual o inclinado puede impactar significativamente en el CDG. Cuando la retroexcavadora está posicionada en una pendiente o superficie irregular, el CDG puede desplazarse hacia el lado cuesta abajo. Esto se debe a que

la gravedad actúa con más fuerza en el lado de la máquina que está más bajo, haciendo que el CDG se mueva en esa dirección.

4. **Movimiento y Rotación**: A medida que la retroexcavadora se mueve o rota, el CDG puede cambiar en consecuencia. Girar bruscamente o rápidamente puede hacer que el CDG se desplace hacia la dirección del giro. De manera similar, cuando la retroexcavadora se mueve hacia adelante o hacia atrás, el CDG puede moverse ligeramente en la dirección del movimiento.

5. **Accesorios y Complementos**: La adición de accesorios o complementos, como un cucharón de cargadora o un accesorio de retroexcavadora, puede alterar la distribución del peso en la máquina. Dependiendo del peso y la posición de estos accesorios, pueden afectar al CDG y hacer que la máquina sea menos estable.

Asegurar la estabilidad óptima mientras se opera la retroexcavadora requiere que el operador ajuste los estabilizadores individualmente para mantener una posición estable. La capacidad de gestionar la estabilidad y controlar el centro de gravedad distingue a un operador hábil.

Cuando una cargadora/retroexcavadora está situada en un terreno nivelado con la retroexcavadora alineada directamente detrás de ella, el centro de gravedad de la máquina se distribuye equitativamente entre las ruedas, como se muestra en el diagrama de la izquierda. Sin embargo, a medida que aumenta la inclinación de la pendiente, la estabilidad de la máquina disminuye debido a la reducción de la distancia horizontal entre el centro de gravedad y las ruedas en el lado cuesta abajo. Si la pendiente se empina tanto que el centro de gravedad se extiende más allá de las ruedas, la máquina corre el riesgo de volcarse.

Atravesar rápidamente terrenos inclinados y desiguales puede hacer que la máquina rebote y se balancee de un lado a otro, elevando así la probabilidad de un incidente de vuelco.

Capacidad Nominal

Una vez que determines el peso de la carga, es crucial asegurarte de que la retroexcavadora/cargadora que estás utilizando tiene la capacidad de levantarla de manera segura. Puedes verificar la capacidad de la máquina en el manual del operador o en las especificaciones del fabricante.

Si estás utilizando un accesorio para levantar la carga, debes verificar que también esté calificado para levantar la carga de manera segura. Ten en cuenta que el uso de un accesorio puede disminuir la capacidad total de la retroexcavadora/cargadora.

Siempre consulta la tabla de cargas de la retroexcavadora/cargadora para confirmar que cualquier carga que se levante esté dentro de la capacidad de la máquina. Transmite cualquier información pertinente sobre la capacidad de la máquina y del equipo a la persona responsable de enganchar la carga.

Accesorios

Comprender la diversa gama de opciones de accesorios para tu retroexcavadora es fundamental para el éxito de tu proyecto. Identificar el accesorio ideal para los requisitos específicos de tu trabajo es esencial para mantener la eficiencia del proyecto mientras se gestionan los costos de manera efectiva.

El primer paso para elegir el accesorio adecuado para la retroexcavadora es evaluar el alcance de tu proyecto e identificar la funcionalidad deseada tanto para la retroexcavadora como para su accesorio. Con una multitud de accesorios disponibles, seleccionar el correcto es crucial para optimizar la eficiencia del proyecto y minimizar los costos. Entre los accesorios comunes para retroexcavadora se incluyen cucharones, accionadores de barrena y accesorios de demolición, entre otros.

La cargadora/retroexcavadora se compone del tractor como su componente fundamental, diseñado para acomodar tanto accesorios de cargadora como de retroexcavadora. La cargadora, fijada al frente del tractor, opera mediante cilindros hidráulicos para subir y bajar sus brazos, soportando un cucharón equipado con un cilindro hidráulico para inclinarse. Por otro lado, la retroexcavadora, montada en la parte trasera del tractor, utiliza un arreglo de bisagras que permite que el conjunto de brazo y cucharón gire. Los cilindros hidráulicos facilitan varias funciones de la retroexcavadora, mientras que los estabilizadores proporcionan estabilidad durante las operaciones.

Varios accesorios son compatibles con la retroexcavadora, cada uno con propósitos distintos:

- **Cucharón de Retroexcavadora**: La configuración estándar con los dientes orientados hacia la cabina.

- **Pala**: Presenta dientes orientados hacia afuera de la cabina, adecuada para manejar grandes volúmenes de material.

- **Cucharón de Mandíbula**: Se abre y cierra desde el centro, utilizado con el brazo perpendicular al suelo.

- **Rompe Rocas**: Funciona como un martillo neumático para romper roca y suelo duro.

Accesorios adicionales incluyen tambores compactadores, ruedas, desgarradores, garras para roca, grapples hidráulicos y varios tipos de cucharones.

Los accesorios de cucharón para retroexcavadora están diseñados para mejorar los procesos de excavación, con una construcción robusta para durabilidad en condiciones exigentes. Con variaciones como cucharones de propósito general, para lodo, de inclinación y esqueleto, estos accesorios facilitan una excavación eficiente, llenado y fuerza de desprendimiento para diferentes aplicaciones.

Los accesorios de barrena emplean hidráulicos de alta resistencia para perforar en diversas condiciones del suelo con facilidad y eficiencia. Disponibles en tipos montados en máquina y planetarios, las barrenas ofrecen altos niveles de torque, permitiéndoles operar eficazmente en condiciones de suelo duro o rocoso.

Los desgarradores son ideales para romper materiales duros, mientras que los martillos hidráulicos convierten la energía de retroceso en una mayor potencia para tareas de demolición, construcción y excavación. Los accesorios de rueda compactadora facilitan la compactación del suelo durante el relleno de zanjas, asegurando un acabado liso.

Los accesorios de grapple ofrecen versatilidad en tareas de levantamiento y desplazamiento, con variaciones como multi-dientes, de demolición, para madera y de concha. Los accesorios tipo pulgar, que se asemejan a pulgares humanos, permiten un agarre seguro y la rotación de materiales, mejorando la maniobrabilidad y el control.

Controles del Operador

Antes de comenzar a operar una retroexcavadora, es imprescindible familiarizarse con los controles y asegurarse de comprender completamente sus funciones.

- **Controles del Brazo Izquierdo**: Responsable de gestionar el brazo, la palanca de la mano izquierda facilita el movimiento vertical. Tirar de la palanca hacia uno mismo eleva el brazo, mientras que empujarla hacia adelante lo baja. El movimiento horizontal del brazo se logra moviendo la palanca de izquierda a derecha.

- **Controles del Brazo Derecho**: Encargado del stick, la palanca de la mano derecha controla el brazo trasero que se conecta al cucharón. Tirar de la palanca hacia el operador acerca el cucharón y el stick a la cabina, mientras que empujarla hacia adelante los aleja. Para girar el cucharón hacia uno mismo, se mueve la palanca a la izquierda, mientras que moverla a la derecha extiende el cucharón alejándolo del operador.

- **Controles de Estabilización**: Posicionados entre los controles del brazo derecho e izquierdo, estos regulan los estabilizadores de la retroexcavadora. Cada palanca corresponde a un estabilizador respectivo: la palanca izquierda controla el estabilizador izquierdo y la palanca derecha maneja el estabilizador derecho. Esto permite un ajuste independiente, especialmente útil en terrenos difíciles.

- **Desbloqueo del Brazo**: Un mecanismo para asegurar el brazo en su posición, típicamente activado por un pedal en el suelo. Desbloquear el brazo permite comenzar las actividades de excavación después de posicionarlo.

- **Control del Acelerador**: Gobierna las revoluciones por minuto del acelerador del motor, permitiendo el ajuste según los requisitos operativos.

Conducir una retroexcavadora es similar a operar un automóvil, presentando componentes familiares como un volante de dirección orientado hacia adelante, una palanca de cambios o configuraciones de velocidad, indicadores de giro, un pedal del acelerador en el piso ubicado a la derecha y frenos situados a la izquierda.

Para ajustar la velocidad de conducción de una retroexcavadora, busca una palanca de control de velocidad ajustable típicamente situada a la izquierda del volante. Esta palanca, similar a un indicador de giro, funciona de manera parecida a una palanca de cambios, permitiendo la manipulación de las configuraciones de velocidad. Los modelos más nuevos ofrecen la conveniencia de alternar entre configuraciones de velocidad mientras se conduce, mientras que las retroexcavadoras más antiguas pueden requerir el uso de un mecanismo de embrague para cambiar de marcha.

Muchos modelos de retroexcavadoras incorporan dos pedales de freno, uno para los lados derecho e izquierdo, que pueden ser utilizados juntos o de forma independiente. Este sistema de frenos dual se emplea a menudo para facilitar la dirección en terrenos difíciles, con la opción de sincronizar los pedales para frenar simultáneamente o desconectarlos para operar individualmente.

Operar el cucharón delantero de una retroexcavadora sigue un proceso sencillo similar a otras cargadoras frontales. Posicionada junto a la rodilla derecha del operador cuando está sentado, la palanca de la mano derecha controla las funciones de elevación e inclinación del brazo y el cucharón. Tirar de la palanca hacia atrás eleva el brazo y el cucharón, mientras que empujarla hacia adelante los baja. Inclinar el cucharón hacia adelante o hacia atrás se logra moviendo la palanca hacia la derecha o izquierda, respectivamente.

Para utilizar los controles de excavación de la retroexcavadora, a menudo es necesario girar el asiento del operador. Este proceso implica varios pasos, incluyendo colocar el cucharón de carga en una posición baja para estabilidad, activar el freno de estacionamiento y girar el volante hacia arriba. Para girar el asiento, una palanca situada entre las piernas del operador lo desengancha de una posición orientada hacia adelante, permitiendo que gire para acceder a los controles de excavación orientados hacia atrás.

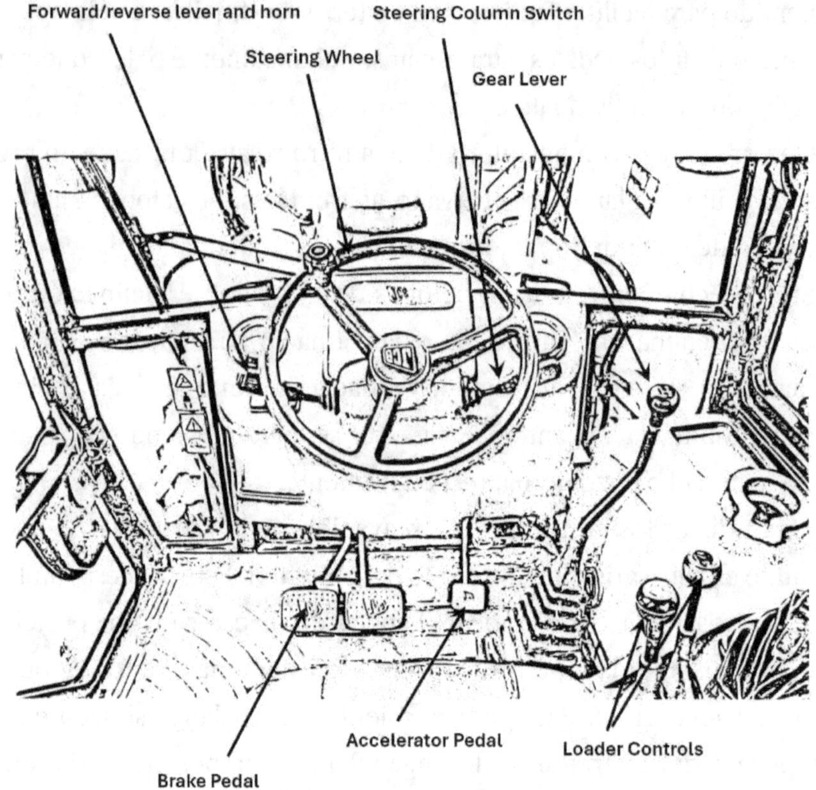

Figura 51: Controles de motor y conducción de muestra.

Operaciones de control de muestra basadas en la consola/planta mostrada en la Figura 51 siguen. Al operar la máquina, utilice solo el pedal del acelerador para regular la velocidad del motor. Evite usar la palanca del acelerador manual para ajustar la velocidad del motor mientras está en movimiento.

- Palanca de Cambio: Para seleccionar una marcha, ajuste la palanca según el patrón de cambios proporcionado. Antes de elegir una marcha mientras la máquina está estacionaria, asegúrese de que la palanca de avance/retroceso esté en posición neutral (N) y el motor esté en ralentí. La máquina puede iniciar el movimiento en cualquier marcha según las condiciones del suelo. Para cambiar de marcha mientras está en movimiento: a. Presione el interruptor de descarga de la transmisión en la palanca de cambio. b. Elija la marcha deseada. c. Suelte el interruptor de descarga de la transmisión.

- Pedal del Acelerador: Presione este pedal para aumentar la velocidad del motor. Suelte el pedal para disminuir la velocidad del motor. Cuando el pie no esté en el pedal, el motor funcionará en ralentí a 700-750 revoluciones por minuto (rev/min).

- Palanca del Acelerador Manual: Ajuste la palanca hacia la ventana lateral para aumentar la velocidad del motor. Mueva la palanca completamente hacia el asiento para la velocidad de ralentí.

- Palanca del Freno de Estacionamiento: Accione esta palanca para activar el freno de estacionamiento antes de salir de la máquina. Tenga en cuenta que la transmisión se desactiva automáticamente cuando se activa el freno de estacionamiento. Evite usar el freno de estacionamiento para desacelerar la máquina desde una velocidad de viaje, excepto en emergencias, para mantener la eficiencia del freno. Después de usar el freno de estacionamiento en una emergencia, siempre reemplace las pastillas de freno. Para activar el freno de estacionamiento, tire de la palanca hacia arriba (vertical) y asegúrese de que la luz indicadora se ilumine. Para liberar el freno de estacionamiento, apriete la palanca de liberación y bájela completamente. Verifique que la luz indicadora se apague.

- Pedal del Freno: Aplique presión en el pedal del freno para reducir la velocidad o detener la máquina. Utilice los frenos para evitar exceder la velocidad en pendientes descendentes. Las luces de freno deben activarse cuando se utilizan los frenos. No opere la máquina a menos que ambas luces de freno funcionen correctamente. Hay dos pedales de freno presentes. El freno trasero izquierdo se controla con el pedal izquierdo, mientras que el freno trasero derecho se controla con el pedal derecho. Los pedales pueden bloquearse juntos usando una barra de bloqueo de acero. No activar la barra de bloqueo del pedal de freno como se recomienda puede resultar en accidentes fatales o lesiones graves. Si solo se usa un freno para desaceleración rápida, la máquina puede desviarse fuera de control. Separe los pedales solo cuando conduzca en primera marcha (1) fuera de la carretera. Bloquee los pedales juntos para conducir en cualquier otra marcha fuera de la carretera o en cualquier marcha en carretera.

- Palanca de Avance/Retroceso y Bocina: Advertencia: Operar la palanca de avance/retroceso mientras está en movimiento puede resultar en lesiones graves o fatalidad, ya que la máquina cambiará de dirección abruptamente sin previo aviso. Siga el procedimiento recomendado para una operación segura de este selector. Detenga la máquina antes de ajustar esta palanca. Para activar el avance, retroceso o neutral, 'levante' y mueva la palanca a la posición designada. Todas las cuatro marchas son accesibles tanto en avance como en retroceso. El motor solo arrancará cuando la palanca esté en posición neutral (N). La palanca presenta posiciones de 'retención' para avance, retroceso o neutral. Para mover la palanca desde la posición de retención, tire de ella hacia usted. Para invertir la dirección:

  - Detenga la máquina y mantenga presión en los frenos de pie.

  - Permita que la velocidad del motor disminuya a ralentí.

  - Elija la nueva dirección.

○ Suelte el freno de pie y acelere. Si el freno de estacionamiento está activado cuando la palanca de avance/retroceso se mueve fuera de neutral (N), sonará una advertencia audible y se iluminará el indicador de freno de estacionamiento activado.

○ Presione el botón ubicado en el extremo de la palanca para activar la bocina. Esta función solo opera cuando el interruptor de arranque está en IGN.

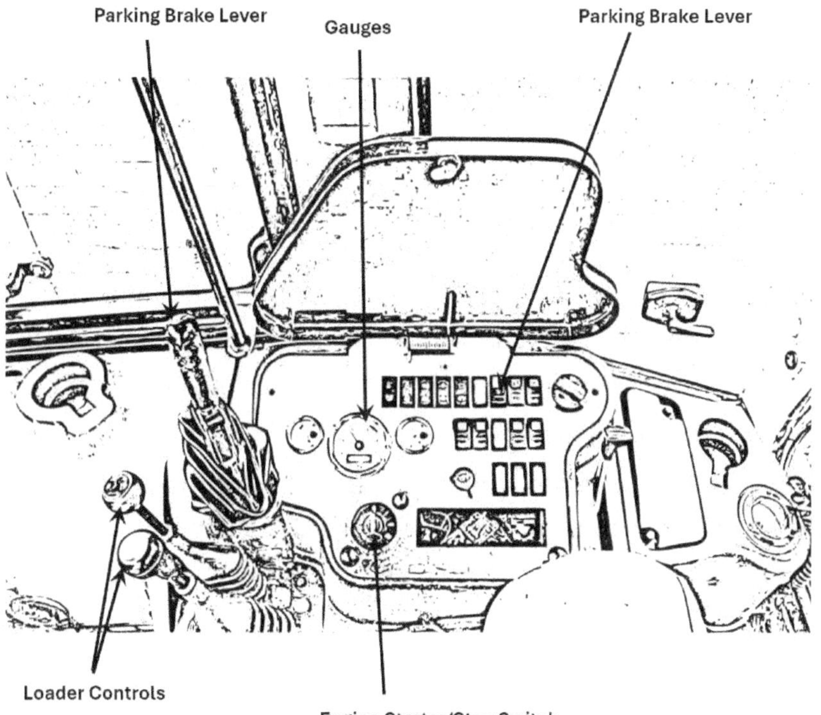

Figura 52: Consola de Muestra.

Los interruptores de la consola incluyen, por ejemplo:
- Ventilador del calentador

- Luces laterales/principales

- Luces de advertencia de peligro

- Limpieza/lavado de la ventana trasera

- Luces de trabajo traseras

- Bocina trasera

- Luz antiniebla trasera

- Interruptor de la baliza

- Interruptor del circuito de la herramienta hidráulica

- Enganche del remolque

Como ejemplo de los controles y la operación de la retroexcavadora, en máquinas equipadas con el sistema de control JCB X Pattern, hay dos palancas de control para la retroexcavadora. La palanca A, situada en el lado izquierdo, maneja el brazo y el giro, mientras que la palanca B en el lado derecho controla el brazo secundario (dipper) y el cubo. La operación de los estabilizadores sigue las instrucciones descritas en los controles de los estabilizadores.

Cada palanca sigue un patrón en "X" para ejecutar las acciones individuales de la retroexcavadora. Moviendo las palancas entre las cuatro direcciones principales, se pueden seleccionar acciones combinadas. La operación simultánea de ambas palancas es posible, mejorando la eficiencia operativa. La velocidad de las acciones de la retroexcavadora está determinada por la medida en que se mueven las palancas; un mayor movimiento resulta en una acción más rápida.

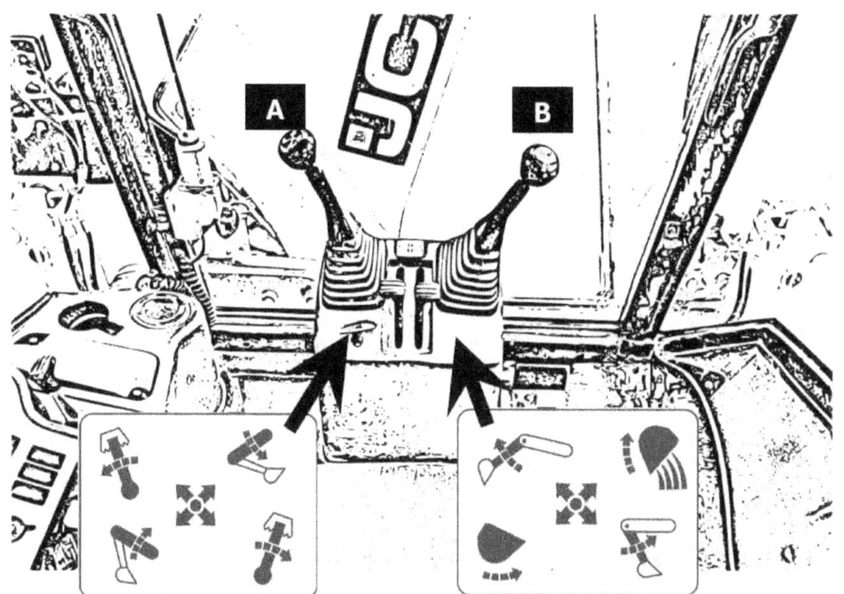

Figura 53: Palancas de operación de la retroexcavadora.

Ambas palancas tienen resortes para regresar a sus posiciones centrales (retención). La retroexcavadora permanece en una posición dada hasta que se realicen ajustes utilizando las palancas. Un decalque plástico cerca de los controles proporciona orientación visual, representando a través de símbolos las acciones correspondientes de la retroexcavadora que se desencadenan con movimientos específicos de las palancas.

Refiriéndose a la Figura 53:

- **Levantar el brazo**: Para elevar el brazo (A), tire de la palanca diagonalmente hacia la izquierda y hacia usted. Antes de levantar el brazo, asegúrese de que no haya obstrucciones arriba.

- **Bajar el brazo**: Para bajar el brazo (B), empuje la palanca diagonalmente hacia la derecha y alejándola de usted.

- **Girar a la izquierda**: Para pivotar el brazo hacia la izquierda (C), empuje la palanca diagonalmente hacia la izquierda y alejándola de usted. Nota: Ciertos baldes y accesorios de la retroexcavadora pueden entrar en contacto con las patas del estabilizador si se pivotan demasiado. Verifique esto antes de utilizar diferentes accesorios.

- **Girar a la derecha**: Para pivotar el brazo hacia la derecha (D), tire de la palanca diagonalmente hacia la derecha y hacia usted.

- **Retracción del brazo intermedio**: Para retraer el brazo intermedio (E), tire de la palanca diagonalmente hacia la derecha y hacia usted. Nota: Ciertos accesorios de la retroexcavadora pueden intersectarse con el brazo si se retraen en exceso. Verifique esto antes de usar diferentes accesorios.

- **Extensión del brazo intermedio**: Para extender el brazo intermedio (F), empuje la palanca diagonalmente hacia la izquierda y alejándola de usted. Si el brazo ya está elevado, asegúrese de que no haya obstrucciones arriba antes de extender el brazo intermedio.

- **Cerrar el balde**: Para cerrar el balde (G), tire de la palanca diagonalmente hacia la izquierda y hacia usted.

- **Abrir el balde**: Para abrir el balde (H), empuje la palanca diagonalmente hacia la derecha y alejándola de usted.

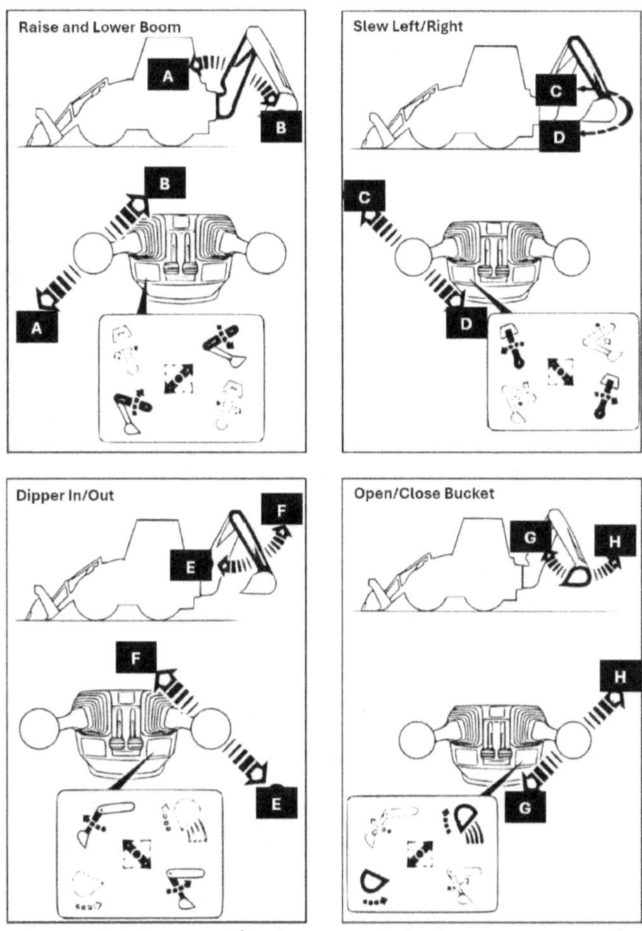

Figura 54: Operación de control de la retroexcavadora.

Planificación y Preparación para Operaciones con Retroexcavadora

Entender las especificaciones de la tarea delineadas en el contrato es fundamental. Las especificaciones del contrato detallan las responsabilidades para varios aspectos del proceso de sellado y describen el resultado deseado. Sin embargo, a menudo recae sobre el constructor determinar si el sello propuesto cumple con los criterios de rendimiento especificados. Por lo tanto, es imperativo que la persona encargada de las tareas de sellado en el día tenga una comprensión clara de los requisitos de "responsabilidad por defectos" y "rendimiento" especificados en el contrato.

En la fase de planificación, es necesario prestar atención a las preocupaciones de seguridad y ambientales del sitio. Estas pueden incluir la seguridad del tráfico, factores como los hombros estrechos o áreas de paso limitadas, peligros de incendio como vegetación inflamable a lo largo de los terraplenes, impactos de ruido debido a la proximidad de áreas residenciales y riesgos potenciales de contaminación para el agua de lluvia y la calidad del aire. Las estrategias de mitigación deben asegurar la presencia de equipos contra incendios, extintores de incendios estratégicamente posicionados, kits de primeros auxilios completos, tarjetas para quemaduras de betún, kits de derrames equipados con arena para contención, diques textiles portátiles para obstrucción de drenajes, un tanque de captura apropiadamente cerrado para la contención de residuos y un receptáculo designado para desechos sólidos.

Una vez completado el programa de inducción y al comenzar el trabajo en el lugar designado, es esencial familiarizarse con los protocolos de seguridad locales en la zona inmediata de trabajo. Esto incluye el conocimiento de la ubicación y tipos de extintores y mangueras de incendios, mecanismos de parada de emergencia para equipos eléctricos y suministros de combustible, procedimientos de etiquetado de emergencia, protocolos de evacuación, señalización especializada, instalaciones de primeros auxilios, regulaciones de tráfico específicas del sitio, sistemas de comunicación de emergencia, protocolos para derrames de productos químicos o petróleo, áreas de estacionamiento designadas y pautas para el uso de radios bidireccionales. Si bien el programa de inducción proporciona conocimientos fundamentales, la orientación en el lugar de trabajo personaliza los protocolos de seguridad para el área inmediata de trabajo, asegurando una respuesta adecuada en situaciones de emergencia.

La escala de los requisitos operativos diarios dicta el modo de comunicación, que puede variar desde sesiones informativas verbales hasta instrucciones escritas del personal supervisor. Garantizar la recepción y comprensión de las instrucciones de trabajo es imperativo. En caso de ambigüedad, se recomienda buscar aclaraciones del supervisor. También puede ser necesario realizar visitas al sitio para inspeccionar los lugares de trabajo antes de preparar el equipo para las tareas operativas.

La gestión eficiente de una empresa, proyecto o esfuerzos personales se basa en una planificación y organización meticulosas. Esto implica una evaluación integral de los parámetros del proyecto para determinar el enfoque óptimo para la ejecución oportuna, económica y de calidad. La ausencia de una planificación estructurada conduce a ineficiencias y desperdicio de recursos. En consecuencia, la capacidad de prever y adaptarse a los cambios, optimizar operaciones, monitorear el progreso y evaluar los resultados se vuelve indispensable.

La falta de planificación conlleva riesgos que van desde ineficiencias operativas hasta compromisos de seguridad y repercusiones financieras. Por lo tanto, la planificación efectiva sirve como un pilar para el éxito, ofreciendo dirección, minimizando incertidumbres y fomentando la responsabilidad y la productividad. A través de esfuerzos diligentes de planificación y organización, las personas y entidades en la industria de la construcción pueden optimizar el uso de recursos, mitigar riesgos y lograr los resultados deseados de manera eficiente.

Las retroexcavadoras están equipadas con múltiples mecanismos de seguridad para garantizar la protección del operador:

- **Cinturón de Seguridad:**

- Un cinturón de seguridad es una característica obligatoria en las retroexcavadoras. Previene que el operador sea expulsado en caso de vuelco o inclinación.

- Algunos cinturones de seguridad tienen una conexión eléctrica que desactiva la operación de la máquina a menos que el cinturón esté abrochado.

- Los cinturones de seguridad deben usarse en todo momento. Antes de comenzar, inspeccione el cinturón de seguridad en busca de defectos, como tejido deshilachado, hebilla dañada o mal funcionamiento del deslizamiento antideslizante. Si se detectan defectos, no opere la máquina hasta que se rectifiquen.

- **Barras de Protección del Operador (ROPS – FOPS):**

- Las Estructuras de Protección contra Vuelcos (ROPS) y las Estructuras de Protección contra Objetos Caídos (FOPS) están diseñadas para proteger al operador en caso de vuelco o caída de objetos, absorbiendo las fuerzas de impacto.

- Es imperativo no modificar el diseño de la cabina, ya que las alteraciones pueden comprometer la efectividad de estas estructuras y anular la garantía del fabricante.

- **Guardas y Cubiertas de Seguridad:**

- Estos componentes se instalan para proteger a los operadores de partes móviles y peligros potenciales, mejorando la seguridad general durante la operación.

- **Dispositivos de Advertencia:**

- Las retroexcavadoras están equipadas con sistemas de advertencia para alertar a los operadores sobre posibles peligros o fallos, asegurando que se puedan tomar medidas rápidas para mitigar los riesgos.

- **Etiquetas de Advertencia:**

- Las etiquetas de advertencia claramente marcadas proporcionan información de seguridad esencial e instrucciones a los operadores, promoviendo prácticas de operación seguras.

La planificación efectiva es indispensable para proporcionar dirección y propósito a las acciones. Establece una hoja de ruta para las tareas, delineando responsabilidades, cronogramas y objetivos para asegurar claridad y alineación entre supervisores, gerentes y empleados. La planificación mitiga la incertidumbre, minimiza la duplicación de esfuerzos y facilita el seguimiento y la evaluación del desempeño. Al planificar meticulosamente y adherirse al plan, se puede lograr un mejor control de costos, utilización de recursos y eficiencia operativa. La falta de planificación resulta en mayores dificultades, desafíos imprevistos y disminuye las perspectivas de éxito, lo que podría llevar a la inseguridad laboral o la degradación.

La planificación abarca un enfoque sistemático para la secuenciación de tareas, la asignación de recursos y la gestión de riesgos, fomentando un ambiente propicio para alcanzar los resultados deseados de manera eficiente.

La comunicación clara de las instrucciones de trabajo es esencial para la ejecución de las tareas. Las instrucciones pueden ser transmitidas verbalmente por supervisores, compañeros de turno saliente, o documentadas en formatos escritos como libros de instrucciones, hojas de registro o programas de planificación. Las instrucciones verbales deben ser comprendidas de manera integral, y cualquier duda debe aclararse antes de comenzar el trabajo. Las instrucciones escritas deben proporcionar claridad sobre las tareas, los requisitos de seguridad y el equipo necesario, asegurando la adherencia a las prácticas de trabajo seguras.

La planificación exitosa del trabajo es fundamental para la fijación de precios competitivos y la gestión eficiente de los recursos. Involucra una consideración meticulosa del tiempo, los materiales, los costos indirectos y los márgenes de ganancia esperados para formular una oferta convincente. Instrucciones claras y comprensibles son imperativas para la ejecución de tareas, minimizando el riesgo de errores o malentendidos. La comunicación efectiva entre supervisores y trabajadores fomenta un ambiente de trabajo propicio, promoviendo claridad, eficiencia y responsabilidad.

Todo el trabajo debe planificarse meticulosamente de acuerdo con el plan de desarrollo y operación del sitio, los procedimientos de trabajo del sitio y los requisitos legislativos. Las obligaciones legales abarcan diversas leyes y regulaciones que rigen la salud y la seguridad.

Es imperativo asegurar el cumplimiento de la legislación pertinente aplicable a su sitio. El procedimiento para preparar una nueva área de excavación debe incluir:

- Recibir instrucciones del supervisor de turno sobre la ubicación de la excavación y los requisitos del equipo.

- Realizar comprobaciones exhaustivas, que incluyen prearranque, antes del arranque del motor, controles de la retroexcavadora, arranque del motor, después del arranque y operación de la retroexcavadora.

- Verificar el acceso al área de trabajo y asegurar que el suelo sea seguro para trabajar.

- Comprobar la presencia de fallos de disparo y gestionarlos de acuerdo con el procedimiento de fallos de disparo si se encuentran.

Todo el personal debe participar en una reunión de inicio de turno para recibir y discutir la información actual, como (según sea relevante para el sitio de trabajo):

- Tiempos de voladura

- Condiciones del terreno

- Áreas de trabajo

- Asignaciones de trabajo

- Condiciones de la carretera

En las operaciones mineras, antes de entrar en el área de la cara de la mina, es esencial estar al tanto de las condiciones actuales. Las normas del sitio suelen incluir un procedimiento de cambio de turno para actualizar al personal sobre el estado operativo. Se debe realizar un análisis de riesgos del trabajo (JHA, por sus siglas en inglés) antes de comenzar cualquier trabajo sin un procedimiento existente o de manera rutinaria. Cualquier peligro y riesgo identificado debe informarse utilizando el Proceso de Evaluación de Riesgos de la Empresa.

La inspección del área de trabajo es crucial para identificar peligros y formular procedimientos de trabajo seguros. Los riesgos potenciales durante las operaciones de retroexcavadora pueden incluir:

- Materiales peligrosos

- Suelo desigual o inestable

- Condiciones húmedas

- Peligros de resbalones, tropiezos y caídas

- Bordes afilados

- Restricciones de acceso

- Peligros relacionados con el equipo

- Factores ambientales como terraplenes, edificios, etc.

Los operadores deben permanecer atentos a:

- Condiciones del suelo y la carretera

- Proximidad a líneas eléctricas, árboles, alcantarillas, etc.

- Excavaciones y trincheras abiertas

- Líneas de servicio

- Puntos ciegos

- Condiciones meteorológicas

- Hora del día e iluminación

- Capacidades de carga y ancho de puentes

Los operadores también deben verificar:
- Redes de comunicación

- Barricadas

- Señales

- Personal y peatones

- Semáforos

Los operadores también deben mantener una distancia mínima de las líneas eléctricas según las regulaciones específicas del sitio. En caso de contacto con líneas eléctricas, siga los procedimientos de emergencia, permanezca en la cabina y notifique a los supervisores utilizando el procedimiento de radio de emergencia. Evacue la cabina solo si hay un peligro inminente de incendio eléctrico y siga los procedimientos de evacuación del sitio.

Después de identificar los peligros, implemente medidas de control tales como:
- Barricar el área

- Utilizar medidas de control de tráfico

- Colocar señales y avisos

- Usar luces y torres de iluminación para trabajos nocturnos

- Obtener permisos de autorización

- Asegurar el uso adecuado de equipo de protección personal (EPP)

- Seguir los procedimientos del sitio y mantener las distancias mínimas de los servicios.

En las etapas iniciales de cualquier proyecto, es esencial evaluar el impacto ambiental y tomar medidas proactivas para mitigarlo. Australia cuenta con un marco integral de leyes, regulaciones, políticas y directrices destinadas a proteger el medio ambiente. Las preocupaciones clave en la industria de la construcción giran en torno a la contaminación por aguas pluviales, la basura, el polvo y el escurrimiento de sedimentos, lo que requiere que las actividades de construcción se realicen de manera que prevengan la contaminación de los cuerpos de agua.

El escurrimiento de aguas pluviales transporta contaminantes a cuerpos de agua y áreas costeras, mientras que el escurrimiento de sedimentos puede sofocar la flora y fauna acuática, llevando a la sedimentación de arroyos, ríos, embalses y represas. La basura a menudo termina en las aguas pluviales, exacerbando los problemas de contaminación.

La gestión efectiva de la basura, los desechos, la erosión, los sedimentos y el polvo ofrece varios beneficios, incluyendo la disminución de los costos de limpieza, la mitigación de peligros relacionados con el lodo/polvo, la mejora de las condiciones de trabajo en climas húmedos, el aumento de los estándares de salud y seguridad ocupacional, la mejora de los sistemas de drenaje, la minimización de pérdidas en los depósitos de materiales, la reducción de quejas públicas y una reputación comunitaria mejorada.

Además de las preocupaciones ambientales, el polvo plantea riesgos para la salud y la seguridad ocupacional inherentes a los sitios de construcción. La generación de polvo es inherente a las actividades de construcción, especialmente con materiales como el cemento o sustancias a base de yeso. Los controles potenciales incluyen la utilización de rociadores de agua y nebulizadores, la adopción de métodos húmedos para el corte de concreto o sierras de fricción, la limpieza rápida de los escombros, el uso de mascarillas aprobadas en áreas con riesgo de inhalación y el despliegue de aspiradoras industriales.

Drenaje del Sitio: Las medidas efectivas de drenaje del sitio pueden reducir significativamente el impacto ambiental de las aguas pluviales. Los controles pueden incluir desviar el agua cuesta arriba fuera del sitio utilizando desagües revestidos con césped o geotextiles, dirigir el agua desviada a áreas estables, evitar la descarga de agua hacia las entradas/salidas del sitio y conectar bajantes temporales o permanentes al sistema de aguas pluviales durante la instalación del techo.

Maximizar el reciclaje de materiales contribuye a la sostenibilidad ambiental. Materiales como acero, aluminio, paneles de yeso, madera, concreto, ladrillos, tejas, plásticos, vidrio y alfombras pueden reciclarse. Las estrategias para reducir los materiales de construcción incluyen la reducción del consumo, la reutilización de materiales existentes, el reciclaje de recursos, la utilización de recursos renovables y la preferencia por materiales con alto contenido reciclado.

La gestión eficiente de las pilas de arena y tierra implica implementar controles como designar áreas específicas para la entrega de materiales en el sitio, prohibir el almacenamiento de pilas en aceras o dentro de reservas viales, ubicar las pilas detrás de controles de sedimentos y protegerlas del escurrimiento, asegurar una distancia segura de áreas peligrosas y limitar la altura de las pilas.

La instalación de cercas de sedimentos es vital para contener el escurrimiento de sedimentos. Los aspectos clave de la instalación de cercas de sedimentos incluyen prevenir la descarga de sedimentos del sitio, instalar cercas a lo largo de los contornos, realizar inspecciones semanales durante hasta seis meses, asegurar que las cercas permanezcan verticales y bien incrustadas en el suelo, reparar rápidamente cualquier daño, trenzar la cerca al menos 150 mm de profundidad y enterrarla para permitir el flujo de agua mientras se evita la filtración, y compactar el suelo en ambos lados para evitar la filtración.

Subida y Bajada de Maquinaria: Al subir o bajar de una máquina, es crucial no volverse complaciente, ya que muchas lesiones han ocurrido debido a prácticas incorrectas de subida o bajada. Aquí hay pautas esenciales a seguir:

1. Limpieza: Antes de subir, asegúrate de limpiar tus zapatos y de limpiar tus manos.

2. Usa Pasamanos: Utiliza pasamanos, barras de agarre, escaleras o peldaños al montar la máquina.

3. Evita Usar Controles como Barras de Agarre: Nunca uses los controles de la máquina como barras de agarre.

4. Evita Subir a Máquinas en Movimiento: Nunca intentes subir a una máquina mientras está en movimiento.

5. Tres Puntos de Contacto: Mantén siempre tres puntos de contacto al subir o bajar.

6. Sube de Manera Sensata: Asciende o desciende de la escalera de manera segura y sensata.

7. Conoce las Señales de Bocina: Entiende y sigue las señales de bocina específicas de tu sitio.

Verificaciones Previas al Inicio: Antes de realizar inspecciones alrededor de la máquina y verificaciones previas al inicio, es esencial colocar una etiqueta en el interruptor principal de la máquina. Aquí están los puntos clave sobre las verificaciones previas al inicio:

1. Realiza una Inspección Completa: Realiza una inspección previa al inicio exhaustiva, incluyendo la verificación del sistema de incendio, en cada cambio de turno o después de cualquier reparación o trabajo de servicio.

2. Sigue las Instrucciones del Fabricante: Arranca la máquina de acuerdo con las instrucciones del fabricante.

3. Identifica Fallos: Realiza inspecciones previas al inicio para identificar cualquier fallo y asegurar que la máquina esté lista para operar.

4. Responsabilidad: Los operadores son responsables de verificar el estado de reparación de la máquina antes de operarla.

5. Verificaciones de Nivel Superior: Realiza verificaciones en la cabina y pruebas de frenos antes de moverte.

Inspección al Rededor: Se debe completar una inspección al rededor antes de entrar y operar el equipo. Puntos clave sobre las inspecciones al rededor incluyen:

1. Tiempo: Realiza inspecciones después de cualquier ausencia de la cabina, repostaje, reparaciones, mantenimiento o inspecciones.

2. Seguridad: Asegúrate de que nadie esté cerca de la máquina antes de subir, verifica si hay daños en el equipo y verifica la seguridad del terreno.

Verificaciones a Nivel del Suelo y Plataforma: Inspecciona visualmente la máquina para varios aspectos, incluyendo accesorios, superestructura, niveles de fluidos y condiciones de la cabina, asegurando la seguridad antes de subir.

Verificaciones de Fluidos: Verifica el aceite del motor, combustible, líquido de frenos, aceite hidráulico o niveles de batería sin usar una llama abierta, y usa una linterna en su lugar.

Verificaciones de la Cabina: Inspecciona la cabina por limpieza, condición del cinturón de seguridad, ajustes de los espejos, arranca el motor usando señales de bocina apropiadas y prueba varios controles.

Recuerda informar cualquier daño o defecto a tu supervisor y registrarlos en tu lista de verificación previa al inicio para asegurar la seguridad y la preparación operativa.

Antes de arrancar la máquina, asegúrate de estar usando el equipo de protección personal (EPP) adecuado. Es recomendable realizar una inspección alrededor de la retroexcavadora después de completar la verificación previa al inicio para verificar la existencia de obstrucciones. Han ocurrido accidentes debido a operadores que retroceden sin darse cuenta hacia vehículos o personas.

El procedimiento de arranque se detalla a continuación:

1. **Verificar Etiquetas de Mantenimiento**: Asegúrate de que no haya etiquetas de mantenimiento en la máquina.

2. **Subida a la Cabina**: Usa la escalera y los pasamanos para subir a la cabina, manteniendo tres puntos de contacto.

3. **Ajustes**: Ajusta el asiento y abrocha el cinturón de seguridad según sea necesario.

4. **Bloqueo del Control Hidráulico**: Asegúrate de que el bloqueo del control hidráulico/el interruptor del servo esté aplicado.

5. **Verificación de Controles**: Confirma que todos los controles

estén en neutral y bloqueados de manera segura.

6. **Ajuste del Motor**: Ajusta el motor para arrancar a baja velocidad.

7. **Posición de la Llave**: Gira la llave a la posición ON.

8. **Prueba del Sistema**: Utiliza las funciones de prueba en el sistema de monitoreo.

9. **Señal de Bocina**: Toca la bocina una vez para alertar a otros del arranque del motor, espera 5 segundos y luego arranca el motor.

Después de arrancar el motor, sigue estos pasos:

1. **Calentamiento del Motor**: Permite que el motor se caliente durante 5 minutos desde un arranque en frío, siguiendo las especificaciones del fabricante.

2. **Verificación de Medidores**: Verifica que todos los medidores funcionen correctamente dentro de los 10 segundos posteriores al arranque. Asegúrate de que las luces del tablero funcionen si trabajas de noche.

3. **Prueba de Indicadores y Luces**: Prueba los indicadores y las luces para asegurar su correcto funcionamiento.

4. **Prueba de Función de Controles**: Opera todas las palancas de control en todas las direcciones para calentar el sistema hidráulico.

5. **Liberación del Bloqueo Hidráulico**: Libera el bloqueo hidráulico.

6. **Prueba de Movimiento**: Mueve hacia adelante, hacia atrás y verifica el pitido de reversa.

Antes de mover la máquina, sigue los siguientes pasos:

1. **Despejar los Alrededores**: Asegúrate de que el área alrededor de la máquina esté libre de personal y equipos.

2. **Prueba de Función Hidráulica**: Realiza una prueba de función hidráulica antes de moverte a tu área de trabajo.

3. **Señal de Bocina**: Toca la bocina dos veces para avanzar o tres veces para retroceder, dependiendo de la dirección del movimiento, y espera cinco (5) segundos.

4. **Movimiento de la Máquina**: Para avanzar, empuja los pedales hacia adelante con los engranajes de transmisión en la parte trasera.

5. **Dirígete al Área de Trabajo**: Dirígete a tu área de trabajo designada y prepárate para comenzar la carga.

6. **Precaución al Viajar**: En terreno irregular, reduce la velocidad para evitar daños y procura viajar por áreas lisas siempre que sea posible.

Todas las verificaciones deben realizarse de acuerdo con las recomendaciones del fabricante, como se describe en el manual de operación. Además, asegúrate de que la luz de presión de aceite del motor en el EMS se apague dentro de los 10 segundos después de arrancar el motor. Si no es así, apaga la máquina y mantén la velocidad del motor baja hasta que se resuelva el indicador de presión de aceite.

Operación de una retroexcavadora

Deben establecerse políticas y procedimientos efectivos para supervisar la seguridad en el sitio, los cuales pueden integrarse en un sistema de gestión integral que gestione y mitigue adecuadamente los riesgos asociados con el trabajo que se está llevando a cabo. Un sistema de seguridad integral debe incluir procesos para:

- Identificar a las personas con responsabilidades en materia de Seguridad y Salud Ocupacional (SSO).

- Gestionar la salud y seguridad de contratistas y subcontratistas.

- Desarrollar y gestionar procedimientos de consulta para asuntos de salud y seguridad.

- Identificar peligros y controlar riesgos.

- Establecer la ubicación de los servicios subterráneos.

- Desarrollar reglas de seguridad en el sitio.

- Monitorear las actividades del sitio y hacer cumplir las reglas de seguridad.

- Establecer servicios y mantenimiento continuo en el sitio.

- Desarrollar una inducción específica para los trabajadores y otras personas (por ejemplo, conductores de entrega y visitantes).

- Asegurar que solo los trabajadores capacitados y competentes estén permitidos para trabajar en el sitio.

- Garantizar que toda la maquinaria y el equipo sean seguros y no presenten riesgos para la salud antes de su uso.

- Identificar requisitos para un compuesto de planta móvil y estacionamiento de vehículos.

- Desarrollar planes de gestión del tráfico.

- Identificar y controlar riesgos para el público.

- Desarrollar planes de respuesta a emergencias para situaciones de emergencia razonablemente previsibles.

Asegurar que la maquinaria motorizada sea mecánicamente segura, apta para su uso y acompañada de la documentación de seguridad requerida.

Los peligros pueden incluir:

- Movimiento de materiales y equipos o tareas manuales.

- Terreno accidentado.

- Caídas (incluyendo subir y bajar de maquinaria móvil y excavaciones).

- Proximidad cercana de maquinaria móvil y otros vehículos (incluyendo en el sitio y en la carretera).

- Ruido o polvo excesivo.

- Servicios públicos (por ejemplo, líneas eléctricas y tuberías de gas).

- Suelo contaminado.

- Condiciones meteorológicas y radiación UV.

Los empleadores deben eliminar los riesgos para la salud y la seguridad cuando sea posible (por ejemplo, desenergizando líneas eléctricas). Si la eliminación no es factible, los empleadores deben reducir los riesgos tanto como sea razonablemente practicable implementando controles apropiados especificados por la ley, sustituyendo actividades o equipos, aislando peligros, usando controles de ingeniería o una combinación de estas medidas.

Prevenir lesiones comunes gestionando las causas, como la manipulación manual de materiales, resbalones, tropiezos y caídas. Los factores que aumentan el riesgo de lesiones deben abordarse mediante una planificación adecuada, almacenamiento, acceso, diseño y uso de la fuerza o postura apropiada.

Desarrollar un SWMS (Declaración de Método de Trabajo Seguro) al trabajar cerca del tráfico rodado e instruir a los trabajadores en consecuencia. Implementar medidas como usar ropa de alta visibilidad, usar dispositivos de advertencia, desplegar controladores de tráfico y proporcionar procedimientos claros de emergencia y rutas de escape.

Los operadores deben proteger a los peatones, ciclistas y otros de los riesgos asociados con el trabajo cerca de carreteras públicas. Implementar controles apropiados, caminos peatonales, barreras, cerramientos y medidas de gestión del tráfico.

Los trabajadores deben abstenerse de usar dispositivos electrónicos personales cuando trabajen cerca de maquinaria móvil, tráfico o rutas de tránsito para evitar distracciones y aumentar la conciencia de su entorno.

La comunicación efectiva entre supervisores, controladores de tráfico, operadores de maquinaria y trabajadores es esencial e incluirá métodos verbales y no verbales.

Identificar los servicios subterráneos antes de realizar excavaciones mecánicas o trabajos de penetración del suelo.

El equipo de movimiento de tierras utilizado para levantar cargas debe estar equipado con válvulas de protección contra rotura de mangueras en cilindros hidráulicos críticos, especialmente si el equipo tiene una capacidad nominal superior a una tonelada.

A menos que haya un punto de elevación designado instalado en otro lugar, las cargas solo deben suspenderse de los puntos de elevación designados por el fabricante en el brazo o en el enganche rápido. La capacidad nominal debe estar claramente visible cerca del punto de elevación. Además, asegúrese de que la tabla de carga de la máquina esté montada visiblemente dentro de la cabina. Es esencial inspeccionar el equipo de elevación antes de su uso y mantenerlo regularmente.

Un procedimiento de arranque de ejemplo para una retroexcavadora es el siguiente:

1. Asegurar el Cinturón de Seguridad y Ajuste del Asiento: Verifique que su cinturón de seguridad (si está instalado) esté bien abrochado y ajuste la posición del asiento según sea necesario.

2. Engranar: Seleccione una marcha adecuada según las condiciones actuales y la tarea a realizar. Tenga en cuenta que una vez que se engrana una marcha, las ruedas estarán vinculadas al motor al mover la palanca de avance/reversa desde neutral (N). Tenga cuidado, ya que la máquina puede intentar moverse antes de que esté preparado.

3. Verificar Posiciones de los Accesorios: Confirme que todos los accesorios estén en sus posiciones de viaje.

4. Aplicar el Freno: Presione el pedal del freno firmemente.

5. Seleccionar Dirección de Conducción: Elija avance (F) o reversa (R). Tenga en cuenta que sonará una alarma audible y se iluminará una luz de advertencia si el freno de estacionamiento aún está activado cuando se selecciona la marcha.

6. Soltar el Freno de Estacionamiento: Libere el freno de estacionamiento apretando la palanca de liberación y bajándola completamente.

7. Asegurar la Seguridad y Comenzar a Moverse: Asegúrese de que es seguro proceder, luego suelte el pedal del freno y presione suavemente el pedal del acelerador para iniciar un movimiento suave. Si el motor o la dirección fallan, detenga la máquina

inmediatamente y aborde el problema antes de continuar la operación.

8. Verificar Dirección y Frenos: Mientras la máquina está en movimiento, evalúe la funcionalidad de la dirección y los frenos. No continúe conduciendo si estos sistemas no funcionan correctamente.

Evite el viaje lateral en colinas siempre que sea posible, ya que aumenta significativamente el riesgo de volcar la máquina. Si se encuentra conduciendo la retroexcavadora/cargadora en una superficie inclinada, es crucial proceder directamente cuesta abajo en lugar de atravesarla horizontal o diagonalmente. Esto asegura la máxima estabilidad de la máquina. Al acercarse a un viaje cuesta abajo o cuesta arriba, reduzca la velocidad y seleccione una marcha adecuada para la pendiente. Optar por una marcha baja durante el viaje cuesta abajo ayuda a controlar el descenso, a menudo reflejando la marcha utilizada para ascender la colina. Al cruzar una zanja, disminuya la velocidad y aborde el obstáculo en ángulo. Es imperativo no bajar la colina en punto muerto, dejando que la retroexcavadora/cargadora ruede libremente.

Cuando se opera una retroexcavadora/cargadora, es esencial sentirse seguro con la máquina y comprender sus capacidades. Esto se logra mejor leyendo minuciosamente el manual del operador y familiarizándose con el rendimiento del motor, las velocidades óptimas para diversas tareas, las preferencias de altura del balde y otros factores pertinentes. Este conocimiento permite una operación segura en diversos terrenos y un ajuste efectivo de las técnicas de operación. Estas técnicas abarcan la conducción general, la marcha atrás, la maniobra, el frenado, la operación de accesorios, la carga del balde y el transporte de cargas.

Las técnicas generales de conducción implican mantener la vigilancia hacia los peligros en todo momento, evitar áreas de zanjas y bordes no protegidos, y estar atento a peligros del terreno como tocones de árboles. Retroceder de manera segura requiere asegurar una visibilidad clara detrás, monitorear continuamente los alrededores y posiblemente ajustar la orientación del asiento para mejorar la visibilidad y la seguridad. Maniobrar de manera efectiva en espacios confinados implica estar consciente de otros equipos, estructuras y caminos, comprender las limitaciones de la máquina y buscar consejos de operadores experimentados.

En cuanto al frenado, es esencial ejercer precaución, evitando frenar bruscamente a menos que sea absolutamente necesario y permitiendo suficiente distancia de parada, especialmente al transportar un balde cargado. El frenado no debe comprometer el equilibrio o la estabilidad de la máquina, especialmente durante los giros, y es crucial familiarizarse con las capacidades de la máquina según se describen en el manual del operador.

La operación de los accesorios implica adherirse a los límites de diseño y las recomendaciones operativas tanto para el accesorio como para la retroexcavadora/cargadora como vehículo completo. Permanecer dentro de estas especificaciones, recomendaciones y límites de diseño es crucial para prevenir daños tanto a la retroexcavadora/cargadora como a los accesorios. El manual del operador proporciona instrucciones detalladas sobre cómo usar cada accesorio, lo cual también se demostrará durante la inducción y familiarización con el equipo. Es imperativo seguir las recomendaciones de uso y los límites de diseño delineados para los accesorios para garantizar una operación segura y eficiente para lograr los resultados deseados. Si no está seguro sobre cómo montar, usar o quitar un accesorio, es aconsejable consultar el manual del operador o hablar con un mecánico autorizado, un ajustador u otros miembros del equipo.

Quitar un Balde:

1. **Posicionar la Retroexcavadora**: Alinee la retroexcavadora directamente detrás de la máquina. Asegúrese de que el balde

descanse en un terreno nivelado con su superficie plana hacia abajo. Asegure el balde en su lugar para evitar cualquier
movimiento no intencionado. Mantenga una distancia segura
hacia un lado del balde mientras retira los pasadores de pivote
para evitar posibles accidentes.

2. **Retirar los Pasadores de Pivote**: Tenga cuidado con las astillas
   de metal que pueden causar lesiones durante la extracción de
   pasadores de metal. Utilice un martillo de cara blanda o un man-
   dril para la tarea, asegurándose de usar gafas de seguridad para
   protección. Desenganche y extraiga los pasadores de enganche,
   luego proceda a quitar los pasadores de pivote.

3. **Retirar el Brazo de Extensión (Dipper)**: Usando los controles
   operativos, levante el brazo de extensión cuidadosamente para
   desengancharlo del balde.

Colocación de un Balde:

Nota: Esta tarea es preferiblemente realizada por dos personas: una
para manipular los controles y la otra para alinear los pivotes.

1. **Posicionar el Balde**: Coloque el balde plano sobre un terreno
   nivelado utilizando un mecanismo de elevación adecuado. Si
   están involucradas dos personas, asegúrese de que el operador
   de los controles sea competente. Cualquier movimiento abrupto o incorrecto de los controles podría representar serios riesgos
   para la seguridad de la otra persona.

2. **Reversar la Máquina mientras se Alinea el Extremo del
   Brazo de Extensión con el Área de la Bisagra del Balde**:
   Maniobre la máquina en reversa mientras alinea el extremo del
   brazo de extensión con el área de la bisagra del balde.

3. **Enganchar el Brazo de Extensión**: Tenga cuidado con las

astillas de metal durante la manipulación de los pasadores, utilizando herramientas adecuadas y equipo de protección. Ajuste hábilmente los controles para alinear los agujeros en el brazo de extensión y el enlace de inclinación con los del balde. Asegure los pasadores de pivote y los pasadores de enganche en su lugar.

Técnicas de Carga del Balde:

- Aplicar la técnica adecuada para el tipo específico de balde que se está utilizando.

- Buscar orientación de operadores más experimentados y solicitar tutoría si se necesita ayuda.

- Evitar sobrecargar el balde.

- Mejorar la eficiencia y efectividad de la carga mediante la práctica regular.

Técnicas de Transporte de Cargas:

- Mantener la carga cerca del suelo siempre que sea posible.

- Mantener una velocidad de desplazamiento segura.

- Asegurar que la máquina permanezca equilibrada mientras transporta la carga.

- Minimizar los derrames siempre que sea posible.

Técnicas de Descarga de Cargas:

- Descargar la carga en un terreno nivelado para prevenir vuelcos.

- Tener cuidado y consideración por las capacidades de la máquina.

- Ajustar el balde a la altura adecuada para la descarga antes de iniciar el movimiento.

- Inclinar el balde para asegurar una descarga limpia de los materiales.

- Aplicar el freno correcto o usar el freno de mano/carga para detener el movimiento según sea necesario.

Mezcla de Materiales:

Las retroexcavadoras/cargadoras son adecuadas para mezclar materiales debido a su gran capacidad de balde y su capacidad para mover cantidades significativas de materiales de manera eficiente.

Un accesorio de motocultor es beneficioso para romper el suelo y mezclar la capa superior del suelo o arcilla con otros materiales para preparar el terreno para tareas futuras. Los rastrillos y escarificadores también pueden emplearse para romper el suelo antes de mezclar materiales.

Técnicas de Carga:

Las técnicas de carga dependen de varios factores como el tipo de material, el método de excavación, las condiciones del suelo y la dirección del viento. Al cargar, considere las siguientes técnicas:

- Balancear suavemente la carga mientras se carga y levanta el balde.

- Cargar camiones por la cola siempre que

sea posible para minimizar la altura de elevación.

- Comenzar a descargar la carga cuando el centro del balde esté oscilando sobre el lado o el extremo del cuerpo del camión.

- Iniciar el movimiento de regreso antes de que el balde esté vacío.

- Bajar el balde al área de excavación una vez que los dientes hayan despejado el cuerpo del camión.

- Posicionar el brazo y el balde antes de aterrizar.

- Si el balde se atasca en la posición incorrecta, levantar ligeramente el brazo o extender el brazo.

Carga Superior:

La carga superior es aplicable para tareas como finalizar un banco, recoger recortes de taludes, iniciar un corte de caída o cavar un sumidero.

Carga en una Superficie Nivelada:

Operar la retroexcavadora en una superficie nivelada mientras se carga maximiza la productividad, reduce la fatiga del operador, minimiza el desgaste de la máquina, ayuda a mantener niveles y reduce la inestabilidad de la máquina.

Levantamiento con una Retroexcavadora:

Al levantar una carga con una retroexcavadora, consulte el manual del operador para conocer las capacidades de carga específicas a diferentes radios y posiciones del brazo. Determine dónde adjuntar las eslingas de elevación al balde según las instrucciones del manual. Para baldes sin puntos de elevación designados, se puede adjuntar una cadena, asegurándose de que esté posicionada correctamente para evitar daños.

Desmonte y Extendido de Materiales:

Las retroexcavadoras/cargadoras son útiles para despojar la capa superior de tierra para excavar o nivelar un área. Esto se logra usando la cuchilla del balde para cortar y levantar una pequeña cantidad de la capa superior del suelo.

El suelo excavado puede transportarse a otra área y extenderse. El extendido de la capa superior del suelo se puede lograr de varias maneras, como descargando el suelo poco a poco mientras se avanza o raspando una pequeña pila de tierra sobre un área utilizando la cuchilla del balde o un balde 4 en 1.

Instalación de un Balde:

1. **Posicionar el Balde**: Coloque el balde plano sobre un terreno nivelado utilizando un mecanismo de elevación adecuado. Si están involucradas dos personas, asegúrese de que el operador de los controles sea competente. Cualquier movimiento abrupto o incorrecto de los controles podría representar serios riesgos para la seguridad de la otra persona.

2. **Reversar la Máquina mientras se Alinea el Extremo del Brazo de Extensión con el Área de la Bisagra del Balde**: Maniobre la máquina en reversa mientras alinea el extremo del brazo de extensión con el área de la bisagra del balde.

3. **Enganchar el Brazo de Extensión**: Tenga cuidado con las astillas de metal durante la manipulación de los pasadores, utilizando herramientas adecuadas y equipo de protección. Ajuste hábilmente los controles para alinear los agujeros en el brazo de extensión y el enlace de inclinación con los del balde. Asegure los pasadores de pivote y los pasadores de enganche en su lugar.

Técnicas de Carga del Balde:

- Aplicar la técnica adecuada para el tipo específico de balde que se está utilizando.

- Buscar orientación de operadores más experimentados y solicitar tutoría si se necesita ayuda.

- Evitar sobrecargar el balde.

- Mejorar la eficiencia y efectividad de la carga mediante la práctica regular.

Técnicas de Transporte de Cargas:

- Mantener la carga cerca del suelo siempre que sea posible.

- Mantener una velocidad de desplazamiento segura.

- Asegurar que la máquina permanezca equilibrada mientras transporta la carga.

- Minimizar los derrames siempre que sea posible.

Técnicas de Descarga de Cargas:

- Descargar la carga en un terreno nivelado para prevenir vuelcos.

- Tener cuidado y consideración por las capacidades de la máquina.

- Ajustar el balde a la altura adecuada para la descarga antes de iniciar el movimiento.

- Inclinar el balde para asegurar una descarga limpia de los materiales.

- Aplicar el freno correcto o usar el freno de mano/carga para detener el movimiento según sea necesario.

Figura 55: Retroexcavadora Caterpillar 420E IT despojando la capa superior del suelo. Shaun Greiner de Creve Coeur, Estados Unidos de América, CC BY-SA 2.0, vía Wikimedia Commons.

Corte y Caja

El corte implica la remoción de material por encima de un nivel especificado, como cortar para crear un piso o nivel de diseño.

La caja consiste en la remoción de material por debajo de un nivel y puede incluir zanjeo o la eliminación de secciones de pavimento en forma de "caja" hasta el nivel deseado.

Excavación de Material: Antes de excavar material, se deben tomar ciertas precauciones:

- Realizar una evaluación completa del área de trabajo.

- Asegurarse de que todo el personal esté fuera del área de trabajo.

- Determinar la ubicación de cables enterrados, líneas de agua y gas.

- Identificar la ubicación de líneas eléctricas aéreas.

Es crucial detener la operación de la máquina si alguien entra al área de trabajo y se considera demasiado cerca hasta que el área esté despejada.

Asegurar una operación suave del accesorio de la retroexcavadora a una velocidad de motor cómoda para la tarea. Para mejorar la eficiencia, se deben utilizar múltiples controles simultáneamente si es necesario.

La máquina puede moverse hacia adelante o hacia atrás en cualquier punto durante el ciclo de operación para mantener una excavación efectiva. Si la posición de excavación se vuelve ineficiente, se debe reposicionar la retroexcavadora.

Técnica de Excavación / Zanjeo: Al realizar operaciones de excavación:

- Mantener la máquina nivelada.

- Mantener los motores de desplazamiento en la parte trasera para protegerlos.

- Utilizar los controles para facilitar el movimiento suave del accesorio.

- Emplear el ángulo de excavación correcto del cubo.

- Evitar usar la pared de la zanja para detener el movimiento del accesorio, ya que puede dañar los hidráulicos.

- No sobrecargar el cubo.

Los trabajadores deben abstenerse de estar en una zanja que se esté excavando.

Al realizar trabajos de excavación, es esencial tener en cuenta varios puntos clave:

- Antes de comenzar la excavación, realizar verificaciones de los servicios subterráneos como electricidad, teléfono, gas, agua, alcantarillado, drenaje y líneas de cable de fibra óptica. Consultar al supervisor del sitio, quien coordinará con las autoridades de suministro para obtener mapas del consejo del sitio.

- Al cortar una zanja, adherirse a las especificaciones requeridas y depositar cubos llenos de material lejos de la zanja.

- Si se corta una zanja a través de una acera, obtener la información y permisos necesarios de las autoridades pertinentes responsables de los servicios bajo la acera. Excavar con precaución hacia cualquier servicio subterráneo y proporcionar las barricadas y señales adecuadas.

- Retirar las rocas grandes de las zanjas según sea necesario.

- Para excavaciones de zanjas de más de 1.5 metros de profundidad o donde el material sea propenso a colapsar, el operador de la retroexcavadora/cargadora debe escalonar y inclinar los lados y bajar los escudos de zanja antes de ingresar a la excavación.

- Evitar socavar una zanja, banco o pila de material, ya que esto podría provocar un colapso y posiblemente hacer volcar la retroexcavadora/cargadora, atrapando al operador debajo.

- Al operar en terreno blando o irregular, la capacidad de carga segura se reducirá.

- Mantener una distancia segura entre las cargas y la zanja; el material debe colocarse a no menos de 1 metro de distancia, con el material descansando al menos a 0.5 metros de la excavación.

- Emplear barricadas, barandillas, cercas y señales de advertencia para evitar que los trabajadores caigan en la zanja o que vehículos/máquinas se acerquen demasiado. Asegurarse de que nadie se encuentre dentro del radio de operación de la retroexcavadora/cargadora.

- Estar atento a señales que indiquen proximidad a excavaciones previas o servicios subterráneos. Si se observan las siguientes señales durante la excavación, cesar las operaciones inmediatamente y realizar excavaciones manuales para investigar: metal azul triturado o cinta plástica, arena limpia o sacos de arena, azulejos rotos, humedad u otro material inusual.

Figura 56: Retroexcavadora cavando una zanja. Servicio de Distribución de Información Visual de Defensa, Dominio público, vía picryl.

El relleno con la retroexcavadora implica llenar zanjas o pequeñas excavaciones una vez que el trabajo ha terminado. Es crucial asegurarse de que los materiales correctos se depositen en la excavación y que se logre el nivel adecuado de compactación.

Los materiales sueltos dentro de una zanja o excavación pueden asentarse con el tiempo, causando que el suelo se hunda. Por lo tanto, es importante asegurarse de que se compacte suficiente material en la zanja para mantener una superficie uniforme después de que el trabajo esté terminado.

Al rellenar zanjas, recuerda:

- Mantener un ángulo de 90 grados a menos que los planos del sitio especifiquen lo contrario.

- Mantenerse alejado de los bordes y caídas.

- Evitar bordes blandos y agujeros profundos.

- Las zanjas que superen los 1.5 metros de profundidad deben apuntalarse para evitar colapsos, especialmente si el personal va a trabajar dentro del área de la zanja o junto a ella.

A medida que trabajas y transportas materiales, el entorno a tu alrededor sufrirá cambios.

Ajustarse a las variaciones de luz: Durante las horas del crepúsculo, la fatiga puede afectar tu visión, dificultando discernir las características del terreno y juzgar distancias con precisión. Es fundamental instalar iluminación temporal donde sea posible y proceder con cautela en tales situaciones.

Consideración de las condiciones meteorológicas: La lluvia, el aguanieve, la nieve, el viento y la humedad pueden afectar tanto a tu cargadora como a los materiales que estás manejando. El aumento del contenido de humedad de cualquier fuente altera la composición de los materiales, pudiendo hacerlos más pesados y resbaladizos. En consecuencia, tu capacidad para levantar o transportar cargas puede verse comprometida, lo que requiere ajustes en las cantidades de carga.

Adaptarse a los entornos de trabajo cambiantes: A medida que los materiales se reubican o se despejan del sitio, el entorno de trabajo cambia. La composición del material puede variar a lo largo de la duración del proyecto. A medida que la excavación se profundiza o se pasa a otras etapas como el paisajismo o la preparación de la base de la carretera, encontrarás diferentes materiales, accesorios y configuraciones de fuerza laboral. Adaptar las técnicas en consecuencia es esencial para garantizar la eficiencia y la seguridad.

Finalización de las operaciones de la retroexcavadora

Al prepararte para estacionar la retroexcavadora, sigue estos pasos:

- Posicionamiento: Estaciona la máquina lejos de la cara de trabajo y evita estacionar en una pendiente.

- Seguridad del accesorio: Coloca el accesorio en el suelo y activa la palanca de bloqueo hidráulico.

- Ajuste del motor: Gira el interruptor del acelerador del motor hacia el símbolo de la tortuga para reducir la velocidad del motor.

- Tiempo de ralentí: Deja que la máquina funcione en ralentí durante un mínimo de cinco minutos antes de apagarla.

- Apagado: Una vez que la máquina haya estado en ralentí durante el tiempo requerido, gira el interruptor de arranque a la posición OFF.

- Inspección de recorrido: Al final de un turno, realiza una breve inspección de recorrido.

- Posición del pedal: Asegúrate de que los pedales de desplazamiento estén en posición neutral al estacionar.

Es importante tener en cuenta que se requiere permiso de supervisión para estacionar en una pendiente, excepto en casos de emergencia. Al estacionar el vehículo, intenta hacerlo en terreno nivelado siempre que sea posible. Sin embargo, si es necesario estacionar en una pendiente, utiliza almohadillas de madera para bloquear las ruedas y evitar movimientos no deseados.

Ejemplo de procedimiento de estacionamiento:

1. Detener la máquina: Suelta gradualmente el pedal del acelerador y aplica el pedal del freno para detener suavemente la máquina.

2. Activar el freno de estacionamiento: Tira completamente de la palanca del freno hacia arriba para activar el freno de estacionamiento. Confirma que se enciende el indicador del freno de estacionamiento y suelta el freno de pie.

3. Desengranar la transmisión: Coloca la palanca de avance/retroceso en neutral.

4. Bajar los estabilizadores: Baja las patas estabilizadoras hasta que toquen ligeramente el suelo.

5. Bajar los accesorios al suelo: Antes de bajar los accesorios, asegúrate de que los alrededores de la máquina estén despejados de personas. Utiliza las palancas de control para bajar los accesorios al suelo, permitiendo que soporten ligeramente el peso de la máquina.

6. Detener el motor: Gira la llave de arranque a la posición '0'. Si dejas la máquina desatendida, retira la llave de arranque.

7. Apagar controles innecesarios: Apaga todos los interruptores innecesarios. Si es necesario, deja activadas las luces de advertencia o las luces laterales.

8. Salir y asegurar la máquina: Antes de salir, asegúrate de que el freno de estacionamiento esté activado para evitar movimientos

no deseados. Usa los asideros y escalones para descender de manera segura. Si dejas la máquina desatendida, cierra y asegura todas las ventanas, bloquea la puerta y considera bloquear la tapa del depósito.

Cuando la retroexcavadora y sus accesorios no estén en uso, sigue las instrucciones de almacenamiento del fabricante. Las retroexcavadoras conectadas a tractores son más seguras cuando descansan en el suelo. Si están desconectadas, asegúrate de que sean estables y reduce el riesgo de caídas.

Las instalaciones y cobertizos deben situarse en terreno nivelado y firme, libres de obstrucciones, permitiendo a los trabajadores acceder de manera segura, sin riesgos de resbalones, tropiezos o caídas, y lejos del tráfico del sitio. Consideraciones para la selección de la ubicación incluyen proximidad a residencias vecinas, acceso a servicios públicos, restricciones cerca de líneas eléctricas aéreas y proximidad a sistemas de drenaje de agua. Una vez establecidas, mantén las instalaciones asegurándote de que se limpien regularmente, se eliminen los desechos y se almacenen materiales y equipos fuera de las áreas de acceso.

Los empleadores deben mitigar los riesgos para el público implementando medidas de seguridad adecuadas en el sitio. Los factores que influyen en el nivel de seguridad requerido incluyen la ubicación del sitio, las rutas peatonales cercanas, el tipo de trabajo, el uso de plantas móviles y los materiales almacenados en el sitio. Ajusta las medidas de seguridad del sitio según sea necesario para contener los peligros dentro de áreas más pequeñas y utiliza cercas perimetrales temporales en la mayoría de las situaciones. Asegúrate de que las medidas de seguridad estén firmemente fijadas, inspeccionadas regularmente y mantenidas para evitar colapsos.

Establece prácticas de trabajo seguras para el servicio y limpieza del equipo de la planta basadas en los procedimientos del fabricante y factores como el tipo de trabajo, los productos químicos utilizados y la prevención de lesiones por manejo manual, resbalones, tropiezos y caídas. Desarrolla Declaraciones de Método de Trabajo Seguro (SWMS) para tareas que impliquen riesgos significativos, como trabajar en alturas o junto a carreteras o ferrocarriles públicos. Inspecciona y mantén regularmente el equipo de plantas motorizadas según intervalos especificados, asegurándote de que las reparaciones necesarias se realicen de manera oportuna.

Realiza una inspección mayor anual del equipo de plantas móviles motorizadas para verificar la condición mecánica, la adherencia a los programas de mantenimiento, la adecuación de los controles de riesgo y la funcionalidad de los dispositivos de seguridad y controles del operador. El informe de inspección debe incluir detalles de la persona competente que supervisa la inspección, la identificación de la planta, la confirmación de la seguridad para su uso continuo y la fecha de la próxima inspección mayor.

5

Operaciones de Excavadoras

Una excavadora es una máquina de construcción pesada utilizada principalmente para excavar y mover grandes cantidades de tierra, escombros u otros materiales. Consiste en una cabina giratoria montada sobre orugas o ruedas, con un brazo hidráulico y un accesorio de cubo. Las excavadoras son versátiles y se utilizan ampliamente en diversas aplicaciones de construcción, demolición, minería y paisajismo. Pueden realizar tareas como excavar zanjas, cimientos y agujeros, así como cargar y descargar materiales, levantar objetos pesados y demoler estructuras. Las excavadoras vienen en diferentes tamaños y configuraciones para adaptarse a diferentes requisitos de trabajo, desde pequeñas excavadoras compactas para espacios reducidos hasta grandes excavadoras de orugas para operaciones de alta resistencia.

El trabajo de excavación típicamente involucra la remoción de suelo o roca de un sitio para crear una cara abierta, un agujero o una cavidad, utilizando herramientas, maquinaria o explosivos.

Una excavadora es un vehículo autopropulsado, disponible en configuraciones de orugas o ruedas, con una estructura superior capaz de girar 360 grados completos. Este equipo está diseñado para excavar, girar y descargar materiales. Estas acciones se logran mediante el movimiento del brazo, independiente del chasis o tren de rodaje de la máquina.

Semajando al brazo, antebrazo y mano de una persona, el brazo de la excavadora se compone de tres segmentos. La máquina excava en el suelo a nivel inferior usando el cubo para extraer materiales. A medida que el cubo se eleva o gira, transporta los materiales hacia la máquina antes de depositarlos en el área de descarga.

Las excavadoras juegan un papel crucial en las operaciones de minería a cielo abierto, sirviendo como herramientas versátiles para diversas tareas como excavar la sobrecarga, extraer carbón, limpiar taludes o rieles, cavar rampas y preparar frentes de excavación para palas. En las imágenes acompañantes, las excavadoras suelen aparecer cargando camiones desde una posición elevada en un banco, proporcionando una ventaja estratégica de altura. Aunque las excavadoras pueden no igualar la capacidad de excavación de las palas, su superior maniobrabilidad y transportabilidad las convierten en activos indispensables en las operaciones mineras.

Figura 57: Una excavadora Hitachi carga un camión de acarreo CAT 789C con sobrecarga en una mina de carbón a cielo abierto. Peabody Energy, Inc., CC BY-SA 4.0, vía Wikimedia Commons.

En la minería, las excavadoras se utilizan para:

1. Remoción de Material de Cubierta (Overburden): Las excavadoras se emplean para remover el material de cubierta, que son las capas de suelo, roca y otros materiales que cubren el depósito mineral. Al excavar y eliminar el material de cubierta, las excavadoras exponen el depósito mineral para su extracción.

2. Extracción de Carbón: En la minería del carbón, las excavadoras se utilizan para extraer las vetas de carbón de la tierra. Las excavadoras excavan en la veta de carbón, aflojan el material y lo cargan en camiones o cintas transportadoras para su transporte a las instalaciones de procesamiento.

3. Limpieza de Taludes: Las excavadoras se utilizan para limpiar taludes, que son pendientes o muros inclinados creados durante las operaciones mineras. Remueven material suelto, escombros y otras obstrucciones de los taludes para mantener la estabilidad y seguridad.

4. Construcción de Rampas: Las excavadoras se emplean para construir rampas o caminos de acceso dentro del sitio minero. Estas rampas proporcionan acceso a diferentes áreas de la mina y facilitan el movimiento de equipos, vehículos y personal por todo el sitio.

5. Preparación del Frente de Excavación: Las excavadoras preparan el frente de excavación, que es la superficie expuesta del depósito mineral donde se realizan actividades de excavación o minería. Crean una superficie de trabajo adecuada nivelando, dando forma o excavando el área según sea necesario.

6. Carga de Camiones: Las excavadoras son responsables de cargar

camiones con material excavado, ya sea material de cubierta, carbón u otros minerales. Utilizan su cucharón para recoger el material del frente de excavación y depositarlo en camiones para su transporte a los sitios de procesamiento o desecho.

7. Movilidad y Versatilidad: Las excavadoras ofrecen alta movilidad y versatilidad en las operaciones mineras. Su capacidad para girar 360 grados y maniobrar en espacios reducidos las hace adecuadas para diversas tareas en el sitio minero.

Las excavadoras son equipos indispensables en las operaciones mineras debido a su eficiencia, versatilidad y capacidad para realizar una amplia gama de tareas involucradas en la excavación, manejo de materiales y preparación del sitio.

Las excavadoras son ampliamente utilizadas en la construcción civil, incluyendo la construcción de carreteras, debido a su versatilidad y eficiencia. A continuación, se detallan varias formas en las que las excavadoras son comúnmente empleadas en proyectos de construcción civil:

1. Excavación: Las excavadoras se emplean principalmente para cavar y excavar tierra, suelo, roca y otros materiales para preparar el sitio de construcción. Pueden crear zanjas, cimientos, sistemas de drenaje y zanjas para servicios públicos necesarios para diversos proyectos de infraestructura, incluidas las carreteras.

2. Zanjeo: Las excavadoras se utilizan para cavar zanjas para la instalación de servicios públicos subterráneos como tuberías de agua, líneas de alcantarillado, conductos eléctricos y cables de telecomunicaciones. Pueden excavar zanjas estrechas con especificaciones precisas de profundidad y ancho requeridas para las instalaciones de servicios públicos.

3. Construcción de Carreteras: Las excavadoras desempeñan un papel crucial en los proyectos de construcción de carreteras al realizar diversas tareas, incluyendo:

a. Limpieza y Desbroce: Las excavadoras se utilizan para limpiar vegetación, árboles, escombros y obstáculos del sitio de construcción antes de que comience la construcción de la carretera. Ayudan a preparar el sitio removiendo la vegetación y creando un camino claro para la alineación de la carretera.

b. Movimientos de Tierra y Nivelación: Las excavadoras se utilizan para cortar y rellenar movimientos de tierra para lograr el perfil de carretera deseado, el nivel y la pendiente. Excavan suelo de áreas altas (cortes) y lo depositan en áreas bajas (rellenos) para crear una plataforma de carretera nivelada. Las excavadoras equipadas con accesorios de nivelación pueden dar forma y nivelar la superficie de la carretera con precisión para cumplir con las especificaciones de diseño.

c. Instalación de Alcantarillas y Drenaje: Las excavadoras participan en la instalación de alcantarillas, sistemas de drenaje pluvial y otras estructuras de drenaje necesarias para la construcción de carreteras. Excavan zanjas para instalar alcantarillas, tuberías y canales de drenaje para gestionar la escorrentía de aguas superficiales y prevenir la erosión.

d. Construcción de Terraplenes: Las excavadoras se utilizan para construir terraplenes y hombros de carretera compactando material de relleno y dando forma al terreno para soportar la infraestructura de la carretera. Distribuyen y compactan tierra, grava o agregados para construir terraplenes estables junto a las carreteras.

e. Instalación de Servicios Públicos: Las excavadoras ayudan en la instalación de servicios públicos subterráneos como tuberías de drenaje, alcantarillas, registros y conductos de servicios públicos a lo largo de las carreteras. Excavan zanjas para colocar líneas de servicios públicos y rellenan las zanjas una vez que se completa la instalación.

1. Demolición: Las excavadoras equipadas con martillos hidráulicos o accesorios de demolición se utilizan para demoler estructuras existentes, pavimentos y obstáculos que obstruyen
   la construcción de carreteras. Pueden romper eficientemente
   concreto, asfalto y otros materiales, permitiendo la remoción y
   disposición de escombros.

Figura 58: Excavadora dedicada a la construcción de carreteras. PT Kiw, CC BY-SA 3.0, vía Wikimedia Commons.

Una excavadora es una pieza compleja de maquinaria pesada diseñada para tareas de excavación, movimiento de tierras y construcción.
Sus componentes trabajan juntos para realizar diversas funciones de
manera eficiente. Aquí están los componentes principales de una excavadora:

1. **Estructura Superior**: La estructura superior de una excavadora
   alberga la cabina del operador, el motor, el sistema hidráulico y
   el mecanismo de giro. Está montada sobre el tren de rodaje y
   puede girar 360 grados.

2. **Cabina del Operador**: La cabina es donde el operador controla las funciones de la excavadora. Típicamente contiene un asiento, controles para operar la máquina, instrumentación y características de seguridad como cinturones de seguridad y protección contra vuelcos.

3. **Motor**: El motor proporciona potencia al sistema hidráulico de la excavadora y otros componentes. Generalmente se encuentra dentro de la estructura superior y puede ser alimentado por combustible diésel u otras fuentes.

4. **Sistema Hidráulico**: El sistema hidráulico de una excavadora es responsable de alimentar los diversos cilindros y actuadores hidráulicos que controlan el movimiento del brazo, el cazo y otros accesorios. Consiste en bombas hidráulicas, válvulas, mangueras y cilindros.

5. **Brazo**: El brazo es el gran brazo telescópico que se extiende desde la parte frontal de la estructura superior de la excavadora. Proporciona alcance y elevación para el accesorio montado en su extremo.

6. **Biela (o Dipper)**: La biela, también conocida como el dipper o el stick, está unida al extremo del brazo y proporciona alcance y flexibilidad adicionales para excavar y alcanzar objetos. Puede extenderse o retraerse utilizando cilindros hidráulicos.

7. **Cazo**: El cazo es el accesorio montado al final de la biela y se utiliza para excavar, cargar y levantar materiales. Los cazos vienen en varios tamaños y configuraciones, incluidos cazos de excavación, cazos de zanjeo y accesorios especializados para tareas específicas.

8. **Tren de Rodaje:** El tren de rodaje es la base de la excavadora

e incluye las orugas (en una excavadora de orugas) o ruedas (en una excavadora de ruedas), los marcos de las orugas o ruedas, los motores de tracción y los rodillos. Proporciona estabilidad, tracción y movilidad para la excavadora.

9. **Contrapeso**: El contrapeso está ubicado en la parte trasera de la estructura superior de la excavadora y proporciona estabilidad y equilibrio al contrarrestar el peso de los componentes montados en la parte delantera, como el brazo y la biela.

10. **Accesorios**: Las excavadoras pueden estar equipadas con una variedad de accesorios además del cazo de excavación están-dar. Estos pueden incluir martillos hidráulicos, garras, barrenas, compactadoras, pinzas y cizallas, que mejoran la versatilidad de la excavadora para diferentes aplicaciones.

Estos componentes trabajan juntos de manera fluida para realizar una amplia gama de tareas de excavación y construcción de manera eficiente y segura.

Figura 59: Componentes de la excavadora. Imagen trasera - Kahvilok-ki, CC BY-SA 4.0, vía Wikimedia Commons.

Los componentes de una excavadora abarcan diversos elementos de gran tamaño. Entre ellos se encuentran el brazo, el cazo y las orugas. Además, numerosos componentes del motor y del sistema hidráulico contribuyen al ensamblaje de la excavadora. Dadas las exigentes tareas que realiza una excavadora, sus piezas tienden a ser sustanciales y pesadas. Construidas con acero de gran espesor, estas partes a menudo requieren el uso de un pequeño tractor para su movimiento dentro del taller.

Aunque algunos componentes de las orugas de una excavadora pueden parecerse a los de un bulldozer, las partes y orugas de una excavadora tienen funciones distintas. A diferencia de las orugas de un bulldozer diseñadas para la tracción hacia adelante, las orugas de una excavadora están destinadas principalmente a posicionarla en el sitio de trabajo. No están diseñadas para propulsar la excavadora a través de terrenos difíciles como barro o nieve, sino para distribuir el peso de la máquina sobre un área mayor que lo que permitirían los neumáticos.

El cazo, o pala, fijado a una excavadora está fabricado con acero excepcionalmente robusto, lo que le permite romper grandes rocas y suelos duros. En algunos casos, las excavadoras se utilizan para fracturar grandes áreas de concreto o pavimentos. A medida que el operador maneja el cazo a través de materiales duros, sus dientes resistentes, soldados al cazo, mastican eficazmente el material, facilitando su fragmentación.

A pesar de la formidable resistencia del cazo, la capacidad de una excavadora para fracturar materiales duros se atribuye en gran medida a su potente sistema hidráulico. Un motor robusto alimenta una bomba hidráulica, dotando a las partes de la excavadora de una considerable fuerza. Los cilindros hidráulicos en el brazo funcionan de manera similar a los músculos del brazo humano; cuando se contraen, manipulan el cazo y el brazo, al igual que los músculos manipulan un brazo y una mano. Los operadores regulan estos movimientos mediante la manipulación de palancas dentro de la cabina.

El sistema hidráulico también impulsa las orugas y el tren de rodaje de la excavadora. El mismo motor que impulsa las bombas hidráulicas para el brazo y el cazo también alimenta una bomba hidráulica separada que controla el sistema de tracción de las orugas. Los pedales situados en la cabina propulsan la máquina hacia adelante y hacia atrás, mientras que girar implica frenar una oruga mientras se impulsa la otra, haciendo que la excavadora pivote alrededor de la oruga con el freno aplicado.

La sección superior de la excavadora, conocida como la casa, puede pivotar un total de 360 grados, facilitada por su unión al tren de rodaje mediante un perno central. Este movimiento de pivote permite a la excavadora acceder a un amplio espacio de trabajo sin necesidad de reubicarse.

Las excavadoras hidráulicas modernas están disponibles en varios tamaños, desde mini excavadoras compactas hasta modelos colosales. Las mini excavadoras, por ejemplo, son más pequeñas y maniobrables, lo que las hace adecuadas para espacios confinados y tareas de menor envergadura, mientras que las excavadoras más grandes destacan en operaciones de gran intensidad. Los motores en las excavadoras hidráulicas impulsan principalmente las bombas hidráulicas, proporcionando aceite a alta presión para diversas funciones, incluyendo el movimiento del brazo, la operación del motor de giro y el control de accesorios.

Figura 60: Excavadora Dragline Liebherr HS 835. François GOGLINS, CC BY-SA 4.0, vía Wikimedia Commons.

Las excavadoras vienen en varios tipos, cada uno diseñado para aplicaciones y entornos específicos. A continuación, se presentan los diferentes tipos de excavadoras comúnmente utilizadas en proyectos de construcción y movimiento de tierras:

1. **Excavadora de Orugas**:

   ○ También conocidas como excavadoras de cadenas, las excavadoras de orugas están equipadas con orugas en lugar de ruedas, proporcionando excelente estabilidad y tracción en terrenos irregulares y suelo blando.

   ○ Son ideales para tareas de excavación y movimiento de tierras de alta intensidad, como excavación, zanjeo, demolición y minería.

- Las excavadoras de orugas son conocidas por su robustez, durabilidad y capacidad para operar en condiciones desafiantes.

2. Excavadora de Ruedas:

- Las excavadoras de ruedas cuentan con ruedas en lugar de orugas, ofreciendo mayor movilidad y velocidad en superficies pavimentadas y entornos urbanos.

- Se utilizan comúnmente en la construcción de carreteras, trabajos de servicios públicos, desarrollo urbano y proyectos de jardinería donde se requiere movimiento frecuente entre sitios de trabajo.

- Las excavadoras de ruedas son más maniobrables que las excavadoras de orugas y pueden viajar a velocidades más altas en carreteras.

3. Mini Excavadora:

- Las mini excavadoras, también conocidas como excavadoras compactas o mini retroexcavadoras, son excavadoras de tamaño pequeño diseñadas para espacios reducidos y tareas ligeras.

- Son altamente versátiles y pueden usarse para tareas como cavar zanjas, jardinería, demolición en áreas confinadas y trabajos de servicios públicos.

- Las mini excavadoras están típicamente equipadas con orugas para mayor estabilidad y pueden ser fácilmente transportadas en remolques.

4. Excavadora de Largo Alcance:

- Las excavadoras de largo alcance cuentan con una configuración extendida de brazo y pluma, lo que les permite alcanzar mayores profundidades y alturas en comparación con las excavadoras estándar.

- Se utilizan para tareas que requieren un alcance extendido, como dragado, excavación profunda, estabilización de taludes y manejo de materiales en cuerpos de agua.

- Las excavadoras de largo alcance son comúnmente usadas en construcción marina, construcción de puentes y proyectos de remediación ambiental.

5. **Excavadora Dragline**:

- Las excavadoras dragline son excavadoras grandes y especializadas, utilizadas principalmente en minería, explotación de canteras y proyectos de ingeniería civil.

- Cuentan con una pluma larga y un cazo suspendido de un sistema de cables, lo que les permite excavar materiales de pozos y canteras profundas.

- Las excavadoras dragline son altamente eficientes para excavaciones a gran escala, remoción de material de cobertura y manejo de materiales a largas distancias.

6. **Retroexcavadora**:

- Las retroexcavadoras combinan las capacidades de una cargadora y una excavadora en una sola máquina, contando con un cazo cargador en la parte frontal y un accesorio de retroexcavadora en la parte trasera.

- Son máquinas versátiles utilizadas para cavar, cargar, rellenar, zanjar y manejar materiales en diversas aplicaciones de construcción, jardinería y servicios públicos.

○ Las retroexcavadoras son comúnmente utilizadas en la construcción de carreteras, trabajos de servicios públicos, excavaciones y proyectos de jardinería debido a su tamaño compacto y versatilidad.

Cada tipo de excavadora tiene sus ventajas y se elige en función de los requisitos específicos del proyecto, incluidas las condiciones del sitio, la accesibilidad y el tipo de tareas a realizar.

Figura 61: Excavadora de ruedas Doosan DX160W. Kahvilokki, CC0, vía Wikimedia Commons.

Tamaño de la Excavadora: Si tu excavadora carece de tamaño, potencia o capacidad de levantamiento y excavación suficientes, no cumplirá con tus necesidades. Sin embargo, hay otros factores cruciales a considerar además del tamaño y la capacidad, incluyendo:

• El tipo específico de trabajo requerido

• Accesorios necesarios

- Maniobrabilidad y acceso al sitio

- Alcance del brazo

- Demandas de mantenimiento

Aunque esta lista no es exhaustiva, destaca el rango de consideraciones al seleccionar la excavadora adecuada para tu tarea. Si no estás seguro de tus necesidades, consulta a los profesionales de Solution Plant Hire. Ofrecemos excavadoras para cada aplicación, y nuestros expertos siempre están disponibles para asistirte en encontrar la combinación perfecta.

Excavadoras Skid Steer: Aunque no son las más grandes, las excavadoras skid steer se ven comúnmente en sitios de construcción en toda Australia. Son más pequeñas que las excavadoras estándar y cuentan con un brazo y un cazo posicionados lejos del operador. Operan sobre ruedas en lugar de orugas, lo que les da excelente maniobrabilidad en espacios confinados, pero son menos adecuadas para terrenos fangosos, arenosos o irregulares. Se utilizan típicamente para despeje de sitios, remoción de escombros y paisajismo residencial.

Mini Excavadoras: Más grandes que las skid steers pero más pequeñas que las excavadoras estándar, las mini excavadoras son prevalentes en los sitios de construcción australianos. Operan sobre orugas, ofreciendo versatilidad en diversos terrenos que las skid steers no pueden manejar. Si bien su sistema de orugas reduce algo la maniobrabilidad, su reducido giro de cola las hace adecuadas para sitios más pequeños con acceso limitado. A pesar de tener menos capacidad, su diseño liviano las hace eficientes en combustible y fáciles de transportar a largas distancias.

Excavadoras Estándar: Las excavadoras que pesan más de 5.5 toneladas se clasifican como estándar, y van desde 8 a 30 toneladas. Dentro de esta categoría, hay varios tipos disponibles, como las excavadoras de brazo articulado y de largo alcance. Las excavadoras estándar ofrecen mayor versatilidad, permitiendo el uso de múltiples accesorios como barrenos, conductores de postes, cazos y rompedoras de roca. Con varios tamaños para elegir, proporcionan la combinación perfecta de precisión y potencia para manejar diversas tareas.

Excavadoras Grandes: Las excavadoras grandes, que pueden llegar hasta 80 toneladas, se emplean para tareas de gran intensidad, aunque con menor precisión y maniobrabilidad debido a su tamaño y potencia. Se utilizan típicamente en minería o proyectos que requieren el movimiento sustancial de materiales, y necesitan remolques especiales para su transporte, lo que resulta en costos operativos más altos en comparación con excavadoras más pequeñas.

Excavadoras Especializadas: Las excavadoras especializadas sirven para propósitos específicos e incluyen:

- Excavadoras de largo alcance: Con un brazo y pluma extendidos para proyectos con acceso difícil.

- Palas hidráulicas: Potentes pero con menor precisión, adecuadas para levantar materiales extremadamente pesados.

- Excavadoras araña: Operan sobre patas para terrenos donde las opciones tradicionales son impracticables.

- Excavadoras de brazo articulado: Equipadas con una articulación adicional en el brazo para alcanzar áreas difíciles.

Figura 62: Excavadora de largo alcance - Excavadora de orugas Caterpillar 330C L con brazo largo. m.prinke, CC BY-SA 2.0, vía Wikimedia Commons.

Los accesorios para excavadoras se utilizan para mejorar el rendimiento y la eficiencia del trabajo, adaptados a la tarea específica que se esté realizando.

- **Cazo**: El cazo es el accesorio más común para excavadoras. Diversos tipos de cazos sirven para diferentes propósitos: un cazo estrecho se emplea típicamente para excavar, mientras que los más anchos o lisos son más adecuados para recoger o transportar materiales.

- **Pulgar**: Este accesorio aumenta la capacidad del cazo y mejora el agarre al manipular objetos más grandes, mejorando las capacidades de excavación.

- **Barrenas**: Utilizadas principalmente en jardinería y construcción, las barrenas cuentan con cuchillas espirales hidráulicas para excavar hoyos de manera rápida y conveniente.

- **Martillo hidráulico**: También conocido como rompedor, los accesorios de martillo hidráulico se utilizan para demoler estructuras, pavimentos u otras superficies sólidas, acelerando el proceso de demolición.

Figura 63: Excavadora ecológica Hitachi con accesorio de martillo hidráulico. Daderot, CC0, vía Wikimedia Commons.

- **Cizallas**: Ideales para demoler edificios, estructuras de acero y aplicaciones de chatarra/reciclaje, las cizallas sobresalen en el corte de vigas de metal, láminas y cables.

- **Acoplador rápido hidráulico**: Mejorando la eficiencia, los acopladores rápidos hidráulicos facilitan cambios rápidos de accesorios sin requerir asistencia manual, aumentando la versatilidad operativa.

- **Ripper**: Similar a los martillos hidráulicos, los rippers aceleran la demolición de estructuras desgarrando materiales robustos, incluso en condiciones desafiantes o superficies congeladas.

- **Rotador basculante**: Inicialmente popular en los países nórdicos, los rotadores basculantes están ganando tracción a nivel mundial. Actuando como una conexión entre el brazo y el accesorio, permiten una rotación de 360 grados y una inclinación de ±45 grados, junto con una función de garra, permitiendo a las excavadoras realizar una amplia gama de tareas en diversas condiciones.

Las operaciones de excavadora presentan varios peligros que pueden representar riesgos tanto para los operadores como para otros trabajadores en el sitio. Algunos de los principales peligros asociados con las operaciones de excavadora incluyen:

1. **Colapso y Volcamiento**: Las excavadoras pueden volcar debido a terreno irregular, condiciones de suelo inestables o operación inadecuada. El volcamiento puede resultar en lesiones graves o fatales para el operador y los trabajadores cercanos.

2. **Accidentes por Golpes**: Los trabajadores pueden ser golpeados por partes móviles de la excavadora, como el cazo o el brazo, lo que puede causar lesiones o la muerte. Además, objetos o escombros expulsados del cazo pueden golpear a los trabajadores cercanos.

3. **Atrapamientos**: Los trabajadores pueden quedar atrapados entre la excavadora y otros objetos, como paredes, zanjas u otro equipo, lo que puede llevar a lesiones por aplastamiento o la muerte.

4. **Caídas desde Altura**: Trabajar en alturas sobre la excavadora,

como subir a la máquina o acceder a la cabina, puede provocar caídas que resulten en lesiones.

5. **Peligros Eléctricos**: Las excavadoras pueden entrar en contacto con líneas eléctricas aéreas, lo que representa riesgos de electrocución para los operadores y los trabajadores cercanos.

6. **Puntos de Pellizco y Peligros de Aplastamiento**: Las partes móviles de la excavadora, como los cilindros hidráulicos y las orugas, pueden crear puntos de pellizco donde las extremidades o partes del cuerpo de los trabajadores pueden quedar atrapadas, causando lesiones por aplastamiento.

7. **Problemas de Visibilidad**: La visibilidad limitada desde el asiento del operador puede resultar en puntos ciegos, aumentando el riesgo de golpear a trabajadores cercanos, objetos o estructuras.

8. **Materiales Peligrosos**: Excavar en áreas con tuberías enterradas, servicios públicos o materiales peligrosos puede representar riesgos de golpear o romper estas líneas, lo que puede llevar a fugas de gas, derrames químicos u otros incidentes peligrosos.

9. **Ruido y Vibración**: La exposición prolongada al ruido y la vibración de la excavadora puede llevar a pérdida de audición, trastornos musculoesqueléticos y otros problemas de salud para los operadores y trabajadores cercanos.

10. **Capacitación y Supervisión Inadecuadas**: Los operadores que no están debidamente capacitados o supervisados pueden carecer de las habilidades y conocimientos necesarios para operar la excavadora de manera segura, aumentando la probabilidad de accidentes y lesiones.

Es esencial que los empleadores identifiquen y evalúen estos peligros, implementen medidas de control adecuadas, proporcionen capacitación adecuada a los operadores y trabajadores, y aseguren el cumplimiento de las regulaciones y normas de seguridad para mitigar los riesgos asociados con las operaciones de excavadora. Las inspecciones regulares, el mantenimiento y las evaluaciones de riesgos también son críticas para mantener un entorno de trabajo seguro durante las operaciones de excavadora.

Planificación del Trabajo de Excavación

Antes de comenzar el trabajo de excavación, es esencial una planificación exhaustiva para garantizar la seguridad. Esto implica identificar peligros, evaluar riesgos y diseñar medidas de control adecuadas en colaboración con todas las partes interesadas pertinentes, incluyendo el contratista principal, el contratista de excavación, los diseñadores y los operadores de maquinaria móvil. También puede ser necesario involucrar a ingenieros estructurales o geotécnicos en esta fase de planificación.

La consulta debe abarcar discusiones sobre diversos aspectos, incluyendo:

- La naturaleza y condición del suelo y el entorno de trabajo

- Condiciones climáticas

- El alcance del trabajo y los posibles impactos en la salud y la seguridad

- Cargas estáticas y dinámicas cerca del sitio de excavación

- Coordinación con otros oficios

- Accesibilidad al sitio

- Declaraciones de Métodos de Trabajo Específicos del Sitio (SWMS)

- Gestión del tráfico vehicular y la vibración del suelo en las cercanías

- Selección del equipo de excavación

- Consideraciones de seguridad pública

- Identificación y ubicación de servicios existentes

- Duración de las operaciones de excavación

- Provisión de instalaciones adecuadas

- Procedimientos de respuesta ante emergencias

Entender la secuencia de actividades de trabajo es crucial en la construcción civil. Por ejemplo, en los movimientos de tierras, el proceso típicamente involucra marcar el área de trabajo, seguido de la remoción de vegetación (limpieza y desmonte), remoción de la capa superior del suelo y creación de contornos, drenajes o procediendo al siguiente paso en el proceso de construcción. La construcción de carreteras se basa en estos pasos formando líneas de drenaje o contornos, ejecutando operaciones de corte y relleno para lograr el nivel requerido, realizando actividades de compactación y aplicando capas de pavimento. Del mismo modo, los proyectos de drenaje abarcan los pasos de los movimientos de tierras, pero adicionalmente involucran la formación de líneas de drenaje, la construcción del marco para sostener el sistema de drenaje, la colocación de tuberías, drenajes de caja o alcantarillas, el relleno y la jardinería adecuada.

Es importante destacar que todas las tareas de construcción civil deben cumplir con los requisitos de calidad del proyecto, delineando expectativas y estándares específicos. El cumplimiento de estos requisitos depende de seguir precisamente los planes y especificaciones de calidad del proyecto. Cualquier dificultad encontrada para cumplir con estos requisitos debe ser comunicada de inmediato a su supervisor o al oficial de calidad del sitio para su resolución.

Los datos de topografía proporcionan información específica del sitio crucial para las tareas de construcción. Las marcas topográficas definen las áreas de trabajo o indican zonas de exclusión. Los datos topográficos incluyen niveles de corte y relleno, espesores de capas y niveles terminados, incluidos los caídos transversales para el drenaje del agua. Varios controles de topografía para excavadoras, como clavijas de cresta de excavación, clavijas de pie de excavación, clavijas RL, clavijas de borde de carbón, clavijas de caída y clavijas de línea clara, ayudan en la excavación precisa.

Los datos de tecnología del suelo se refieren a las características del material y sus condiciones en el sitio, como arcilla, capa superior del suelo, gravas, etc., incluyendo su humedad, sequedad o adherencia. Estos datos ayudan a determinar el mejor enfoque para manejar los materiales para obtener resultados óptimos.

Por último, la seguridad es primordial en el trabajo de excavación debido a los riesgos inherentes. Es esencial estar al tanto de los protocolos de seguridad para prevenir lesiones y muertes. Cada año, las personas que trabajan en excavaciones enfrentan riesgos, lo que enfatiza la necesidad de un conocimiento exhaustivo y la adherencia a las medidas de seguridad para garantizar la seguridad y el bienestar personal.

A pesar de las apariencias, es importante reconocer que los suelos varían significativamente, algo que probablemente ya sepas. Los suelos están compuestos por una mezcla de arcilla, arena y roca, con diferentes combinaciones que producen suelos con características distintas. Aquí hay una guía básica para ayudarte a identificar el tipo de suelo que puedes encontrar:

Arcilla:

- Arcilla muy blanda: Se penetra fácilmente 40 mm con el puño.

- Arcilla blanda: Se penetra fácilmente 40 mm con el pulgar.

- Arcilla firme: Se necesita un esfuerzo moderado para penetrar 30 mm con el pulgar.

- Arcilla dura: Se indentan fácilmente con el pulgar pero se penetran solo con gran esfuerzo.

- Arcilla muy dura: Se indentan fácilmente con la uña del pulgar.

- Arcilla compacta: Se indenta con dificultad con la uña del pulgar.

Arena:
- Arena suelta limpia: Deja una huella de más de 10 mm de profundidad.

- Arena limpia de densidad media: Deja una huella de 3 mm a 10 mm de profundidad.

- Arena densa o grava limpia: Deja una huella de menos de 3 mm de profundidad.

Roca:
- Roca rota o descompuesta: Excavable. El golpe de martillo "sorda". Las juntas (fracturas en la roca) están espaciadas a menos de 300 mm.

- Roca sólida: No excavable con pico. El golpe de martillo "resuena". Las juntas (fracturas en la roca) están espaciadas a más de 300 mm.

Un montón de tierra excavada, también conocido como "escombro", naturalmente asume una pendiente particular dependiendo del tipo de suelo, lo que se conoce como el "ángulo de reposo". Los ángulos aproximados para varios tipos de suelo son los siguientes:

- **Suelos granulares**: roca triturada, grava, arena no angular, arena mal graduada, marga arenosa

  - Relación de pendiente (Ancho a Altura): 1.5:1

  - Ángulo de pendiente: 34 grados

- **Suelos cohesivos débiles**: arena angular bien graduada, limo, marga limosa, marga arenosa

  - Relación de pendiente (Ancho a Altura): 1:1

  - Ángulo de pendiente: 45 grados

- **Suelos cohesivos**: arcilla, arcilla limosa, arcilla arenosa

  - Relación de pendiente (Ancho a Altura): 0.75:1

  - Ángulo de pendiente: 53 grados

El ángulo de reposo sirve como un indicador útil para estimar el ángulo de los planos de corte dentro del perfil del suelo. Los planos de corte representan líneas potenciales de fractura a través de las cuales el suelo no excavado que forma las paredes de la excavación puede colapsar. Es crucial minimizar la presión sobre esta área vulnerable, y el ángulo de reposo ayuda a estimar la distancia que el equipo y los materiales deben estar del borde de la excavación para mitigar el riesgo de colapso de las paredes.

El ángulo de reposo, también conocido como el ángulo crítico de reposo, denota el ángulo más empinado al cual un material granular puede apilarse sobre una superficie horizontal sin colapsar. En este ángulo específico, el material en la cara de la pendiente está a punto de deslizarse. El ángulo de reposo varía de 0° a 90° y está influenciado por la morfología del material; los granos de arena más suaves y redondeados permiten una apilación más baja en comparación con las arenas rugosas e interconectadas. Además, la adición de solventes puede alterar el ángulo de reposo. Cuando se vierten sobre una superficie plana, los materiales granulares a granel forman un montón cónico, con el ángulo interno entre la superficie del montón y la superficie horizontal representando el ángulo de reposo. Este ángulo depende de factores como la densidad de las partículas, el área de la superficie, la forma y el coeficiente de fricción del material. Los materiales con un ángulo de reposo más bajo producen montones más planos en comparación con aquellos con un ángulo de reposo más alto.

Por ejemplo, en suelo marga arenosa con un ángulo de reposo de 1:1, el equipo y los materiales deben colocarse a una distancia igual a la profundidad de la excavación del borde. En una excavación de 2 metros de profundidad en suelo marga arenosa, el equipo y los materiales deben mantenerse al menos a 2 metros del borde de la excavación. Para suelos rocosos, con una relación de 1.5:1, la distancia segura es de 3 metros, mientras que para suelos arcillosos es de 1.5 metros.

Es importante tener en cuenta que este ángulo puede disminuir si el suelo se moja, particularmente si se satura. Por lo tanto, es aconsejable pecar de cautelosos y mantener distancias seguras, especialmente en condiciones climáticas adversas.

Sistemas de soporte del suelo se refieren a las medidas de seguridad implementadas para mitigar el riesgo de colapso del suelo en sitios de excavación. Normalmente se aplican en excavaciones de más de 1.5 metros (5 pies) de profundidad y en profundidades menores donde las condiciones del suelo son inestables, como suelo suelto o mojado, o en áreas con antecedentes de excavaciones previas, estos sistemas tienen como objetivo garantizar la estabilidad de las paredes de la excavación. Existen tres métodos comúnmente aceptados para prevenir el colapso de excavaciones:

1. **Biselado**: Esta técnica implica inclinar los lados de la excavación hasta el ángulo de reposo, reduciendo así la probabilidad de colapso del suelo en la excavación.

2. **Escalonado**: Consiste en cortar las paredes laterales de la excavación en escalones sin que ninguna cara vertical exceda un metro (3 pies) de altura, ajustándose al ángulo de reposo.

3. **Entibado**: Este método implica la inserción de dispositivos mecánicos en la excavación para reforzar las paredes laterales y prevenir el colapso. Existen diferentes tipos de entibado según las circunstancias específicas, y es crucial buscar asesoramiento experto para garantizar que se seleccione e instale correctamente el tipo adecuado.

Las inspecciones regulares de los sitios de excavación son esenciales para monitorear los cambios en las condiciones del suelo y evaluar su impacto en la estabilidad de las paredes. Algunas señales de advertencia que indican un posible colapso incluyen grietas de tensión, deslizamiento del suelo hacia la excavación, volcado de bloques de suelo, hundimiento, abultamiento de las paredes laterales, levantamiento o compresión del fondo de la excavación y la presencia de acumulación de agua en la excavación. Si se observa alguna de estas señales, se debe cesar el trabajo de inmediato y buscar asesoramiento experto para determinar las medidas correctivas adecuadas.

Es importante reconocer que las condiciones del suelo pueden variar dentro de un área y cambiar con el tiempo, lo que enfatiza la necesidad de vigilancia continua y medidas de precaución. Además, no todos los servicios enterrados pueden estar marcados con precisión, lo que requiere verificaciones exhaustivas antes de comenzar la excavación. Al mantenerse vigilantes y tomar las precauciones necesarias, los trabajadores pueden garantizar su seguridad y prevenir posibles accidentes o incidentes en los sitios de excavación.

Al completar tu programa de inducción y antes de comenzar a trabajar en tu lugar de trabajo designado, es esencial solicitar a tu supervisor que proporcione una orientación detallada del área de trabajo inmediata, enfatizando los protocolos de seguridad locales. Los aspectos clave a cubrir durante esta orientación incluyen:

- Identificación y ubicación de extintores de incendios y mangueras.

- Mecanismos de parada de emergencia para equipos eléctricos, incluidos botones y cordones, así como los de suministro de combustible, como gas y líquidos.

- Familiarización con la política de etiquetas de emergencia.

- Procedimientos de evacuación de emergencia.

- Reconocimiento de señalización especial que indique peligros o protocolos de seguridad.

- Ubicación de la estación de primeros auxilios.

- Comprensión de las regulaciones de tráfico en la cantera.

- Conocimiento de los sistemas de teléfono y comunicación de emergencia.

- Protocolos para el manejo de derrames químicos o de aceite.

- Áreas de estacionamiento designadas para vehículos.

- Pautas para el uso de radios bidireccionales y cumplimiento de los procedimientos de seguridad.

Aunque ya hayas pasado por el programa de inducción, esta orientación específica del lugar de trabajo es crucial para tu área de trabajo inmediata, asegurando que puedas responder de manera efectiva y segura en situaciones de emergencia.

Dependiendo de la escala de las operaciones, las tareas diarias de trabajo pueden comunicarse a través de instrucciones verbales o escritas de tu supervisor. Es imperativo recibir y comprender estas instrucciones claramente. Si algún aspecto no está claro, no dudes en buscar aclaraciones de tu supervisor. Además, puede ser necesario realizar una visita preliminar al sitio de trabajo para inspeccionar el trabajo antes de preparar la cargadora para la operación.

Al preparar la cargadora para el trabajo, es esencial considerar la naturaleza del trabajo y el material a manejar. Parte del proceso de planificación implica implementar los procedimientos de operación segura necesarios en el sitio. Considera los siguientes factores:

- Destino del material a mover y si será manejado exclusivamente con la cargadora.

- Si el material será cargado en un camión de acarreo o almacenado en pila.

- Si el material será excavado directamente del frente o de una pila de almacenamiento.

Las consideraciones de seguridad deben abarcar:

- Cumplimiento de los límites de velocidad en el sitio.

- Prácticas seguras alrededor de cables eléctricos aéreos y servicios subterráneos como líneas de electricidad, agua, gas y teléfono.

- Conciencia de transportadores aéreos y equipos asociados.

- Asegurar operaciones seguras alrededor de otras maquinarias y personal.

- Comprensión de las operaciones de voladuras, si aplicable.

- Cumplimiento de las regulaciones de tráfico del sitio, incluyendo el movimiento de vehículos cargados y camiones de agua.

A continuación, se presentan ejemplos de procedimientos de excavación:

- Priorizar la verificación de servicios subterráneos (electricidad, teléfono, gas, agua, alcantarillado, drenaje y líneas de cable de fibra óptica) antes de comenzar la excavación. Consultar al supervisor del sitio, quien contactará a las autoridades de suministro relevantes para obtener los mapas del consejo del sitio.

- Verificar los estándares estatales/territoriales para las distancias de operación segura respecto a las líneas eléctricas.

- Cortar las zanjas según las especificaciones requeridas y depositar los baldes llenos de material lejos de la zanja.

Al excavar a través de una acera, seguir los siguientes pasos:

- Obtener información y permisos de las autoridades relevantes sobre los servicios bajo la acera.

- Excavar lentamente hacia cualquier servicio subterráneo.

- Proporcionar barricadas y señales apropiadas.

- Retirar cualquier roca grande de la zanja cuando sea necesario.

- Evitar socavar los bancos o las pilas de materiales para prevenir colapsos y posibles peligros.

Ejercer precaución al subir o bajar de una máquina para prevenir lesiones. Seguir estas pautas:

- Limpiar los zapatos y secar las manos antes de subir.

- Utilizar pasamanos, agarraderas, escaleras o escalones para montar.

- Nunca usar los controles como agarraderas.

- Evitar subir a una máquina en movimiento.

- Mantener tres puntos de contacto en todo momento.

- Subir o bajar la escalera de manera segura.

- Familiarizarse con las señales de claxon para el sitio.

Inspecciones previas al inicio: Antes de realizar las inspecciones visuales y previas al inicio, colocar una etiqueta en el interruptor principal de la máquina. Realizar una inspección previa al inicio de cada cambio de turno o después de reparaciones o trabajos de mantenimiento para verificar daños o desgaste de componentes. Las inspecciones previas al inicio son críticas para garantizar que la máquina esté en buenas condiciones y lista para su operación.

Inspección visual: Una inspección visual debe completarse antes de ingresar y operar el equipo:

- Después de cualquier ausencia de la cabina, reabastecimiento de combustible o finalización de reparaciones o mantenimiento.

- Para asegurar que nadie esté dentro, debajo, detrás o alrededor de la máquina antes de subir.

- Para verificar daños en la carrocería del equipo, luces, indicadores y otros componentes.

- Para verificar la adecuación del terreno para la operación.

Revisiones a Nivel del Suelo y de la Plataforma: El operador debe inspeccionar visualmente la máquina en varios componentes antes de la operación. Estas revisiones incluyen el tren de rodaje, los accesorios y la superestructura, entre otros. Asegúrese de que no haya personas en la cabina durante estas inspecciones. Es recomendable usar la lista de verificación previa al inicio de la máquina o del sitio si está disponible.

Revisiones de Fluidos: Antes de la operación, inspeccione los niveles de aceite del motor, combustible, líquido de frenos, aceite hidráulico y batería. Nunca use una llama abierta para estas revisiones; en su lugar, use una linterna para garantizar la seguridad.

Revisiones de la Cabina: Antes de la operación, realice una inspección de la cabina, asegurando la limpieza y funcionalidad de varios componentes como el asiento del operador, el cinturón de seguridad, los espejos y los controles.

Es imperativo informar cualquier daño o defecto a su supervisor y registrarlos en su lista de verificación previa al inicio para mantener un entorno de trabajo seguro.

Las excavadoras están equipadas con varios controles que permiten a los operadores maniobrar la máquina de manera efectiva y realizar tareas con precisión. A continuación, se explica el funcionamiento de los controles comunes que se encuentran en una excavadora:

1. **Palancas de Control Principal**: Estas palancas generalmente se encuentran en la cabina del operador y se utilizan para controlar el movimiento del brazo, el brazo secundario (también conocido como brazo) y el cucharón de la excavadora. Manipulando estas palancas, el operador puede extender, retraer, elevar y bajar cada componente para realizar operaciones de excavación, levantamiento y carga.

2. **Palanca de Control del Brazo**: Esta palanca controla el movimiento vertical del brazo de la excavadora, que es el brazo grande que se extiende desde el cuerpo de la máquina. Tirar de la palanca hacia el operador eleva el brazo, mientras que empujarla lo baja.

3. **Palanca de Control del Brazo Secundario**: Similar a la palanca de control del brazo, la palanca de control del brazo secundario ajusta el ángulo del brazo secundario unido al brazo principal. Mover la palanca hacia el operador retrae el brazo secundario, mientras que empujarla lo extiende.

4. **Palanca de Control del Cucharón**: Esta palanca controla la apertura y cierre del cucharón de la excavadora, que está unido al extremo del brazo secundario. Tirar de la palanca hacia el operador cierra el cucharón, mientras que empujarla lo abre.

5. **Palanca de Control de Giro**: La palanca de control de giro permite al operador rotar la estructura superior de la excavadora, incluyendo el brazo y la cabina, en dirección de las agujas del reloj o en sentido contrario. Este movimiento permite a la excavadora alcanzar diferentes áreas sin reposicionar las orugas.

6. **Pedales de Control de Movimiento**: Las excavadoras están equipadas con pedales que controlan el movimiento de la máquina sobre las orugas. Presionar el pedal izquierdo hace que la excavadora gire a la izquierda, mientras que presionar el pedal derecho hace que gire a la derecha. Presionar ambos pedales simultáneamente mueve la máquina hacia adelante, y soltarlos la mueve hacia atrás.

7. **Control del Acelerador**: El control del acelerador ajusta la velocidad del motor de la excavadora, permitiendo al operador aumentar o disminuir la potencia según sea necesario para diferentes tareas. Mayores velocidades del motor proporcionan más potencia para excavaciones pesadas, mientras que velocidades más bajas conservan combustible y reducen el ruido.

8. **Controles Hidráulicos Auxiliares**: Muchas excavadoras es-

tán equipadas con circuitos hidráulicos auxiliares que permiten operar accesorios como martillos hidráulicos, garras o pulgares. Estos controles generalmente consisten en interruptores o palancas que activan funciones hidráulicas más allá de la excavación y levantamiento básicos.

9. **Monitor y Panel de Control**: Las excavadoras modernas a menudo cuentan con un panel de visualización digital o monitor que proporciona información importante al operador, como las RPM del motor, el nivel de combustible, la presión hidráulica, la temperatura y alertas de diagnóstico. El monitor también puede incluir configuraciones para personalizar el rendimiento y las preferencias de la máquina.

10. **Botón de Parada de Emergencia**: Ubicado al alcance del operador, el botón de parada de emergencia detiene instantáneamente todas las funciones de la máquina en caso de una emergencia o peligro de seguridad.

Estos controles trabajan juntos para dar a los operadores un comando preciso sobre los movimientos y funciones de la excavadora, permitiéndoles realizar una amplia gama de tareas de manera eficiente y segura en los sitios de construcción. La capacitación adecuada y la familiarización con estos controles son esenciales para que los operadores manejen las excavadoras de manera efectiva y minimicen el riesgo de accidentes.

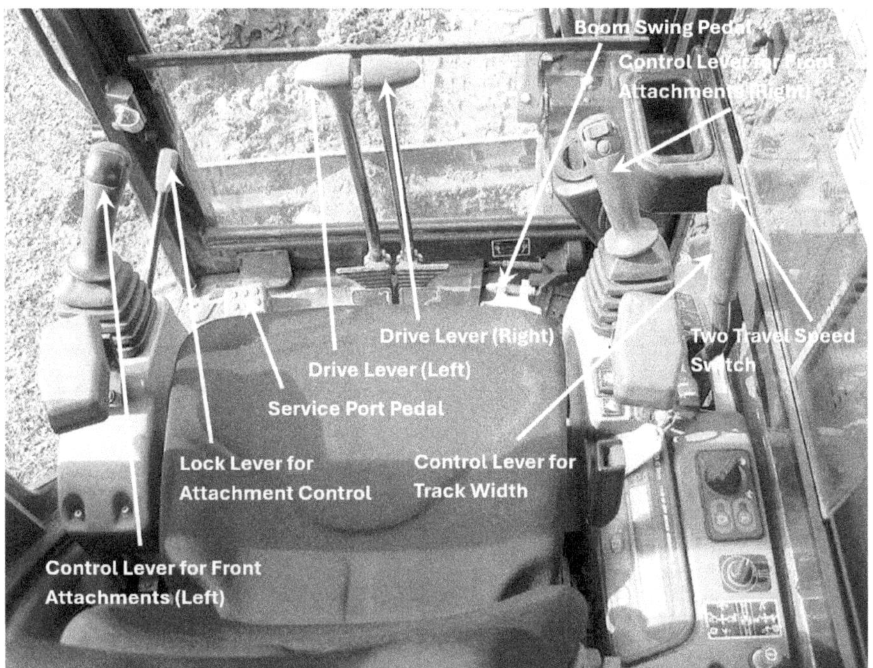

*Figura 64: Controles de muestra de la excavadora. Imagen trasera -
Hans Haase, CC BY-SA 4.0, vía Wikimedia Commons.*

Para operar la excavadora, identifique si está configurada en un patrón de control ISO o SAE, que son las dos configuraciones estándar
para los controles de excavadoras. En el patrón ISO, la mano izquierda
maneja los movimientos de giro y del brazo principal, mientras que
la mano derecha controla los movimientos del brazo secundario y del
cubo.

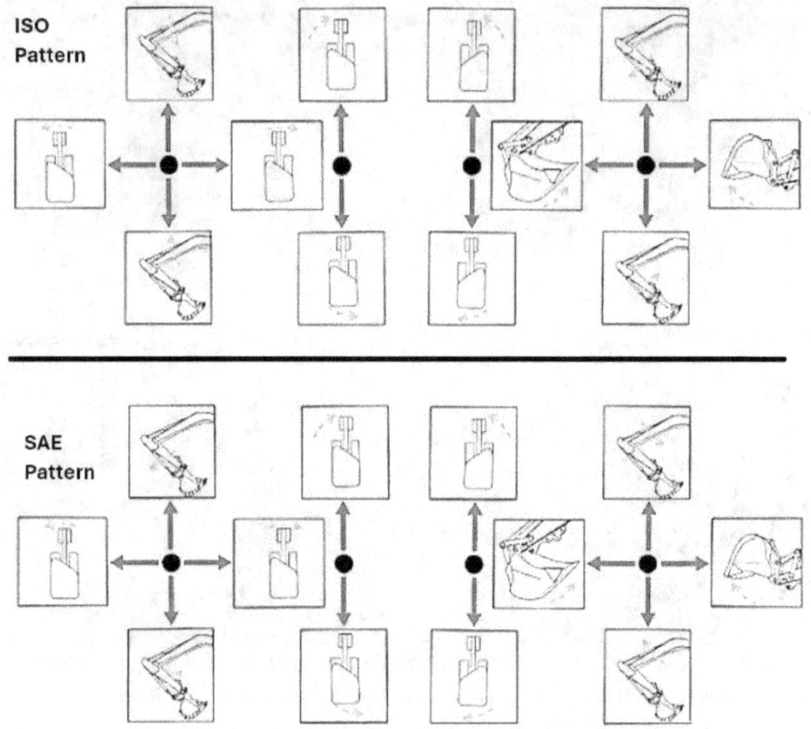

Figura 65: Configuraciones de control ISO y SAE.

Por el contrario, el patrón SAE invierte esta configuración, lo que hace difícil cambiar entre patrones si estás acostumbrado a uno. Muchas excavadoras modernas cuentan con una pantalla en la cabina que indica el patrón de control. Asegúrate de que el patrón coincida con tu preferencia antes de operar la máquina.

- Si es necesario, ajusta la configuración del patrón de control. Algunas excavadoras ofrecen un botón o interruptor dentro de la cabina para este propósito. Verifica la pantalla para encontrar un botón de cambio de patrón de control.

- Alternativamente, en algunas excavadoras, la palanca de patrón de control se encuentra en la parte trasera cerca del motor. Abre la sección trasera y localiza una palanca azul o roja marcada con cada configuración de patrón. Desliza la palanca para cambiar entre patrones.

• Siempre consulta el manual del propietario antes de ajustar el patrón de control para asegurar que sigues el procedimiento correcto.

• Para principiantes, se recomienda comenzar con el patrón ISO ya que es el más comúnmente usado en excavadoras. Entra en la cabina y ajusta la posición del asiento según sea necesario. Los asientos de las excavadoras son ajustables y se pueden mover hacia adelante y hacia atrás usando una palanca ubicada debajo del asiento para acomodar a operadores de diferentes alturas. Verifica la posición del asiento al sentarte, asegurándote de que tus pies alcancen cómodamente los pedales y puedas acceder a todas las manijas. Ajusta el asiento usando la palanca si es necesario y abróchate el cinturón de seguridad para mayor seguridad.

• Si no estás operando la excavadora con la puerta abierta, ciérrala de manera segura. La mayoría de las excavadoras tienen un seguro en la manija de la puerta, así que asegúrate de que esté bloqueada antes de encender la máquina.

• Muchos operadores prefieren operar la máquina con la puerta cerrada para evitar la entrada de escombros, aunque algunos pueden mantenerla abierta para comunicarse con otros trabajadores. Enciende la máquina girando la llave y déjala en ralentí para que se caliente. Dentro de la cabina, localiza la llave y una perilla con varias posiciones cerca del reposabrazos derecho. Asegúrate de que la perilla esté en "I" para Ralentí, luego gira la llave para arrancar el motor.

• Deja la máquina en ralentí durante 5-10 minutos antes de operar para que se caliente adecuadamente.

- En condiciones de clima frío, realiza varios ciclos de control hidráulico antes de comenzar cualquier actividad de excavación.

Para mover el brazo y la cabina:

- Libera los controles levantando la palanca roja ubicada a tu izquierda. Cada excavadora está equipada con una palanca de bloqueo posicionada en el lado izquierdo de la cabina, típicamente de color rojo y unida al reposabrazos. Cuando la palanca está en posición baja, los controles del joystick permanecen bloqueados. Levanta la palanca hacia arriba hasta que haga clic para desbloquear los controles, permitiendo el movimiento del brazo y la cabina. Siempre asegúrate de que los alrededores estén libres de personas u objetos antes de desbloquear los controles. Si alguien se acerca a la cabina o si existe el riesgo de dañar objetos cercanos, baja la palanca hasta que el área esté despejada nuevamente.

- Utiliza el joystick derecho para levantar y bajar el brazo moviéndolo hacia adelante y hacia atrás. El brazo, ubicado más cerca de la cabina, se controla con el joystick derecho en configuración ISO. Localiza este joystick frente al reposabrazos derecho. Empujar el joystick hacia adelante levanta el brazo, mientras que tirarlo hacia atrás lo baja. Ten en cuenta que las instrucciones se proporcionan basadas en la configuración ISO, ya que es la configuración más comúnmente utilizada. Para la configuración SAE, simplemente invierte los controles al lado opuesto.

- Controla la apertura y cierre del cubo moviendo el joystick derecho a la derecha y a la izquierda. Posicionado al final del brazo de excavación, la posición del cubo también se controla con el joystick derecho. Empuja el joystick a la derecha para abrir el cubo y a la izquierda para cerrarlo.

- Maniobra el brazo hacia adelante y hacia atrás presionando el joystick izquierdo en la dirección correspondiente. Ubicado frente al reposabrazos izquierdo, el joystick izquierdo maneja los movimientos del brazo y del giro de la excavadora. El brazo, que es la parte inferior del brazo conectada al boom, se asemeja a una espinilla conectada a una rodilla. Empuja el joystick izquierdo hacia adelante para extender el brazo lejos de la cabina, y tiralo hacia atrás para retraer el brazo más cerca de la cabina. Asegúrate de realizar movimientos suaves al operar el brazo y el boom, ya que son controlados hidráulicamente. Evita soltar los joysticks de repente para evitar que la máquina se balancee rápidamente.

- Rota la cabina moviendo el joystick izquierdo a la izquierda y a la derecha. Finalmente, usa el joystick izquierdo para rotar la cabina usando el control de giro de la excavadora. Empujar el joystick a la izquierda o a la derecha rota la cabina en consecuencia. La cabina puede completar libremente un giro de 360 grados, y mantener el joystick en una dirección continuará la rotación.

Es imperativo establecer políticas y procedimientos adecuados para garantizar la gestión de la seguridad en el sitio. Estos deben integrarse en un sistema de gestión general que aborde y controle eficazmente los riesgos asociados con el trabajo que se está realizando.

Un sistema de seguridad integral debe abarcar procesos para:

- Identificar a las personas con responsabilidades de salud y seguridad ocupacional (OHS).

- Gestionar la salud y seguridad de los contratistas y subcontratistas.

- Desarrollar y gestionar procedimientos de consulta para asuntos de salud y seguridad.

- Identificar peligros y controlar riesgos.

- Determinar la ubicación de servicios subterráneos.

- Establecer reglas de seguridad en el sitio.

- Supervisar las actividades en el sitio y hacer cumplir las reglas de seguridad.

- Proporcionar y mantener las comodidades del sitio.

- Realizar inducciones específicas del sitio para trabajadores, conductores de entrega y visitantes.

- Permitir solo a trabajadores capacitados y competentes trabajar en el sitio.

- Asegurarse de que toda la planta (maquinaria y equipo) sea segura y esté libre de riesgos para la salud antes de su uso.

- Determinar los requisitos para un compuesto de planta móvil y estacionamiento de vehículos.

- Desarrollar planes de gestión de tráfico.

- Identificar y controlar riesgos para el público.

- Desarrollar planes de respuesta a emergencias para situaciones de emergencia previsibles.

Para cada empleador en el sitio, debe haber sistemas efectivos de gestión de la seguridad, incluidos procesos para asegurar:

- Desarrollo de declaraciones de método de trabajo seguro (SWMS) para todos los trabajos de construcción de alto riesgo.

- Establecimiento de procedimientos de trabajo seguro para tareas que representen riesgos para los trabajadores o el público.

- Trabajadores competentes o supervisión directa de los trabajadores.

- Implementación de planes de respuesta a emergencias para emergencias previsibles.

- Monitoreo de la salud y las condiciones de los trabajadores.

Al usar plantas motorizadas, asegúrate de que estén en buenas condiciones mecánicas, seguras para su uso y acompañadas de la documentación de seguridad necesaria.

Controlar los riesgos de los peligros: Pueden surgir varios peligros, incluidos el movimiento de materiales y equipos, caídas, terreno irregular, ruido y condiciones climáticas. Los empleadores deben intentar eliminar estos riesgos tanto como sea posible. Si la eliminación no es factible, los empleadores deben implementar controles exigidos por la ley, sustituir actividades o equipos, aislar a las personas de los peligros y usar controles de ingeniería. Los riesgos restantes deben ser gestionados a través de controles administrativos y equipos de protección personal (EPP).

Planificación para la seguridad: Se deben tomar medidas preventivas para abordar lesiones comunes como el manejo manual, resbalones, tropiezos y caídas. Los factores que contribuyen a estas lesiones, como la planificación deficiente, el acceso inadecuado y la fuerza excesiva, deben mitigarse mediante una planificación adecuada y consideraciones de diseño.

Trabajando cerca del tráfico rodado: Al trabajar cerca del tráfico rodado, se debe desarrollar un SWMS y hacer referencia a los planes de gestión de tráfico (TMP) relevantes para controlar los riesgos relacionados con los vehículos. Los trabajadores deben ser informados sobre las medidas de seguridad descritas en el SWMS y el TMP, incluido el uso de ropa de alta visibilidad, dispositivos de advertencia, controladores de tráfico y procedimientos de emergencia.

Protección del público: Los empleadores tienen la responsabilidad de proteger al público de los riesgos asociados con el trabajo en o cerca de carreteras públicas. Esto implica establecer controles o desvíos peatonales, crear rutas peatonales alternativas alejadas del tráfico rodado, proporcionar barreras apropiadas, mantener señalización clara y asegurar controles adecuados para personas con discapacidad.

Dispositivos electrónicos personales: Los trabajadores deben abstenerse de usar dispositivos electrónicos personales cuando trabajen cerca de plantas móviles o tráfico para evitar distracciones y reducir el riesgo de accidentes. La comunicación entre los trabajadores debe facilitarse a través de medios no verbales (por ejemplo, señalización, señales manuales) y verbales, asegurando que los trabajadores sean conscientes de los riesgos potenciales al usar radios o teléfonos móviles.

Contacto con líneas eléctricas: Se debe proporcionar capacitación a los trabajadores sobre procedimientos de emergencia en caso de contacto accidental con líneas eléctricas aéreas. Si ocurre un contacto, la planta debe retirarse del servicio hasta ser inspeccionada y verificada como segura para su uso.

Servicios subterráneos: Antes de la excavación mecánica o el trabajo de penetración en el suelo, se deben identificar los servicios subterráneos utilizando servicios como Dial Before You Dig. La excavación cerca de activos subterráneos debe abordarse con precaución, utilizando excavación manual o métodos no destructivos para confirmar las ubicaciones de los activos.

Control de riesgos en excavación: Los peligros comunes asociados con el trabajo de excavación incluyen el colapso del suelo, la entrada de agua, caídas y contaminantes enterrados. Los empleadores deben implementar medidas de control como sistemas de soporte del suelo, sistemas de desagüe, rampas de acceso y programas de capacitación para mitigar eficazmente estos riesgos. Además, los materiales deben almacenarse alejados de las excavaciones y una planificación adecuada debe guiar la colocación del material excavado para reducir el riesgo de colapso del suelo.

Puntos ciegos de las excavadoras: Se refieren a áreas alrededor de la excavadora donde la visibilidad del operador es limitada u obstruida, dificultando la visibilidad de personas, objetos o vehículos en esas áreas. Estos puntos ciegos representan un riesgo significativo para la seguridad, ya que pueden provocar accidentes, lesiones o daños a la propiedad si no se gestionan adecuadamente.

Los puntos ciegos en las excavadoras típicamente incluyen áreas:

1. **Detrás de la excavadora:** La parte trasera de la excavadora suele ser un punto ciego significativo para el operador, especialmente cuando la excavadora está en movimiento o girando. Los objetos o personas directamente detrás de la máquina pueden no ser visibles para el operador, aumentando el riesgo de colisiones o incidentes de aplastamiento.

2. **A lo largo de los lados:** Los lados de la excavadora, particularmente hacia la parte trasera, también pueden tener puntos ciegos donde la vista del operador está obstruida. Los objetos o individuos posicionados junto a la excavadora pueden no ser visibles para el operador, aumentando el riesgo de colisiones laterales o accidentes durante las maniobras.

3. **Debajo de la línea de visión del operador:** Ciertas áreas directamente debajo de la línea de visión del operador, espe-

cialmente hacia el frente y los lados de la excavadora, también pueden ser puntos ciegos. Los objetos o individuos en estas áreas pueden no ser visibles para el operador, especialmente cuando el cubo o el brazo de la excavadora obstruyen la vista.

4. **Por encima:** Los operadores de excavadoras pueden tener una visibilidad limitada de objetos o estructuras directamente por encima, como líneas eléctricas, ramas de árboles o aleros de edificios. No detectar estos peligros podría resultar en contacto con obstáculos elevados, lo que supone un riesgo de electrocución, enredo o daño estructural.

Para mitigar los riesgos asociados con los puntos ciegos de las excavadoras, los operadores y los gerentes de sitio pueden implementar varias medidas de seguridad:

- **Uso de observadores:** Emplear observadores o señalizadores dedicados para asistir al operador en la identificación de peligros y guiar las maniobras, especialmente cuando se opera en áreas con poca visibilidad.

- **Instalación de cámaras y sensores:** Equipar las excavadoras con cámaras, sensores de proximidad o sistemas de radar para proporcionar visibilidad adicional y alertar a los operadores sobre posibles peligros en áreas de puntos ciegos.

- **Comunicación clara:** Establecer protocolos de comunicación claros entre operadores, observadores y otros trabajadores en el sitio para asegurar que todos estén al tanto de los posibles puntos ciegos y puedan coordinar los movimientos de manera segura.

- **Capacitación y concienciación:** Proporcionar capacitación integral a los operadores sobre cómo reconocer y gestionar los puntos ciegos, así como aumentar la conciencia entre los trabajadores sobre los riesgos asociados con el trabajo cerca de excavadoras.

- **Planificación del sitio y señalización:** Diseñar sitios de trabajo para minimizar los puntos ciegos cuando sea posible, y usar señalización y barreras adecuadas para indicar áreas peligrosas alrededor de las excavadoras.

Prácticas esenciales de seguridad durante las operaciones incluyen:

Inspección del equipo: Mantener la excavadora en condiciones óptimas es crucial para una operación segura. Antes de comenzar cualquier trabajo, los contratistas deben realizar inspecciones y pruebas exhaustivas para asegurar la funcionalidad de la excavadora. Cualquier problema identificado debe ser reportado de inmediato para tomar las medidas correctivas necesarias.

Uso de equipo de protección: Los operadores deben priorizar la seguridad personal usando equipo de protección adecuado (EPP). Esto incluye chalecos reflectantes de alta visibilidad, botas de trabajo resistentes, cascos y gafas de seguridad claras o tintadas. También pueden ser necesarios guantes y protección auditiva en ciertas situaciones para proteger las manos y los oídos.

Mantener la conciencia situacional: Los operadores deben estar atentos a su entorno mientras operan la maquinaria, especialmente en áreas residenciales donde existen varios peligros, como líneas eléctricas aéreas, peatones y tráfico. Varias medidas de seguridad pueden ayudar a mantener un entorno seguro:

- Desenergizar las líneas eléctricas para prevenir accidentes cerca de casas o operadores.

- Contactar a las compañías de servicios públicos locales antes de excavar para asegurar el apagado de los servicios.

- Marcar claramente las áreas de uso de equipos pesados para disuadir la entrada no autorizada.

- Restringir el acceso de trabajadores y peatones a las áreas de trabajo activas siempre que sea posible.

Establecer canales de comunicación: La comunicación efectiva entre operadores y personal en tierra es esencial para garantizar operaciones seguras. Observadores equipados con radios de dos vías pueden transmitir información crucial a los operadores durante todo el día. En ausencia de radios, se pueden usar señales manuales o carteles para la comunicación. Los observadores deben usar EPP adecuado y redirigir a los peatones y el tráfico para mejorar la seguridad.

Seleccionar los accesorios adecuados: Usar accesorios aprobados por el fabricante y adecuados para la tarea es imprescindible para una operación segura de la excavadora. Los cubos de alta resistencia son ideales para varios tipos de suelo y tareas de excavación exigentes. Los operadores deben seguir las pautas de capacidad de carga para prevenir sobrecargas, lo que podría llevar a riesgos de vuelco.

Uso del cinturón de seguridad: Los operadores deben usar cinturones de seguridad en todo momento mientras operan las excavadoras para minimizar los riesgos de lesiones en caso de vuelcos o colisiones. A pesar de la velocidad más lenta de la excavadora en comparación con los automóviles, los cinturones de seguridad son esenciales para la protección y comodidad del operador.

Posicionamiento de la hoja: El posicionamiento adecuado de la hoja contribuye a la estabilidad y el equilibrio de la excavadora. Para excavadoras más grandes que pesen más de 8 toneladas, se recomienda mantener la hoja al frente. Las excavadoras más pequeñas que pesen menos de 3 toneladas deben posicionar la hoja en la parte trasera para prevenir el vuelco de la cabina durante las operaciones de excavación.

Establecer zonas de seguridad: Los sitios de construcción cerca de carreteras concurridas o áreas con muchos peatones requieren zonas de seguridad para garantizar la seguridad. Se deben emplear barreras físicas, señales de advertencia y medidas de precaución para separar los equipos pesados del tráfico y los peatones, siguiendo las directrices del lugar.

Antes de mover cualquier material, la excavadora debe ser conducida al área de trabajo designada. Es esencial asegurarse de que la ruta esté despejada y viajar a una velocidad segura. Además, asegúrate de que los accesorios estén elevados a la altura apropiada o asegurados de manera segura.

Al retroceder la excavadora, verifica minuciosamente el camino detrás mirando por encima de ambos hombros. Toca la bocina dos veces antes de retroceder a menos que haya una alarma de reversa/movimiento instalada. Mantén la conciencia de la dirección de viaje durante todo el proceso de retroceso.

Siempre que sea posible, evita viajar por colinas laterales para minimizar el riesgo de volcar la máquina. Si es necesario conducir la excavadora en una superficie inclinada, desciende directamente por la pendiente en lugar de atravesarla en diagonal para mejorar la estabilidad.

Al acercarte a un viaje cuesta arriba o cuesta abajo, reduce la velocidad de la excavadora y selecciona una marcha adecuada para la pendiente. Al descender, opta por una marcha baja para controlar eficazmente el descenso, generalmente la misma marcha utilizada para ascender la colina.

Al cruzar una zanja, disminuye la velocidad y aborda la zanja en ángulo para asegurar un cruce seguro. Nunca permitas que la excavadora descienda en punto muerto, permitiendo que ruede libremente.

El centro de gravedad en relación con una excavadora es un concepto crucial para entender su estabilidad y operación segura. El centro de gravedad se refiere al punto dentro de la excavadora donde se considera que actúa el peso total de la máquina y su carga. Es esencialmente el punto de equilibrio de la excavadora.

En una excavadora, el centro de gravedad típicamente se encuentra en algún lugar dentro del cuerpo de la máquina, a menudo hacia la parte inferior debido a los componentes pesados como el motor, los sistemas hidráulicos y los contrapesos. Cuando la excavadora está estacionaria y en terreno nivelado, el centro de gravedad está posicionado de manera central, lo que contribuye a su estabilidad.

Sin embargo, a medida que la excavadora se mueve, levanta cargas u opera en terrenos irregulares, la posición del centro de gravedad puede cambiar. Por ejemplo, cuando el brazo de la excavadora está extendido o cuando está excavando una zanja, el centro de gravedad se desplaza hacia adelante. De manera similar, cuando el cubo está cargado con material, el centro de gravedad se desplaza dependiendo del peso y la posición de la carga.

Es importante que los operadores sean conscientes de la ubicación del centro de gravedad en todo momento porque cualquier cambio en su posición puede afectar la estabilidad de la excavadora. Si el centro de gravedad se mueve fuera de la base de soporte —definida por las orugas o ruedas— existe el riesgo de que la excavadora se vuelque, especialmente en terrenos irregulares o inclinados.

Los operadores deben considerar la posición del centro de gravedad al maniobrar la excavadora, particularmente durante el levantamiento, la excavación o al operar en pendientes. Al entender y manejar el centro de gravedad, los operadores pueden asegurar una operación segura y minimizar el riesgo de accidentes debido a vuelcos o inestabilidad.

Cuando el peso en el cubo se convierte en el centro de gravedad, causando que los rodillos traseros se levanten de las orugas, tu excavadora alcanza su punto de vuelco. La carga de vuelco es la carga específica que lleva a la excavadora a este punto de vuelco a un radio definido.

Este radio se mide desde el eje de rotación de la estructura superior hasta el centro de la línea de carga vertical, denominado como el radio desde la línea central de giro (Figura 66 A). La altura se determina por la altura del punto de elevación del cubo (Figura 66 B), que representa la distancia desde el punto de elevación del cubo hasta el suelo.

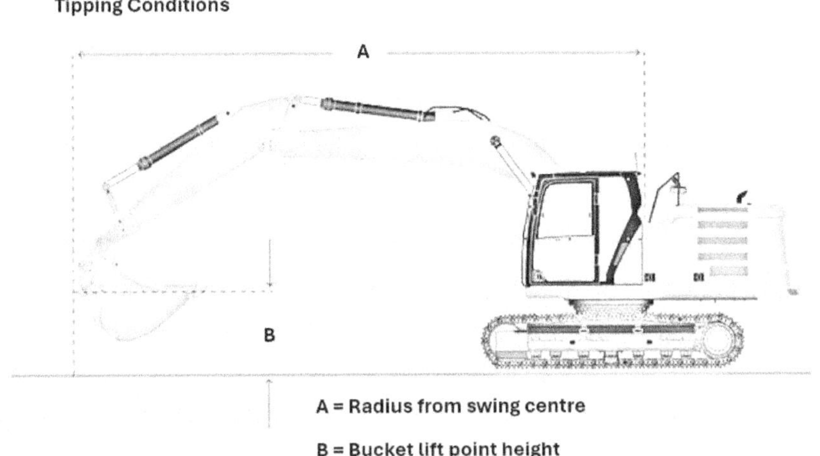

Figura 66: Condiciones de vuelco de la excavadora.

La capacidad nominal de una excavadora se refiere al peso máximo o carga que la excavadora está diseñada para levantar o manejar de manera segura bajo condiciones específicas. Determinar la capacidad nominal implica considerar varios factores:

1. Especificaciones del fabricante: El primer paso para determinar la capacidad nominal es consultar las especificaciones del fabricante para el modelo particular de la excavadora. Los fabricantes proporcionan información detallada sobre la capacidad máxima de elevación para diversas configuraciones de la excavadora, incluyendo la longitud del brazo principal, la longitud del brazo secundario y el tamaño del cubo.

2. Tabla de carga: Las excavadoras generalmente vienen con una tabla de carga proporcionada por el fabricante. Esta tabla de

carga muestra la capacidad nominal de la excavadora bajo diferentes condiciones de operación, como la longitud del brazo principal, la longitud del brazo secundario y el ángulo de operación. Los operadores deben consultar la tabla de carga específica para su modelo de excavadora para determinar la capacidad nominal para la tarea que desean realizar.

3. Configuración: La capacidad nominal de una excavadora puede variar según su configuración, incluyendo la longitud del brazo principal y del brazo secundario, el tipo y tamaño del cubo y cualquier accesorio o herramienta utilizada. Los operadores deben asegurarse de que la excavadora esté configurada correctamente para la tarea en cuestión y que la capacidad nominal no sea excedida.

4. Condiciones de operación: La capacidad nominal de una excavadora se basa en ciertas condiciones de operación, como la estabilidad del terreno, el ángulo de inclinación y factores ambientales como la velocidad del viento. Los operadores deben evaluar las condiciones de operación en el sitio de trabajo y asegurarse de que cumplan con las especificaciones proporcionadas por el fabricante.

5. Factores de seguridad: Es esencial considerar los factores de seguridad al determinar la capacidad nominal de una excavadora. Los fabricantes suelen incluir márgenes de seguridad en sus especificaciones para tener en cuenta las variaciones en las condiciones de operación y las cargas inesperadas. Los operadores nunca deben exceder la capacidad nominal de la excavadora para evitar accidentes y daños al equipo.

6. Capacitación del operador: La capacitación adecuada del operador es crucial para determinar y adherirse a la capacidad

nominal de una excavadora. Los operadores deben estar familiarizados con las especificaciones del fabricante, la tabla de carga y las prácticas de operación segura para garantizar el uso seguro y eficiente de la excavadora.

Considerando estos factores y siguiendo las pautas del fabricante, los operadores pueden determinar la capacidad nominal de una excavadora y realizar tareas de levantamiento y manejo de manera segura en el sitio de trabajo.

Tablas de carga de excavadoras: Las tablas de carga de las excavadoras son representaciones gráficas o tablas proporcionadas por el fabricante que detallan las capacidades de operación segura y las capacidades de levantamiento de una excavadora bajo diversas condiciones. Estas tablas de carga son esenciales para garantizar el uso seguro y eficiente de la excavadora en sitios de construcción y otros lugares de trabajo.

Componentes clave de las tablas de carga de las excavadoras incluyen:

1. Longitud y ángulo del brazo: Las tablas de carga típicamente incluyen diferentes longitudes y ángulos del brazo para proporcionar información sobre la capacidad de levantamiento de la máquina en varias configuraciones. El ángulo del brazo se refiere al ángulo del brazo en relación con el plano horizontal.

2. Radio: El radio de carga, también conocido como radio de trabajo o alcance, representa la distancia horizontal desde el centro de rotación de la excavadora hasta la carga que se está levantando. Las tablas de carga a menudo proporcionan capacidades para diferentes radios para acomodar operaciones de levantamiento a varias distancias de la máquina.

3. Capacidades de levantamiento: Las tablas de carga muestran las capacidades máximas de levantamiento permitidas para la excavadora en función de la combinación de longitud del bra-

zo, ángulo y radio de carga. Las capacidades generalmente se presentan en términos de peso o carga en libras o kilogramos.

4. Condiciones de operación: Las tablas de carga pueden incluir información sobre las condiciones de operación que pueden afectar la capacidad de levantamiento de la máquina, como las condiciones del suelo, los ángulos de inclinación y las configuraciones de contrapeso. Estos factores son consideraciones importantes para una operación segura.

5. Consideraciones de accesorios: Las tablas de carga también pueden tener en cuenta el uso de accesorios, como cubos, garras o ganchos de levantamiento, y proporcionar capacidades de levantamiento ajustadas en consecuencia.

6. Tablas y gráficos: Las tablas de carga pueden presentarse en formato gráfico o tabular, lo que facilita a los operadores consultar rápidamente la capacidad adecuada para condiciones de operación específicas.

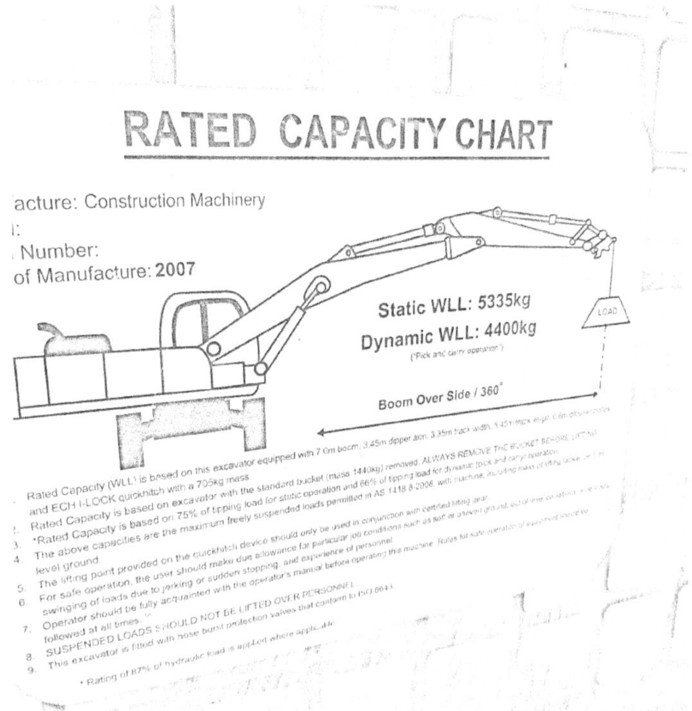

Figura 67: Tabla de capacidad nominal de muestra de una excavadora.

Un diagrama del rango de trabajo de una excavadora, también conocido como un diagrama de envolvente de trabajo o radio de trabajo, es una representación gráfica que ilustra el alcance máximo y las capacidades operativas de una excavadora. Normalmente incluye varios parámetros, como la profundidad máxima de excavación, el alcance máximo y la altura máxima de descarga.

El diagrama suele consistir en una serie de arcos o líneas que representan el alcance y el movimiento de la excavadora en diferentes direcciones, a menudo categorizados por el ángulo de rotación de la máquina. Estos diagramas son esenciales para que los operadores comprendan las limitaciones de la máquina y aseguren una operación segura y eficiente, especialmente cuando trabajan en espacios confinados o alrededor de obstáculos. La Figura 68 muestra un ejemplo.

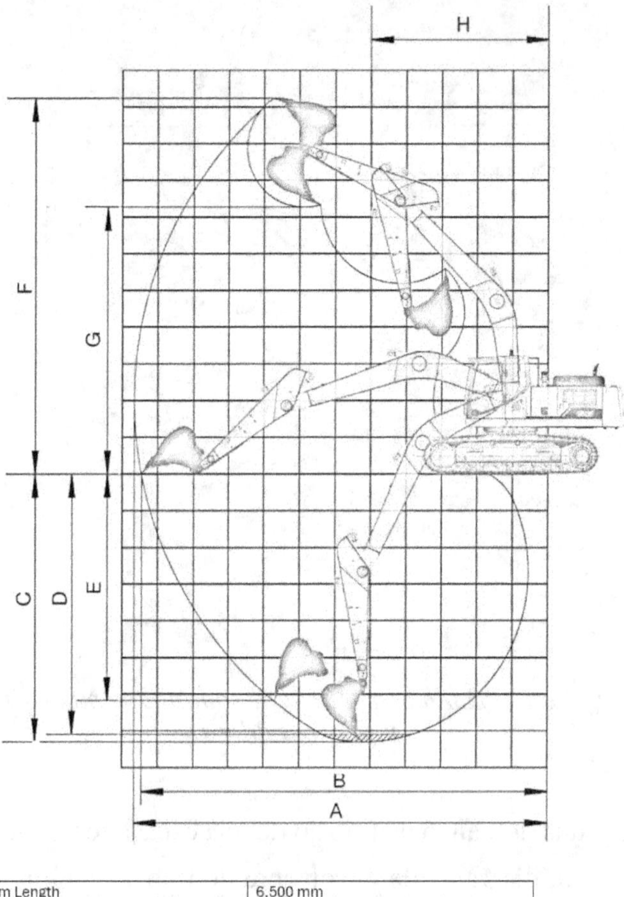

Boom Length	6,500 mm
Arm Length	2,550 mm
A Max. Digging Reach	10,625 mm
B Max. Digging Reach on Ground	10,388 mm
C Max. Digging Depth	6,521 mm
D Max. Digging Depth,	2.44 m (8') level 6,337 mm
E Max. Vertical Wall Digging Depth	5,204 mm
F Max. Cutting Height	9,977 mm
G Max. Dumping Height	7,038 mm
H Min. Front Swing Radius	4,645 mm

Figura 68: Diagrama de muestra del rango de trabajo de una excavadora.

Las excavadoras poseen una notable versatilidad, en gran parte gracias a la amplia gama de accesorios disponibles para estas máquinas. Aquellos que están familiarizados con las excavadoras o las operan pueden dar fe de su capacidad para abordar diversas tareas con el accesorio adecuado. Si bien ciertos accesorios son más comúnmente utilizados, existe una amplia variedad de opciones para elegir, incluyendo accesorios de varios fabricantes de equipos originales (OEM) que presentan ligeras variaciones en su diseño.

Algunos accesorios predominantes incluyen:

- Cubos

- Cubos de cribado

- Garras para rocas

- Barrenas

- Rippers

Instalación y remoción de accesorios: Anteriormente, adjuntar y desadjuntar accesorios era un proceso mayormente manual que implicaba desacoplar, alinear el siguiente accesorio y luego volver a acoplar. Claramente, este enfoque manual no era el método más eficiente, y dado que el tiempo es dinero, se han realizado mejoras significativas en los accesorios de las excavadoras a lo largo del tiempo. Por ejemplo, muchas excavadoras modernas ahora cuentan con un enganche rápido, lo que facilita la conexión y desconexión rápida de los accesorios. También conocido como adaptador rápido o acoplador rápido, un enganche rápido puede servir como un accesorio frontal o una instalación permanente para tu máquina. Existen varios tipos de enganches rápidos, incluyendo el medio enganche, enganche mecánico, enganche semiautomático y enganche automático. La mayoría de estos enganches se pueden operar desde la cabina, asegurando una eficiencia optimizada y un mayor retorno de inversión (ROI).

Con la multitud de opciones disponibles, determinar qué accesorios funcionarán con tu excavadora o cuál accesorio especializado es más adecuado para tus requisitos específicos puede ser un desafío. Las innovaciones periódicas en los accesorios para excavadoras, como los cubos de cribado, también contribuyen a esta complejidad. La compatibilidad de los accesorios con tu máquina se ve influenciada por factores como el peso del equipo, el tamaño del enganche, el tamaño de los pernos, la disposición de los pernos y los requisitos hidráulicos. Aunque puede haber alguna superposición entre marcas, tamaños de excavadoras y otros factores, no todos los accesorios son universalmente compatibles con todas las excavadoras. Para determinar si un accesorio será adecuado para tu excavadora, es aconsejable consultar al vendedor o investigar las dimensiones del accesorio, y preguntar sobre su compatibilidad con (o sin) un enganche rápido.

Operación de una excavadora

Las operaciones de excavación tienen el potencial de comprometer la estabilidad o seguridad de cualquier edificio o estructura vecina. Esto podría resultar en fallos estructurales o colapsos. Por lo tanto, las actividades de excavación no deben comenzar hasta que se hayan tomado medidas adecuadas para mitigar el riesgo de colapso o colapso parcial de cualquier edificio o estructura cercana.

Cualquier excavación por debajo del nivel de los cimientos de una estructura, incluidas las paredes de contención, debe ser evaluada por una persona competente. Debe asegurarse con un sistema de soporte del suelo adecuado, diseñado por una persona competente, para prevenir la inestabilidad estructural. Además, pueden ser necesarios soportes adecuados para apuntalar la estructura, según lo identificado por una persona competente.

Se debe prestar especial atención al impacto de las actividades de excavación en los edificios cercanos, particularmente aquellos que albergan equipos sensibles como hospitales. Se deben tomar medidas para prevenir efectos adversos por vibraciones o conmociones durante el trabajo de excavación.

El trabajo de excavación debe realizarse de manera que no cause inundaciones o infiltraciones de agua en los edificios adyacentes.

El contratista principal es responsable de gestionar los riesgos asociados con los servicios esenciales como gas, agua, electricidad, etc. Se deben tomar precauciones específicas al operar excavadoras cerca de líneas eléctricas aéreas, con consulta e implementación de medidas de control apropiadas.

La información sobre los servicios esenciales subterráneos debe proporcionarse a las partes relevantes, incluidos trabajadores, contratistas y subcontratistas. Esta información debe estar disponible para inspección y conservarse durante un período especificado.

El área de excavación debe estar asegurada para prevenir el acceso no autorizado, considerando los posibles riesgos de salud y seguridad y la probabilidad de entrada no autorizada. Esto es esencial para salvaguardar a los trabajadores y prevenir accidentes.

El contratista de excavación debe desarrollar un plan de emergencia para abordar incidentes imprevistos como deslizamientos de tierra, inundaciones o fugas de gas. Este plan debe integrarse en el plan de emergencia del proyecto de construcción más amplio coordinado por el contratista principal.

Para conducir la excavadora:

Determina si prefieres operar la máquina usando las manos o los pies. Las excavadoras tienen dos pedales equipados con manijas posicionadas frente a la cabina, extendiéndose hacia arriba para un fácil acceso. Estos pedales pueden ser manipulados ya sea pisándolos con los pies o agarrando las manijas con las manos. Ambos métodos funcionan de manera idéntica, por lo que la elección depende de la preferencia personal.

• Los principiantes pueden encontrar más fácil conducir con las manos.

- Los operadores experimentados generalmente prefieren usar los pies para el control.

Acciona ambos pedales hacia adelante para iniciar el movimiento hacia adelante. Operar los controles de conducción de una excavadora es sencillo. Para moverse hacia adelante, empuja simultáneamente ambos pedales hacia adelante. Esta acción puede ejecutarse con las manos o los pies. La presión aplicada determina la velocidad a la que se mueve la excavadora.

- Si usas los pies, colócalos sobre los pedales y empuja hacia abajo.

- Siempre asegúrate de que el área circundante esté despejada antes de maniobrar la excavadora en cualquier dirección.

- Las excavadoras generalmente tienen una velocidad máxima de alrededor de 8 mph (13 km/h), por lo que incluso con la máxima presión, el movimiento sigue siendo relativamente lento.

Jala ambos pedales hacia atrás para ejecutar el movimiento en reversa. Por el contrario, para moverse hacia atrás, simplemente realiza la acción inversa. Tira de ambos mangos simultáneamente para iniciar el movimiento en reversa.

- Al usar los pies, presiona la parte inferior de los pedales para moverte en reversa. Coloca los pies hacia abajo con los talones apoyados en el piso de la cabina, luego presiona con los dedos contra la parte inferior de los pedales.

- Antes de retroceder, siempre verifica el área detrás de la excavadora. Algunas excavadoras modernas están equipadas con cámaras traseras para ayudar en las maniobras de reversa.

Utiliza un pedal a la vez para girar la excavadora. Cada pedal controla el movimiento de una de las orugas de la excavadora. Al girar, presiona el pedal del lado opuesto a la dirección deseada. Presionar el pedal izquierdo hace que la excavadora gire a la derecha, mientras que presionar el pedal derecho provoca un giro a la izquierda.

- Si ya estás en movimiento, suelta gradualmente la presión de un pedal en lugar de soltar ambos y presionar uno nuevamente, lo que resulta en giros más suaves.

- Los mismos principios se aplican al girar en reversa o hacia adelante. Presiona el pedal izquierdo para girar a la derecha mientras te mueves hacia atrás, y presiona el mismo pedal hacia adelante para girar a la derecha mientras te mueves hacia adelante.

Excavar con la excavadora implica:

Posiciona la cabina directamente sobre las orugas para asegurar la estabilidad. Utiliza el joystick izquierdo para alinear la cabina con las orugas, apuntando a una orientación cuadrada.

- Aunque las excavadoras pueden permanecer estables incluso cuando no están perfectamente centradas, es aconsejable para los principiantes mantener la cabina en posición cuadrada hasta adquirir más experiencia.

- Una vez posicionada, evita operar los pedales para evitar movimientos accidentales durante la excavación.

- Evita intentar conducir y excavar simultáneamente hasta que seas competente en operar la excavadora.

Extiende completamente el brazo secundario hacia adelante hasta su posición máxima. Usa el joystick izquierdo para empujar hacia adelante hasta que el brazo secundario alcance su límite, estableciendo la posición inicial para excavar.

- Los operadores avanzados pueden variar la posición del brazo secundario para las tareas de excavación. Sin embargo, los principiantes deben extender completamente el brazo secundario antes de comenzar las actividades de excavación.

Alinea los dientes del cubo con el brazo secundario para una excavación óptima. Encuentra un equilibrio entre abrir y cerrar completamente el cubo al excavar el suelo. Visualiza una línea imaginaria que se extiende desde el final del brazo secundario y ajusta la posición del cubo utilizando el joystick derecho para alinear los dientes con esta línea.

- Evita excavar con el cubo completamente extendido para prevenir posibles daños a las juntas de la máquina causados por la acumulación de escombros.

Baja el brazo principal hasta que el cubo penetre la superficie del suelo. Usa el joystick derecho para bajar el brazo principal empujándolo hacia atrás hasta que la parte dentada del cubo entre en el suelo, deteniéndote en este punto.

- Procura entrar en el suelo con el cubo aproximadamente a la mitad para asegurar una recogida efectiva.

Riza y eleva el cubo para recoger el suelo. Inicia el movimiento de rizado empujando el joystick derecho hacia la izquierda. A medida que el cubo se acerca al cierre y el suelo forma un montículo, detén el rizado y levanta el brazo principal empujando el joystick derecho hacia arriba para completar la recogida.

Gira la cabina y abre el cubo para liberar el suelo. Después de recoger la tierra, maniobra la cabina usando el joystick izquierdo hacia el lugar deseado para descargar. Posiciona el cubo sobre el punto y, usando el joystick derecho, abre el cubo para liberar la tierra.

- Mantén la tierra descargada cerca en caso de que se necesite rellenar, y repite el proceso según sea necesario para completar la excavación.

Cuadra la cabina con las orugas antes de apagar la máquina. Al terminar la tarea, gira la cabina para alinearla con las orugas, mirando hacia adelante. Desactiva los controles del joystick bajando la palanca de control, luego reduce el acelerador a ralentí usando la perilla cerca de la mano derecha. Deja que el motor funcione en ralentí durante un minuto para enfriarse antes de apagar la máquina retirando la llave.

- Ten precaución al salir de la cabina para evitar caídas, ya que los sitios de construcción presentan riesgos inherentes de lesiones.

La mayoría de las excavadoras están equipadas con un sistema de monitoreo electrónico (EMS), aunque las características específicas pueden variar entre máquinas. Algunas excavadoras incluyen una función de prueba para el EMS, que típicamente comprende una luz de monitor, luz de fallo/acción, alarma de fallo y un panel de monitoreo con indicadores individuales para cada sistema de la máquina. Es recomendable probar este sistema como parte del procedimiento de arranque.

A continuación se encuentran algunas luces de advertencia comunes en el EMS:

Freno de estacionamiento: Indica que el freno de estacionamiento está activado y la transmisión está en neutral. Debe iluminarse durante el arranque y apagarse cuando se libera el freno.

Alternador: Indica un mal funcionamiento del alternador. Si esta luz se enciende, detén la máquina e investiga la causa antes de continuar operando.

Combustible: Indica un nivel bajo de combustible (10% de la capacidad del tanque). Reabastece tan pronto como sea posible si esta luz se enciende.

Temperatura del refrigerante: Indica una temperatura excesiva del refrigerante. Detén la máquina e investiga la causa si esta luz se ilumina. No continúes operando si la falla persiste.

Temperatura del aceite de la transmisión: Indica una temperatura excesiva del aceite de la transmisión. Reduce la carga de la máquina e investiga la causa. Detén la operación si la falla persiste.

Temperatura del aceite hidráulico: Indica una temperatura excesiva del aceite hidráulico. Toma precauciones similares a las de la temperatura del aceite de la transmisión.

Presión del aceite del motor: Indica baja presión de aceite. Detén la máquina inmediatamente, investiga la causa y rectifica antes de continuar operando.

Filtros de aceite de la transmisión: Indica un filtro de aceite obstruido. Detén la máquina e investiga la causa antes de reanudar la operación.

Flujo del refrigerante: Indica una falla en el sistema de refrigerante. Detén la operación y rectifica el problema antes de continuar.

Temperatura del refrigerante del motor: Indica la temperatura del refrigerante del motor. Si la aguja alcanza la zona roja, detén la operación y busca asistencia para evitar fallos en el motor.

Categorías de advertencia: El EMS proporciona tres categorías de advertencia:

- **Nivel 1:** Conciencia del operador.

- **Nivel 2:** Se requiere respuesta del operador.

- **Nivel 3:** Se requiere apagado inmediato.

Interruptor de llave de arranque:

- **OFF:** Gira la llave a esta posición para detener la máquina.

- **ON:** Gira la llave en el sentido de las agujas del reloj para activar todos los circuitos de la cabina.

- **START:** Arranca el motor girando la llave a esta posición. Suelta la llave una vez que el motor arranque. Si el motor no arranca después de 30 segundos, devuelve el interruptor a OFF durante dos minutos antes de intentar START nuevamente.

Interruptor de apagado del motor a nivel del suelo: Este interruptor, generalmente ubicado a nivel del suelo, detiene el motor cuando se coloca en la posición de apagado. El motor no arrancará a menos que este interruptor esté en la posición de encendido.

Botón de parada de emergencia: Presiona este botón dentro de la cabina solo en situaciones de emergencia. No lo uses para el apagado rutinario de la máquina.

Al realizar operaciones de excavación, es crucial seguir una técnica adecuada para garantizar la seguridad y la eficiencia. Aquí hay algunas pautas a tener en cuenta:

- Mantén la estabilidad de la máquina manteniéndola nivelada durante la operación.

- Coloca los motores de desplazamiento hacia la parte trasera para protegerlos.

- Opera los controles suavemente para asegurar que el accesorio se mueva sin problemas.

- Usa el ángulo de excavación correcto del cubo para un rendimiento óptimo.

- Evita usar la pared de la zanja para detener el giro del accesorio, ya que puede causar daños hidráulicos.

- No sobrecargues el cubo.

En caso de que las orugas de la máquina se levanten del suelo mientras excavas, baja suavemente la máquina para evitar daños. Nunca permitas que la máquina caiga abruptamente al suelo.

Aquí tienes un proceso paso a paso para una excavación efectiva:

1. Coloca el brazo secundario en un ángulo de aproximadamente 70° con respecto al suelo.

2. Maniobra el borde de corte del cubo a un ángulo de 120° para maximizar la fuerza de ruptura.

3. Mueve el brazo secundario hacia adentro, hacia la cabina, manteniendo el cubo paralelo al suelo.

4. Levanta gradualmente el brazo principal mientras cierras el cubo cuando el brazo secundario deja de moverse.

5. Continúa la pasada con el cubo viajando horizontalmente para recoger el material de manera efectiva.

6. Cierra el cubo y levanta el brazo principal una vez que esté lleno.

Nota: Para lograr la mayor fuerza de ruptura en el borde de corte, disminuye la fuerza descendente a medida que el brazo secundario se mueve hacia la cabina.

Técnicas de carga:

Hay cuatro técnicas principales de carga utilizadas con excavadoras:

- Carga recta

- Carga de cola

- Carga de esquina

- Carga superior

La elección de la técnica depende de varios factores como el tipo de material, las condiciones del piso, la compatibilidad de la maquinaria, la dirección del viento y la posición de la planta de iluminación. Dependiendo de estos factores, los operadores pueden optar por cargar camiones estacionados a lo largo del banco, requiriendo un ángulo de giro más largo de aproximadamente 20° en el arco.

Al cargar, sigue estas técnicas:

- Gira la carga suavemente mientras el cubo está cargado y elevado.

- Preferiblemente carga de cola los camiones para una menor altura de elevación.

- Comienza a descargar la carga cuando el centro del cubo esté sobre el costado o el extremo del cuerpo del camión.

- Inicia el giro de retorno antes de que el cubo esté vacío.

- Baja el cubo al área de excavación siguiente cuando los dientes despejen el cuerpo del camión.

- Coloca el brazo secundario y el cubo antes de aterrizar y ajusta si es necesario.

Nota: Levanta el brazo principal al cargar camiones para permitirles retroceder bajo el cubo, optimizando el tiempo de carga y reduciendo el tiempo de giro.

Métodos de excavación:

La naturaleza del trabajo de excavación dicta la elección del método de excavación y un sistema de trabajo seguro. Considera cuidadosamente los problemas de salud y seguridad, especialmente para excavaciones más allá de zanjas superficiales y pequeñas cantidades de material.

Para zanjeo:

- Asegura que todos los lados de la zanja estén adecuadamente soportados utilizando métodos de apuntalamiento, bancales o taludes.

- Puede ser necesaria una combinación de medidas de soporte según las condiciones del sitio.

- Considera el riesgo de sepultamiento cuando los trabajadores entren en las zanjas, implementando medidas de control independientemente de la profundidad de la zanja.

- Consulta a un ingeniero geotécnico para evaluaciones de estabilidad y diseño de sistemas de soporte si es necesario.

Preparación y excavación:

- Utiliza bulldozers, scrapers y excavadoras para el trabajo preparatorio y zanjeo.

- Puede ser necesario el recorte manual, controlado para mitigar los riesgos de caídas y plantas móviles motorizadas.

Túneles: El trabajo de túneles requiere una planificación, diseño y construcción meticulosos para asegurar la seguridad y la efectividad.

- Realiza investigaciones de ingeniería exhaustivas antes de la construcción para informar el diseño del túnel.

- Diseña túneles considerando las condiciones del suelo, los métodos de excavación y los requisitos de soporte.

- Aborda los peligros potenciales como la estabilidad del túnel, las condiciones cambiantes del suelo y el espacio limitado.

- Implementa medidas de control como sistemas de soporte del suelo, protección contra caídas y ventilación para gestionar los riesgos de manera efectiva.

Pozos: Los pozos proporcionan acceso o ventilación a los túneles y requieren un diseño y construcción cuidadosos.

- Considera las dimensiones del pozo, la estabilidad y el control de acceso para gestionar los riesgos.

- Utiliza sistemas de soporte apropiados, protección contra caídas y medidas de ventilación.

- Obtén asesoramiento de expertos para el diseño y construcción de pozos, especialmente para características especiales o condiciones desafiantes.

Las excavadoras a menudo trabajan en conjunto con otras plantas de movimiento de tierra. Estas operaciones incluyen la carga en un camión de acarreo.

Figura 69: Cargando un camión volquete. Oto Zapletal, CC BY-SA 4.0, vía Wikimedia Commons.

Carga recta: La carga recta ocurre cuando la excavadora opera paralela al banco de trabajo. Los camiones de acarreo se acercan a la excavadora en dirección de las agujas del reloj, girando directamente desde la excavadora y luego retrocediendo en línea recta para alinearse con la cabina de la excavadora.

Carga de cola: La carga de cola implica que la excavadora opere paralela al banco de trabajo. Los camiones de acarreo se acercan a la excavadora en dirección de las agujas del reloj, girando en un ángulo de 45°, luego alineándose con los dientes de la excavadora y retrocediendo. Esta técnica de carga permite al operador de la excavadora acortar el ciclo de giro, aumentando así la productividad.

Carga de esquina: La carga de esquina ocurre cuando la excavadora completa el corte actual en el que está trabajando. A medida que la excavadora alcanza el final del corte, es necesario retirar la tierra de la esquina donde se encuentra la máquina. En este punto, el camión se posicionará en la esquina paralela a la cara mientras la excavadora trabaja alrededor de la esquina. Una vez que se elimina la tierra de la esquina, la excavadora reanuda la excavación paralelamente en la dirección opuesta y continúa con la carga recta.

Carga superior: La carga superior es un método de carga donde el camión de acarreo y la excavadora están al mismo nivel. Se utiliza al finalizar los restos de un banco, recogiendo recortes de taludes, comenzando un corte en caída o cavando un sumidero.

Carga en una superficie nivelada: Asegurarse de que la excavadora esté en una superficie nivelada al cargar camiones ofrece varios beneficios:

- Maximiza la productividad.

- Reduce la fatiga del operador.

- Minimiza el desgaste de la máquina.

- Ayuda a mantener los niveles.

- Reduce la inestabilidad de la máquina.

Nota: Operar una excavadora en terreno irregular puede llevar a un desgaste excesivo y hacer que la máquina sea inestable.

Tramming: El término "tramming" se refiere al proceso de mover la excavadora a una distancia. Antes de tramming la excavadora, el operador debe:

- Asegurarse de que los engranajes de la excavadora estén posicionados hacia la parte trasera.

- Desactivar el bloqueo de seguridad hidráulico.

- Seleccionar el acelerador a máxima potencia.

- Levantar el cubo 500 mm del suelo usando el brazo principal (o según las especificaciones del fabricante).

- Llevar el brazo secundario hacia la excavadora.

- Tocar la bocina dos veces y esperar 5 segundos antes de iniciar el tramming.

El tramming no debe exceder los 20 minutos a la vez, después de lo cual la excavadora debe enfriarse. Durante este período de enfriamiento, realiza la siguiente inspección:

- Deja que las RPM del motor funcionen a ralentí alto.

- Coloca los implementos hidráulicos (cubo) en el suelo.

- Coloca el bloqueo de seguridad hidráulico en la posición ON.

- Inspecciona la excavadora en busca de fugas de aceite, refrigerante y diesel.

- Inspecciona visualmente los rodillos y tensores en busca de componentes dañados o faltantes y calor excesivo.

- Asegúrate de que la excavadora esté funcional. Si no es así, informa a tu supervisor.

Siempre toma precauciones extremas para proteger los ajustes de las orugas al tramitar fuera de un banco.

Nota: Un camión de agua puede ser utilizado para enfriar las orugas mientras se tramita largas distancias para evitar el sobrecalentamiento.

Maniobrando la Excavadora entre el Banco y el Piso de la Fosa: Para maniobrar una excavadora desde un banco hasta el piso de la fosa y viceversa, sigue estos pasos:

- Crea una rampa de aproximadamente 1.5 veces la longitud de la máquina desde el banco hasta el piso de la fosa.

- Asegúrate de que la rampa tenga una pendiente de aproximadamente 45 grados.

- Asegúrate de que la rampa sea segura y firme.

- Asegúrate de que las orugas tengan la tensión correcta, ajustadas utilizando un cilindro hidráulico.

- Los tensores deben estar al frente de la excavadora.

- Permite que los motores de las orugas soporten el peso de la excavadora.

Tramming desde el Banco:

1. Desciende desde los bancos empujando el borde del banco y colocando el brazo principal en el piso de la excavación.

2. Camina con la máquina hasta el borde y comienza el descenso desde el banco manteniendo las orugas a 90° con respecto al banco.

3. Mantén el peso sobre el brazo principal y el brazo secundario y desciende lentamente.

4. Levanta la parte frontal de la excavadora ligeramente para despejar el suelo de los tensores delanteros cuando lleguen al final de la rampa, moviendo el brazo secundario hacia adelante.

5. Sigue avanzando, levantando el brazo principal a medida que avanzas para lograr espacio libre.

6. Completa la bajada del banco de trabajo.

Tramming hacia el Banco:

1. Acércate a 90° al banco y tira hacia abajo de la sección superior para disminuir el ángulo de la subida.

2. Coloca el cubo en la parte superior del banco.

3. Tirando del brazo secundario y tramming al mismo tiempo, la máquina subirá la rampa.

4. Cuando estés cerca de la cima del banco, comienza a levantar el brazo principal manteniéndolo cerca del suelo.

5. Una vez en la parte superior de la subida, empuja el cubo hacia afuera para mantener el equilibrio.

6. Cuando las orugas estén niveladas en la parte superior del banco, la subida estará completa.

Nota: Algunas excavadoras requieren una rampa creada con una pendiente donde puedan subir usando solo el motor de la oruga. Antes de tramitar sobre un banco, verifica las especificaciones del fabricante y los requisitos del sitio.

Cortes en Caída: Al iniciar un nuevo banco, se crea una rampa para conectar un nivel con otro, conocida como corte en caída. Típicamente, un corte en caída se forma en la base de la rampa principal hacia la fosa, pero puede ejecutarse en cualquier punto dentro de la fosa por conveniencia operativa. El corte en caída debe mantener una pendiente moderada y abarcar aproximadamente 2.5 veces el ancho de los camiones, asegurando espacio suficiente para que los camiones maniobren de manera segura. Coloca el cubo de la excavadora sobre el área designada donde se estacionará el camión. El operador del camión luego retrocederá el camión hacia el corte en caída, alineándolo perfectamente con la rampa debajo del cubo.

Corte de Taludes: Un talud se refiere a la pared vertical de la fosa. Al cortar taludes, sigue el siguiente procedimiento:

- Mantén el cubo cuadrado con la cara del talud.

- Asegúrate de que el cubo esté alineado con la pared en el ángulo especificado por el sitio.

- Orienta el brazo principal hacia el borde del talud para una salida rápida en caso de colapso de la pared.

- Coloca todos los recortes lejos de la pared para facilitar la limpieza con el bulldozer.

- Utiliza un medidor de inclinación o un observador si es necesario para lograr el ángulo correcto.

Los operadores de excavadoras a veces cortan taludes mientras minan, un proceso conocido como cortar el talud en movimiento. Para ejecutar esto:

- Mantén las orugas paralelas a la pared alta.

- Retira la mayor parte de la tierra de la pared alta.

- Recorta la pared alta según el ángulo especificado por el sitio.

- Asegúrate de que el camión esté posicionado paralelo a la pared alta.

Nota: Deja suficiente material en el banco para permitir un corte de talud seguro por parte de la excavadora.

Maximización de la Productividad: Varios factores contribuyen a maximizar la productividad, incluyendo:

- Optimización de los tiempos de ciclo de los camiones.

- Mantenimiento de caminos de acarreo y áreas de carga limpias.

- Logro de una excavación eficiente, con la configuración óptima de brazo principal/brazo secundario en un ángulo de 15 grados a cada lado del ángulo recto.

- Asegurarse de que los tiempos de ciclo de carga de la excavadora sean rápidos, utilizando la capacidad máxima de los sistemas hidráulicos.

- Cargar el cubo a su capacidad máxima.

Nota: Si un conductor de camión en formación tiene dificultades para retroceder bajo la excavadora, los supervisores deben considerar permitirles observar los procedimientos correctos desde la cabina de la excavadora.

Recuerda:

- Evita usar la fuerza de "impacto" para prevenir daños al cubo y al equipo.

- Carga solo rocas dentro de la capacidad de la excavadora y del camión de acarreo.

- Nunca barras las rocas con el cubo; empújalas suavemente a un lado o usa otra máquina para su remoción si es necesario.

- Evita excavar sobre los motores de las orugas.

Freno de Giro: Si la excavadora está equipada con un freno de giro:

- Evita el uso excesivo para prevenir el sobrecalentamiento.

- Activa el freno de giro o de estacionamiento cuando dejes la máquina desatendida.

Para prevenir el sobrecalentamiento del motor o los sistemas hidráulicos al excavar en material pesado:

- Reduce la producción de material.

- Pausa la excavación periódicamente para permitir que la máquina se enfríe.

Reglas y Consejos para Operaciones Nocturnas:

- Equipa las excavadoras con faros efectivos cuando operes en la fosa de noche.

- Evita el deslumbramiento directo de los faros del tráfico que se aproxima.

Importante: Ajusta siempre las operaciones según las condiciones prevalecientes. Por ejemplo, en condiciones extremadamente polvorientas o de baja visibilidad, reduce la velocidad o detén las operaciones por completo para prevenir accidentes.

Completando las Operaciones de la Excavadora

Procedimiento para Estacionar y Apagar la Excavadora: Al prepararte para estacionar la excavadora:

- Elige un lugar de estacionamiento alejado del área de trabajo.

- Evita estacionar en una pendiente.

- Alinea el cuerpo de la excavadora con sus orugas.

- Baja el accesorio al suelo y acciona la palanca de bloqueo hidráulico.

- Ajusta el interruptor del acelerador del motor para reducir la velocidad del motor.

- Deja que la máquina funcione en ralentí durante al menos cinco minutos antes de apagarla.

- Gira el interruptor de arranque de la llave a la posición OFF una vez que la máquina haya dejado de funcionar.

- Realiza una breve inspección visual al final de cada turno.

- Asegúrate de que los pedales de desplazamiento estén en la posición neutral antes de estacionar.

Se requiere permiso de un supervisor para estacionar en una pendiente, excepto en situaciones de emergencia.

Prevención de Incendios en la Máquina: Para prevenir incendios en la máquina, es importante:

- Mantener la limpieza evitando la acumulación de polvo y escombros, particularmente alrededor del motor y las áreas de escape.

- Evitar soldar o cortar con llama cerca de tuberías y mangueras que contengan líquidos inflamables.

- Conocer y seguir los procedimientos adecuados para el manejo de extintores.

Para prevenir incendios relacionados con líquidos inflamables como combustible o aceite:

- Evita derrames sobre superficies calientes (como motores y escapes) durante el mantenimiento.

- No fumes mientras estás repostando.

- Repara de inmediato cualquier fuga de aceite y combustible.

- Durante el repostaje, el operador debe salir de la cabina y permanecer en el suelo.

Mantenimiento de la Excavadora: Para asegurar un rendimiento óptimo y minimizar el tiempo de inactividad, el mantenimiento adecuado de tu excavadora es esencial. Aquí tienes una breve guía para mantener tu excavadora:

- Revisa regularmente los fluidos, incluyendo el refrigerante, el fluido hidráulico y el aceite del motor.

- Inspecciona el eyector de polvo en los filtros de aire.

- Examina el tren de rodaje y los compartimentos laterales en busca de signos de fugas.

- Revisa las orugas para detectar pernos faltantes o zapatos doblados.

- Asegúrate de que los enfriadores estén libres de escombros.

- Inspecciona los accesorios en busca de desgaste y desgarros o dientes rotos. Además, mantén limpio el tren de rodaje para evitar que los escombros dañen las piezas móviles. Si operas tu excavadora en condiciones adversas, programa servicios regulares.

Nota: Estas son pautas generales de mantenimiento. Consulta el manual de tu máquina para obtener instrucciones específicas. Alternativamente, contacta a tu distribuidor local, técnico de servicio o el fabricante para obtener asesoramiento personalizado.

6

Operaciones de Bulldozer

Un bulldozer, a menudo simplemente llamado "dozer", es una máquina de construcción de alta resistencia utilizada principalmente para tareas de movimiento de tierra y nivelación en sitios de construcción, minas, canteras y tierras agrícolas. Típicamente, cuenta con una gran hoja metálica en la parte delantera, conocida como hoja de bulldozer o simplemente hoja, que puede elevarse, bajarse e inclinarse para empujar, levantar y mover diversos materiales como tierra, arena, grava, rocas y escombros.

Los bulldozers están equipados con motores potentes y orugas o ruedas para movilidad y estabilidad, lo que les permite operar de manera efectiva en terrenos difíciles y condiciones adversas. Comúnmente se utilizan para tareas como despejar terrenos, nivelación, excavación, relleno, construcción de caminos y remoción de nieve.

Los bulldozers vienen en varios tamaños y configuraciones, desde modelos utilitarios pequeños adecuados para tareas ligeras hasta máquinas grandes y pesadas capaces de manejar proyectos de movimiento de tierra masivos. Son piezas esenciales de equipo en las industrias de la construcción, minería y agricultura, contribuyendo a operaciones eficientes y productivas en una amplia gama de aplicaciones.

El término "bulldozer" generalmente se refiere a maquinaria pesada como cargadores o excavadoras, pero específicamente, denota un tractor equipado con una hoja. Un bulldozer es un vehículo con orugas con una hoja metálica integrada utilizada para mover grandes cantidades de tierra, arena, escombros, etc., típicamente encontrados en trabajos de construcción. Generalmente, los bulldozers son máquinas grandes y robustas con orugas. Las orugas proporcionan una excelente tracción y maniobrabilidad en terrenos irregulares. Las orugas anchas distribuyen el peso del bulldozer sobre una gran área, reduciendo la presión ejercida y evitando el hundimiento en terrenos arenosos. Los bulldozers cuentan con un convertidor de torque que mejora la potencia del motor para aumentar la capacidad de tracción, permitiéndoles remolcar cargas pesadas sin esfuerzo. Debido a estas capacidades, los bulldozers se utilizan para despejar escombros, obstáculos, construir caminos, despejar vegetación y tareas de preparación de terrenos. Los bulldozers también se emplean para cavar zanjas, actividades agrícolas y operaciones militares.

Figura 70: Bulldozer Caterpillar D10N. MathKnight, CC BY-SA 3.0, vía Wikimedia Commons.

Diseñados para empujar o demoler obstáculos en su camino, estos robustos vehículos encuentran aplicación en los sectores de la construcción, agricultura y militar.

El núcleo de la funcionalidad de un bulldozer reside en su potente motor y orugas, que le permiten empujar, tirar y transportar cargas pesadas de manera constante. Las orugas proporcionan una excelente tracción y distribución del peso, evitando que el bulldozer se atasque o resbale en terrenos difíciles. Esto, combinado con el torque significativo producido por el motor diésel y el convertidor de torque, facilita la manipulación de cargas sustanciales sin esfuerzo. Los bulldozers modernos son capaces de remolcar tanques que pesan más de 70 toneladas.

Un bulldozer comprende varios componentes, pero los más notables son su hoja, orugas y ripper. Adherida al frente del vehículo a través de un marco de empuje, la hoja es una placa de metal pesado utilizada para empujar objetos y recoger grandes volúmenes de material como arena y tierra. Las hojas típicamente vienen en tres diseños: una hoja S, que es corta y carece de curvatura lateral y alas laterales; una hoja U, que es alta con alas laterales pronunciadas para recoger más material; o una hoja S-U, que combina características de los otros dos tipos.

Figura 71: Un bulldozer con ruedas Zettelmeyer ZD 3001 en la mina de lignito a cielo abierto Vereinigtes Schleenhain. High Contrast, CC BY 3.0 DE, vía Wikimedia Commons.

Las orugas de los bulldozers también vienen en varias configuraciones, siendo comunes los arreglos ovalados y triangulares. Un sistema de orugas popular es el sistema de alta tracción triangular de Caterpillar, diseñado para elevar la posición de la cabina y mejorar la visibilidad durante la operación, así como mejorar el equilibrio y la tracción en todas las tareas. Por ejemplo, los bulldozers de alta tracción ofrecen estabilidad y agarre constantes, ya sea empujando, tirando o transportando cargas pesadas.

El ripper es otro componente esencial adjunto a la parte trasera del bulldozer y accionado por un cilindro hidráulico. Típicamente se asemeja a una cuchilla dentada o una serie de cuchillas, el ripper descompone el suelo duro para que pueda ser recogido o empujado por la hoja. Equipados con puntas de aleación de acero tungsteno reemplazables, los rippers permanecen afilados, y variantes como los rippers para tocones están diseñados para tareas específicas como dividir y triturar tocones de árboles.

Figura 72: Bulldozer con ruedas.

Los bulldozers vienen en varios tipos, cada uno diseñado para aplicaciones y condiciones de terreno específicas. Aquí hay algunos tipos comunes de bulldozers:

1. Bulldozers Estándar: Los bulldozers estándar son máquinas versátiles utilizadas para una amplia gama de tareas de movimiento de tierra. Por lo general, cuentan con una hoja grande y recta montada en la parte delantera para empujar tierra, escombros u otros materiales. Los bulldozers estándar son adecuados para proyectos de construcción general, nivelación y aplanamiento.

2. Bulldozers de Orugas: Los bulldozers de orugas, también cono-

cidos como bulldozers tipo oruga, están equipados con orugas en lugar de ruedas. Estas orugas proporcionan una excelente tracción y estabilidad, lo que hace que los bulldozers de orugas sean adecuados para terrenos ásperos o irregulares. Se utilizan comúnmente en construcción pesada, minería y aplicaciones forestales.

3. Bulldozers de Ruedas: A diferencia de los bulldozers de orugas, los bulldozers de ruedas están equipados con ruedas en lugar de orugas. Son más maniobrables y rápidos que los bulldozers de orugas, lo que los hace adecuados para tareas que requieren movimientos frecuentes a distancias más cortas. Los bulldozers de ruedas se utilizan comúnmente en construcción de carreteras, despeje de terrenos y proyectos de jardinería.

4. Mini Bulldozers: Los mini bulldozers, también conocidos como bulldozers compactos o mini-dozers, son más pequeños y ligeros que los bulldozers estándar. Son ideales para tareas en espacios confinados o áreas con acceso limitado. Los mini bulldozers se utilizan comúnmente en jardinería, construcción residencial y trabajos de servicios públicos.

5. Bulldozers Hidrostáticos: Los bulldozers hidrostáticos utilizan un sistema de transmisión hidrostática en lugar de una transmisión mecánica tradicional. Este sistema proporciona una operación más suave y un control preciso de la velocidad y la dirección, lo que hace que los bulldozers hidrostáticos sean adecuados para tareas de nivelación fina y movimiento delicado de tierra.

6. Bulldozers para Pantanos: Los bulldozers para pantanos, también conocidos como bulldozers para marismas o terrenos húmedos, están especialmente diseñados para trabajar en ter-

renos blandos, fangosos o pantanosos. Por lo general, cuentan con orugas anchas o diseños de orugas especializados que distribuyen el peso de la máquina sobre un área más grande, reduciendo el riesgo de atascarse en suelo húmedo o inestable.

7. Bulldozers para Manejo de Residuos: Los bulldozers para manejo de residuos están equipados con características específicamente diseñadas para trabajar en aplicaciones de vertederos o gestión de residuos. Pueden incluir protecciones, neumáticos o orugas especializadas y sistemas de enfriamiento mejorados para soportar condiciones de operación duras y proteger contra daños por escombros.

8. Bulldozers Especializados: Los bulldozers especializados están personalizados o modificados para aplicaciones o industrias específicas. Estos pueden incluir bulldozers forestales equipados con jaulas de protección y accesorios especializados para despejar árboles, o bulldozers militares diseñados para tareas de ingeniería de combate, como construir fortificaciones o despejar obstáculos.

En general, la elección del tipo de bulldozer depende de factores como la naturaleza del terreno, las tareas específicas a realizar y el nivel deseado de rendimiento y eficiencia.

Los componentes principales de un bulldozer consisten en la hoja y el ripper. Posicionado en la parte trasera del bulldozer, el ripper es un dispositivo extendido que puede tener un solo diente o agruparse en rippers de múltiples dientes. Por lo general, se prefieren los rippers de un solo diente para trabajos de rasgado profundo, que implican romper tierra dura con fines agrícolas. Los bulldozers pesados pueden incluso triturar lava para facilitar la agricultura o romper otros suelos duros para permitir la plantación de huertos en terrenos que de otro modo serían inhóspitos. Mientras tanto, la hoja, ubicada en la parte delantera, es una robusta placa de metal utilizada para empujar objetos, tierra, arena y escombros.

Diversos componentes son necesarios para ensamblar un bulldozer completo. Las piezas del motor, el chasis y los componentes hidráulicos forman algunos de los elementos más complejos del bulldozer. Componentes únicos de este tipo de equipo de movimiento de tierra son la hoja, las orugas y las palancas de control. Otras partes, como el asiento, el silenciador y los cilindros hidráulicos, pueden tener similitudes con los utilizados en otros equipos pesados.

Compuestos por muchos componentes de acero sólido, los bulldozers suelen ser una de las piezas más pesadas de maquinaria de movimiento de tierra en los sitios de trabajo. El peso de un bulldozer se debe en gran parte a su gran motor diésel, alojado en un bloque de motor de hierro fundido pesado. Este bloque de motor contiene pasajes de agua para la circulación del refrigerante, proporcionando enfriamiento para varias partes móviles como el cigüeñal rotativo, los pistones y las bielas.

El radiador en un bulldozer juega un papel crucial en la refrigeración no solo del motor, sino también del fluido hidráulico, el aceite del motor y el fluido de la transmisión, lo que lo convierte en una parte esencial del sistema de enfriamiento de la máquina. Componentes notables de un bulldozer incluyen las orugas y la gran hoja frontal. Las orugas, construidas mediante la unión de secciones pesadas de acero con pernos de acero sólido, permiten que el bulldozer opere en suelo blando mientras proporciona tracción. La gran hoja, montada en brazos pesados, permite a la máquina empujar grandes cantidades de tierra, rocas y escombros.

El movimiento de la hoja—hacia arriba, hacia abajo y, a veces, inclinándose hacia adelante y hacia atrás—es facilitado por grandes cilindros hidráulicos. El operador manipula estos movimientos utilizando palancas de control montadas en el compartimiento del operador, con diseños más nuevos de bulldozers que incorporan controles de la hoja, transmisión y dirección en un solo joystick. Características opcionales asistidas por computadora interactúan con varios componentes del bulldozer, permitiendo un trabajo de acabado preciso.

Las características distintivas de un bulldozer de orugas incluyen una cabina, un conjunto de orugas tipo oruga, una hoja posicionada en la parte frontal y, ocasionalmente, un ripper en la parte trasera.

Figura 73: Componentes principales del bulldozer. Imagen de fondo - Shaun Greiner, CC BY-SA 2.0, vía Wikimedia Commons.

La cabina del operador en un bulldozer de orugas típicamente integra controles de joystick para una maniobrabilidad óptima, junto con una variedad de otros controles e indicadores para asegurar que el operador esté informado sobre el estado de la máquina en todo momento. La cabina debe proporcionar un entorno razonablemente cómodo y espacioso para el operador, quien puede pasar varias horas seguidas dentro de ella. También debe estar equipada con aire acondicionado y aislamiento acústico para mitigar el ruido generado por la máquina y el sitio de trabajo, que puede afectar los oídos del operador.

Las orugas de un bulldozer de orugas sirven como sustitutos de los neumáticos o ruedas, presumiendo de un material de alta resistencia y un diseño con surcos que permite a la máquina atravesar el sitio de trabajo sin importar el terreno accidentado o los obstáculos. Los bulldozers de orugas vienen con orugas pequeñas, medianas o grandes, dependiendo de la naturaleza del trabajo para el que están destinados.

Bulldozers de orugas pequeñas: Típicamente son más rápidos y ágiles para navegar a través de los sitios de trabajo debido a sus orugas más estrechas. Se utilizan en tareas que implican espacios confinados y requieren operaciones precisas, como construcción de carreteras, proyectos de jardinería y la edificación de estructuras residenciales, entradas, edificios de pequeña escala y estacionamientos.

Bulldozers de orugas medianas: Ofrecen versatilidad y pueden desplegarse tanto en proyectos residenciales como en proyectos de construcción a gran escala. Son una opción adecuada para empresas que operan en diversos sitios de trabajo y condiciones. Sus orugas de tamaño medio facilitan una maniobrabilidad significativa al tiempo que proporcionan la potencia necesaria para manejar cargas pesadas.

Bulldozers de orugas grandes: Con las orugas más anchas entre todos los tipos de bulldozers, ofrecen una mayor estabilidad y absorción de impactos para abordar las tareas más desafiantes y accidentadas. Estas máquinas sustanciales cuentan con una mayor capacidad de hoja y pueden manejar cargas considerablemente más pesadas en comparación con sus contrapartes más pequeñas. Los bulldozers más grandes a menudo vienen equipados con un ripper en la parte trasera, capaz de triturar rocas y otros objetos duros encontrados en terrenos difíciles. Además, los bulldozers más potentes con altas calificaciones de caballos de fuerza se emplean frecuentemente en operaciones mineras.

Diferentes tipos de hojas para bulldozers: Los bulldozers están equipados con varios tipos de hojas, cada una adecuada para tareas de construcción específicas. Dependiendo del tipo de hoja utilizada, los bulldozers encuentran aplicación en diferentes sitios de construcción. Para tareas de nivelación de superficie y nivelación de suelo, los bulldozers con hoja recta son los más efectivos. Por el contrario, los bulldozers equipados con hojas en U, también conocidas como hojas universales, destacan en tareas que requieren capacidades de empuje, acarreo y excavación. Sin embargo, para tareas más pesadas que exceden la capacidad de los bulldozers con hoja recta o en U, es necesaria una hoja combinada. Los bulldozers con hoja combinada son versátiles, capaces de manejar tareas que van desde el empuje y la limpieza de escombros hasta la gestión de cargas pesadas simultáneamente.

La estructura metálica prominente en la parte delantera de un bulldozer, conocida como la hoja, sirve para recoger y trasladar diversos materiales como tierra, rocas, escombros y arena dentro de los sitios de construcción o áreas de trabajo. Mientras que algunos bulldozers de orugas presentan hojas fijas, otros incorporan hojas con ángulos ajustables para facilitar una nivelación precisa en terrenos inclinados.

Tipos de hojas de bulldozer:

- **Hoja Universal:** Caracterizada por su diseño curvado y paneles laterales o alas, formando una forma de pala excavadora. Estos paneles retienen los materiales dentro de la hoja del bulldozer durante la operación de la máquina.

- **Hoja Recta:** Considerablemente más corta que una hoja universal, carece de su curvatura y paneles laterales. Ideal para tareas que requieren precisión en la nivelación fina.

- **Hoja Combinada:** Mezcla características de las hojas universal y recta, utilizada principalmente para mover piedras, rocas y escombros grandes similares. Corta en longitud con una ligera curvatura y pequeñas alas laterales.

Varias herramientas de trabajo pueden instalarse en la parte trasera de la máquina para complementar la funcionalidad de la hoja frontal:

- Se pueden montar grandes losas de acero en la parte trasera para aumentar el peso, ayudando en aplicaciones de empuje pesado.

- Un barra de tiro y una CCU (Unidad de Control de Cable) se utilizan para arrastrar raspadores remolcados e implementos. En modelos más recientes, los sistemas hidráulicos han reemplazado la CCU para operar raspadores.

- Se puede instalar un cabrestante hidráulico en la parte trasera para remolcar o tirar, particularmente útil en trabajos forestales donde también se puede emplear una hoja frontal más liviana para empujar arbustos y árboles.

- Un escarificador con uno o varios dientes puede acoplarse en la parte trasera para romper suelo duro o roca.

- Equipado con un enganche (enganche de tres puntos) para uso agrícola con implementos montados como arados.

Típicamente instalados en bulldozers de orugas grandes utilizados en minería y ambientes igualmente desafiantes, un escarificador es un accesorio fijado en la parte trasera de la máquina. Los escarificadores tienen la tarea de desmenuzar rocas, piedras y suelo compactado, transformándolos en piezas más pequeñas que pueden ser fácilmente recogidas, transportadas en camiones y trasladadas. En contextos agrícolas, los agricultores a veces emplean escarificadores para fracturar suelos compactados y rocosos, facilitando la fertilización y plantación de cultivos.

Los escarificadores vienen en dos tipos principales: de un solo diente o de múltiples dientes, ambos con puntas duraderas de aleación de acero de tungsteno que pueden reemplazarse cuando sea necesario debido al desgaste.

En algunos casos, los bulldozers pueden estar equipados con un stumpbuster en lugar de un escarificador. Un stumpbuster es una espiga larga diseñada para dividir tocones de árboles en piezas más manejables para su remoción, especialmente útil en operaciones de desmonte para construcción o fines agrícolas. Contrariamente a la creencia común, los implementos traseros como los escarificadores pueden tener más uso que la propia hoja del bulldozer en ciertos escenarios. Otro implemento trasero frecuentemente empleado es el cabrestante, que añade versatilidad al tractor e influye en la necesidad de contrapesos según el accesorio trasero elegido.

Los tractores de tipo mediano Cat están diseñados para optimizar la productividad mientras acomodan implementos traseros. La selección de implementos traseros debe considerar factores como la potencia del tractor, el peso bruto y la fuerza de penetración requerida para la tarea.

Implementos traseros comunes para tractores de tipo mediano Cat: Configuraciones de escarificadores: Elegir el tractor adecuado para un trabajo de escarificación es crucial, considerando factores como la potencia al volante, el peso bruto y la fuerza de penetración disponible en la punta del escarificador. Con el aumento de la urbanización y las preocupaciones ambientales en torno a métodos alternativos como la perforación y la voladura, el uso de escarificación ha visto un aumento en popularidad.

Escarificador de múltiples dientes con enlace de paralelogramo fijo: Estos escarificadores versátiles son adecuados para varios sitios y aplicaciones sin requerir cambios frecuentes. El enlace de paralelogramo fijo asegura ángulos de dientes consistentes a diferentes profundidades de escarificación, haciéndolos ideales para tareas como la pre-escarificación para raspadores.

Escarificador de múltiples dientes con ángulo variable hidráulicamente: Ofreciendo la flexibilidad de ajuste de ángulo a través de controles hidráulicos, estos escarificadores aumentan la productividad al permitir a los operadores adaptarse a diversas condiciones de material.

Escarificador de un solo diente con ángulo variable hidráulicamente: Diseñados para tareas de escarificación exigentes y requisitos de penetración profunda, estos escarificadores se seleccionan para aplicaciones de producción de escarificación donde la máquina pasa una cantidad significativa de tiempo trabajando en materiales duros.

Escarificadores reversos: Comúnmente usados en la industria petrolera, los escarificadores reversos se montan en la parte trasera de la hoja, permitiendo operaciones de escarificación mientras el tractor retrocede en preparación para la siguiente pasada de empuje.

Otros accesorios para tractores incluyen:

- Cabrestantes: Los cabrestantes, ya sean hidroestáticos o mecánicos, se fijan a la parte trasera del tractor, proporcionando capacidades de remolque. Se utilizan para la recuperación de vehículos, operaciones de tala, montaje y desmontaje de campos petrolíferos, así como diversas tareas de remolque utilitario.

- Herramientas especializadas: Caterpillar ofrece una amplia gama de herramientas para tractores adaptadas a aplicaciones específicas, incluyendo:

- Hoja para astillas de madera: Esta hoja de alta capacidad aumenta la eficiencia del empuje al tratar con astillas de madera ligeras.

- Arado para cables: Montados en la parte trasera del tractor, los arados para cables, disponibles en modelos estáticos y vibratorios, facilitan la instalación subterránea de alta producción de cables de cobre y fibra óptica.

- Arco para troncos: Conectado a un cabrestante, un arco para troncos permite al tractor remolcar un conjunto de troncos fuera del suelo.

- Pads para calles: Pads de goma o poliuretano, ya sean atornillados o fijados a las orugas, permiten a los tractores de orugas atravesar superficies pavimentadas con un daño mínimo.

- Arado cortafuego: Remolcado detrás de un tractor, los arados cortafuego crean cortafuegos de ocho pies o más anchos para ayudar en los esfuerzos de supresión de incendios forestales.

- Rastrillo para hoja: También conocidos como "rastrillos de raíces", estos accesorios se montan en la hoja y cuentan con púas que se extienden por debajo del borde de corte, facilitando la eliminación de raíces de árboles debajo de la superficie del suelo.

- Boom lateral: Adecuado para tareas de elevación de tuberías ligeras y tuberías más pequeñas, los booms laterales permiten a los tractores manejar proyectos de tuberías pequeñas de manera eficiente.

- Hoja inclinada: Montadas al costado de una hoja de bulldozer, las hojas inclinadas cuentan con controles hidráulicos que mejoran la eficiencia del empuje en superficies inclinadas.

- Hoja VPAT plegable: Esta hoja versátil es ideal para situaciones donde el ancho de transporte es una preocupación.

- Hoja en V (despeje): Con una forma en V empinada y bordes de corte afilados, las hojas en V son robustos accesorios diseñados para despejar vegetación mediana a grande.

- Hoja para carbón: Estas hojas de alta capacidad están diseñadas específicamente para aumentar la productividad del empuje en aplicaciones de almacenamiento de carbón y petcoke.

- Barra de tiro: Fijada a la parte trasera del tractor, una barra de tiro facilita el remolque de implementos y la extracción de otras máquinas de posiciones atascadas o empantanadas. Es un accesorio necesario si no se especifica otro accesorio trasero.

- Barras de choque delanteras y traseras: Las barras de choque son esenciales en aplicaciones de desechos para proteger el tanque de combustible del tractor, los guardabarros y otros componentes de chapa de daños. Colocadas para desviar peligros lejos del tractor, las barras de choque traseras se montan típicamente en una caja de choque trasera, que también puede servir como almacenamiento para palas, herramientas o cilindros de CO2 para un sistema de supresión de incendios.

En un bulldozer, las palancas y pedales controlan varias funciones esenciales para operar la máquina de manera efectiva. A continuación, se presenta un resumen de lo que generalmente hacen estos controles:

1. Palanca de control de la hoja: Esta palanca controla el movimiento de la hoja adjunta a la parte frontal del bulldozer. Permite al operador levantar, bajar, inclinar y angular la hoja para realizar diferentes tareas como empujar o esparcir material.

2. Palanca o pedal del acelerador: El control del acelerador regula la velocidad del motor y la salida de potencia. Al ajustar el acelerador, el operador puede aumentar o disminuir la velocidad a la que se mueve el bulldozer y la fuerza que ejerce.

3. Palanca de transmisión: La palanca de transmisión o palanca de cambio de marchas se utiliza para seleccionar la marcha adecuada para el movimiento hacia adelante o hacia atrás. Permite al operador controlar la velocidad y la dirección del bulldozer.

4. Embragues de dirección y pedales de freno: Los bulldozers

típicamente utilizan embragues de dirección y pedales de freno para controlar la dirección y el frenado. Al presionar el pedal de freno, el operador puede detener el bulldozer o desacelerarlo. Los embragues de dirección se enganchan o desenganchan para controlar el giro del bulldozer.

5. Controles hidráulicos: Estos controles operan varios sistemas hidráulicos en el bulldozer, como los de levantar y bajar el escarificador, ajustar la hoja o operar cualquier accesorio. Generalmente consisten en palancas o joysticks que permiten un control preciso sobre las funciones hidráulicas.

6. Pedales de control de orugas: En un bulldozer de orugas, hay pedales para controlar las orugas. Al presionar un pedal, se hace girar el bulldozer al desacelerar una oruga mientras la otra sigue moviéndose, permitiendo que pivote.

7. Control de accesorios: Si el bulldozer está equipado con accesorios adicionales como un escarificador o un cabrestante, puede haber controles separados para operar estos accesorios. Estos controles permiten al operador activar, desactivar y manipular las funciones de los accesorios según sea necesario.

En general, estas palancas y pedales proporcionan al operador el control y la maniobrabilidad necesarios para realizar diversas tareas de manera eficiente y segura con el bulldozer.

La dirección se logra desacelerando o deteniendo una oruga mientras la otra continúa su movimiento. Las máquinas de transmisión directa utilizan un embrague de dirección y freno en una oruga para lograr esto, desenganchando efectivamente la aplicación de potencia. Aunque este método ha sido prevalente durante muchos años y es efectivo, reduce la fuerza de empuje a la mitad durante los giros. Los operadores mitigan esta limitación empleando técnicas que enfatizan el empuje recto bajo carga con giros mínimos, alineando la máquina cuando está vacía y ejecutando giros antes de cargar completamente la hoja o mientras se reduce la carga. Además, ajustar el compromiso con el suelo para favorecer la dirección del giro requerido es otra técnica practicada. Comprender estos principios mejora la eficiencia de operar las modernas máquinas de transmisión hidrostática.

Los sistemas de transmisión hidrostática permiten el control de velocidad variable para cada oruga sin una reducción significativa de potencia. Esto permite desacelerar cualquiera de las orugas para girar sin interrumpir la transmisión de potencia. Aunque esta característica mejora sustancialmente la potencia de giro bajo carga, los operadores deben reconocer que el empuje recto utiliza de manera óptima la potencia disponible. Los giros demandan tracción y extraen potencia del empuje hacia adelante de la hoja, independientemente del sistema de transmisión.

Un joystick regula el flujo y la presión de aceite a cada oruga, ofreciendo control a través de cuatro direcciones de movimiento del joystick, ocasionalmente involucrando la rotación del joystick para el control de dirección o botones para ajustes incrementales de velocidad. Generalmente, un mayor movimiento del joystick resulta en un mayor flujo de aceite y velocidad si la carga lo permite. Ajustar la velocidad y potencia a cada oruga facilita los giros, con la contrarrotación de orugas (una hacia adelante y la otra hacia atrás) ocasionalmente empleada para giros puntuales.

Figura 74: Diseño típico de la cabina de un bulldozer.

Planificación y Preparación para Operaciones con Bulldozer

Como operador de un bulldozer, es esencial priorizar tanto la seguridad personal como la seguridad de los demás en la vecindad, tal como lo exigen los requisitos legales. La operación segura de un bulldozer depende en gran medida de la aplicación del sentido común, con los operadores manteniéndose atentos a los posibles peligros que podrían comprometer su bienestar, la seguridad de los compañeros de trabajo o la integridad de la máquina. El operador tiene la responsabilidad de garantizar la seguridad del bulldozer y su carga en todo momento.

Implementar medidas de seguridad sencillas en colaboración con el empleador y la adherencia a las reglas básicas puede reducir significativamente los riesgos. Los operadores deben seguir estrictamente las instrucciones proporcionadas por los gerentes y supervisores del sitio, así como cumplir con las directrices del fabricante descritas en los manuales del operador específicos del bulldozer que se está operando.

Es crucial ejercer precaución tomando medidas de seguridad antes, durante y después de operar la máquina, asegurándose de que se opere dentro de sus capacidades designadas.

Los operadores deben abstenerse de operar cualquier maquinaria sin la capacitación y autorización adecuadas, y no deben ignorar los posibles peligros ni participar en el uso indebido, manipulación o interferencia con el bulldozer y su equipo de seguridad asociado. Se debe evitar a toda costa la negligencia que comprometa la seguridad personal o la de los demás.

Antes de comenzar el trabajo, los operadores deben asegurarse de que el bulldozer esté en condiciones de funcionamiento adecuadas y seguro para su uso mediante la realización de verificaciones y procedimientos de mantenimiento diarios de rutina. Además, deben inspeccionar las áreas de trabajo en busca de peligros y obstáculos que puedan impedir la operación del bulldozer.

En cuanto a los consejos de seguridad en la construcción, es imperativo realizar una inspección exhaustiva de las condiciones del terreno antes de comenzar el trabajo para identificar cualquier riesgo potencial. Instalar marcadores para delinear el borde de la carretera puede mejorar la visibilidad y la conciencia, mientras que empujar tierra en el ángulo correcto con respecto al hombro de la carretera puede minimizar los riesgos de colapso y otros peligros.

La planificación de las operaciones con bulldozer implica varios pasos clave para garantizar la seguridad, el cumplimiento y la eficiencia:

1. Acceder, interpretar y aplicar la documentación de operaciones del bulldozer: Comience por acceder a la documentación relevante, como manuales del fabricante, directrices de seguridad y requisitos regulatorios. Interprete esta información para entender los procedimientos de operación adecuados, las precauciones de seguridad y las obligaciones legales. Aplique estas directrices para asegurar que las operaciones con el bulldozer

cumplan con los estándares y regulaciones de la industria.

2. Obtener, leer, interpretar, aclarar y confirmar las instrucciones de trabajo: Obtenga instrucciones de trabajo claras de los supervisores o gerentes de proyecto sobre el alcance del trabajo, los objetivos y las tareas específicas a realizar. Lea e interprete estas instrucciones cuidadosamente, buscando aclaraciones si es necesario para asegurar la comprensión. Confirme los detalles de las instrucciones de trabajo para evitar malentendidos y errores durante las operaciones con el bulldozer.

3. Identificar y abordar riesgos, peligros y problemas ambientales: Realice una evaluación de riesgos exhaustiva del sitio de trabajo para identificar posibles peligros, riesgos y preocupaciones ambientales asociadas con las operaciones del bulldozer. Implemente medidas de control adecuadas para mitigar estos riesgos, como barreras, señalización y protocolos de seguridad. Aborde los problemas ambientales minimizando las perturbaciones en áreas sensibles y cumpliendo con las regulaciones ambientales.

4. Seleccionar y usar el equipo de protección personal (EPP) adecuado: Identifique el EPP adecuado requerido para las operaciones con el bulldozer, como cascos, ropa de alta visibilidad, guantes y botas con punta de acero. Asegúrese de que todo el personal involucrado en las operaciones con el bulldozer use el EPP necesario para protegerse contra lesiones y peligros.

5. Identificar, obtener e implementar los requisitos de señalización de gestión de tráfico: Evalúe la necesidad de señalización de gestión de tráfico para controlar el tráfico vehicular y peatonal alrededor del sitio de trabajo durante las operaciones con el bulldozer. Obtenga la señalización requerida e impleméntela según los estándares regulatorios para garantizar la seguridad de

los trabajadores y del público.

6. Seleccionar y verificar fallas en herramientas, equipos y/o accesorios: Elija las herramientas, equipos y accesorios apropiados necesarios para tareas específicas con el bulldozer, como hojas, escarificadores o cabrestantes. Realice verificaciones previas a la operación para identificar fallas o defectos en el bulldozer, herramientas o equipos. Solucione cualquier problema o defecto antes de comenzar las operaciones para prevenir accidentes o averías.

7. Obtener e interpretar procedimientos de emergencia: Familiarícese con los procedimientos de emergencia para el sitio de trabajo, incluidos incendios, accidentes y emergencias médicas. Comprenda las rutas de evacuación, los puntos de reunión y los protocolos de comunicación en caso de emergencia. Esté preparado para responder eficazmente a las emergencias y proporcionar asistencia según sea necesario para garantizar la seguridad del personal y la propiedad.

Acceder, interpretar y aplicar la documentación de operaciones del bulldozer implica varios pasos para garantizar operaciones seguras y conformes. En primer lugar, es esencial acceder a toda la documentación relevante relacionada con las operaciones del bulldozer, que incluye los manuales del fabricante, las pautas de seguridad y los requisitos regulatorios exigidos por las autoridades locales o las organizaciones de estándares de la industria. Asegurarse de que todos los documentos pertinentes estén disponibles para el personal involucrado en las operaciones del bulldozer sienta las bases para prácticas seguras.

Una vez obtenida la documentación, el siguiente paso es interpretar la información contenida en ella. Esto requiere una lectura y revisión cuidadosa de la documentación para entender completamente el contenido, incluyendo los procedimientos operativos, las precauciones de seguridad y las obligaciones legales. Prestar atención a detalles como las especificaciones del equipo, los procedimientos de mantenimiento y las pautas de seguridad es crucial. La información debe interpretarse de manera clara y comprensible para todo el personal involucrado en las operaciones del bulldozer para asegurar una implementación efectiva.

Después de interpretar la información, se deben aplicar las pautas descritas en la documentación para asegurar el cumplimiento con los estándares y regulaciones de la industria. Los procedimientos operativos adecuados, las precauciones de seguridad y las prácticas de mantenimiento deben implementarse según lo prescrito en la documentación. Es esencial garantizar que todo el personal esté capacitado y equipado para adherirse a estas pautas de manera efectiva para mitigar riesgos y peligros.

Revisar y actualizar regularmente la documentación es necesario para asegurar el cumplimiento continuo con las regulaciones cambiantes o los estándares de la industria. Realizar auditorías o inspecciones periódicas ayuda a verificar que las operaciones del bulldozer se alineen con las pautas descritas en la documentación. Cualquier problema de incumplimiento debe abordarse de inmediato y se deben implementar acciones correctivas según sea necesario para mantener operaciones seguras y conformes.

Obtener, leer, interpretar, aclarar y confirmar las instrucciones de trabajo es esencial para asegurar que las operaciones del bulldozer se lleven a cabo de manera eficiente y efectiva. Primero, obtenga instrucciones de trabajo claras de los supervisores o gerentes de proyecto antes de comenzar cualquier tarea. Estas instrucciones deben delinear el alcance del trabajo, los objetivos y las tareas específicas a realizar con el bulldozer. La comunicación clara entre supervisores y operadores es crucial para garantizar que todos comprendan sus roles y responsabilidades.

Luego, lea e interprete cuidadosamente las instrucciones de trabajo proporcionadas. Preste mucha atención a detalles como la ubicación del sitio de trabajo, el tipo de terreno y cualquier requisito o restricción específica. Es esencial comprender completamente los objetivos y expectativas descritos en las instrucciones para realizar las tareas con precisión.

Si hay alguna incertidumbre o ambigüedad en las instrucciones de trabajo, busque aclaraciones con los supervisores o gerentes de proyecto. Hacer preguntas y buscar aclaraciones demuestra un enfoque proactivo para entender los requisitos y asegura que se aborden los posibles malentendidos antes de que comience el trabajo.

Una vez comprendidas las instrucciones de trabajo, confirme los detalles para evitar malentendidos o errores durante las operaciones del bulldozer. Esto puede implicar resumir las instrucciones verbalmente o por escrito para asegurar que ambas partes estén en la misma página. Confirmar los detalles ayuda a establecer expectativas claras y reduce la probabilidad de errores o retrabajos.

En resumen, obtener instrucciones de trabajo claras, leerlas e interpretarlas cuidadosamente, buscar aclaraciones si es necesario y confirmar los detalles son pasos esenciales para preparar las operaciones del bulldozer. La comunicación y comprensión efectivas entre supervisores y operadores son clave para asegurar que las tareas se realicen de manera segura, precisa y de acuerdo con los requisitos del proyecto.

Identificar y abordar riesgos, peligros y problemas ambientales es necesario para asegurar la seguridad de las operaciones del bulldozer y minimizar los impactos adversos en el medio ambiente. Primero, realice una evaluación de riesgos exhaustiva del sitio de trabajo antes de iniciar las operaciones del bulldozer. Esto implica identificar posibles peligros, como terreno irregular, obstáculos aéreos, servicios públicos enterrados o estructuras cercanas. Además, evalúe los riesgos asociados con factores como las condiciones meteorológicas, la visibilidad y la presencia de otros trabajadores o vehículos en la proximidad.

Los peligros asociados con la operación de un bulldozer incluyen:

1. Colisión: Los bulldozers son máquinas grandes y pesadas que pueden causar daños significativos o lesiones en caso de colisión con otros vehículos, equipos o personal en el sitio de trabajo.

2. Vuelco: Los bulldozers pueden volcarse si se operan en terrenos irregulares o inestables, lo que puede provocar lesiones graves o la muerte del operador y los trabajadores cercanos.

3. Enredo: Las partes móviles del bulldozer, como las orugas, las hojas y los accesorios, presentan un riesgo de enredo que puede resultar en lesiones graves o fatales.

4. Objetos que caen: Los materiales o escombros empujados o levantados por el bulldozer pueden caer sobre trabajadores o transeúntes, causando lesiones o muertes.

5. Lesiones por aplastamiento: Los trabajadores pueden quedar atrapados entre el bulldozer y otros objetos o ser aplastados por la máquina misma, lo que puede causar lesiones graves o la muerte.

6. Problemas de visibilidad: La visibilidad limitada desde la cabina del operador puede dificultar la visión de trabajadores, equipos u obstáculos en el camino del bulldozer, aumentando el riesgo de accidentes.

7. Peligros ambientales: Los bulldozers pueden encontrarse con materiales o condiciones peligrosas, como derrames químicos, terreno inestable o pendientes pronunciadas, que pueden representar riesgos para el operador y el medio ambiente.

8. Ruido y vibración: La exposición prolongada a altos niveles de ruido y vibración por la operación del bulldozer puede causar pérdida auditiva, trastornos musculoesqueléticos y otros problemas de salud para los operadores y los trabajadores cercanos.

9. Incendio y explosión: Los bulldozers pueden encontrarse con materiales inflamables o provocar incendios debido a la fricción o el sobrecalentamiento, lo que representa un riesgo de incendio o explosión en el sitio de trabajo.

10. Fallas mecánicas: Las fallas o averías de los componentes del bulldozer, como los frenos, los sistemas hidráulicos o los sistemas de dirección, pueden provocar accidentes o la pérdida de control de la máquina, resultando en lesiones o muertes.

Una vez identificados los peligros y riesgos, implemente medidas de control apropiadas para mitigarlos de manera efectiva. Esto puede incluir la instalación de barreras o señalización de advertencia para alertar al personal sobre peligros potenciales, el establecimiento de canales de comunicación claros entre operadores y personal en tierra, y la implementación de protocolos de seguridad como el uso de equipo de protección personal (EPP) y la adhesión a los procedimientos operativos designados.

También se deben tener en cuenta los problemas ambientales durante las operaciones del bulldozer. Minimice la perturbación de áreas sensibles, como humedales, cuerpos de agua o hábitats de vida silvestre, adhiriéndose a zonas de trabajo designadas y evitando la alteración innecesaria del medio ambiente natural. Además, asegúrese de cumplir con las regulaciones y permisos ambientales para mitigar los impactos potenciales en la calidad del aire y del agua, la erosión del suelo y la vida silvestre.

El monitoreo y la revisión regular de las estrategias de gestión de riesgos son esenciales para asegurar su efectividad continua y abordar cualquier peligro emergente o preocupación ambiental. Al identificar y abordar proactivamente los riesgos, peligros y problemas ambientales, los operadores de bulldozers pueden mantener un entorno de trabajo seguro y minimizar su huella ecológica durante las actividades de construcción.

Seleccionar y usar el equipo de protección personal (EPP) es esencial para garantizar la seguridad del personal involucrado en las operaciones del bulldozer. Para empezar, identifique el EPP específico requerido para las operaciones del bulldozer según los peligros y riesgos potenciales presentes en el sitio de trabajo. Esto puede incluir artículos como cascos para proteger contra lesiones en la cabeza por objetos que caen o peligros aéreos, ropa de alta visibilidad para mejorar la visibilidad y minimizar el riesgo de colisiones con otros vehículos o trabajadores, guantes para proteger las manos de cortes, abrasiones o puntos de pellizco, y botas con punta de acero para salvaguardar los pies de lesiones por aplastamiento o perforaciones.

Una vez identificado el EPP adecuado, asegúrese de que todo el personal involucrado en las operaciones del bulldozer esté equipado con el equipo de protección necesario. Proporcione instrucciones y pautas claras sobre el uso y mantenimiento correcto del EPP para garantizar la máxima efectividad y el cumplimiento de las regulaciones de seguridad.

Inspeccione y reemplace regularmente el equipo de protección personal (EPP) según sea necesario para garantizar que se mantenga en buenas condiciones y proporcione una protección adecuada contra los peligros. Anime al personal a informar rápidamente sobre cualquier EPP dañado o defectuoso para facilitar su reemplazo oportuno y prevenir posibles lesiones.

Además, enfatice la importancia de usar el EPP de manera consistente y correcta durante las operaciones con el bulldozer, independientemente de la duración o intensidad de la tarea. El EPP correctamente ajustado y mantenido puede reducir significativamente el riesgo de lesiones y garantizar la seguridad y el bienestar del personal que trabaja en y alrededor de los bulldozers.

Identificar, obtener e implementar los requisitos de señalización de gestión del tráfico es importante para garantizar la seguridad de los trabajadores y del público durante las operaciones del bulldozer. Comience realizando una evaluación exhaustiva del sitio de trabajo para determinar la necesidad de señalización de gestión del tráfico. Considere factores como el volumen de tráfico vehicular y peatonal, la disposición del sitio de trabajo y cualquier peligro u obstrucción potencial que pueda afectar el flujo seguro del tráfico.

Una vez identificados los requisitos de señalización, obtenga los materiales y equipos de señalización necesarios. Esto puede incluir señales que indiquen límites de velocidad, cruces peatonales, cierres de carriles y otra información relevante para guiar el tráfico de manera segura alrededor del sitio de trabajo.

Asegúrese de que la señalización de gestión del tráfico cumpla con los estándares y requisitos regulatorios especificados por las autoridades locales o las pautas de la industria. Seleccione señales que sean claramente visibles, duraderas y resistentes a la intemperie para garantizar su efectividad en diversas condiciones ambientales.

Implemente la señalización de gestión del tráfico de acuerdo con el plan establecido y los estándares regulatorios. Coloque las señales estratégicamente en ubicaciones clave alrededor del sitio de trabajo para proporcionar una guía y dirección claras al tráfico vehicular y peatonal. Considere factores como la visibilidad, la altura de colocación y la distancia del sitio de trabajo para maximizar la efectividad de la señalización.

Monitoree y mantenga regularmente la señalización de gestión del tráfico para garantizar que se mantenga en buenas condiciones y continúe proporcionando información precisa a los usuarios de la vía. Reemplace o actualice la señalización según sea necesario para abordar los cambios en los patrones de tráfico, las condiciones del sitio de trabajo o los requisitos regulatorios.

Al identificar, obtener e implementar los requisitos de señalización de gestión del tráfico de manera efectiva, las organizaciones pueden mejorar la seguridad y minimizar el riesgo de accidentes o lesiones durante las operaciones del bulldozer.

Seleccionar y verificar fallas en herramientas, equipos y/o accesorios para las operaciones del bulldozer es esencial para asegurar una ejecución suave y segura de las tareas. Comience evaluando los requisitos específicos de las tareas del bulldozer para determinar las herramientas, equipos y accesorios apropiados necesarios. Considere factores como el tipo de terreno, la naturaleza del material que se maneja y el resultado deseado de la operación. Elija herramientas y accesorios como hojas, escarificadores o cabrestantes que sean adecuados para la tarea en cuestión.

Una vez seleccionadas las herramientas, equipos y accesorios, realice verificaciones exhaustivas antes de la operación para identificar cualquier falla o defecto. Inspeccione el bulldozer, las herramientas y los equipos en busca de signos de desgaste, daños o mal funcionamiento. Preste especial atención a componentes críticos como los sistemas hidráulicos, el rendimiento del motor y la integridad estructural.

Durante la inspección, verifique la existencia de fugas, componentes sueltos o dañados, piezas desgastadas o cualquier otro problema que pueda afectar el rendimiento o la seguridad del bulldozer y el equipo asociado. Utilice los manuales y pautas del fabricante para asegurarse de que la inspección sea completa y sistemática.

Solucione cualquier falla o defecto identificado antes de comenzar las operaciones. Repare o reemplace los componentes dañados o defectuosos, apriete los accesorios sueltos y aborde cualquier otro problema para garantizar que el bulldozer y el equipo asociado estén en condiciones óptimas de funcionamiento. Documente cualquier mantenimiento o reparación realizada para fines de registro y responsabilidad.

Monitoree y mantenga regularmente el bulldozer, las herramientas, el equipo y los accesorios para prevenir problemas durante las operaciones. Realice inspecciones rutinarias y procedimientos de mantenimiento según lo recomendado por el fabricante para prolongar la vida útil del equipo y asegurar su fiabilidad y seguridad continuas.

Al seleccionar y verificar diligentemente las fallas en las herramientas, el equipo y los accesorios, los operadores pueden minimizar el riesgo de accidentes, averías y retrasos durante las operaciones del bulldozer, contribuyendo a una ejecución eficiente y efectiva de las tareas.

Realizar verificaciones previas al arranque en un bulldozer es necesario para asegurar su operación segura y eficiente. Algunas verificaciones previas al arranque comunes incluyen:

1. Inspección visual: Realice una inspección visual de los componentes exteriores e interiores del bulldozer para verificar si hay daños visibles, fugas o partes sueltas. Busque signos de desgaste en las orugas, el tren de rodaje, la hoja, las mangueras hidráulicas y el compartimento del motor.

2. Niveles de fluidos: Verifique los niveles de fluidos esenciales, como el aceite del motor, el fluido hidráulico, el refrigerante y el combustible. Asegúrese de que todos los fluidos estén en los niveles recomendados y rellene si es necesario. Busque signos de fugas alrededor de los depósitos de fluidos o las mangueras.

3. Sistemas hidráulicos: Pruebe los sistemas hidráulicos del bulldozer operando los controles para levantar, bajar e inclinar la hoja. Escuche si hay ruidos o vibraciones inusuales que puedan indicar problemas hidráulicos. Verifique si hay fugas en las líneas hidráulicas y los cilindros.

4. Sistemas eléctricos: Pruebe las luces, los indicadores y los dis-

positivos de advertencia para asegurarse de que funcionen correctamente. Verifique los terminales de la batería en busca de corrosión y asegúrese de que todas las conexiones eléctricas estén seguras.

5. Controles e instrumentos: Verifique el funcionamiento de todos los controles, palancas e interruptores para asegurarse de que funcionen sin problemas. Pruebe la dirección, los frenos, la transmisión y los controles de la hoja para verificar su capacidad de respuesta.

6. Tren de rodaje y orugas: Inspeccione el tren de rodaje y las orugas en busca de signos de daño, desgaste excesivo o desalineación. Verifique la tensión de las orugas y ajústela si es necesario para asegurar una tracción y alineación adecuadas.

7. Equipo de seguridad: Verifique la presencia y el estado de las características de seguridad, como cinturones de seguridad, estructuras de protección contra vuelcos (ROPS) y extintores de incendios. Asegúrese de que todo el equipo de seguridad esté en buen estado de funcionamiento y sea fácilmente accesible para el operador.

8. Documentación y papeleo: Revise los registros de mantenimiento, el historial de servicio y los registros de inspección del bulldozer para asegurarse de que haya sido mantenido y reparado adecuadamente. Confirme que toda la documentación requerida, incluidos los manuales de operación y las pautas de seguridad, esté presente y actualizada.

Para asegurar un rendimiento óptimo y prevenir posibles problemas, es crucial monitorear y ajustar regularmente la tensión de las orugas en un bulldozer de orugas. Una oruga suelta puede correr el riesgo de salirse de los rodillos, mientras que una tensión excesiva puede causar esfuerzo en el motor, pérdida de potencia y daño a las orugas.

Siga estos pasos para ajustar las orugas de un bulldozer:

1. Detenga el bulldozer suavemente sin usar los frenos.

2. Estacione el bulldozer y apague el motor.

3. Limpie cualquier suciedad o escombros de la superficie de la oruga.

4. Coloque un borde recto o una cuerda desde las zapatas en el rodillo delantero hasta el engranaje.

5. Mida la distancia desde la cuerda hasta la punta de la zapata en el punto más bajo del hundimiento. Si hay un rodillo portador entre el rodillo y el engranaje, mida ambos lados y calcule el promedio.

6. Consulte el manual del operador para determinar el hundimiento recomendado para su modelo específico de bulldozer, generalmente entre 2 y 3 pulgadas.

7. Si es necesario ajustar, ubique la válvula de ajuste hidráulico.

8. Para tensar la oruga, aplique grasa a la válvula y opere la máquina hacia adelante y hacia atrás. Vuelva a medir hasta lograr la tensión deseada.

9. Para aflojar la oruga, libere gradualmente la grasa girando la válvula. Cierre la válvula cuando se alcance la tensión correcta de la oruga.

Tenga en cuenta que los procedimientos específicos pueden variar según la marca y el modelo de su bulldozer. Para obtener instrucciones precisas adaptadas a su equipo, consulte el manual del operador proporcionado por el fabricante. Por ejemplo, si necesita orientación sobre el ajuste de las orugas de un bulldozer John Deere, consulte la sección correspondiente en el manual del operador.

Obtener e interpretar los procedimientos de emergencia es esencial para garantizar la seguridad del personal y la propiedad en un sitio de trabajo. A continuación, se explica cómo hacerlo de manera efectiva:

1. Acceder a los procedimientos de emergencia: Obtenga copias de los procedimientos de emergencia específicos de su sitio de trabajo de los supervisores, oficiales de seguridad o la señalización publicada. Estos procedimientos suelen incluir protocolos para diversas emergencias, como incendios, accidentes, incidentes médicos o desastres naturales.

2. Revisar la documentación: Lea y revise los procedimientos de emergencia detenidamente para comprender los pasos a seguir en diferentes escenarios de emergencia. Preste especial atención a detalles como las rutas de evacuación, los puntos de reunión, la información de contacto de emergencia y las acciones específicas que deben tomarse en cada tipo de emergencia.

3. Buscar aclaraciones: Si algún aspecto de los procedimientos de emergencia no está claro o es ambiguo, busque aclaraciones con los supervisores, oficiales de seguridad o colegas que estén familiarizados con los procedimientos. Es crucial tener una comprensión clara de los protocolos para asegurar una respuesta efectiva en caso de emergencia.

4. Interpretar los procedimientos: Interprete los procedimientos de emergencia en el contexto de su sitio de trabajo específico y sus responsabilidades laborales. Considere cómo se aplican los procedimientos a su rol y qué acciones necesita tomar para cumplir con sus responsabilidades durante una situación de emergencia.

5. Estar preparado para responder: Familiarícese con la ubicación de las salidas de emergencia, extintores de incendios, botiquines de primeros auxilios y otros equipos de emergencia en el sitio de trabajo. Esté preparado para responder de manera rápida y adecuada en caso de una emergencia, siguiendo los procedimientos descritos en la documentación.

6. Practicar simulacros: Participe en simulacros de preparación para emergencias o sesiones de entrenamiento realizadas en el sitio de trabajo para practicar la implementación de los procedimientos de emergencia. Los simulacros ayudan a reforzar el conocimiento de los procedimientos y aseguran que el personal esté preparado para responder eficazmente en situaciones de emergencia reales.

7. Mantenerse informado: Manténgase informado sobre cualquier actualización o cambio en los procedimientos de emergencia y sea proactivo en mantener su conocimiento actualizado. Revise regularmente los procedimientos y comunique cualquier actualización o revisión a sus colegas para asegurarse de que todos estén informados y preparados.

Inspeccionar y arrancar el bulldozer implica varios pasos para asegurar una operación segura y eficiente:

- Comience escaneando el exterior de la máquina en busca de cualquier signo visible de daño, como grietas en las ventanas o abolladuras en la carrocería. Verifique si hay grietas y desgaste en la hoja y el escarificador, registrando sus observaciones en una hoja de verificación previa a la operación. Este paso es particularmente importante si está alquilando el bulldozer para protegerse de la responsabilidad por daños preexistentes.

- Luego, verifique si hay fugas de aceite o fluido hidráulico en el bulldozer. Busque fugas de aceite en el suelo debajo del motor e inspeccione los cilindros de elevación y las mangueras hidráulicas en busca de fugas o grietas. Consulte el manual del usuario para obtener orientación sobre la reparación de cualquier fuga identificada.

- Asegúrese de que todos los pestillos de las puertas y el capó estén bloqueados de manera segura para evitar que se abran durante la operación debido a la vibración. Cierre el capó y las puertas de manera segura, dándoles unos tirones para confirmar que están bien cerrados. Si una puerta se abre mientras opera, estacione el bulldozer antes de intentar cerrarla.

- Mantenga los niveles adecuados de combustible, aceite, refrigerante del motor, aceite de transmisión y fluido hidráulico. Limpie la varilla de medición del aceite antes de verificar los niveles y asegúrese de que el motor esté enfriado antes de inspeccionar el refrigerante. Consulte el manual del propietario para especificaciones sobre los niveles de fluidos y cómo verificarlos con precisión.

- Utilice los rieles de seguridad y los escalones para subir a la cabina del bulldozer. Tenga cuidado al subir para evitar resbalones, especialmente considerando la altura de la máquina. Tenga en cuenta los dientes grandes en las orugas para evitar que sus botas queden atrapadas.

- Una vez sentado en la cabina, abroche el cinturón de seguridad firmemente alrededor de su cintura para evitar que rebote mientras opera el bulldozer. Reemplace el cinturón de seguridad si está dañado o defectuoso.

- Gire la llave de encendido hacia la derecha, asegurándose de que su pie esté en el freno si lo requiere la máquina. Escuche que el motor arranque y comience a ralentí, prestando atención a cualquier sonido anormal como golpes o chirridos. Mantener el pie en el freno previene movimientos no deseados.

- Permita que el bulldozer se caliente durante unos minutos antes de operar para asegurar un rendimiento óptimo. Esto permite que el aceite lubrique todas las partes y que el sistema de enfriamiento alcance su temperatura de operación. Monitoree los medidores de temperatura y fluidos para asegurar que ingresen a la zona segura mientras el motor se calienta.

Operar un Bulldozer

Mover el bulldozer hacia adelante y hacia atrás implica una serie de pasos para asegurar una operación suave y segura:

- Comience ajustando el control de velocidad en el joystick izquierdo. El método para ajustar el control de velocidad puede variar según el modelo del bulldozer, como un botón o una pequeña rueda. Disminuya gradualmente la velocidad para asegurar un ajuste suave. Algunos modelos más nuevos cuentan con un medidor digital que indica cuando la velocidad está en cero.

- Gire la perilla del acelerador a la posición de funcionamiento. Gire la perilla del acelerador hacia la derecha para aumentar la potencia del motor. Algunas perillas pueden tener símbolos como una tortuga para el modo de ralentí y un conejo para el modo de funcionamiento. Ajustar el acelerador manteniendo la velocidad baja es crucial para un control adecuado del motor.

- Mueva el joystick izquierdo hacia adelante para avanzar o hacia atrás para retroceder. Maneje el joystick con suavidad para engranar la transmisión sin problemas, asegurándose de que no ocurra ningún daño. Debería sentir un clic sutil cuando la transmisión esté correctamente engranada.

- Maneje el joystick izquierdo hacia la izquierda o hacia la derecha para controlar la dirección del bulldozer. Una vez en marcha o en reversa, mover el joystick dicta la dirección del movimiento de la máquina. Tenga precaución y permanezca atento a su entorno para prevenir accidentes.

- Verifique la funcionalidad de los controles probando cada dirección individualmente. Asegúrese de que el movimiento sea suave y responda sin atascos ni sacudidas. Familiarícese con la respuesta de la máquina antes de intentar velocidades más rápidas.

- Utilice el freno de pie para detener el movimiento del bulldozer cuando sea necesario. Aplique presión con su pie derecho sobre el freno de pie, similar a frenar en un automóvil. Use el freno de pie solo para paradas inmediatas y tenga precaución debido a su naturaleza sensible.

Siguiendo estos pasos, puede operar efectivamente el bulldozer hacia adelante y hacia atrás mientras mantiene la seguridad y el control.

Operar la hoja y el escarificador del bulldozer requiere control y coordinación cuidadosa:

- Ajuste la altura de la hoja moviendo el joystick derecho hacia adelante o hacia atrás. Sostenga el joystick con su mano derecha y empújelo hacia adelante para bajar la hoja. Por el contrario, tire del joystick hacia atrás para levantar la hoja. Asegúrese de que el movimiento de la hoja sea suave y sin sacudidas bruscas. Evite colocar la hoja en el suelo hasta que esté listo para comenzar a empujar la tierra.

- Controle la inclinación de la hoja moviendo el joystick derecho horizontalmente. Mueva el joystick hacia la derecha para inclinar la hoja en esa dirección y hacia la izquierda para inclinarla hacia la izquierda. Esta capacidad de inclinación le permite controlar qué lado de la hoja está más cerca del suelo. Resulta particularmente útil cuando se trabaja en terreno irregular para lograr el raspado deseado de la tierra.

- Ajuste el ángulo de la hoja utilizando la perilla de control de ángulo para abanicarla hacia la derecha o la izquierda. Use su pulgar para manipular la perilla en la dirección deseada. Dependiendo del modelo del bulldozer, este ajuste se puede hacer mediante un sistema de botones o un pequeño dial. Angulando la hoja se determina la dirección en la que fluirá la tierra, ya sea hacia el lado derecho o izquierdo del bulldozer.

- Active el escarificador moviendo el joystick del escarificador hacia atrás. Sostenga el joystick con su mano derecha y ajústelo hacia arriba o hacia abajo según sea necesario. Generalmente ubicado detrás del joystick derecho más cerca del operador, el escarificador cuenta con púas que penetran en el suelo para aflojar tierra dura o materiales. Tenga en cuenta que no todos los bulldozers están equipados con un escarificador y su activación puede no ser siempre necesaria para la tarea en cuestión.

Operar bajo diversas condiciones presenta varios desafíos que requieren una consideración cuidadosa y medidas de precaución. Al reanudar las operaciones después de la lluvia, es esencial ejercer precaución debido a las condiciones alteradas. Particularmente, al acercarse a los hombros de las carreteras o acantilados, que pueden haberse vuelto inestables, la vigilancia es crucial.

Navegar por terrenos irregulares o áreas con obstáculos requiere la adherencia a pautas específicas:

- Cuando atraviese terrenos irregulares, mantenga una velocidad baja y evite cambios bruscos de dirección para asegurar la estabilidad.

- Donde sea posible, evite obstáculos grandes como rocas o árboles caídos. Alternativamente, utilice el equipo para removerlos o maniobrar alrededor de ellos.

- En casos donde los obstáculos sean inevitables, cambie a una marcha baja, reduzca la velocidad y crúcelos cuidadosamente para minimizar el impacto.

Ciertas situaciones demandan atención adicional:

- Antes de cruzar puentes, verifique los límites de carga.

- Después de terremotos o actividades de voladura, confirme la estabilidad del suelo y asegúrese de que no queden cargas sin detonar.

Aumentos inesperados en la velocidad plantean riesgos:

- Cuando descargue tierra sobre un acantilado o pase por cumbres de inclinaciones, puede ocurrir una aceleración repentina. Para contrarrestar esto, reduzca la velocidad de inmediato usando el pedal de desaceleración o la palanca de control de combustible.

- Evite montar obstáculos en ángulo o desenganchar los embragues de dirección al cruzar obstáculos.

Operar cerca de bordes o hombros de carreteras requiere una mayor vigilancia:

- Ejercite extrema precaución al trabajar cerca del borde de acantilados o hombros de carreteras para evitar caídas accidentales.

- En márgenes de ríos o áreas de tierra acumulada, tenga cuidado con el posible hundimiento debido al peso de la máquina o la vibración.

Las pendientes requieren técnicas específicas de operación:
- Siempre viaje directamente hacia arriba o hacia abajo en pendientes para evitar volcaduras o deslizamientos laterales.

- Cuando descienda, utilice el motor y una marcha baja como frenos. Evite descender con la palanca de cambios en neutral.

Operar en agua o terreno fangoso requiere una evaluación cuidadosa:
- Antes de ingresar a áreas de agua o barro, evalúe la condición del suelo, la profundidad del agua y la velocidad del flujo para evitar exceder los límites seguros.

- En caso de quedar atrapado en el barro, evite girar las orugas o balancear la máquina excesivamente. En su lugar, reduzca la carga levantando la hoja y salga lentamente.

En regiones forestales, la precaución es primordial:
- Evite montar árboles caídos o troncos y tenga cuidado en superficies resbaladizas como pilas de hojas.

- Priorice la limpieza frecuente de la placa del vientre y el radiador para evitar la acumulación de escombros.

Operar de noche introduce desafíos adicionales:
- Asegúrese de tener iluminación adecuada para la visibilidad.

- Tenga cuidado con la mala interpretación de distancias y alturas de noche y ejerza precaución en condiciones de niebla o neblina.

- Detenga el trabajo en condiciones de poca visibilidad y espere a que la visibilidad mejore para reanudar las operaciones.

En condiciones de nieve:

- Evite paradas bruscas usando el freno de dirección en pendientes; bajar el equipo es un método de frenado más seguro.

- Utilice los cinturones de seguridad durante la operación, según lo exigen los estándares ROPS, para mejorar la seguridad.

Almacenar con un bulldozer implica varios pasos para almacenar materiales de manera eficiente y segura para su uso posterior. A continuación, se ofrece una guía sobre cómo almacenar con un bulldozer:

1. Evaluar el sitio: Comience inspeccionando el sitio donde se ubicará la pila. Considere factores como la accesibilidad para la remoción y futuras operaciones, la distancia desde la pila propuesta hasta el área de trabajo y si es necesario realizar alguna limpieza antes de apilar.

2. Elegir el método de apilamiento: Seleccione el método de apilamiento adecuado según factores como el tipo de material y las condiciones del suelo/tiempo. Los métodos comunes incluyen el método de hilera y la formación de un montículo para el almacenamiento.

3. Preparar el área: Limpie el área designada para la pila si es necesario, asegurándose de que esté libre de obstáculos y escombros que puedan interferir con las operaciones de apilamiento.

4. Comenzar el apilamiento: Comience empujando material con el bulldozer para formar la hilera inicial o el montículo. Use la hoja del bulldozer para controlar la colocación y la forma de la pila.

5. Aumentar altura y longitud: Continúe empujando material a la parte superior de la pila, aumentando gradualmente su altura y longitud. Use pasadas sucesivas para agregar más material, asegurándose de que la pila se construya de manera uniforme y compacta.

6. Nivelar y compactar: Una vez que se haya alcanzado la altura y longitud deseadas, use el bulldozer para nivelar y compactar la parte superior de la pila. Esto ayuda a sellar la superficie y evitar la absorción de humedad.

7. Asegurar accesibilidad: Asegúrese de que la pila sea accesible para la maquinaria de carga si es necesario cargarla posteriormente. Coloque la pila en una ubicación que permita un fácil acceso para el equipo de carga.

8. Seguir precauciones de seguridad: Durante todo el proceso de apilamiento, siga todas las precauciones de seguridad necesarias, como mantener el ángulo correcto de la pila, asegurarse de que haya suficiente material debajo de las orugas del bulldozer para la estabilidad y practicar maniobras de reversa seguras.

9. Minimizar pasadas: Trate de minimizar el número de pasadas necesarias para construir la pila de manera eficiente. Adopte un enfoque metódico para reducir movimientos innecesarios y optimizar la productividad.

Al elegir un método de apilamiento con un bulldozer, es esencial considerar varios factores, como el tipo de material que se va a almacenar y las condiciones del suelo y el clima. Diferentes métodos ofrecen ventajas distintas y son adecuados para escenarios específicos. Aquí hay un desglose de los dos métodos de apilamiento comunes:

1. Método de hilera: El método de hilera implica crear montones

largos y estrechos de material. Este método es particularmente útil cuando se trata de materiales como tierra, grava o escombros que necesitan ser almacenados de manera organizada. Las hileras se forman típicamente empujando el material con el bulldozer en filas largas, lo que permite un fácil acceso y recuperación cuando sea necesario. Es importante tener en cuenta el drenaje para evitar la acumulación de agua, especialmente si el material es susceptible a la erosión o degradación.

2. Formación de montículo: Formar un montículo implica crear una pila grande de material. Este método se usa a menudo para almacenar materiales más voluminosos como tierra, rocas o escombros de construcción. Los montículos se construyen añadiendo capas continuas de material y compactándolas usando la hoja del bulldozer. Los montículos son ideales para maximizar la capacidad de almacenamiento en áreas con espacio limitado, ya que se pueden construir hacia arriba en lugar de expandirse horizontalmente. Además, los montículos ofrecen mejor protección contra la absorción de humedad en comparación con las hileras, ya que la superficie compactada ayuda a sellar la pila.

Al seleccionar el método de apilamiento adecuado, los operadores deben evaluar factores como el volumen y tipo de material a almacenar, el espacio disponible, las condiciones de drenaje y la necesidad de accesibilidad. Al considerar cuidadosamente estos factores, los operadores pueden elegir el método más adecuado para asegurar un almacenamiento eficiente y una fácil recuperación de materiales mientras minimizan el riesgo de daño o deterioro.

Cambio de Entornos

Después de una lluvia, es crucial ser consciente de que las condiciones pueden haber cambiado, lo que requiere precaución al reanudar las operaciones. Tenga especial cuidado al acercarse a los hombros de las carreteras o acantilados, ya que pueden volverse inestables debido a la lluvia. Además, cuando opere en terrenos irregulares o áreas con obstáculos, recuerde mantener una velocidad más lenta y evitar cambios bruscos de dirección para mitigar los riesgos de manera efectiva.

Para minimizar riesgos, es recomendable evitar grandes rocas, árboles caídos, tocones y obstáculos similares siempre que sea posible. Utilice el equipo de trabajo para despejarlos o navegue alrededor de ellos. En los casos donde no sea posible evitar los obstáculos, cambie la palanca de cambios a una marcha baja, disminuya la velocidad y acerque al obstáculo. Antes de que la parte frontal de la máquina se incline hacia abajo, reduzca aún más la velocidad para mitigar el impacto al tocar el suelo.

Al encontrar obstáculos que no se pueden evitar, es esencial tomar ciertas precauciones. Antes de cruzar puentes, asegúrese de verificar los límites de carga por seguridad. Además, después de terremotos, verifique que el suelo siga siendo estable y, después de actividades de voladura, confirme la ausencia de cargas sin detonar para prevenir posibles peligros.

Cuando la máquina llegue al momento de verter tierra sobre un acantilado o cruzar la cima de una pendiente, puede haber un aumento repentino de la velocidad, lo que puede ser peligroso. Para mitigar este riesgo, aplique presión de inmediato al pedal de desaceleración o ajuste la palanca de control de combustible para disminuir la velocidad. Además, es crucial nunca acercarse a los obstáculos en ángulo al montarlos y evitar desenganchar un embrague de dirección para la travesía de obstáculos.

Al desechar tierra sobre un acantilado, es esencial seguir un método específico. Inicialmente, evite verter directamente la primera tierra excavada sobre el borde del acantilado; en su lugar, utilice la tierra excavada posteriormente para empujar gradualmente las pilas anteriores. Tenga cuidado de no acercarse inadvertidamente al borde, asegurando un enfoque perpendicular mientras deja un borde elevado (berma) para facilitar el proceso. Al trabajar cerca de los bordes de los acantilados o los hombros de las carreteras, ejerza la máxima precaución, especialmente cuando hay riesgo de que la máquina se vuelque hacia un lado. Evite cualquier acercamiento accidental a los bordes del acantilado o del hombro de la carretera para mitigar los posibles peligros de manera efectiva.

Al operar en áreas construidas con tierra apilada, como los márgenes de los ríos, existe el riesgo de que el peso o las vibraciones de la máquina puedan llevar a hundimientos. Por lo tanto, tenga extrema precaución cuando trabaje en tales ubicaciones. Al navegar por pendientes, tenga en cuenta las siguientes consideraciones:

- **Operar en Pendientes**: Al atravesar una pendiente, siempre suba o baje directamente a lo largo de su inclinación. Evite atravesar horizontal o diagonalmente la pendiente para prevenir posibles vuelcos o deslizamientos laterales de la máquina.

- **Descender una Pendiente**: Utilice el motor como freno y cambie a una marcha más baja al descender una pendiente. Si es necesario un control adicional de la velocidad, use el freno de dirección. Nunca descienda una pendiente con la palanca de cambios en NEUTRAL.

- **Evitar Girar en una Pendiente**: Siempre que sea posible, evite hacer giros mientras esté en una pendiente para prevenir posibles vuelcos o deslizamientos laterales de la máquina.

Cuando opere en áreas con agua o lodo, es esencial considerar los siguientes puntos:

Al trabajar en agua o cruzar áreas poco profundas, comience evaluando la condición del suelo del lecho del río, así como la profundidad y la velocidad del flujo del agua. Proceda con cautela, asegurándose de no exceder la profundidad permitida.

Cuando la máquina se queda atrapada en el barro, intentar aumentar la velocidad del motor o balancear la máquina de un lado a otro no será efectivo. En su lugar, levante la hoja para aliviar la carga y salga con precaución a una velocidad lenta. Ocasionalmente, balancear el bulldozer de un lado a otro puede ayudar a romper la succión del barro.

En áreas boscosas, es importante evitar montar árboles caídos o troncos, así como ser cauteloso al navegar a través de pilas de hojas o ramas debido a su naturaleza resbaladiza. Limpie regularmente la placa del vientre y el radiador de cualquier escombro para mantener un rendimiento óptimo. Antes de ascender o descender pendientes, seleccione cuidadosamente una velocidad de viaje adecuada y evite cambiar de marcha mientras esté en la pendiente para asegurar la estabilidad. Si el motor se detiene en una pendiente, use el freno para detener la máquina, active el freno de estacionamiento, baje cualquier equipo levantado, cambie la palanca de cambios a NEUTRAL y vuelva a arrancar el motor.

Al maniobrar por espacios estrechos, tenga cuidado con las distancias laterales y superiores, evitando el contacto con obstáculos. Si es necesario, pida a alguien fuera de la máquina que le brinde orientación.

Al trabajar durante las horas nocturnas, es importante considerar los siguientes factores: asegúrese de implementar un sistema de iluminación suficiente para mantener la visibilidad. Además, tenga en cuenta que es más fácil juzgar mal las distancias y alturas de objetos y terrenos en condiciones de poca luz, por lo que es necesario ejercer una precaución adicional para prevenir errores.

En condiciones de poca visibilidad, como niebla, neblina o humo, es crucial ejercer una mayor precaución y evaluar la seguridad de las operaciones de antemano. Si la visibilidad cae por debajo de un umbral seguro, es recomendable detener el trabajo y esperar a que las condiciones mejoren. Además, incluso las pendientes menores pueden provocar deslizamientos laterales inesperados, lo que requiere una operación cuidadosa y extrema precaución en tales áreas.

Al trabajar en condiciones de nieve, es esencial adherirse a precauciones específicas. Evite usar el freno de dirección para detenerse abruptamente en pendientes; en su lugar, emplee el método más efectivo de bajar el equipo de trabajo. Además, durante la operación, asegúrese de utilizar el cinturón de seguridad si el equipo está equipado con uno, ya que es una medida de seguridad obligatoria en el equipo con estándares ROPS.

Al nivelar un relleno, es importante evitar avanzar el relleno a la altura máxima, ya que esto puede disminuir el viaje cuesta abajo y complicar el mantenimiento del grado deseado. En su lugar, disminuya gradualmente la altura del relleno a cero mientras preserva todo su ancho, lo que asegura un viaje cuesta abajo constante y facilita el logro de la línea de grado deseada con mayor facilidad. Además, este enfoque ayuda a compactar el relleno de manera efectiva para lograr la estabilidad deseada.

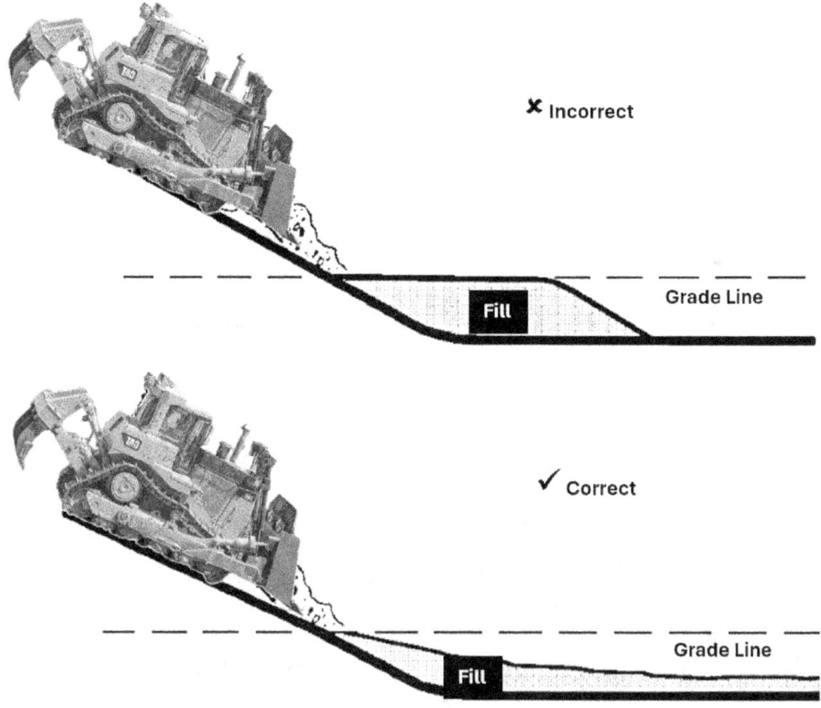

Figura 75: Nivelación sobre un relleno.

Al nivelar áreas elevadas como colinas o montículos, evite excavar tierra en capas horizontales. Dependiendo del ángulo de la inclinación, la tierra empujada desde estas áreas puede ser necesaria para construir una rampa con una inclinación adecuada, permitiendo que el bulldozer acceda a la línea de nivel en la pendiente descendente. Recuerde comenzar desde la parte superior y cargar la tierra hacia el relleno mientras mantiene la pendiente descendente, ya que este enfoque ahorra tiempo, combustible y potencia del motor.

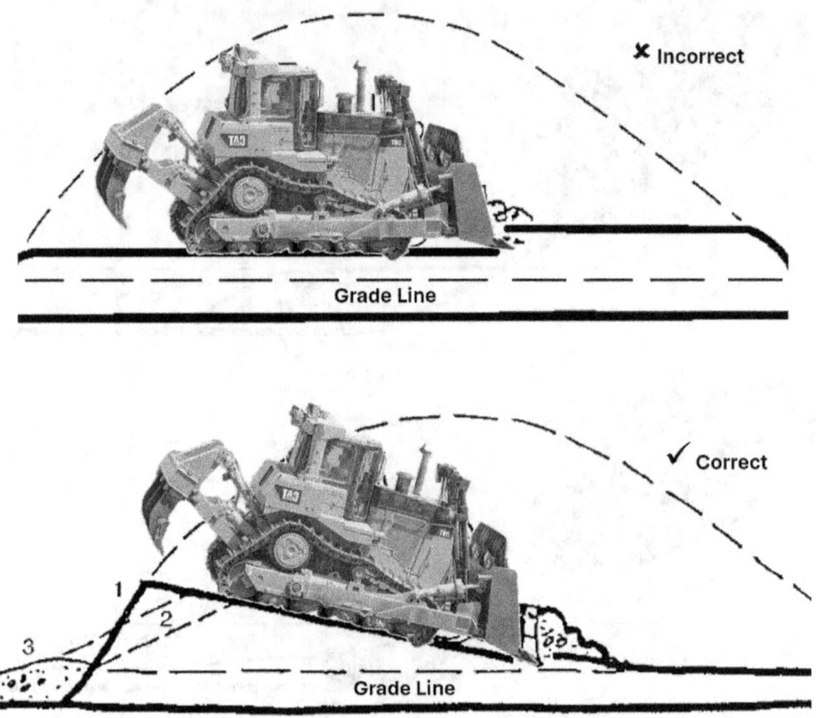

Figura 76: Nivelación de áreas elevadas.

La construcción de un terraplén, como un dique utilizado para la contención de agua, sigue un método de construcción similar al de una pequeña presa. Al emplear un bulldozer para la construcción del dique, se deben seguir varios pasos esenciales. Primero, el sitio debe someterse a la limpieza de la vegetación, seguido de la cuidadosa selección del material adecuado, típicamente arcilla impermeable, para el dique. Utilizando el bulldozer, este material seleccionado se empuja en capas para formar la pared del dique, como se muestra en la Figura 77.

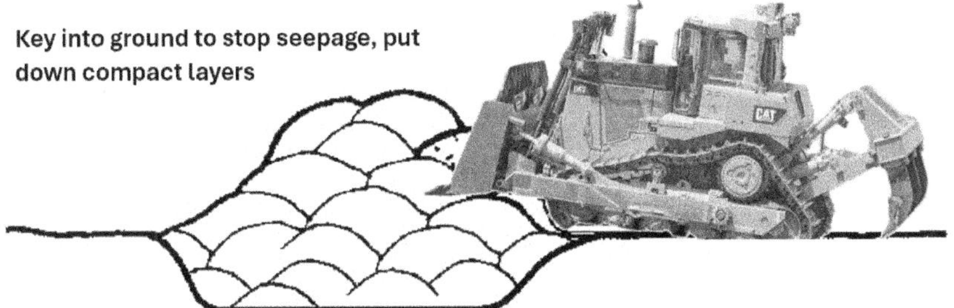

Figura 77: Construcción de un terraplén.

Empujando material hacia una pared de dique: A medida que la pared del dique aumenta en altura, se puede emplear el bulldozer para compactar el material de manera efectiva al rodar cada capa a medida que se agrega.

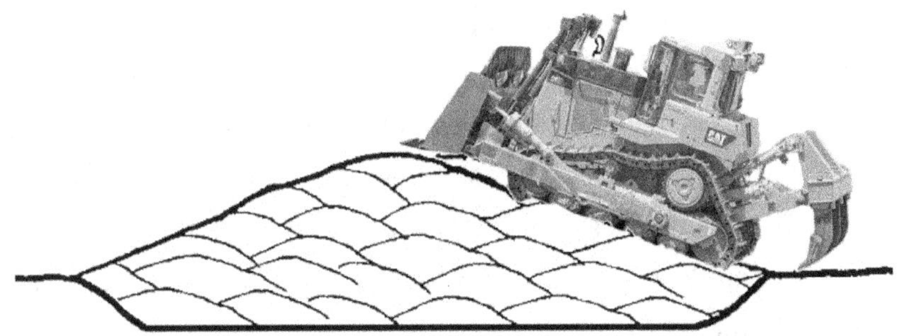

Figura 78: Empujando material hacia una pared de dique.

Crear una pila de material implica acumular material en un montículo para su uso futuro. La forma y el tamaño de la pila están influenciados por el tipo de suelo que se está acumulando. Por ejemplo, los materiales dominados por arena suelen resultar en pilas largas y bajas, mientras que los materiales a base de arcilla permiten pilas más altas. En condiciones húmedas, es crucial dejar la parte superior de la pila ondulada para facilitar la recolección de agua y su absorción en el material, lo que ayuda en la propagación y compactación posteriormente. Se deben evitar los lados empinados para prevenir la erosión y la pérdida de material. El método de extracción dicta el tamaño y la pendiente de la pila, con consideraciones de seguridad; por ejemplo, el uso de una niveladora requiere mantener la pila larga y baja para prevenir riesgos. La separación del material según las especificaciones del trabajo es esencial para evitar la mezcla, a menos que los materiales se estén acumulando para su eliminación.

Las pilas de una sola capa se crean empujando el material hasta el punto final designado, continuando este proceso por una distancia de no más de 50 metros. Se agregan filas sucesivas de material hasta que se logra el volumen deseado. Este método implica formar una pila de material durante el paso inicial, con la máquina operando en marcha baja y la hoja completamente activada mientras se acerca al punto de inicio de la pila. El primer paso debe concluir antes de alcanzar el final anticipado de la pila para tener en cuenta el posible desbordamiento. Las pasadas subsiguientes se realizan en marchas más altas, con precaución al retroceder. Este proceso continúa hasta acumular el volumen requerido de material. Las pilas de una sola capa se utilizan típicamente en "Borrow Pits" o pequeñas canteras para uso futuro o fines de mantenimiento, sin aplicar compactación. Los picos de estas pilas permanecen intactos, permitiendo que el agua de lluvia se acumule y se filtre, manteniendo el material húmedo durante períodos prolongados, lo que facilita la propagación y compactación cuando se utiliza.

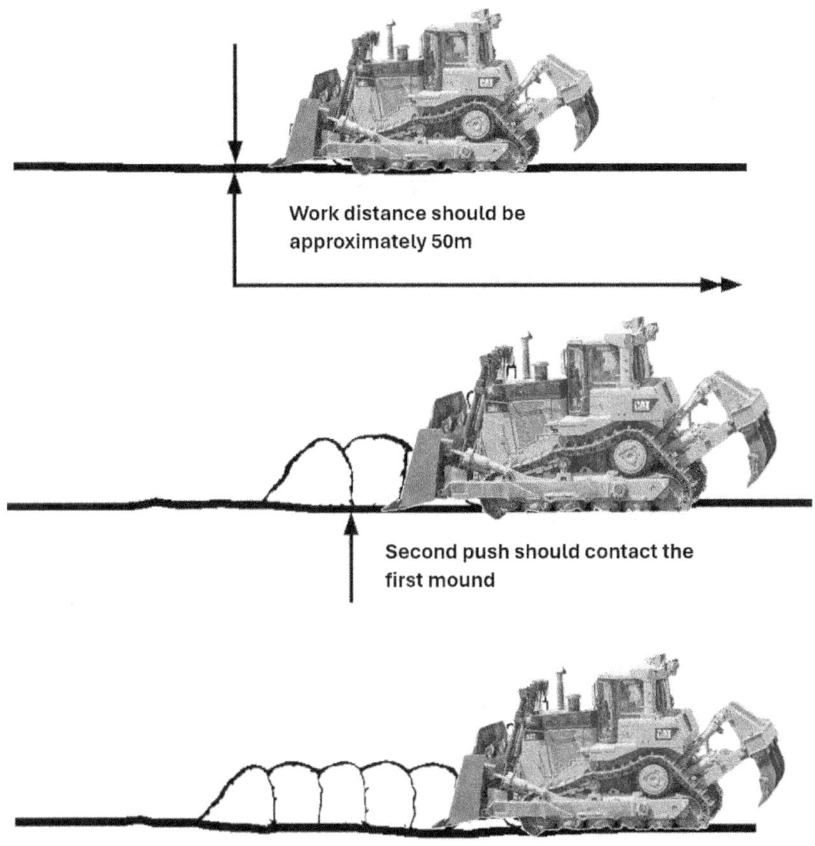

Figura 79: Procedimiento de pila de una sola capa.

Los acopios de varias capas se construyen en etapas, comenzando con la formación de un acopio de una sola capa, que generalmente se extiende hasta aproximadamente tres cuartos de la longitud del material. Luego, las partes superiores de la pila se empujan para crear una rampa, facilitando la adición de material a la parte superior del acopio. A medida que aumenta la altura de la pila, la rampa debe extenderse hacia atrás hasta la longitud completada del acopio, hasta que no se pueda añadir más material sin extender la pila aún más. Mantener una pendiente suave en la rampa es esencial para optimizar la eficiencia de producción y evitar la compactación excesiva del material, lo que podría dificultar su remoción posteriormente. Otra consideración crucial es la separación del material, con partículas más grandes asentándose en la parte inferior y partículas más pequeñas permaneciendo en la parte superior a medida que el material se empuja sobre el final de la pila. Utilizar el método de varias capas minimiza la separación de partículas y es particularmente adecuado para acumular materiales para la construcción de carreteras.

Al retroceder por el acopio, es importante mantener la potencia y evitar deslizarse en punto muerto. A medida que el acopio se acerca a su finalización, el paso final consiste en empujar el material hacia arriba de la rampa y dejarlo en el camino de la rampa, con pasadas subsecuentes incorporando el material anterior hasta que toda la rampa también esté acumulada. Finalmente, nivelar y compactar la parte superior del acopio es necesario para sellarlo y prevenir la absorción de humedad.

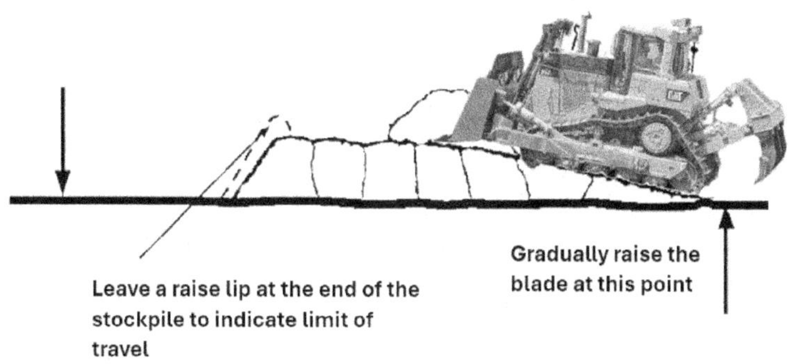

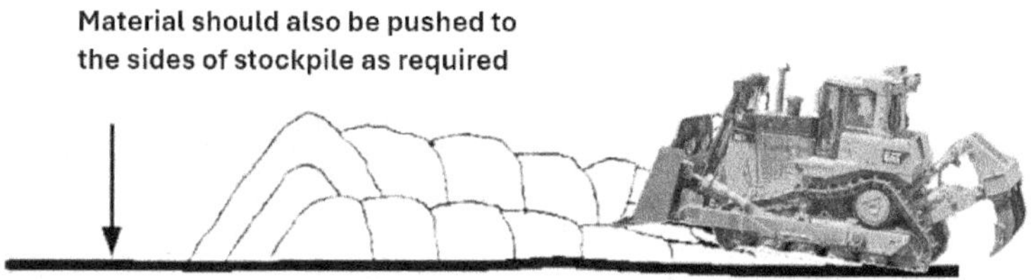

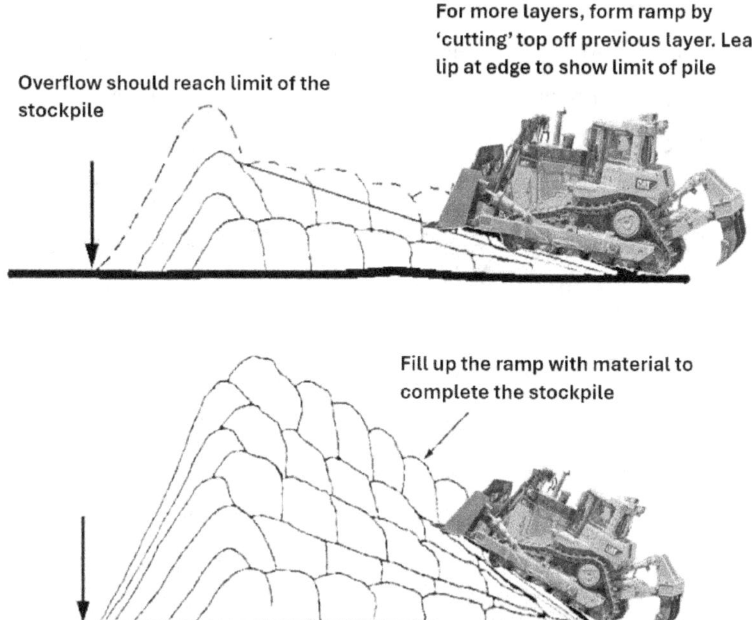

Figura 80: Técnica de acopio de varias capas.

Para extender efectivamente una pila de material, mantenga la hoja ligeramente por encima de la superficie original y conduzca la máquina a través del montón, asegurándose de que la hoja recoja una carga completa de material a lo largo del trabajo. Es crucial ir soltando material gradualmente antes de llegar a los límites del área de relleno para lograr una distribución uniforme. Empujar con solo una parte de la hoja llena no es económico, por lo que si el material se agota rápidamente debido a áreas de relleno profundas, es recomendable retroceder para recoger otra carga completa de la hoja. Cualquier material sobrante de la primera pasada se recogerá y se extenderá durante las pasadas subsiguientes hasta que todo el material esté distribuido uniformemente. En la pasada final, suelte todo el material en toda el área, dejándolo nivelado y contenido dentro de los límites del relleno.

Al desmantelar pilas desde el costado, evite socavar el material para prevenir colapsos sobre la máquina. Construir una rampa hasta la cima de la pila y empujar hacia abajo es un método efectivo, que requiere atención para mantener suficiente material bajo las orugas y evitar bordes sueltos. Siempre ejerza precaución al retroceder y manténgase consciente de otras maquinarias y personal en el área.

Para pilas más pequeñas, el método preferido es empujar hacia abajo un lado primero, seguido del otro lado, dejando la parte central intacta para asegurar una superficie nivelada. Es esencial no cortar el subsuelo durante la extensión para evitar la mezcla de materiales.

Con pilas más grandes, existe el riesgo de socavamiento y colapso al empujar desde los lados. En tales casos, es necesario desmantelar la pila desde la parte superior construyendo una rampa para un acceso seguro. Una vez en la cima de la pila, se pueden hacer pasadas descendentes a través de las capas hasta el fondo para un desmantelamiento eficiente.

Completando Operaciones con el Bulldozer

Al finalizar el uso, es esencial seguir los procedimientos adecuados:

- Estacione el bulldozer en terreno sólido y plano, active el freno de estacionamiento y desenganche la transmisión y los controles.

- Apague el motor según las directrices del fabricante.

- Quite cualquier escombro o material del ensamblaje de las orugas.

- Rellene el tanque de combustible al nivel adecuado para asegurar la disponibilidad para la próxima operación.

Apagar el bulldozer implica varios pasos para asegurar el apagado correcto y la seguridad:

- Baje la hoja y el escarificador suavemente al suelo usando los joysticks designados para cada uno. Esta acción reduce el estrés en los componentes de la máquina, asegurando su longevidad.

- Ajuste la perilla del acelerador a la posición más baja girándola hacia la izquierda con los dedos. Este paso asegura que el próximo operador encuentre la máquina en la condición de arranque correcta y previene posibles daños al motor.

- Cambie la transmisión de la máquina a neutral moviendo el joystick izquierdo a la posición neutral, ubicada entre marcha y reversa. Dejar el bulldozer en marcha o reversa puede dificultar el arranque correcto, por lo que cambiar suavemente es esencial para evitar dañar la transmisión.

- Active el freno de estacionamiento presionando el botón del freno de estacionamiento con la mano. Enganchar el freno de estacionamiento es una medida de seguridad vital después de usar maquinaria pesada, aunque su ubicación puede variar según el modelo del bulldozer.

- Apague la llave girándola hacia la izquierda o hacia la posición de apagado. Si va a salir del sitio de trabajo por el día, retire la llave para prevenir robos o accidentes con operadores inexpertos. Maneje la llave con cuidado para evitar romperla.

- Salga de la máquina con cuidado desabrochando su cinturón de seguridad, reuniendo sus pertenencias y utilizando los rieles de seguridad y escalones para descender al suelo. Tenga precaución ya que algunas partes de la máquina pueden estar calientes, asegurándose de colocar sus manos y pies de manera segura. Emplee las mismas precauciones de seguridad al salir que al entrar a la máquina.

7

Operaciones de Camiones de Agua

Los camiones de agua se diferencian de los camiones convencionales debido a sus configuraciones especializadas de tanques, diseños de chasis personalizados y equipos de montaje. Desempeñan un papel crucial en las operaciones de minería y construcción, sirviendo para diversos propósitos como el control de polvo, la compactación y la prevención de incendios.

Un conductor de camión de agua tiene la tarea de operar un camión de agua principalmente para proyectos de construcción, plataformas petrolíferas y equipos en áreas remotas, siendo responsable de llenar el camión en ubicaciones designadas y transportar el agua al sitio de construcción para hidratar maquinaria o limpiar caminos polvorientos. Siguen las directrices de la empresa para el transporte de agua, a menudo navegando por terrenos y condiciones climáticas diversas. Otras responsabilidades incluyen realizar inspecciones diarias del camión de agua, documentar los resultados de las inspecciones, asegurar el cumplimiento de las regulaciones de seguridad locales y nacionales, utilizar maquinaria para la carga y descarga, y navegar por áreas remotas usando mapas para localizar destinos específicos.

En términos de funcionalidad, los camiones de agua varían en tamaño y diseño, y algunos son capaces de transportar hasta 36,000 litros de agua. Ciertos modelos están específicamente adaptados para aplicaciones mineras, con neumáticos todoterreno, mejoras de seguridad y estructuras reforzadas para la estabilidad en terrenos accidentados.

Las capacidades de llenado y pulverización de los camiones de agua difieren según su uso previsto. Típicamente, las tuberías de llenado se colocan en el lateral del camión o a través de una abertura en la parte superior del tanque, mientras que las boquillas de pulverización pueden encontrarse en la parte delantera, lateral o trasera, controladas desde la cabina del conductor. Características adicionales como barras de goteo, carretes de manguera y cañones de agua aumentan su versatilidad.

Los camiones de agua sirven predominantemente para el control de polvo, la construcción de carreteras y la entrega de agua para riego y uso potable. A diferencia de los camiones convencionales diseñados para cargas estáticas, los camiones de agua están diseñados para transportar líquidos, lo que requiere diseños específicos para proteger tanto el vehículo como su tanque.

Estos camiones vienen en varios tamaños, que van desde 1,000 hasta 50,000 litros, y están equipados con bombas, pulverizadores, carretes de manguera, puntos de llenado y salidas adaptadas a sus respectivas aplicaciones.

En contextos de minería y construcción, los camiones de agua son indispensables para la supresión de polvo, crucial para mitigar los peligros para los trabajadores en condiciones secas y polvorientas. También facilitan la compactación al humedecer el suelo, lo que hace más fácil comprimirlo y lograr una superficie lisa, a menudo trabajando en conjunto con grandes compactadores de rodillo.

Figura 81: Camión cisterna de agua Jabula Transport Bell de 35,000 litros. Bob Adams de Amanzimtoti, Sudáfrica, CC BY-SA 2.0, a través de Wikimedia Commons.

Dado el clima árido de ciertos sitios de trabajo, la gestión efectiva del polvo es imperativa para mitigar los peligros ambientales y los riesgos asociados para el personal. Las carreteras sin sellar requieren rociado regular para evitar la acumulación de polvo, mientras que el agua es esencial en la construcción de carreteras para ayudar a la compactación del suelo.

Los camiones de agua se despliegan en el sector minero principalmente para la supresión de polvo y los esfuerzos de restauración ambiental. Utilizados típicamente fuera de la carretera, estos camiones deben cumplir con estrictas normas de especificación minera.

Los camiones de agua se utilizan frecuentemente para entregar agua potable, asegurando que cumpla con los estándares de seguridad para el consumo. Esto requiere tanques aprobados para aplicaciones de calidad alimentaria.

Los camiones de agua juegan un papel crucial tanto en los esfuerzos de extinción de incendios proactivos como reactivos. Aunque no están diseñados explícitamente para la extinción de incendios, contribuyen significativamente suministrando agua a los camiones de bomberos en la línea de frente. En operaciones mineras remotas del interior, los camiones de agua también ayudan a prevenir la propagación de incendios y apoyan los esfuerzos de extinción durante incendios forestales. Además, pueden emplearse para humedecer áreas de manera preventiva durante condiciones de alto peligro de incendio.

El uso de servicios profesionales de camiones de agua ofrece numerosas ventajas para la industria de la construcción, a menudo pasadas por alto inicialmente. Además de facilitar la limpieza con agua a alta presión, los camiones de agua pueden abordar y prevenir diversos problemas complejos. Consideraciones incluyen:

1. Control del Polvo: Los camiones de agua minimizan eficazmente el impacto del polvo al prevenir su acumulación y eliminar partículas en el aire, protegiendo así la salud de los trabajadores y el medio ambiente.

2. Soluciones a Medida: Los camiones de agua equipados con agua pesada y soluciones que incorporan surfactantes de polímero líquido penetran profundamente en el suelo, abordando preventivamente los problemas de polvo y evitando interrupciones en los procesos de construcción.

3. Riesgos del Uso del Agua: El manejo adecuado de mangueras de alta presión y bombas de agua de calidad por profesionales capacitados es crucial para evitar daños innecesarios por agua y desperdicio. Esto asegura una entrega de agua dirigida al sitio con un desbordamiento mínimo, evitando que las áreas circundantes se inunden de lodo.

4. Seguridad en el Lugar de Trabajo: La contratación de camiones de agua es vital para mantener protocolos de emergencia, minimizar riesgos de incendio y mitigar posibles daños. El cumplimiento de estrictas normas de salud y seguridad en el lugar de

trabajo es esencial, particularmente en relación con maquinaria pesada y trabajos en carretera, para mitigar accidentes y garantizar un entorno de trabajo seguro.

"Rociado lateral" se refiere a una característica o funcionalidad comúnmente encontrada en camiones de agua o sistemas de riego. Esta característica permite que el agua se rocíe horizontalmente desde el lado del camión o equipo.

En términos prácticos, el rociado lateral es beneficioso para diversas aplicaciones. Por ejemplo, puede usarse para regar una fila de plantas que crecen junto a las carreteras. Al rociar agua horizontalmente, el rociado lateral asegura que las plantas reciban la humedad adecuada sin desperdiciar agua rociando sobre la superficie de la carretera.

Figura 82: Rociadores laterales del camión de agua en la vía de acceso delante de CT-2 y MLP-2. Cory Huston, Dominio público, vía Wikimedia Commons.

Además, el rociado lateral es útil para propósitos de supresión de polvo. Cuando los camiones de agua están equipados con capacidades de rociado lateral, pueden humedecer eficazmente las áreas polvorientas a lo largo de las carreteras o sitios de construcción. Esto ayuda a mitigar las partículas de polvo en el aire, contribuyendo a mejorar la calidad del aire y creando condiciones de trabajo más seguras para el personal.

Figura 83: Limpieza de Covil con rociado lateral. Lanremabaoamne, CC BY-SA 3.0, vía Wikimedia Commons.

La funcionalidad de rociado lateral ofrece versatilidad y eficiencia, lo que la convierte en una característica valiosa para una variedad de aplicaciones, como el riego de plantas y la supresión de polvo.

"Rociado trasero" se refiere a una característica comúnmente encontrada en camiones de agua o vehículos similares, donde el mecanismo de rociado de agua está ubicado en la parte trasera del camión.

En términos prácticos, la funcionalidad de rociado trasero sirve para diversos propósitos. Una de las aplicaciones principales es la supresión de polvo en caminos de tierra y sitios de construcción. Al posicionar las boquillas de rociado en la parte trasera del vehículo, el agua puede dispersarse eficazmente detrás del camión mientras avanza. Esto ayuda a humedecer la superficie del camino o del sitio, reduciendo la cantidad de partículas de polvo en el aire provocadas por el tráfico vehicular o las actividades de construcción.

Figura 84: Rociado trasero utilizado para la supresión de polvo. , CC BY-SA 3.0, vía Wikimedia Commons.

El rociado trasero es particularmente útil en áreas donde el control del polvo es esencial por razones ambientales o para mantener la visibilidad y la seguridad. Al distribuir eficientemente el agua por la superficie, el rociado trasero ayuda a mantener los niveles de polvo manejables y minimiza el impacto de los peligros relacionados con el polvo en los trabajadores, los residentes cercanos y el entorno circundante.

La función de rociado trasero mejora la versatilidad y eficacia de los camiones de agua, convirtiéndolos en activos valiosos para tareas como la supresión de polvo en caminos de tierra y sitios de construcción.

Una "barra de goteo" es un accesorio o componente especializado que se encuentra a menudo en camiones de agua o vehículos similares utilizados para el mantenimiento y la construcción de carreteras.

La barra de goteo está diseñada para distribuir el agua uniformemente y penetrar profundamente en la superficie del suelo. Esto la hace particularmente efectiva para tareas como el lavado de carreteras y el empapado de la base de la carretera.

Figura 85: Camión de agua con barra de goteo. Hunini, CC BY-SA 3.0, vía Wikimedia Commons.

En términos prácticos, la barra de goteo libera agua de manera controlada a lo largo de su longitud, permitiendo que el agua se filtre en la superficie de la carretera o el material base. Esto ayuda a mojar completamente el área, facilitando la limpieza de la superficie de la carretera al eliminar escombros, barro u otros contaminantes. Además, empapar la base de la carretera con agua puede ayudar a mejorar su estabilidad y compactación, asegurando una base sólida para la carretera.

La barra de goteo es una herramienta valiosa para actividades de mantenimiento y construcción de carreteras, proporcionando una distribución de agua eficiente y efectiva para tareas como la limpieza de carreteras y la preparación de la base de la carretera.

"Rociado completo trasero y lateral" se refiere a un sistema de rociado de agua integral que se encuentra típicamente en camiones de agua o vehículos similares. Este sistema permite el rociado simultáneo tanto desde la parte trasera como desde los lados del vehículo.

En términos prácticos, las capacidades de rociado completo trasero y lateral proporcionan una cobertura extensa y una distribución eficiente del agua, haciéndolo adecuado para tareas a gran escala que requieren una rápida finalización.

Por ejemplo, en proyectos de construcción o mantenimiento de carreteras donde se necesitan regar o humedecer áreas extensas para la supresión de polvo, el sistema de rociado completo trasero y lateral asegura una cobertura rápida y completa. El rociado trasero cubre el área detrás del vehículo, mientras que el rociado lateral cubre las áreas junto al vehículo, minimizando efectivamente el tiempo y el esfuerzo necesarios para completar la tarea.

El sistema de rociado completo trasero y lateral es ideal para abordar proyectos significativos de manera eficiente, asegurando que se distribuya suficiente agua en el área de trabajo para cumplir con los requisitos de la tarea.

"Rociado con manguera de mano" se refiere a una herramienta portátil de rociado de agua que se opera manualmente y que típicamente se conecta a una fuente de agua, como un camión de agua o un suministro de agua estacionario.

En términos prácticos, el rociado con manguera de mano permite un enfoque más dirigido para la distribución de agua en comparación con los sistemas de rociado más grandes y fijos. Ofrece flexibilidad y precisión, haciéndolo adecuado para tareas que requieren una aplicación enfocada de agua.

Por ejemplo, en situaciones donde se necesitan regar o humedecer áreas específicas con precisión, como regar plantas en un jardín o proporcionar humedad a secciones localizadas de un sitio de construcción, el rociado con manguera de mano proporciona la capacidad de dirigir el agua exactamente donde se necesita.

El rociado con manguera de mano es una herramienta versátil que ofrece control y precisión, haciéndola ideal para trabajos que requieren un enfoque más dirigido para la distribución de agua.

Tipos y tamaños de tanques de agua incluyen tanques deslizantes y una variedad de tanques fijos.

Tanques Deslizantes: Los tanques deslizantes se montan en la plataforma de un camión utilizando equipos de levantamiento apropiados y se aseguran firmemente tanto en la parte delantera como en la trasera. Se fijan ya sea con cadenas y sujetadores o se atornillan a la plataforma utilizando puntos de anclaje fabricados. Es crucial posicionar el tanque en el centro de la plataforma para asegurar una distribución uniforme del peso en el camión.

Cada tanque deslizante cuenta con una válvula de mariposa en su salida, que controla el flujo de agua. Típicamente, esta válvula se opera enroscando una cuerda fuerte a través de poleas, con un extremo posicionado cerca del operador del camión. Tirar de la cuerda abre la válvula de mariposa, liberando agua, y al soltarla, un mecanismo de resorte cierra automáticamente la válvula. Se debe tener cuidado para asegurar que operar la cuerda no interfiera con la conducción del vehículo.

El tamaño de un tanque deslizante varía dependiendo de la masa bruta del vehículo del camión.

Carros de Agua en Tándem (o Tanques de Semirremolque): Los carros de agua en tándem consisten en tanques permanentemente fijados al vehículo. El tamaño del tanque varía dependiendo de la masa bruta del vehículo. El método principal para liberar agua del tanque a la barra de rociado es a través de un interruptor montado en la cabina del vehículo. Activar este interruptor acciona un cilindro neumático que abre y cierra una válvula en la salida del tanque, permitiendo que el agua fluya hacia la barra de rociado.

Similar a los tanques deslizantes, el tamaño de los carros de agua en tándem depende de la masa bruta del vehículo del camión.

Planificación y Preparación para Operaciones con Camiones de Agua

Acceso, interpretación y aplicación de la documentación de operaciones de vehículos de agua: Para comenzar, es esencial acceder a manuales, guías y procedimientos pertinentes específicos para operaciones con camiones de agua. Estos recursos incluyen manuales del fabricante, políticas del lugar de trabajo y requisitos regulatorios, ofreciendo una guía completa. A continuación, lea e interprete minuciosamente la documentación para comprender los procedimientos operativos, protocolos de seguridad y requisitos de mantenimiento asociados con la operación del camión de agua. Finalmente, aplique los conocimientos adquiridos de la documentación implementando técnicas operativas, cumpliendo con las directrices de seguridad y asegurando el cumplimiento de las regulaciones relevantes y procedimientos del lugar de trabajo durante la operación del camión de agua.

Obtención, interpretación, clarificación y confirmación de instrucciones de trabajo y cumplimiento: Comience obteniendo instrucciones de trabajo claras de supervisores, gerentes u operadores experimentados sobre tareas y responsabilidades específicas relacionadas con la operación del camión de agua. Posteriormente, interprete estas instrucciones para comprender las tareas, procedimientos y medidas de seguridad descritas. Si alguna instrucción parece poco clara, busque aclaraciones de inmediato para asegurar una comprensión precisa de las tareas a realizar. Además, confirme el cumplimiento con la documentación y procedimientos del lugar de trabajo verificando que las actividades planificadas se alineen con los protocolos y políticas establecidos antes de iniciar el trabajo.

Identificación de peligros, evaluación de riesgos e implementación de medidas de control: Identifique los posibles peligros y problemas ambientales asociados con las operaciones de camiones de agua, que pueden incluir terrenos irregulares, obstrucciones superiores o condiciones meteorológicas adversas. Realice una evaluación exhaustiva de riesgos evaluando la probabilidad y gravedad de los peligros e impactos ambientales identificados. Posteriormente, implemente medidas de control alineadas con las políticas del lugar de trabajo para mitigar los riesgos identificados, como utilizar barreras de seguridad, señalización o ajustar los métodos de trabajo para minimizar el impacto ambiental y garantizar la seguridad de los trabajadores.

Las operaciones con camiones de agua implican varios peligros que representan riesgos tanto para el operador como para otros en las proximidades. Estos peligros incluyen:

1. Accidentes de Vehículos: Los camiones de agua son vehículos grandes que pueden ser difíciles de maniobrar, especialmente en espacios confinados o en terrenos irregulares. Pueden ocurrir accidentes como colisiones con otros vehículos, objetos o peatones, que pueden causar lesiones o muertes.

2. Riesgo de Volcaduras: Debido a su alto centro de gravedad, los camiones de agua son propensos a volcarse, especialmente al navegar por pendientes o realizar giros bruscos. Un vuelco puede resultar en lesiones graves para el operador y los transeúntes, así como daños a la propiedad.

3. Caída de Objetos: Los camiones de agua se utilizan a menudo para transportar y distribuir materiales pesados como tierra, grava o escombros de construcción. La carga inadecuada o la falta de sujeción de la carga puede provocar la caída de objetos

del camión, lo que representa un riesgo de lesión para los trabajadores o daños a la propiedad abajo.

4. Superficies Resbaladizas: Durante las operaciones de rociado de agua, el exceso de agua puede acumularse en el suelo, creando superficies resbaladizas. Esto aumenta el riesgo de resbalones, tropiezos y caídas tanto para el operador como para otros que trabajan cerca.

5. Exposición a Químicos: Los camiones de agua pueden usarse para transportar y rociar químicos como herbicidas, pesticidas o fertilizantes. El manejo inadecuado o los derrames accidentales pueden resultar en la exposición a químicos dañinos, lo que representa peligros para la salud de los trabajadores y contaminación ambiental.

6. Electrocución: Los camiones de agua equipados con sistemas de rociado superior pueden entrar en contacto con líneas eléctricas aéreas o equipos eléctricos. Esto representa un riesgo de electrocución para el operador y otros en las proximidades.

7. Enfermedades Relacionadas con el Calor: Operar un camión de agua en condiciones de calor y humedad puede llevar a enfermedades relacionadas con el calor, como agotamiento por calor o golpe de calor. La exposición prolongada a altas temperaturas sin una hidratación adecuada y descansos puede ser perjudicial para la salud del operador.

8. Peligros de Tráfico: Los camiones de agua a menudo operan en áreas con vehículos en movimiento y equipos pesados. No seguir los procedimientos de gestión del tráfico o la falta de señalización adecuada puede resultar en accidentes o colisiones con otros vehículos.

9. Fallas de Equipos: Las fallas mecánicas o malfuncionamientos en los componentes del camión de agua, como frenos, sistemas de dirección o mecanismos de rociado, pueden representar peligros durante la operación. El mantenimiento regular y las inspecciones son esenciales para minimizar el riesgo de fallas de equipos.

10. Impacto Ambiental: La eliminación inadecuada de aguas residuales o la escorrentía de químicos de las operaciones del camión de agua puede llevar a la contaminación ambiental, afectando el suelo, cuerpos de agua y vegetación en el área circundante.

Para mitigar estos peligros, es crucial que los operadores de camiones cisterna se sometan a una capacitación exhaustiva, adhieran a los protocolos y procedimientos de seguridad, realicen inspecciones regulares del equipo y se comuniquen eficazmente con compañeros y supervisores. Además, se debe usar equipo de protección personal (EPP) adecuado en todo momento, y deben existir planes de respuesta a emergencias para abordar eficazmente incidentes imprevistos.

Seleccionar y usar equipo de protección personal (EPP): Comience por identificar el EPP necesario para las operaciones de camiones cisterna, que incluye ropa de alta visibilidad, botas de seguridad, guantes y protección auditiva. Asegúrese de seleccionar y usar adecuadamente el EPP poniéndose el equipo de protección requerido antes de comenzar las actividades laborales, protegiéndose así contra posibles peligros y mejorando la seguridad personal.

Seguir los requisitos de señalización de gestión del tráfico: Adhiera rigurosamente a las medidas de control de tráfico y señalización establecidas mientras opera el camión cisterna en áreas públicas o de trabajo. Cumpla con los límites de velocidad, siga las rutas designadas y obedezca las señales de tráfico para mantener la seguridad personal y garantizar la seguridad de los demás en las cercanías.

Obtener e interpretar los procedimientos de emergencia: Familiarícese con los protocolos para responder a incendios, accidentes u otras emergencias encontradas mientras opera el camión cisterna. Familiarícese con el acceso al equipo de emergencia, la ejecución de procedimientos de evacuación si es necesario, y la identificación de a quién contactar en caso de emergencia, asegurando así la preparación para circunstancias imprevistas.

Coordinar y comunicar actividades planificadas con otros: Participe en una comunicación efectiva con supervisores, compañeros de trabajo y otros empleados relevantes para coordinar tareas y asegurar una comunicación clara antes de iniciar las actividades laborales. Facilite discusiones sobre planes de trabajo, asignación de recursos y posibles preocupaciones de seguridad para promover operaciones fluidas y eficientes, priorizando la seguridad y la productividad.

Cuando acceden al tanque del camión cisterna para cargar o descargar, los trabajadores a menudo necesitan subirse al tanque, exponiéndose al riesgo de caídas o resbalones. Estos peligros pueden mitigarse mediante el uso de equipos de seguridad adecuados, como jaulas o recintos, o utilizando tanques de superficie plana que minimicen el riesgo de caídas y resbalones.

Los trabajadores y conductores también pueden estar en riesgo de tropezar y caer sobre varios tipos de equipos, como las mangueras de carga. Incluso un tropiezo menor puede resultar en esguinces, torceduras, lesiones en la espalda o fracturas. Por lo tanto, es esencial adherirse a los procedimientos de seguridad adecuados y ejercer precaución al trabajar con cualquier vehículo especializado, incluido el camión cisterna.

Los camiones cisterna se utilizan comúnmente para el control del polvo, pero un uso incorrecto puede llevar a la creación de barro y charcos, aumentando el riesgo de resbalones. Los trabajadores deben estar informados sobre cómo ajustar y usar correctamente las boquillas de rociado para minimizar los peligros de resbalones y evitar el exceso de rociado.

Aunque los camiones cisterna modernos pueden contener cantidades significativas de agua, es crucial adherirse a las recomendaciones de carga para prevenir accidentes. Sobrecargar un camión cisterna puede llevar a la pérdida de control del vehículo, fallos mecánicos, desgaste prematuro y mayores gastos operativos debido al aumento del tiempo de inactividad y los requisitos de mantenimiento.

Antes de arrancar el motor, es responsabilidad del operador realizar una revisión diaria exhaustiva del camión. Esto incluye:

- Mantener un registro de las listas de verificación diarias antes del arranque para asegurarse de que todas las comprobaciones se completen.

- Revisar la presión de los neumáticos diariamente, consultando las especificaciones del fabricante de los neumáticos.

- Verificar los niveles de fluidos como aceite del motor, aceite de transmisión y refrigerante.

- Aplicar grasa a todas las partes móviles diariamente, incluyendo el eje de transmisión y la suspensión.

- Comprobar el nivel de agua en el tanque de agua.

- Inspeccionar si hay fugas debajo del camión, incluyendo aceite, agua y refrigerante.

- Examinar las mangueras del tanque de agua en busca de signos de desgaste o roce.

- Si la bomba de agua funciona hidráulicamente, revisar el nivel de aceite hidráulico.

- Asegurarse de que el ventilador del enfriador de aceite hidráulico esté operativo, escuchando su activación cuando se active el PTO. Reportar cualquier malfuncionamiento al mantenimiento de inmediato.

- Lubricar el eje del PTO diariamente, que conecta el PTO con la bomba de agua o la bomba hidráulica.

- Informar todas las fallas al departamento de mantenimiento antes de comenzar a trabajar.

Al arrancar el camión, es esencial revisar los manómetros de PRESIÓN DE AIRE para medir la presión de aire. Si la presión es insuficiente debido a fugas en el sistema de aire, deje que el camión esté en ralentí hasta que se alcance la presión de aire completa, como se indica en los manómetros.

En camiones automáticos, la baja presión de aire puede impedir la selección de marchas. Activar el PTO con baja presión puede causar fugas de agua de los rociadores del tanque, requiriendo un suministro de aire completo para cerrarlos adecuadamente. Los operadores deben ser conscientes de la altura del camión, incluyendo cualquier equipo montado, para evitar daños.

Referenciar las pegatinas de advertencia y asesoramiento sobre el asiento del conductor contribuye a la seguridad. Asegurarse de que el camión tenga combustible adecuado es crucial para prevenir daños al motor y posibles accidentes.

Después de revisar y observar los procedimientos anteriores, se puede comenzar la operación del camión o carro de agua. Al seleccionar la marcha en camiones de transmisión automática, presione firmemente el pedal del freno y seleccione la marcha requerida en el pedestal de la transmisión. Para camiones de transmisión manual, siga los procedimientos estándar de selección de marchas manuales.

Para activar el PTO, asegúrese de que la velocidad del camión sea muy baja (no más de 10 kph), ubique el interruptor del PTO en el tablero y colóquelo en la posición ON. Activar el PTO requiere suficiente agua en el tanque para prevenir fallas en la bomba de agua.

Después de verificar los niveles de agua y activar el PTO, seleccione el interruptor adecuado en la caja de control para la operación deseada. El volumen de agua depende de las RPM del motor, con un rendimiento óptimo entre 1800-2000 RPM.

Para desactivar el PTO, apague todos los interruptores en la caja de control y, a baja velocidad del camión, alrededor de 10 kph, coloque el PTO en la posición OFF. Es crucial apagar el PTO cuando no esté en uso, ya que no están diseñados para viajes de larga distancia a altas velocidades.

PROCEDIMIENTO DE LLENADO DEL TANQUE (Ejemplo): Hay tres métodos disponibles para llenar el tanque de agua:

OPCIÓN 1: Llenado desde un hidrante El puerto de llenado del hidrante está situado en la parte trasera del tanque en el lado del pasajero, identificable por la válvula de latón de 3". Para llenar el tanque, retire la tapa de camlock, conecte la manguera de llenado al camlock y conecte el otro extremo al hidrante. Abra el hidrante y monitoree el nivel de agua del tanque usando el indicador de nivel de agua.

NOTA: Utilizar hidrantes requiere permisos; asegúrese de que el suyo esté actualizado para evitar posibles multas.

Figura 86: Llenado de camión cisterna desde hidrante. Usuario: Vmenkov, CC BY-SA 3.0, vía Wikimedia Commons.

OPCIÓN 2: Llenado desde arriba Principalmente utilizado en grandes sitios de construcción, el método de llenado desde arriba requiere el cumplimiento de las regulaciones del sitio. Un gran embudo instalado en la parte superior del tanque de agua facilita esta técnica de llenado.

OPCIÓN 3: Auto llenado / Llenado desde presa El camión cisterna está equipado con esta opción de llenado. Por favor, consulte la página del procedimiento de auto llenado / llenado desde presa ubicada en esta carpeta. Es importante revisar cuidadosamente las instrucciones proporcionadas para este procedimiento.

Figura 87: Llenado de un camión cisterna de agua de OceanaGold en la mina Macraes, Otago, Nueva Zelanda. Benchill, CC BY-SA 3.0, vía Wikimedia Commons.

Como ejemplo de una secuencia de llenado [12], y refiriéndose a la Figura 88:

1. Arranque el motor y active el freno de estacionamiento mientras el camión está en parqueo.

2. Conecte la manguera de llenado a la conexión del arroyo.

3. Sumerja el extremo opuesto de la manguera en el suministro de agua.

4. Abra las válvulas (A) y (C), manteniendo la válvula (B) cerrada.

5. Abra la válvula (B) para permitir que la manguera de succión se llene desde el tanque.

6. Active el PTO para la operación móvil.

7. Cierre la válvula (C) y deje que el tanque se llene.

8. Desactive el PTO.

9. Cierre las válvulas (A) y (B), y abra la válvula (C).

10. Desconecte y guarde la manguera de llenado.

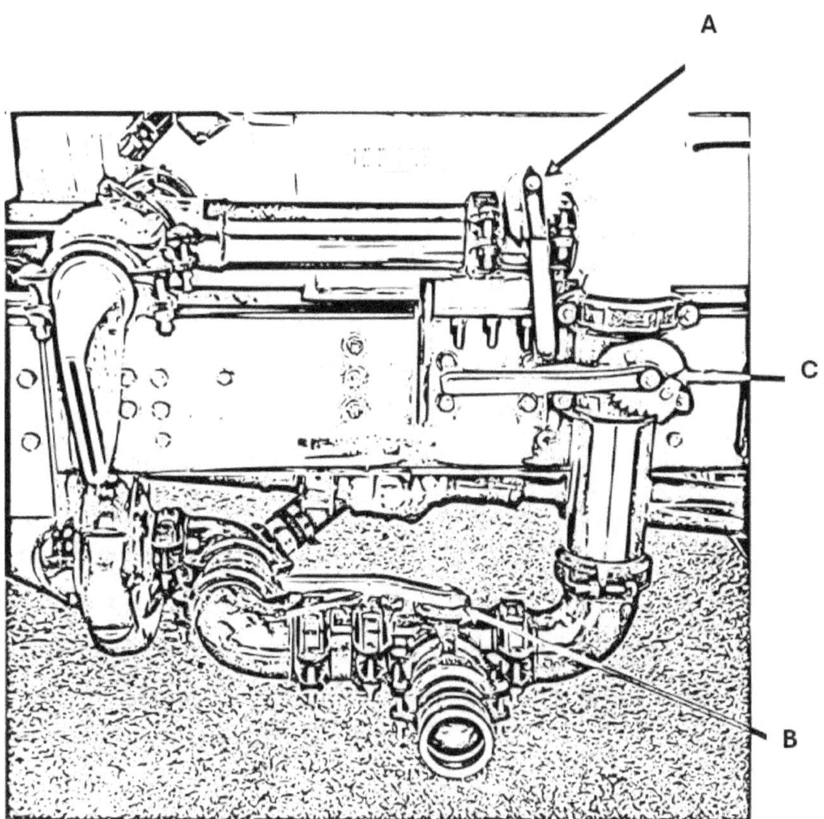

Figura 88: Válvulas de llenado Load King.

Los cabezales de rociado instalados en el tanque cuentan con collares ajustables, lo que permite a los usuarios regular el volumen de salida de agua según sus necesidades. Inicialmente, los cabezales de rociado vienen con el collar ajustado en su configuración más fina. Los usuarios pueden personalizar el volumen de rociado ajustando el collar para adaptarlo a sus necesidades. Si el volumen de agua resulta insuficiente para la tarea, simplemente afloje el único perno que asegura el collar y ajústelo hacia abajo para aumentar el flujo de agua del cabezal de rociado, o retire el collar por completo.

Contenido Óptimo de Humedad (OMC): El contenido de humedad en el cual una cantidad específica de compactación producirá la máxima densidad seca. El aumento de la densidad seca del suelo resultante de la compactación depende principalmente del contenido de humedad del suelo y del nivel de compactación aplicado. Para cada tipo de suelo, existe un Contenido Óptimo de Humedad (OMC) en el cual se alcanza la máxima densidad seca.

El comportamiento del suelo a diferentes contenidos de humedad se puede explicar de la siguiente manera: cuando el contenido de humedad es demasiado bajo, el suelo es rígido y difícil de comprimir, lo que resulta en bajas densidades secas y altos contenidos de aire. A medida que aumenta el contenido de humedad, el agua actúa como lubricante, ablandando el suelo y haciéndolo más manejable, lo que lleva a mayores densidades secas y menores contenidos de aire. Sin embargo, a medida que disminuye el contenido de aire, la combinación de aire y agua tiende a mantener las partículas separadas, evitando disminuciones significativas en el contenido de aire. No obstante, los vacíos totales continúan aumentando con el contenido de humedad, causando que la densidad seca del suelo disminuya.

Al operar el carro de agua, una prueba rápida para identificar si el suelo está en el Contenido Óptimo de Humedad es tomar un puñado de tierra y apretarlo. Si la tierra mantiene su forma moldeada, sosténgala entre el pulgar y el índice de cada mano y rómpala por la mitad. Si la ruptura es pareja y la tierra no se aplasta ni se desmorona, indica que el suelo está cerca del OMC. Este método proporciona una evaluación rápida y razonablemente precisa del contenido de humedad del suelo, indicando si se requiere agua adicional.

Lograr la Máxima Densidad Seca incluye:

- **Hidratación:** Este porcentaje de humedad, firmemente adherido a la partícula del suelo, no ayuda a la compactación como lubricante. Agua adicional lleva al suelo a un punto donde un pequeño cambio en el contenido de humedad comienza a producir un gran aumento en la densidad, indicando la siguiente fase de compactación.

- **Lubricante:** La humedad que actúa como lubricante mejora las densidades y la cohesión, alcanzando un contenido de humedad ideal para la compactación.

- **Hinchazón:** Un aumento de la humedad crea una película alrededor de las partículas del suelo, separándolas y disminuyendo la densidad seca.

- **Saturación:** Aumentos adicionales en el contenido de humedad reemplazan los sólidos con agua, disminuyendo aún más la densidad seca.

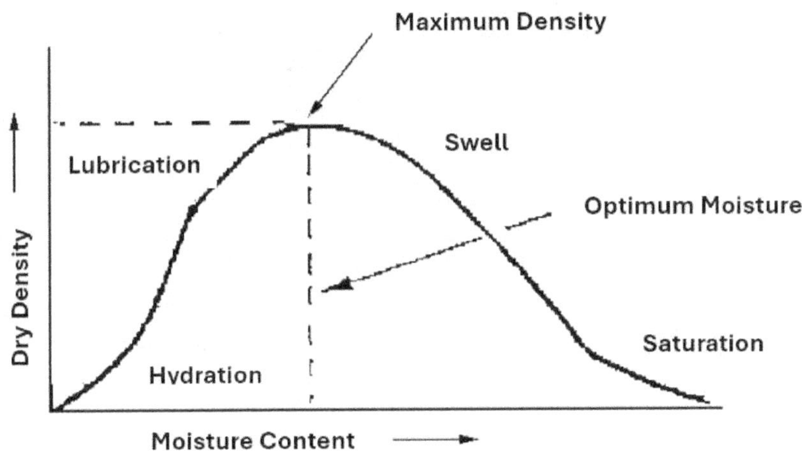

Figura 89: Comportamiento del suelo con diferentes contenidos de humedad.

Durante el verano, las carreteras de acarreo tienden a acumular una cantidad significativa de polvo, el cual se puede controlar utilizando el camión cisterna para humedecer la superficie de la carretera. Sin embargo, se debe tener precaución para evitar una aplicación excesiva, ya que un exceso de agua puede provocar condiciones resbaladizas y peligrosas. Es recomendable regar solo la mitad de la carretera a la vez, permitiendo que los vehículos mantengan tracción conduciendo sobre una superficie seca con las ruedas izquierdas o derechas. Una vez que un lado esté adecuadamente tratado y considerado seguro, se puede regar el otro lado en consecuencia. Además, se debe prestar especial atención a las intersecciones y cruces para evitar el doble riego, lo cual puede crear condiciones excesivamente resbaladizas. Es importante tener en cuenta que el objetivo principal no es lograr el Contenido Óptimo de Humedad, sino suprimir el polvo y asegurar la seguridad de los vehículos que utilizan la carretera de acarreo.

Figura 90: Riego de carreteras de acarreo. MINING.com, CC BY 2.0, vía Wikimedia Commons.

Además de sus funciones principales, el camión cisterna es lo suficientemente versátil como para facilitar el riego de árboles. Esta tarea se puede realizar ya sea conectando una manguera con un grifo a la salida del tanque o instalando un dispositivo especializado en la parte frontal del camión, controlable desde la cabina. Una vez que se ha terminado un trabajo y se ha reinstalado la capa superior del suelo para promover el crecimiento natural, el papel del camión cisterna incluye regar el área. Esto se puede lograr utilizando una bomba montada en la salida del tanque para distribuir agua en el área designada, ya sea a través de una manguera o una boquilla de rociado.

Operación de un camión cisterna

Los controles de un camión cisterna generalmente consisten en varios componentes y sistemas diseñados para operar y controlar las funciones del vehículo de manera efectiva. Aquí hay una explicación de los controles comunes de un camión cisterna:

1. Volante: El volante permite al conductor controlar la dirección del camión cisterna. Se utiliza para girar las ruedas delanteras, lo que permite al vehículo maniobrar a la izquierda o a la derecha.

2. Pedal del acelerador: El pedal del acelerador, también conocido como pedal del gas, se utiliza para aumentar la velocidad del motor y propulsar el camión cisterna hacia adelante. Presionar el pedal del acelerador aumenta la velocidad del vehículo, mientras que soltarlo reduce la velocidad del vehículo.

3. Pedal del freno: El pedal del freno se utiliza para reducir la velocidad o detener el camión cisterna. Presionar el pedal del freno activa el sistema de frenado del vehículo, lo que reduce la velocidad o detiene el camión por completo.

4. Controles de transmisión: Los camiones cisterna equipados con transmisiones automáticas tienen controles de selección de marchas, lo que permite al conductor cambiar entre los mo-

dos de manejo (D), reversa (R), neutral (N) y parqueo (P). Los camiones de transmisión manual tienen una palanca de cambios para la selección de marchas.

5. Controles de la bomba de agua: Los camiones cisterna están equipados con controles de la bomba de agua para regular el flujo de agua desde el tanque. Estos controles pueden incluir interruptores o válvulas para encender o apagar la bomba, ajustar el caudal de agua y controlar la dirección de la descarga de agua.

6. Controles de la boquilla de rociado: Los camiones cisterna utilizados para la supresión de polvo o riego a menudo cuentan con controles de la boquilla de rociado. Estos controles permiten al conductor ajustar el patrón de rociado, el ángulo y la intensidad de la descarga de agua para adaptarse a los requisitos específicos de la aplicación.

7. Indicador de nivel del tanque: Un indicador de nivel del tanque proporciona información sobre la cantidad de agua restante en el tanque del camión. Ayuda al conductor a monitorear los niveles de agua y planificar el rellenado o reabastecimiento según sea necesario.

8. Panel de instrumentos: El panel de instrumentos muestra información vital sobre la operación del camión cisterna, incluyendo la velocidad del motor (RPM), la velocidad del vehículo, el nivel de combustible, la temperatura del motor y otros indicadores de diagnóstico.

9. Controles de iluminación: Los camiones cisterna están equipados con controles de iluminación para operar los faros delanteros, luces traseras, señales de giro y otros sistemas de iluminación. Estos controles aseguran la visibilidad y la seguridad,

especialmente durante condiciones de poca luz o al operar en carreteras públicas.

10. Bocina: La bocina se utiliza para alertar a los peatones, otros vehículos o trabajadores de la presencia del camión cisterna. Es una característica de seguridad esencial para señalar advertencias o emergencias.

Para operar un camión cisterna de manera segura y eficiente, siga estos pasos:

- Realizar verificaciones previas al arranque y al encendido de acuerdo con los procedimientos del lugar de trabajo:

  - Comience realizando las verificaciones previas al arranque según lo indicado en los procedimientos del lugar de trabajo y el manual del fabricante.

  - Verifique los niveles de fluidos, inspeccione los neumáticos para asegurar una inflación adecuada, examine las mangueras y boquillas en busca de daños y asegúrese de que todos los dispositivos de seguridad estén operativos.

  - Arranque el camión cisterna según el procedimiento recomendado en el manual del fabricante y los protocolos del lugar de trabajo.

- Identificar fallos o defectos y rectificarlos o informarlos dentro del ámbito de su responsabilidad y de acuerdo con los procedimientos del lugar de trabajo:

  - Durante las verificaciones previas al arranque, inspeccione cuidadosamente el camión cisterna en busca de fallos o defectos.

  - Si identifica problemas menores dentro de su capacidad, rectifíquelos siguiendo los procedimientos del lugar de trabajo.

- Informe inmediatamente de cualquier fallo o defecto significativo que esté fuera de su responsabilidad al personal correspondiente, siguiendo los procedimientos de informe del lugar de trabajo.

- Operar el vehículo cisterna de acuerdo con los requisitos del fabricante original del equipo y según los procedimientos del lugar de trabajo:

  - Siga los requisitos del fabricante original del equipo (OEM) y los procedimientos del lugar de trabajo al operar el camión cisterna.

  - Adhiérase a los límites de velocidad, capacidad del vehículo y directrices operativas especificadas por el OEM para garantizar una operación segura y eficiente.

- Gestionar la potencia del motor para asegurar la distribución del agua para completar la actividad de trabajo y de acuerdo con los procedimientos del lugar de trabajo:

  - Ajuste la potencia del motor según los requisitos de distribución de agua para la actividad de trabajo específica.

  - Asegúrese de que el caudal de agua sea suficiente para completar la tarea de manera efectiva mientras conserva los recursos hídricos.

  - Siga los procedimientos del lugar de trabajo para gestionar la potencia del motor y la distribución del agua para lograr los resultados deseados.

- Coordinar la potencia del motor con la selección de marchas para asegurar una transición suave y operación dentro del rango de torque:

- ○ Coordine la potencia del motor con la selección de marchas para mantener una operación suave y prevenir el esfuerzo excesivo en el motor.

- ○ Seleccione las marchas adecuadas según el terreno, la carga y los requisitos operativos para optimizar la eficiencia del combustible y el rendimiento.

- ○ Opere dentro del rango de torque especificado por el OEM para prevenir daños al motor y asegurar una salida de potencia óptima.

- Monitorear peligros y riesgos, y asegurar la seguridad propia, del personal, del equipo y de la planta:

- ○ Monitoree continuamente el entorno de trabajo en busca de peligros y riesgos asociados con las operaciones del camión cisterna.

- ○ Tome medidas proactivas para mitigar los peligros identificados y asegurar la seguridad propia, de los compañeros y del equipo.

- ○ Siga los procedimientos de seguridad del lugar de trabajo, use el equipo de protección personal (EPP) adecuado y comuníquese efectivamente con los demás para minimizar riesgos y prevenir accidentes o lesiones.

- Posicionar el vehículo cisterna en los puntos de carga y/o distribución:

- ○ Acerque al punto de carga o distribución con precaución, considerando el terreno y cualquier obstáculo.

- ○ Coloque el camión cisterna en una ubicación segura y accesible que permita una carga o distribución eficiente del agua.

- ○ Asegúrese de que el camión esté estacionado de manera segura con los frenos activados y cualquier medida de seguridad necesaria en su lugar antes de proceder con la carga o distribución.

- Cargar el vehículo cisterna dentro de la capacidad autorizada de carga y de acuerdo con las condiciones del sitio y la tarea:

- ○ Determine la capacidad autorizada de carga del camión cisterna según las especificaciones del fabricante y las regulaciones del lugar de trabajo.

- ○ Cargue el vehículo cisterna con la cantidad adecuada de agua para no exceder la capacidad autorizada de carga, asegurándose de que sea suficiente para las condiciones del sitio y la tarea.

- ○ Monitoree cuidadosamente el proceso de carga para prevenir sobrecargas y mantener la estabilidad durante el movimiento.

- Operar el vehículo cisterna según las condiciones del sitio para evitar oleajes y balanceos:

- ○ Conduzca el camión cisterna de manera suave y constante, especialmente cuando lleve una carga completa de agua, para minimizar oleajes y balanceos.

- ○ Mantenga una velocidad segura y evite aceleraciones, desaceleraciones o giros bruscos que puedan causar que el agua en el tanque se agite y cree inestabilidad.

- Sea consciente de terrenos irregulares, pendientes y obstáculos que puedan afectar la estabilidad del camión cisterna y ajuste las técnicas de conducción en consecuencia.

• Descargar o distribuir el agua de manera eficiente de acuerdo con los requisitos del trabajo y los procedimientos del lugar de trabajo:

- Active el sistema de descarga de agua según los requisitos específicos del trabajo y los procedimientos del lugar de trabajo.

- Ajuste el caudal de agua y la configuración de la boquilla según sea necesario para lograr la cobertura y el patrón de distribución deseados.

- Asegúrese de que el agua se descargue de manera uniforme y eficiente para abordar eficazmente la tarea en cuestión, como la supresión de polvo o la compactación del suelo.

• Monitorear la descarga de agua durante las operaciones:

- Monitoree continuamente la descarga de agua del camión para asegurarse de que esté funcionando correctamente y cumpliendo con los objetivos previstos.

- Ajuste el caudal y la distribución del agua según sea necesario, basándose en las condiciones cambiantes del sitio o los requisitos de la tarea.

- Esté atento a cualquier signo de mal funcionamiento o problemas con el sistema de descarga de agua y tome medidas rápidas para abordarlos y prevenir interrupciones en las operaciones.

Adaptar el comportamiento de conducción según las condiciones de la carretera es crucial. Evalúe las condiciones del sitio y de la carretera en busca de posibles peligros, evitando especialmente las carreteras con baches, daños o deterioro.

Es esencial tener documentado el peso de un camión cisterna completamente cargado para fines de referencia. Esta información permite realizar ajustes, especialmente cuando se consideran las restricciones de peso en puentes o cruces.

Preferiblemente, planifique la ruta con anticipación para asegurar el paso seguro del camión. A pesar de la presencia de alarmas y cámaras modernas, es imperativo capacitar a los observadores para que asistan cuando el camión cisterna necesite retroceder.

Cuando transporte un camión cisterna completamente cargado, el aumento de peso requiere un manejo cuidadoso durante la aceleración y desaceleración. Ajustar la velocidad adecuadamente ayuda a prevenir el oleaje excesivo del agua en el tanque, lo que puede provocar accidentes de tráfico peligrosos al desestabilizar el centro de gravedad del camión.

Primar la bomba de un camión cisterna o carro de agua es esencial para prevenir averías y minimizar el tiempo de inactividad, especialmente en lo que respecta a las bombas centrífugas. Pero, ¿por qué es necesaria la cebadura de la bomba? Las bombas de camiones cisterna están diseñadas para bombear líquidos, no gases ni vapores. Por lo tanto, es crucial llenar la bomba con agua antes de la operación para proteger los sellos y el impulsor de daños. Incluso las bombas autocebantes requieren un llenado parcial para operar eficazmente.

Una bomba adecuadamente cebada exhibe una cámara completamente llena de agua, asegurando una operación eficiente. Por el contrario, si queda aire atrapado dentro de la bomba, esto impide el rendimiento y plantea riesgos. Por lo tanto, es imperativo expulsar todo el aire y reemplazarlo con agua para que la bomba funcione de manera óptima.

Cebar una bomba autocebante implica varios pasos. Si aún hay agua en el tanque, se quita el tapón de cebado en la parte superior de la bomba y se abre la válvula hacia la salida del tanque en el sistema de succión para permitir que el agua fluya a través de él. Una vez iniciada la bomba, el impulsor mezcla el aire con el agua hasta que se expulsa el aire, permitiendo que el tanque se llene. Alternativamente, si el tanque está vacío, se cierra la válvula de salida del tanque y se introduce agua manualmente en la bomba y el sistema de succión utilizando un balde o una manguera.

Para las bombas no autocebantes, el proceso difiere ligeramente. Si queda agua en el tanque, se abre una válvula en el lado de presión de la bomba para facilitar el flujo de agua. Simultáneamente, se abre la válvula manual en la salida del tanque en el sistema de succión para permitir que el agua fluya desde el tanque. Una vez que la bomba se llena de agua, se reemplaza el tapón, indicando un cebado exitoso. En los casos en que el tanque esté seco, se vierte agua manualmente en la parte superior de la bomba y el sistema de succión hasta que ambos estén completamente llenos. Después de cebar, se reemplaza el tapón y se puede arrancar la bomba, iniciando el proceso de llenado del tanque.

El agua juega un doble papel en la compactación del suelo, actuando tanto como facilitador como potencial obstáculo. Cuando se aplica agua, el objetivo es alcanzar el contenido óptimo de humedad, que varía según la composición del suelo de arena, limo y arcilla. Para asegurar una distribución uniforme, el agua debe rociarse directamente sobre la superficie, permitiendo que penetre en el material. Alternativamente, un método más eficiente consiste en seguir al nivelador, que distribuye el material, y rociar agua sobre él en pasadas subsecuentes, permitiendo una mejor mezcla. El proceso continúa hasta que el material alcanza un estado en el que se puede moldear en la mano sin desmoronarse o volverse excesivamente fangoso, lo que indica proximidad a su Contenido Óptimo de Humedad. En esta etapa, no es necesario más riego a menos que el material comience a secarse.

Reacondicionamiento de los Bordes:

Esta tarea requiere una motoniveladora, un rodillo de múltiples ruedas y un camión cisterna. Antes de comenzar, se debe instalar la señalización adecuada del sitio de la carretera, de acuerdo con las Normas Australianas. El material requerido puede ser recogido o entregado en el sitio, cumpliendo con el contenido de humedad especificado. Se puede realizar una prueba simple a mano con el material entregado: si se desmorona al abrir la mano, está demasiado seco; si se aplasta entre los dedos al cerrar la mano, está demasiado húmedo. Idealmente, el material debería mantener su forma cuando se moldea. La motoniveladora prepara el sitio e instruye al conductor del camión cisterna sobre cuándo aplicar agua. Durante la mezcla, el material puede secarse, necesitando agua adicional para mantener un contenido óptimo de humedad. La cantidad de agua aplicada depende de la velocidad del camión. Una velocidad excesiva puede resultar en una humedad insuficiente para la compactación, mientras que velocidades más lentas pueden sobresaturar el material, haciéndolo incompactable. Mantener un ritmo constante es crucial para lograr el equilibrio adecuado de humedad durante todo el trabajo.

Finalizando las Operaciones del Camión Cisterna

Para completar con éxito las operaciones del camión cisterna, siga estos pasos:

- Estacionar, apagar, asegurar y realizar una inspección post-operativa del equipo:

  - Estacione el camión cisterna de manera segura en un área

designada, asegurándose de que esté en un terreno nivelado y alejado de cualquier peligro.

○ Apague el motor y cualquier sistema auxiliar siguiendo los procedimientos del fabricante y del lugar de trabajo.

○ Asegure el camión cisterna activando el freno de estacionamiento, apagando el encendido y bloqueando la cabina y cualquier compartimento.

○ Realice una inspección post-operativa del equipo, verificando si hay signos de daño, fugas o anomalías.

○ Informe cualquier fallo o defecto identificado durante la inspección al personal correspondiente y documente según los procedimientos del lugar de trabajo.

• Limpiar el área de trabajo y desechar o reciclar materiales:

○ Retire cualquier escombro, herramientas o equipos del área de trabajo y devuélvalos a sus ubicaciones de almacenamiento designadas.

○ Deseche los materiales de desecho de acuerdo con los procedimientos del lugar de trabajo, asegurando el reciclaje o la eliminación adecuada de cualquier material reciclable.

○ Limpie cualquier derrame o residuo resultante de las operaciones del camión cisterna, cuidando de prevenir la contaminación ambiental.

• Gestionar y/o reportar peligros para mantener un entorno de trabajo seguro:

○ Monitoree continuamente el área de trabajo en busca de posibles peligros o riesgos, como superficies resbaladizas, terrenos irregulares u obstrucciones aéreas.

- Tome medidas adecuadas para mitigar los peligros identificados, como erigir señales de advertencia, implementar barreras de seguridad o eliminar obstáculos.

- Informe cualquier peligro o preocupación de seguridad a los supervisores o al personal relevante para asegurar un entorno de trabajo seguro para usted y los demás.

- Completar y archivar o distribuir documentación:

  - Complete cualquier documentación requerida relacionada con las operaciones del camión cisterna, incluyendo registros de trabajo, informes de inspección e informes de incidentes.

  - Asegúrese de que toda la documentación se complete de manera precisa y legible, siguiendo las prácticas y procedimientos del lugar de trabajo.

  - Archive la documentación completada en la ubicación designada o distribúyala al personal correspondiente según los protocolos del lugar de trabajo.

Figura 91: Camión cisterna de agua FAP 1823 estacionado en un área segura y designada. Srđan Popović, CC BY-SA 4.0, vía Wikimedia Commons.

Cuando se trata de cargar un camión cisterna en una plataforma, es imperativo seguir las directrices del fabricante sobre los procedimientos de carga y descarga. Varias precauciones se aplican universalmente a todas las máquinas en tales escenarios. Primero y ante todo, la carga y descarga deben realizarse en una superficie nivelada y firme. Además, el vehículo de transporte debe estar bloqueado de manera segura para evitar cualquier movimiento durante el proceso. Es esencial verificar que el vehículo de transporte tenga una capacidad de peso bruto combinada suficiente para manejar la carga y sea lo suficientemente ancho para acomodarla. Se deben utilizar rampas de carga adecuadas, de tamaño y resistencia adecuados, manteniendo el ángulo de la rampa lo más bajo posible para asegurar una maniobra segura. Además, es crucial mantener la cama del remolque y las rampas libres de materiales que puedan causar resbalones, como arcilla, aceite, hielo o nieve. Mientras se conduce el camión cisterna por las rampas, puede ser beneficioso tener a alguien guiando el proceso. Una vez cargado, el camión cisterna debe posicionarse para distribuir uniformemente el peso sobre el vehículo de transporte. Usando cadenas y tensores de carga aprobados, el camión cisterna debe asegurarse firmemente para evitar deslizamientos durante el transporte. Antes del transporte, es esencial verificar la altura total del transporte. Al descargar el camión cisterna, el procedimiento debe invertirse para garantizar la seguridad.

Al transportar el camión cisterna, se deben seguir procedimientos y regulaciones de seguridad adicionales. En primer lugar, es crucial asegurarse de que no se exceda la carga de trabajo segura de la plataforma. Verificar el estado de la plataforma y asegurar firmemente la máquina con cadenas aprobadas son pasos esenciales. Se deben proporcionar señales de advertencia que indiquen una carga ancha, y cualquier parte sobresaliente de la carga debe estar claramente marcada con banderas rojas. Dependiendo de las circunstancias, puede ser necesario proporcionar escoltas para mayor seguridad. Además, todos los frenos y bloqueos de la máquina transportada deben aplicarse para evitar cualquier movimiento inesperado durante el tránsito.

Con respecto al propio camión de transporte, se deben cumplir varios requisitos para garantizar el cumplimiento legal y la operación segura en la carretera. El camión debe estar registrado y adecuadamente asegurado, cumpliendo con todas las regulaciones de tráfico de carreteras estatales y territoriales. Además, debe estar en condiciones de circular y cumplir con todas las normas de seguridad relevantes. El conductor que opere el camión debe poseer una licencia de conducir vigente para la clase apropiada de camión, asegurando la competencia y la autorización legal para viajar por carretera.

8

Operaciones de Camiones de Acarreo

El propósito de un camión de acarreo es transportar grandes cantidades de materiales, como tierra, roca o minerales, de un lugar a otro dentro de un sitio de minería, construcción o cantera. Estos camiones están específicamente diseñados para operaciones de alta resistencia y están equipados con un chasis robusto, motores potentes y camas o cajas de acarreo de gran capacidad para transportar cargas significativas de manera eficiente. Los camiones de acarreo juegan un papel crucial en los procesos logísticos y de manejo de materiales de diversas industrias, facilitando el movimiento de materiales extraídos o excavados hacia áreas de procesamiento, pilas de almacenamiento o instalaciones de transporte.

Figura 92: Camión de acarreo (Mina Continental, Butte, Montana, EE. UU.). James St. John, CC BY 2.0, vía Wikimedia Commons.

En lo que respecta al acarreo fuera de carretera, existen dos tipos principales de camiones: Rígidos y Articulados. Aunque comparten características tecnológicas similares, sus aplicaciones difieren significativamente. Los Camiones Rígidos están diseñados para transportar grandes cantidades de materiales rocosos y abrasivos sobre carreteras bien mantenidas, mientras que los Camiones Articulados sobresalen en condiciones adversas y operan en pendientes variables independientemente del clima.

Figura 93: Camión de acarreo articulado. Jon Lavis de Seaford, CC BY 2.0, vía Wikimedia Commons.

Elegir el transportador fuera de carretera adecuado para sus operaciones implica considerar cinco factores principales. En primer lugar, las condiciones del terreno dictan si un transportador rígido o articulado es más adecuado. La maniobrabilidad de los transportadores articulados en espacios restringidos, carreteras estrechas y terrenos resbaladizos los hace ideales para condiciones desafiantes. Por el contrario, los transportadores rígidos son más adecuados para sitios de trabajo con carreteras grandes y bien mantenidas, como canteras de roca o minas a cielo abierto.

En segundo lugar, el tamaño del sitio de trabajo juega un papel crucial. Los transportadores rígidos son preferidos para sitios más grandes con carreteras extensas y bien compactadas, mientras que la versatilidad de los transportadores articulados se adapta a sitios más pequeños con condiciones de trabajo más estrechas.

En tercer lugar, el tipo de material y los volúmenes transportados influyen en la elección entre transportadores rígidos y articulados. Los transportadores rígidos manejan grandes rocas, mineral o esquisto de manera eficiente, gracias a su alta capacidad de carga y velocidades más rápidas. Por otro lado, los transportadores articulados sobresalen en el transporte de varios materiales bajo diferentes condiciones, ofreciendo mayor flexibilidad.

En cuarto lugar, las consideraciones sobre dónde se está descargando el material entran en juego. Los transportadores rígidos son adecuados para descargar en tolvas altas y de gran capacidad, mientras que los transportadores articulados son preferidos para tolvas estrechas.

Por último, el impacto de la carga es un factor importante a considerar. Los transportadores rígidos son resistentes y pueden soportar cargas de alto impacto, lo que los hace adecuados para cargar bajo grandes palas o dragalinas.

Es crucial sopesar todos estos factores al decidir entre un camión volquete rígido o articulado. Aunque los camiones rígidos pueden parecer más rentables debido a su mayor capacidad de carga útil y tiempos de ciclo más rápidos, la tracción superior y la maniobrabilidad de los camiones articulados los hacen ventajosos en terrenos desafiantes e inclinaciones.

Ejemplos de transportadores rígidos:

Volvo R45D: Equipado con un motor Cummins QSK19-C525 que genera 370 kW de potencia neta a 2,000 RPM y un par máximo de 2,407 Nm a 1,500 RPM, el Volvo R45D cuenta con especificaciones de rendimiento impresionantes. Su transmisión cuenta con un sistema Allison 5620 ORS, mientras que utiliza neumáticos que van de 21 a 35 pulgadas. El sistema de frenos incluye frenos de disco seco en la parte delantera y frenos de disco húmedo completamente cerrados en la parte trasera. Con una capacidad de carga colmada de 26 m^3 y una capacidad máxima de carga útil de 41,000 kg, el Volvo R45D es una opción confiable para operaciones de acarreo.

Camiones de acarreo Caterpillar: Caterpillar 785: El camión de acarreo Caterpillar 785, también conocido como camión fuera de carretera, sigue siendo un pilar en las operaciones de minería a cielo abierto en todo el mundo. A menudo sirve como un camión de nivel de entrada para nuevos operadores, el Caterpillar 785 ha establecido su fiabilidad a lo largo de los años. Los operadores típicamente progresan a camiones volquete Caterpillar más grandes a medida que ganan competencia, adquiriendo confianza y destreza en el manejo de mayores capacidades de carga en varios sitios mineros. Es esencial que los operadores se familiaricen íntimamente con estos camiones para optimizar su rendimiento y eficiencia.

Figura 94: Camión de acarreo Caterpillar 785C. Roy Luck, CC BY 2.0, vía Wikimedia Commons.

CAT 789, CAT 793, CAT 797: Entre los modelos destacados en la línea de camiones de acarreo de Caterpillar se encuentran el CAT 789, CAT 793 y CAT 797. El CAT 797, en particular, se destaca como uno de los camiones volquete más grandes en los sitios mineros, con una escalera que lleva a los operadores directamente a la cabina, presentando desafíos similares a trabajar en alturas durante las listas de verificación previas al arranque. Estas máquinas sirven como la columna vertebral del sector minero, transportando cargas sin descanso día tras día, a menudo operando las 24 horas del día en turnos para maximizar la productividad. Con su robusto diseño de dos ejes y potentes motores de alto torque, estos camiones mineros de ultra clase son ideales para la diversa gama de sitios mineros.

Figura 95: Caterpillar 789B. TZorn, CC BY-SA 3.0, vía Wikimedia Commons.

Dado su considerable costo de construcción y operación, las compañías mineras priorizan operadores capacitados que entiendan la importancia de tratar estos vehículos con el máximo cuidado y respeto. Con un precio de alrededor de 7 millones de dólares cada uno y neumáticos que cuestan aproximadamente $45,000 por pieza, el mantenimiento de estas máquinas es primordial. El CAT 797F, capaz de transportar unas 400 toneladas, se encuentra entre los camiones de acarreo más grandes del mundo, con una velocidad máxima de 67.6 km/h y la potencia para conquistar terrenos y condiciones de conducción desafiantes. En algunas de las minas más altas del mundo, el CAT 797 ha sido transportado en piezas y ensamblado en el sitio para satisfacer las demandas operativas.

Figura 96: Camión de acarreo Caterpillar 797. Lechhabmed, CC BY-SA 4.0, vía Wikimedia Commons.

Un camión de acarreo rígido típicamente consta de varios componentes principales, cada uno de los cuales desempeña un papel crucial en su operación y funcionalidad:

1. Chasis: El chasis sirve como la base del camión de acarreo, proporcionando soporte estructural y albergando varios componentes. Está diseñado para soportar el peso y el estrés inmensos encontrados durante las operaciones de acarreo.

2. Cabina: La cabina es el compartimento cerrado donde se sienta el operador y controla el vehículo. Contiene características esenciales como el volante, los pedales, el panel de instrumentos y el asiento del operador. La cabina está equipada con características de seguridad para proteger al operador de los peligros encontrados durante la operación.

3. Motor: El motor es la fuente de energía del camión de acarreo, responsable de generar la energía necesaria para propulsar el vehículo. Típicamente es un motor diésel grande y de alta potencia capaz de producir un torque significativo para mover cargas pesadas sobre terrenos accidentados.

4. Transmisión: La transmisión transfiere la potencia del motor a las ruedas, permitiendo al operador controlar la velocidad y la dirección del camión de acarreo. Puede ser manual o automática, dependiendo del modelo y del fabricante.

5. Ejes y Ruedas: Los camiones de acarreo rígidos están equipados con múltiples ejes y ruedas para distribuir el peso del vehículo y su carga de manera uniforme. Estos componentes están diseñados para soportar cargas pesadas y proporcionar estabilidad durante la operación.

6. Caja: La caja, también conocida como el cuerpo de volcado o bandeja, es la parte trasera del camión de acarreo donde se lleva la carga. Típicamente está hecha de acero duradero y puede elevarse hidráulicamente para descargar materiales en la ubicación deseada.

7. Suspensión: El sistema de suspensión ayuda a absorber los golpes y vibraciones encontradas al conducir sobre terrenos irregulares, proporcionando un viaje más suave para el operador y

reduciendo el estrés en los componentes del vehículo. Consiste en resortes, amortiguadores y otros componentes.

8. Sistema de Frenos: El sistema de frenos permite al operador reducir la velocidad o detener el camión de acarreo de manera segura. Típicamente incluye frenos de aire o frenos hidráulicos, junto con varios mecanismos de control como pedales de freno y palancas.

9. Sistema Hidráulico: Los camiones de acarreo rígidos dependen de sistemas hidráulicos para accionar funciones esenciales como levantar y bajar la caja, dirección y operar equipos auxiliares. Estos sistemas utilizan fluido hidráulico bajo presión para transmitir fuerza y controlar el movimiento.

10. Sistema Eléctrico: El sistema eléctrico proporciona energía a varios componentes del camión de acarreo, incluyendo luces, sensores y paneles de control. Incluye una batería, alternador, arneses de cables y otros dispositivos eléctricos.

Estos componentes principales trabajan juntos sin problemas para asegurar la operación eficiente y confiable de un camión de acarreo rígido en entornos exigentes de minería y construcción.

Figura 97: Componentes principales de un camión de acarreo articulado. Imagen trasera - Wusel007, CC BY-SA 3.0, vía Wikimedia Commons.

Un camión de acarreo articulado consta de varios componentes principales, cada uno de los cuales cumple una función vital en su operación:

1. Cabina: La cabina es donde el operador controla el camión de acarreo articulado. Contiene el volante, los pedales, el panel de instrumentos y el asiento del operador. La cabina está diseñada para brindar comodidad y seguridad, proporcionando un entorno cómodo para el operador durante turnos largos.

2. Articulación: La articulación es una conexión pivotal entre las secciones delantera y trasera del camión, permitiendo la articulación o flexión en la unión. Este diseño permite que el camión navegue por terrenos difíciles y espacios reducidos, proporcionando una mayor maniobrabilidad.

3. Motor: El motor es la fuente de energía del camión de acarreo articulado, generando la energía necesaria para propulsar el vehículo. Típicamente es un motor diésel grande y de alta potencia capaz de producir un torque significativo para mover cargas pesadas sobre terrenos desafiantes.

4. Transmisión: La transmisión transfiere la potencia del motor a las ruedas, permitiendo al operador controlar la velocidad y la dirección del camión. Puede ser manual o automática, dependiendo del modelo y del fabricante.

5. Ejes y Ruedas: Los camiones de acarreo articulados están equipados con múltiples ejes y ruedas para distribuir el peso del vehículo y su carga de manera uniforme. Estos componentes están diseñados para soportar cargas pesadas y proporcionar estabilidad durante la operación.

6. Caja: La caja, también conocida como el cuerpo de volcado o bandeja, es donde se lleva la carga. Típicamente está hecha de acero duradero y puede elevarse hidráulicamente para descargar materiales en la ubicación deseada.

7. Suspensión: El sistema de suspensión ayuda a absorber los golpes y vibraciones encontradas al conducir sobre terrenos irregulares, proporcionando un viaje más suave para el operador y reduciendo el estrés en los componentes del vehículo. Consiste en resortes, amortiguadores y otros componentes.

8. Sistema de Frenos: El sistema de frenos permite al operador reducir la velocidad o detener el camión de acarreo articulado de manera segura. Típicamente incluye frenos de aire o hidráulicos, junto con varios mecanismos de control como pedales y palancas de freno.

9. Sistema Hidráulico: Los camiones de acarreo articulados dependen de sistemas hidráulicos para accionar funciones esenciales como levantar y bajar la caja, dirección y operar equipos auxiliares. Estos sistemas utilizan fluido hidráulico bajo presión para transmitir fuerza y controlar el movimiento.

10. Sistema Eléctrico: El sistema eléctrico proporciona energía a varios componentes del camión de acarreo, incluyendo luces, sensores y paneles de control. Incluye una batería, alternador, arneses de cables y otros dispositivos eléctricos.

Los siguientes son los controles típicos encontrados en un camión de acarreo:

1. Volante: El volante permite al operador controlar la dirección del camión de acarreo. Se utiliza para girar las ruedas delanteras, permitiendo que el camión navegue alrededor de obstáculos y siga caminos designados.

2. Pedal del Acelerador: El pedal del acelerador, también conocido como pedal del acelerador, se utiliza para aumentar la velocidad del camión de acarreo. Presionar el pedal del acelerador entrega más combustible al motor, aumentando sus RPM y propulsando el vehículo hacia adelante.

3. Pedal del Freno: El pedal del freno se utiliza para reducir la velocidad o detener el camión de acarreo. Al presionarlo, se activa el sistema de frenos, que aplica fricción a las ruedas, disminuyendo la velocidad del vehículo. El camión de acarreo puede estar equipado con frenos de aire o hidráulicos, dependiendo del modelo.

4. Controles de Transmisión: Los controles de la transmisión permiten al operador seleccionar la relación de marcha deseada

para el camión de acarreo. Esto puede incluir opciones como marchas adelante, neutral y reversa, así como rangos altos y bajos para diferentes condiciones de conducción.

5. Controles de la Caja de Volcado: Si está equipado con una caja de volcado o bandeja, el camión de acarreo tendrá controles para levantar y bajar la caja hidráulicamente. Estos controles típicamente incluyen palancas o botones ubicados al alcance del operador.

6. Luces y Limpiaparabrisas: Los controles para las luces y los limpiaparabrisas son esenciales para garantizar la visibilidad en diversas condiciones de iluminación y clima. El operador puede encender los faros, luces traseras y luces auxiliares según sea necesario, así como activar los limpiaparabrisas para limpiar el parabrisas de lluvia, nieve o escombros.

7. Bocina: La bocina se utiliza para alertar a otros vehículos, peatones o trabajadores de la presencia del camión de acarreo. Es una característica de seguridad importante para señalizar advertencias o emergencias.

8. Apagado del Motor: Se proporciona un control para apagar el motor y detener el camión de acarreo cuando no está en uso. Este control puede implicar girar una llave, presionar un botón o accionar un interruptor, dependiendo del modelo específico.

9. Indicadores y Panel de Instrumentos: El panel de instrumentos del camión de acarreo muestra información vital como las RPM del motor, la velocidad del vehículo, el nivel de combustible, la temperatura y la presión hidráulica. Los indicadores y medidores proporcionan retroalimentación en tiempo real sobre el rendimiento y el estado del camión, permitiendo al operador

monitorear su condición.

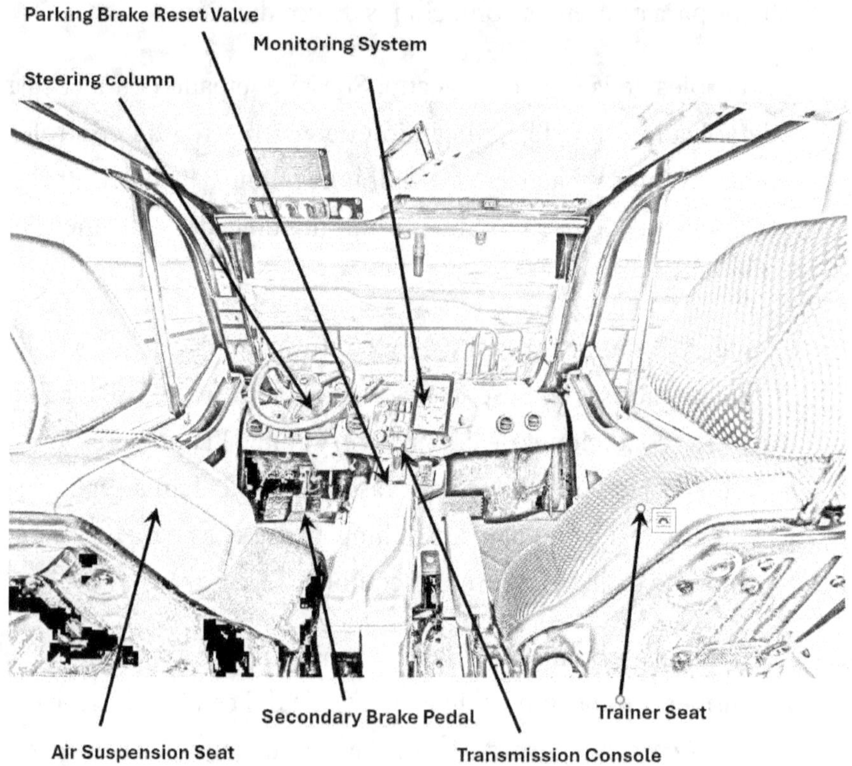

Figura 98: Cabina típica del operador.

Trabajar con un camión volquete, ya sea en un sitio minero o de construcción, exige una estricta adherencia a los protocolos de seguridad para garantizar el éxito y mitigar los riesgos. Priorice prácticas seguras, como usar equipo de protección adecuado y familiarizarse a fondo con el manual del camión volquete antes de la operación. Aquí hay algunos consejos esenciales para garantizar la seguridad al trabajar con un camión volquete.

Inspecciones diarias: El mantenimiento regular de los camiones volquetes es crucial para prevenir averías y garantizar una operación segura. Realice inspecciones diarias para identificar cualquier problema o daño potencial antes de comenzar las operaciones. Verifique la presión de los neumáticos, la suspensión, los cilindros de elevación y lubrique los pernos y bujes. Además, asegúrese de que el parabrisas esté limpio para mantener una visibilidad clara de la carretera.

Medidas de seguridad en el sitio: Una vez completadas las inspecciones diarias, asegúrese de cumplir con las regulaciones de seguridad del sitio. Verifique que el operador use un chaleco reflectante, casco y calzado adecuado. Mantenga el equipo de seguridad, como un botiquín de primeros auxilios y un extintor, fácilmente accesible para emergencias. Utilice alarmas, luces y señales de advertencia al retroceder o entrar en el sitio de trabajo.

Descarga en terreno nivelado: Asegúrese de que el camión volquete esté en una superficie nivelada o que el terreno debajo de él esté nivelado antes de descargar la carga. Una superficie estable evita que el camión se vuelque al levantar la caja. Verifique la estabilidad del suelo, especialmente para cajas más largas, y opte por suelo firme o grava para la descarga para mejorar la estabilidad y prevenir accidentes.

Precaución con los peligros eléctricos: Tenga cuidado con los cables eléctricos bajos o cables sueltos en el suelo. Antes de levantar la caja, inspeccione el área para detectar cualquier cable aéreo y evitar posibles descargas eléctricas. Considere asignar un señalero para trabajar junto al operador para identificar las líneas eléctricas y guiar maniobras seguras. Evite mover el camión con la caja levantada para minimizar el riesgo de contacto con cables eléctricos.

Distribución uniforme de la carga: Asegúrese de que la carga en el camión volquete esté distribuida uniformemente entre los rieles de la caja del camión para mejorar el equilibrio y la estabilidad. La distribución desigual puede causar dificultades operativas y representar riesgos de seguridad, especialmente al navegar por terrenos irregulares. Priorice la carga uniforme para mantener la estabilidad del camión y prevenir accidentes.

Principios básicos de seguridad: Adhiera a cuatro principios fundamentales de seguridad:

1. Conciencia de seguridad: Priorice la seguridad y detenga las operaciones si no está seguro.

2. Sentido común: Ejercite competencia y precaución en todo momento.

3. Conocimiento de las áreas peligrosas: Familiarícese con las áreas de trabajo para eliminar sorpresas y reconocer peligros.

4. Reconocimiento de peligros: Identifique los peligros potenciales asociados con el tamaño de la máquina, la visión restringida del operador, las condiciones de trabajo difíciles, los accesorios sobresalientes y las dificultades de comunicación.

Causas de accidentes: Los accidentes a menudo se atribuyen a errores de juicio, incluyendo descuido, ignorancia o fallos del equipo. Priorice la seguridad mediante la capacitación adecuada, la adherencia a los procedimientos de seguridad, el mantenimiento regular del equipo y las inspecciones minuciosas.

Instrucciones: Como operador de camión de acarreo, debe poseer un conocimiento integral del sitio de trabajo, las características geológicas y las tareas operativas. Sus habilidades de conducción serán continuamente probadas, navegando por terrenos desafiantes con pendientes variables. Manténgase vigilante y adaptable para completar las tareas asignadas de manera segura y eficiente.

Recuerde seguir las instrucciones proporcionadas a través de varios canales, incluyendo hojas de instrucciones de trabajo, comunicación verbal, radio o documentación, para asegurar la finalización de las tareas mientras se prioriza la seguridad en todo momento.

Planificación y Preparación para las Operaciones de Camiones de Acarreo

Los camiones mineros presentan un peligro considerable para los trabajadores, así como para otros vehículos y equipos, debido a su gran tamaño, peso, potencia y la visibilidad restringida que experimentan los conductores desde la cabina.

Las lesiones o fatalidades pueden ocurrir debido a diversas circunstancias, incluyendo:

- Colisiones resultantes de:

  - Vehículos ligeros o personal en puntos ciegos

  - Mala visibilidad u obstáculos inesperados

  - Fallos en la dirección o en los frenos

  - Conducir a velocidades excesivas dadas las condiciones del camino

  - Otros vehículos y maquinaria invadiendo el espacio operativo del camión

  - Falta de concentración o somnolencia del conductor

- Reversa accidental sobre el borde de una pila de almacenamiento

- Volcaduras del camión atribuidas a velocidad excesiva o condiciones adversas de la carretera

- Caídas del personal al acceder a la cabina y áreas de servicio

- Incendios en el camión causados por la ruptura de mangueras de aceite

- Incendios o explosiones de neumáticos ocurridos después del contacto de la bandeja levantada con líneas eléctricas aéreas

- Explosiones de neumáticos debido a daños o resultantes de un incendio en el camión

- Sacudidas y golpes derivados del mantenimiento inadecuado de la carretera o de los procedimientos de carga

Al acarrear materiales, es esencial considerar sus diversos atributos físicos, como el tamaño máximo de los trozos, la densidad, la clasificación y las características de flujo libre. Además, la utilidad de las carreteras de acarreo desempeña un papel crucial en sus operaciones, requiriendo que estén bien diseñadas, construidas y mantenidas. Ya sean de un solo sentido o de dos sentidos, las carreteras de acarreo impactan significativamente en la seguridad operativa, los costos de acarreo y los factores ambientales.

Figura 99: Ejemplo de una carretera de acarreo de dos sentidos. Erich Ferdinand de Alemania, CC BY 2.0, vía Wikimedia Commons.

Las inspecciones previas al arranque, comúnmente conocidas como inspecciones de recorrido, son típicamente la tarea inicial que se realiza antes de comenzar un turno o el trabajo diario. Es crucial realizar estas inspecciones regularmente, especialmente cuando se opera bajo condiciones adversas. Consultar el manual del fabricante es esencial para asegurarse de que cualquier punto específico pertinente a su máquina esté incluido en el procedimiento de inspección descrito a continuación. Es su responsabilidad familiarizarse con los componentes del camión de acarreo mediante capacitación o estudiando el manual de operación y mantenimiento antes de realizar una inspección de recorrido.

Estas inspecciones deben adherirse a las recomendaciones proporcionadas por el fabricante del camión de acarreo y la política de la empresa. Esté atento a cualquier signo de fuga de aceite o combustible o la acumulación de materiales inflamables alrededor de componentes de alta temperatura, como el silenciador del motor o el turbocompresor, ya que pueden provocar riesgos de incendio. Cualquier anormalidad debe ser reportada de inmediato para su reparación o debe ser abordada contactando a su distribuidor.

La verificación de recorrido implica examinar la máquina y su tren de rodaje en busca de tuercas o pernos sueltos, fugas de aceite, combustible o refrigerante, y evaluar el estado del equipo de trabajo y del sistema hidráulico. Preste atención a cables sueltos, juego y acumulación de polvo en áreas propensas a altas temperaturas. A continuación, se presenta un procedimiento de ejemplo extraído del manual del fabricante para un modelo específico de camión de acarreo:

1. Inspeccione la caja de volcado, el chasis, los neumáticos, los cilindros, los enlaces y las mangueras en busca de daños, desgaste o juego.

2. Limpie la suciedad alrededor del motor, la batería y el radiador. Asegúrese de que no haya material inflamable acumulado alrededor de las partes del motor de alta temperatura.

3. Verifique si hay fugas de agua o aceite alrededor del motor.

4. Inspeccione si hay fugas de aceite en la caja de transmisión, caja del diferencial, caja de la transmisión final, tanque hidráulico, mangueras y juntas. Busque signos de fugas de aceite en la cubierta inferior o goteando en el suelo.

5. Verifique si hay pernos de montaje del filtro de aire sueltos.

6. Examine el caucho de montaje de la caja de volcado en busca de grietas, objetos extraños incrustados o pernos sueltos.

7. Inspeccione las barandillas en busca de daños y pernos sueltos.

8. Verifique si hay daños en los medidores, lámparas y pernos sueltos. Asegúrese de que no haya daños en el panel, los medidores o las lámparas.

9. Limpie los espejos retrovisores y los espejos inferiores, ajuste sus ángulos para una visibilidad adecuada y reemplace los espejos dañados.

10. Evalúe el cinturón de seguridad y las abrazaderas en busca de anomalías. Reemplace las piezas dañadas, incluyendo el cinturón, si se observa algún daño externo, desgaste o deformación, o después de cualquier impacto con la máquina.

Los procedimientos del entorno de trabajo se llevan a cabo antes de cada turno, generalmente dirigidos por el supervisor de turno, para garantizar operaciones seguras y eficientes. Durante estas reuniones, los operadores reciben detalles importantes, incluyendo la identidad y asignación del camión, la naturaleza y alcance de las tareas, objetivos de logro, rutas de acarreo y sus condiciones, iluminación del sitio, defectos del vehículo y posibles peligros. También se abordan los requisitos de coordinación y cualquier tema pertinente para facilitar operaciones fluidas.

El conocimiento geológico es esencial para los operadores de equipos en minas a cielo abierto, abarcando términos y características encontradas durante las operaciones. Esto incluye familiarizarse con las vetas de carbón del sitio minero y sus códigos, características asociadas con las vetas y varios códigos litológicos como arenisca, limo, sobrecarga, intercalación y carbón. Los operadores también deben entender fallas, diques y formaciones de carbón meteorizadas que puedan encontrar.

Las inspecciones geotécnicas del lugar de trabajo son cruciales para identificar peligros potenciales, y los operadores deben estar atentos para reconocer y reportar cualquier preocupación al supervisor o geólogo de la mina antes de comenzar el trabajo. Las condiciones de las paredes altas pueden incluir fracturas, rocas frescas en la base, filtraciones excesivas, material colgante, aberturas de juntas y cambios notables en la estructura de la roca. Las paredes bajas pueden mostrar grietas, deslizamientos, sobrependientes, rocas en las carreteras de abajo y signos de acumulación de agua o cambios en la composición. De manera similar, las áreas de vertedero pueden presentar peligros como acumulación de agua, deslizamientos, fracturas, exceso de material de rechazo y socavado, todos los cuales requieren monitoreo cuidadoso y reporte para mantener un entorno de trabajo seguro.

Antes de comenzar cada turno, el operador del camión de acarreo debe realizar una verificación previa al arranque para asegurar la seguridad del camión y registrar la inspección en una hoja de verificación. Es imperativo que el operador haya recibido la capacitación adecuada y esté familiarizado con los componentes del camión, niveles de lubricación y refrigerante antes de comenzar esta verificación para evitar pasar por alto cualquier elemento crucial que podría resultar en lesiones personales o daños a otros. La sección de Verificación Previa al Arranque del manual del fabricante debe ser comprendida a fondo, ya que cada marca y modelo puede tener características y requisitos distintos.

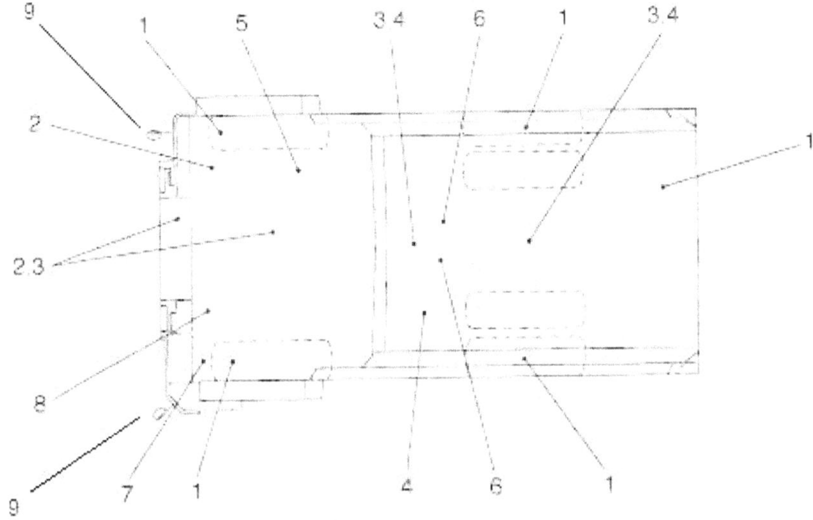

Figura 100: Puntos de verificación del camión de acarreo.

El siguiente procedimiento describe la verificación previa al arranque para una marca y modelo específico de camión de acarreo:

1. Verificar el nivel de refrigerante: Verifique el nivel de refrigerante visualmente quitando la tapa del radiador (si es necesario) y asegurándose de que no haya aceite en el agua ni otras anomalías. Tenga cuidado para evitar que el agua caliente se derrame.

2. Verificar el nivel de aceite en el cárter del motor: Confirme el nivel de aceite con una varilla de medición mientras se asegura de que la máquina esté estacionada en una superficie nivelada. Limpie la varilla antes de volver a insertarla para verificar la decoloración del aceite y asegurarse de que esté dentro del rango aceptable.

3. Verificar el nivel de aceite en la caja de transmisión: Evalúe el nivel de aceite de la transmisión según las recomendaciones del fabricante, agregando el aceite correcto si es necesario a través de la tapa de llenado de aceite.

4. Verificar el nivel de aceite en el tanque hidráulico: Examine el nivel de aceite del tanque hidráulico en terreno horizontal y agregue el aceite correcto si está por debajo del nivel recomendado, asegurándose de apretar la tapa de manera segura.

5. Drenar agua y sedimentos del tanque de combustible: Afloje la válvula en la parte inferior del tanque de combustible para drenar el agua y los sedimentos acumulados en la base del tanque junto con el combustible, de acuerdo con las políticas y procedimientos de la empresa.

6. Verificar el nivel de combustible: Utilice el indicador de combustible, la varilla de medición o el indicador visual para verificar el nivel de combustible, tomando precauciones para evitar el desbordamiento del combustible y limpiando cualquier derrame por completo.

7. Inspeccionar los neumáticos: Examine los neumáticos en busca de irregularidades, cortes, abultamientos o signos de roce contra las partes del cuerpo, asegurándose de que las ruedas dobles coincidan y estén igualmente infladas si corresponde.

8. Verificar las tuercas del cubo de la rueda: Verifique que las tuercas del cubo estén apretadas al par especificado e informe cualquier tuerca suelta al supervisor si es necesario.

9. Par de apriete: Siga las recomendaciones del fabricante para el par de apriete.

10. Verificar la presión de inflado de los neumáticos y verificar si hay daños: Evalúe la presión de inflado de los neumáticos cuando estén fríos, buscando daños y objetos extraños incrustados en el neumático.

11. Verificar los indicadores de restricción del filtro de aire del motor: Inspeccione el filtro de aire para asegurarse de que el pistón rojo no haya aparecido en la parte transparente del indicador de polvo, limpiando o reemplazando el elemento según sea necesario.

12. Drenar agua del tanque de aire: Abra la válvula de drenaje del tanque para drenar el agua del tanque, particularmente en áreas frías donde puede ocurrir congelamiento.

13. Limpiar el polvo y el barro de las luces traseras.

14. Limpiar los escalones/rieles, el volante, las palancas de mano, los pedales, las perillas y otros controles para prevenir resbalones.

15. Limpiar la cabina, asegurar las herramientas en un lugar seguro y retirar materiales no autorizados de la cabina para su eliminación.

16. Verificar los sistemas de advertencia, incluidas las luces, las señales/alarmas de reversa, la bocina de advertencia y los dispositivos de señalización.

17. Verificar la funcionalidad del sistema de comunicación de radio bidireccional.

18. Verificar si hay correas de ventilador sueltas.

19. Verificar los filtros de aceite, combustible y aire.

20. Verificar si hay paneles o accesorios sueltos.

21. Asegurar la disponibilidad del equipo de protección personal, incluyendo overoles, botas de seguridad, gafas protectoras, orejeras, guantes, casco de seguridad y mascarilla.

Los procedimientos de arranque pueden variar según el camión específico y los protocolos del sitio. Es esencial adherirse a los procedimientos establecidos. Entre cuidadosamente en la cabina y asegúrese de una ventilación adecuada para evitar la exposición a los vapores antes de arrancar. Antes de arrancar el motor, asegúrese de conocer los manuales, confirme que el área alrededor del camión esté libre de personas y obstrucciones, y asegúrese de que el interruptor del freno de estacionamiento esté en la posición "Aplicar". Una práctica habitual es sonar la bocina una vez antes de arrancar, según lo indicado en los procedimientos del sitio. Arrancar el motor con el interruptor del freno de estacionamiento liberado implica un riesgo de que el camión se mueva una vez que la presión se acumule para liberar el freno. Después de arrancar el motor, verifique nuevamente la preparación de los instrumentos y la funcionalidad del equipo, incluidos los dispositivos de señalización, los fusibles, los limpiaparabrisas, los manómetros de presión y la funcionalidad de los controles. Ajuste y asegure el cinturón de seguridad, pruebe el pedal del acelerador y verifique la funcionalidad de la radio bidireccional. Antes de moverse, alerte a otros sonando la bocina dos veces, según lo especificado en los procedimientos del sitio.

Los procedimientos de emergencia son conocimientos cruciales para los operadores de camiones de acarreo para garantizar su seguridad y la de los demás en caso de eventos inesperados. La familiaridad con la ubicación y operación de los dispositivos de advertencia en el camión de acarreo es primordial. Por ejemplo, si se enciende la luz de advertencia del ángulo de inclinación del volquete, indicando una inclinación más allá del rango de seguridad, se debe tomar acción inmediata para bajar el volquete y reubicar la máquina en un área estable. Además, es esencial comprender el funcionamiento de los sistemas de dirección y frenado de emergencia, ya que todos los camiones de acarreo están obligados por ley a estar equipados con dichas características.

Algunos camiones de acarreo también pueden contar con salidas de emergencia, como una puerta en el lado derecho de la cabina o una ventana lateral que se puede abrir siguiendo procedimientos específicos. Los operadores deben verificar la ubicación de las salidas de emergencia en su camión y en los manuales, buscando ayuda de mentores si es necesario.

Además, la familiaridad con los procedimientos de emergencia del sitio es imperativa, típicamente descrita durante el proceso de inducción por la empresa y disponible con el Oficial de Seguridad. Estos procedimientos detallan las acciones a tomar en emergencias, incluidos los protocolos de informe, la información de contacto de emergencia, la ubicación de equipos de emergencia como botones de paro y extintores, áreas seguras de reunión y provisiones de primeros auxilios. También es esencial entender el significado de varias señales, letreros y procedimientos durante las operaciones de voladura.

En caso de que la máquina contacte líneas eléctricas vivas, los operadores deben observar estrictas precauciones para mitigar riesgos. Permanecer dentro de la cabina, advertir a otros que se mantengan alejados e intentar mover la máquina lejos de las líneas eléctricas sin asistencia son pasos iniciales. Si no pueden moverse, los operadores deben permanecer dentro de la cabina e informar a la autoridad de suministro de energía para desconectar la electricidad. Saltar del camión solo debe considerarse si es absolutamente necesario, con precauciones específicas para minimizar los riesgos de lesiones o electrocución. Es crucial evitar el contacto simultáneo entre la máquina y el suelo y alejarse con cautela del área energizada para prevenir una descarga eléctrica. Además, los operadores deben estar al tanto del riesgo potencial de explosiones de neumáticos después de contactar con líneas eléctricas, lo que requiere el aislamiento de la máquina y señales de advertencia apropiadas para minimizar los peligros.

Operación de un Camión de Acarreo

Priorizar la realización de verificaciones previas al inicio y adherirse a los procedimientos de arranque antes de operar el camión. Realizar una inspección exhaustiva caminando alrededor del vehículo para asegurar que el área circundante, tanto por encima como por debajo, esté libre de obstáculos, incluidos otros vehículos e individuos. Antes de moverse, usar la bocina como señal de advertencia. Utilizar las áreas designadas para el cambio de conductores y mantener prácticas efectivas de comunicación al embarcar y desembarcar los camiones. Acceder y salir del camión usando técnicas adecuadas, manteniendo siempre un contacto de tres puntos, y evitar saltar, incluso desde el peldaño más bajo.

Evitar intentar llevar materiales pesados o voluminosos a las plataformas del camión. Asegurarse de usar los cinturones de seguridad y arneses instalados dentro del vehículo. Adherirse a todas las regulaciones de tráfico, incluyendo límites de velocidad, señales y sistemas de control de tráfico. Inspeccionar regularmente la inflación de los neumáticos y monitorear sus condiciones, ya que los neumáticos dañados o desinflados pueden presentar riesgos de explosiones o incendios. Verificar la funcionalidad de los frenos cada vez que el camión se ponga en movimiento y adaptar la velocidad de conducción a las condiciones del camino, especialmente teniendo precaución en clima húmedo.

Al navegar por pendientes descendentes, evitar deslizarse en punto muerto. Mantener la transmisión engranada y utilizar el sistema de retardo. Mantener la limpieza dentro de la cabina, ya que los objetos sueltos pueden impedir los pedales de freno o acelerador. Utilizar radios de dos vías para una comunicación efectiva durante maniobras de adelantamiento o al entrar en áreas congestionadas, asegurando la adherencia al procedimiento y protocolo de radio. Evitar el uso de frenos de servicio en descensos salvo en emergencias, optando en su lugar por engranajes correctos y el sistema de retardo.

En caso de que una carga se atasque durante el vertido, buscar asistencia de un supervisor. Usar etiquetas de "Peligro" y "Fuera de Servicio" cuando sea necesario y reconocer cualquier etiqueta presente. Mantener una distancia segura de cinco longitudes de camión entre vehículos que viajan en la misma dirección. Tener precaución cerca de edificios y áreas pobladas, prestando atención a la posición de las líneas eléctricas aéreas y otras estructuras. Nunca conducir con la bandeja levantada, ya que puede colisionar con las líneas eléctricas aéreas, presentando riesgos fatales para el personal y causando daños significativos.

Ejercite precaución alrededor de otros equipos móviles, como motoniveladoras, bulldozers y camiones cisterna, dándoles suficiente espacio para maniobrar. Reduzca la velocidad al navegar por curvas y esquinas para mitigar riesgos de vuelcos o derrames de rocas. Si se encuentra con áreas con derrames de rocas, evítelas y notifique a los supervisores o al conductor de la motoniveladora para su remediación. Asegúrese de que el camión se lave y mantenga regularmente para garantizar la visibilidad durante las operaciones diurnas y nocturnas.

Acérquese a las áreas de descarga con precaución, posicionando el borde del lado del conductor y asegurando visibilidad. Evite descargar sobre el borde de los acopios en áreas donde se ha retirado o se está retirando material hasta que se confirme que es seguro. No utilice el retardador como freno de estacionamiento y etiquete y reporte rápidamente cualquier defecto del camión. Además, presente informes de todos los incidentes, incluidos los casi accidentes, para garantizar una mejora continua en los protocolos de seguridad.

Se deben tomar precauciones especiales al operar bajo tierra para garantizar la seguridad y prevenir accidentes. Es esencial probar los frenos antes de entrar al portal y evitar conducir en declives usando los frenos de servicio. La correcta selección de marchas y el uso de un retardador, si está disponible, son cruciales para una navegación segura. Además, antes de entrar al portal, siempre asegúrese de que la bandeja esté bajada para evitar colisiones u obstrucciones.

Solo se deben entrar en excavaciones que estén diseñadas para acomodar el tamaño de su camión, asegurando el espacio adecuado y la maniobrabilidad. Operar solo en áreas con ventilación adecuada es vital para prevenir la acumulación de gases nocivos y garantizar un entorno de trabajo seguro. Si un vehículo emite humo negro excesivo, debe ser reportado inmediatamente al supervisor, y el vehículo debe ser retirado de servicio para abordar cualquier problema potencial.

Los vehículos nunca deben dejarse desatendidos a menos que se haya apagado la energía y se hayan aplicado los frenos para evitar movimientos no deseados. Al estacionar en una pendiente, es esencial girar las ruedas hacia la pared para evitar que el vehículo ruede en caso de una falla de frenos u otras circunstancias imprevistas. Estas precauciones son esenciales para mantener la seguridad y minimizar el riesgo de accidentes en operaciones mineras subterráneas.

Los camiones de acarreo están equipados con una variedad de características de seguridad diseñadas para proteger al operador durante las operaciones. Estos dispositivos de seguridad incluyen cinturones de seguridad, interfaces de asiento, barras de protección del operador (ROPS-FOPS), soportes de seguridad, barras y pasadores, protectores y cubiertas de seguridad, dispositivos de advertencia, dirección suplementaria y frenos de emergencia, así como etiquetas de advertencia. Los cinturones de seguridad son esenciales para evitar que el operador se caiga del asiento durante las maniobras, y es imperativo que los operadores los usen en todo momento. La interfaz del asiento asegura que la máquina opere solo cuando se detecta el peso del operador. Las barras de protección del operador, incluidas ROPS y FOPS, proporcionan protección contra aplastamientos en caso de vuelco o vuelco. Las barras, soportes y pasadores de seguridad se utilizan para evitar colapsos repentinos de componentes de la maquinaria durante las tareas de inspección o mantenimiento. Los protectores y cubiertas de seguridad deben ser revisados para asegurar su posicionamiento adecuado antes de la operación, y los dispositivos de advertencia alertan a los operadores sobre posibles peligros. La dirección suplementaria y los frenos de emergencia ofrecen control adicional en caso de falla del sistema. Las placas y etiquetas de seguridad están estratégicamente colocadas en la máquina para resaltar posibles peligros, y es crucial que los operadores comprendan y sigan estos mensajes de seguridad. La inspección y mantenimiento regular de las características de seguridad son esenciales para asegurar su efectividad en la protección del personal y la prevención de accidentes.

Adherirse a prácticas seguras y requisitos de seguridad específicos del sitio es esencial para los operadores de camiones de acarreo para garantizar su seguridad y la de los demás. Cada sitio puede tener protocolos de seguridad únicos descritos por la empresa, con los cuales los operadores deben estar familiarizados y cumplir diligentemente para prevenir posibles accidentes o lesiones. No cumplir con estas regulaciones de seguridad podría resultar en lesiones personales, muertes o costosas reparaciones de maquinaria.

La siguiente lista proporciona ejemplos de prácticas de trabajo seguras y sirve como una visión general:

- Seguridad de las Personas: Los operadores deben mantener una vigilancia constante, nunca asumiendo que las personas se mantendrán alejadas de los peligros potenciales. Evite distracciones mientras opera el camión de acarreo y permanezca atento a los transeúntes y otros equipos en las cercanías. No permita que personas no autorizadas se acerquen a las ruedas del camión o a los puntos de pellizco, y use etiquetas de advertencia para indicar cuando se está realizando servicio o reparación en la máquina.

- Calificaciones y Salud del Operador: Solo los operadores calificados deben operar camiones de acarreo, habiendo recibido la capacitación, pruebas y nombramiento adecuados para el tipo específico de máquina. Operar maquinaria bajo la influencia de alcohol, medicamentos u otras drogas está estrictamente prohibido debido al riesgo de juicio deteriorado y posibles accidentes.

- Equipo de Protección Personal (EPP): Usar el EPP adecuado, como calzado de seguridad, cascos, guantes, gafas de seguridad, protección auditiva, respiradores y chalecos reflectantes es esencial para mitigar riesgos de lesiones. Se debe evitar la ropa suelta, las joyas y el cabello largo para prevenir enredos en los controles o partes móviles.

- Verificaciones Previas al Inicio y Montaje/Desmontaje: Realizar verificaciones previas al inicio en la máquina es obligatorio, y cualquier falla debe ser reportada al supervisor de inmediato. Al montar o desmontar la máquina, los operadores deben mirar hacia el equipo, usar los escalones y asideros proporcionados, y mantener tres puntos de contacto para prevenir caídas o lesiones.

- Seguridad en la Cabina: Asegúrese de que los escalones, asideros, pasarelas y cubiertas estén libres de escombros y materiales resbaladizos para prevenir accidentes. Mantenga la cabina libre de objetos sueltos que podrían convertirse en proyectiles en caso de accidente.

- Operación del Vehículo: Antes de moverse, los operadores deben colocarse y ajustar sus cinturones de seguridad, ya que es obligatorio usarlos mientras el vehículo está en movimiento. Realice verificaciones exhaustivas de frenos, dirección, luces e indicadores de advertencia para asegurarse de que estén operativos y en buen estado. Familiarícese con las operaciones de freno de emergencia y dirección suplementaria, y realice verificaciones regulares para asegurar su funcionalidad. Se recomienda probar los frenos dentro de los primeros 500 metros de cada turno según el manual del fabricante.

- Área de Estacionamiento: Comprenda la política de la empresa para salir del área de estacionamiento antes de proceder. Asegúrese de que la presión de aire de los frenos esté dentro del rango operativo, que el volquete esté bajado, que el control de la grúa esté en la posición de flotación (si corresponde), y suene la bocina antes de moverse. Transportar pasajeros en el camión de acarreo está prohibido a menos que el camión esté específicamente diseñado para llevar pasajeros o para propósitos de instrucción del operador.

Mientras conduce en las vías de acarreo, es imperativo adherirse a prácticas seguras y cumplir con las regulaciones de seguridad específicas del sitio. Aquí hay directrices para asegurar una operación segura:

En la carretera:

- Obedezca siempre las señales de tráfico y advertencias, y considere los límites de velocidad establecidos como máximos en condiciones ideales, ajustando la velocidad según las condiciones de la carretera, la visibilidad y la carga, así como su competencia y confianza personal.

- Conduzca a la defensiva, manteniéndose vigilante de otras plantas y equipos en operación.

- Siga las políticas de la empresa en cuanto a la dirección de viaje y el lado de la carretera.

- Evite retroceder en las vías de acarreo, a menos que sea para fines de mantenimiento de la carretera.

- Absténgase de conducir camiones de acarreo sobre tuberías no protegidas, cables eléctricos o rutas de tuberías demarcadas.

- Ceda el paso a los vehículos según la política de la empresa, dando prioridad a los camiones cargados, a las traíllas y al equipo de mantenimiento de carreteras.

- En situaciones de emergencia, priorice la seguridad permitiendo que el vehículo más capacitado se detenga o maniobre, sin seguir los procedimientos normales.

- Ceda el paso a los camiones en las vías principales de acarreo cuando gire hacia o desde ellas.

- Use los faros en condiciones de visibilidad reducida y evite adelantar a menos que el vehículo adelante esté estacionado y aparcado a un lado.

Distancia de Seguimiento y Maniobras:

- Mantenga una separación mínima de treinta metros o según lo indique la política de la empresa al seguir otros camiones de acarreo, aumentando la distancia a mayores velocidades.

- Ejecute giros en U de manera segura y proporcione tiempo adecuado para que otros vehículos observen la maniobra.

- Mantenga una distancia segura de acantilados, voladizos y áreas de deslizamiento según lo indique la política de la empresa.

- Mantenga siempre el control del camión de acarreo y evite rodar en punto muerto.

- Seleccione el rango de marcha correcto antes de descender y evite cambiar de marcha durante el descenso.

En la cara/banqueta:

- Mantenga una distancia segura de los bordes de acantilados, voladizos y áreas de deslizamiento.

- No entre ni salga de la cabina mientras se está cargando o descargando el camión de acarreo.

- Trabaje hacia arriba y hacia abajo en pendientes siempre que sea posible para evitar vuelcos.

- Mantenga la visibilidad limpiando regularmente las ventanas y espejos, evitando limpiar mientras se carga o en el pozo sin usar un casco.

- Asegúrese de que se implementen medidas de seguridad al descargar sobre un banco, como proporcionar paradas efectivas, observadores o iluminación después del anochecer.

- Evite viajar con la bandeja levantada a menos que sea necesario para fines de limpieza.

Procedimientos de emergencia:

- Conozca los procedimientos de emergencia y cúmplalos en cualquier situación de emergencia, priorizando la seguridad sobre los procedimientos normales.

- Familiarícese con las políticas y procedimientos de la empresa en cuanto a prácticas de trabajo seguras y requisitos de seguridad específicos del sitio, buscando ayuda de mentores o refiriéndose a la documentación de la empresa si es necesario. Recuerde, es su responsabilidad estar al tanto de los requisitos de seguridad específicos del sitio de su empresa y de los procedimientos de emergencia. En caso de duda, busque ayuda para garantizar operaciones seguras en todo momento.

La descarga de cargas presenta peligros significativos, especialmente el riesgo de vuelco de la máquina, especialmente al volcar material desde un área elevada de descarga. Los factores que pueden aumentar este riesgo incluyen la construcción incorrecta del terraplén, el terreno inestable, las técnicas de operación inadecuadas y la colocación insegura de otras máquinas y personal. Para mitigar estos riesgos, los operadores de camiones de acarreo deben seguir las siguientes pautas:

- Descargue solo en áreas estables con cabezas de descarga adecuadamente establecidas y mantenidas, siguiendo estrictamente las instrucciones sobre las ubicaciones de descarga.

- Asegúrese de que haya suficiente iluminación, especialmente durante las operaciones nocturnas, utilizando plantas de iluminación.

- Notifique a los supervisores de inmediato si se requiere mantenimiento en el área de descarga.

El acercamiento al área de descarga requiere procedimientos específicos:

1. Establezca contacto por radio con el operador de la máquina de limpieza de descarga.

2. Acérquese a la cabeza de descarga a una velocidad segura en dirección de las agujas del reloj, manteniendo la descarga en el lado izquierdo.

3. Descargue el material de derecha a izquierda, comenzando desde donde se realizó la última descarga.

4. Mantenga una distancia segura de aproximadamente 10 metros de la cabeza de descarga cuando conduzca paralelo al borde de

la descarga.

5. Al retroceder para descargar, ejecute un giro de izquierda a derecha (un "giro en T").

6. Evite colocarse delante de otro camión para descargar, manteniendo una distancia de 20 metros o al menos dos cargas de camión de acarreo entre camiones y bulldozers.

7. Al llegar al área de descarga, gire el camión a la derecha hasta quedar a 90 grados de la cabeza de descarga, utilizando un círculo de giro amplio para evitar daños a los neumáticos.

Figura 101: Acercándose al área de descarga. Jon Lavis de Seaford, CC BY 2.0, vía Wikimedia Commons.

Puntos de control importantes a observar en el área de descarga incluyen:

• **Grietas:** Notifique a los supervisores o a los operadores de bulldozer sobre cualquier grieta y monitoree los cambios en su ancho a lo largo del turno.

- **Rocas:** Retire cualquier roca del terraplén para prevenir daños a los neumáticos e inestabilidad del terraplén.

- **Desplomes:** Informe inmediatamente a los supervisores o a los operadores de bulldozer sobre cualquier desplome en la cabeza de descarga.

- **Material Húmedo:** Notifique rápidamente a los operadores de bulldozer y a los supervisores si el terraplén se vuelve excesivamente húmedo, causando inestabilidad.

- **Altura y Construcción del Terraplén:** El terraplén debe tener la mitad de la altura del neumático más grande en uso del camión. Si hay preocupaciones sobre la altura del terraplén, descargue antes y informe al operador del bulldozer. El terraplén sirve como guía para detener el camión y para indicar el borde de descarga.

El terraplén puede sufrir daños al golpearlo, lo que compacta el material en el frente y desplaza material en la parte trasera, o al moverse hacia adelante antes de bajar la bandeja al descargar. Estas acciones deben evitarse para mantener la integridad del terraplén.

*Figura 102: Descargando una carga. Jon Lavis de
Seaford, CC BY 2.0, vía Wikimedia Commons.*

Reversando hacia la cabeza de descarga:

1. Asegúrese de que el terreno esté nivelado antes de proceder.

2. Coloque el camión en línea recta y retroceda lentamente hacia
   la cabeza de descarga, utilizando los espejos laterales o un monitor de reversa como guía.

3. Mantenga el camión lo más recto posible durante el proceso de

reversa.

4. Retroceda hasta que el neumático trasero haga contacto suavemente con el terraplén. Asegúrese de que el neumático interior haga contacto primero antes de enderezar. Evite usar el terraplén como mecanismo de frenado.

5. Aplique el freno de estacionamiento y cambie a la marcha neutral.

Descargando una carga:

1. Siga el procedimiento de aceleración del motor descrito en el manual de capacitación para la operación de camiones de descarga (RPM's).

2. Tire de la palanca de control de descarga hacia la posición elevada y manténgala hasta que la bandeja esté casi completamente levantada.

3. Reduzca la velocidad del motor a medida que la bandeja se acerque a su altura máxima y suelte la palanca de control de descarga.

4. Espere hasta que todo el material haya salido del borde de la bandeja.

5. Avance aproximadamente medio metro y baje completamente la bandeja. Si descarga en el suelo, avance lentamente para asegurarse de que la bandeja se vacíe antes de bajar completamente.

6. Suelte la palanca de control.

7. Seleccione la marcha (D) y libere el freno de estacionamiento.

8. Verifique si hay otros equipos en las cercanías y avance a una

velocidad segura.

Nota: Priorice la seguridad personal y, si tiene dudas, opte por descargar la carga antes que comprometer la seguridad.

Descargando cerca de otro camión:

1. Prepárese para retroceder junto al otro camión siguiendo los procedimientos estándar.

2. Mantenga el otro camión a su lado izquierdo.

3. Mantenga una distancia mínima de dos anchos de camión de descarga entre los camiones en todo momento.

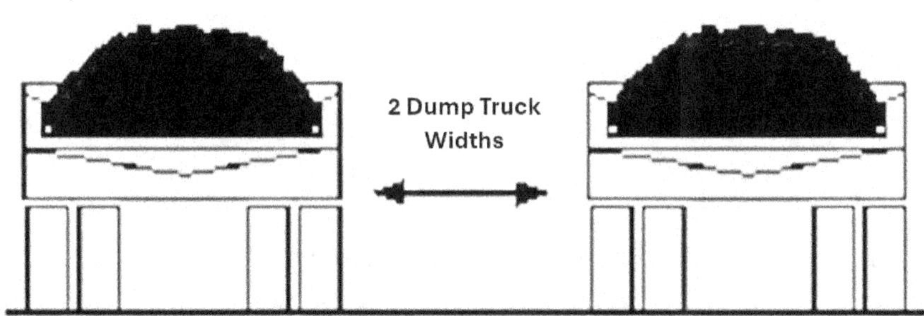

Figura 103: Mantenga la separación al descargar junto a otro camión.

Para asegurar una cabeza de vertido cuadrada y uniforme, minimizando así el riesgo de que las llantas se desvíen y crucen el borde del vertedero, los operadores de camiones pueden seguir estos pasos:

1. Comience vertiendo desde la esquina derecha (de frente al vertedero) y continúe vertiendo en el mismo lugar hasta que el material ya no se derrame sobre el borde.

2. Una vez que la ubicación inicial esté llena, desplace un largo de camión hacia la izquierda y repita el proceso. Continúe moviéndose hasta cubrir todo el ancho del área de vertido.

3. Repita la operación de vertido, trabajando de derecha a izquier-

da.

Si se inician reparaciones en una parte del borde antes de cubrir todo el ancho del vertedero:

- Deje la última sección completa del borde como marcador para el vertido en curso.

- Continúe vertiendo a la izquierda de este marcador hasta que se cubra todo el ancho del vertedero.

En caso de un vertido redondeado o irregular:

- Centre los esfuerzos de vertido en las esquinas derecha e izquierda.

- Una vez que las secciones exteriores estén alineadas con la sección del medio, reanude el vertido siguiendo la secuencia regular.

Cargas Atascadas: Ocasionalmente, las cargas pueden quedar atascadas en la bandeja debido a sobrecarga o posicionamiento incorrecto. En tales casos:

1. Informe al supervisor de la situación.

2. El supervisor dirigirá al operador a regresar "cargado" a la excavadora para la remoción parcial o completa de la carga con precaución.

3. Reposicione o recargue según la práctica aceptada y regrese al lugar de vertido. Bajo ninguna circunstancia se debe intentar verter la carga mediante maniobras bruscas como saltos, tirones o excesiva marcha atrás y frenado.

Vertido en Terreno: El vertido en terreno es un método utilizado para áreas de vertido planas que serán niveladas por una excavadora, ayudando a construir un área específica. Para ejecutar este procedimiento de manera efectiva:

- Maniobre a la posición recomendada.

- Vierta la carga corta siguiendo el procedimiento de vertido regular.

- Vierta las cargas juntas y compactelas.

Antes de comenzar la operación, es esencial realizar una inspección minuciosa del vehículo para asegurar su correcto funcionamiento. Además, el operador debe asumir una posición de conducción adecuada y abrocharse el cinturón de seguridad para su protección personal. Es primordial cumplir con todas las normas de tráfico y carreteras del sitio de la mina, además de mantener la vigilancia respecto a posibles peligros. Antes de iniciar cualquier maniobra de reversa, es imprescindible tomar las precauciones de seguridad necesarias.

Operación: Durante las maniobras tanto hacia adelante como en reversa, se deben considerar varios factores operativos. Estos incluyen criterios para cambiar de dirección, técnicas de aceleración, sistemas de frenado y la correcta aplicación del freno de estacionamiento. Además, se deben seguir métodos para la retención, monitoreo de instrumentos y medidores, así como los procedimientos para levantar y bajar la carrocería del camión.

Retención en Descenso: La gestión adecuada de la velocidad en relación con las condiciones de la carretera, la selección de la marcha apropiada y el mantenimiento de una velocidad constante del motor son cruciales para una retención efectiva en descenso. Además, el uso del freno de servicio para ajustar la velocidad, el cambio ascendente de la transmisión cuando sea necesario y evitar el desplazamiento en neutral son medidas de seguridad esenciales. El monitoreo regular de la temperatura del aceite de los frenos y las medidas de enfriamiento durante la carga también son aspectos vitales de la retención en descenso.

Pérdida de Potencia y Retención en una Pendiente o Declive: En caso de pérdida de potencia del motor durante la navegación en pendientes o declives, se deben seguir pasos específicos para garantizar la seguridad. Esto incluye la aplicación de los frenos de servicio para detener el camión, el uso de frenos de emergencia si es necesario, y dirigir el camión a un lugar seguro. Informar adecuadamente del incidente al supervisor y permanecer en el camión hasta que la situación esté resuelta son pasos cruciales para mitigar los riesgos.

Pérdida de Dirección: Si ocurre un fallo en la dirección, el sistema de dirección de emergencia se activará automáticamente para facilitar la maniobra segura. El operador debe dirigir el camión a una posición de estacionamiento segura, aplicar el freno de estacionamiento y notificar al supervisor sobre la situación. Permanecer en el camión hasta que se considere seguro salir es esencial para la seguridad personal y el cumplimiento del protocolo.

Operar el camión de manera defensiva y mantenerse alerta a otras plantas y equipos en las cercanías. Cumplir con las políticas de la empresa respecto a la dirección y el lado de la carretera por el que transitar, los límites de velocidad establecidos y las señales de tráfico. Además, se debe tener precaución alrededor de bordes, voladizos y áreas de deslizamiento. Ceder el paso a vehículos cargados y ajustar la conducción a las condiciones del terreno. Mantener una distancia de seguimiento segura con otros camiones y asegurar el control del camión en todo momento. Seleccionar la marcha correcta antes de negociar un descenso y utilizar el retardador cuando sea necesario.

Posicionar el camión bajo la máquina de carga según las directrices proporcionadas por el operador de la máquina de carga. Alinear el camión con los marcadores de la máquina de carga para asegurar una correcta posición para la carga. Es esencial recordar que el alcance y la posición del balde de la máquina de carga son limitados, y el operador esperará que el camión esté en la posición correcta para la carga.

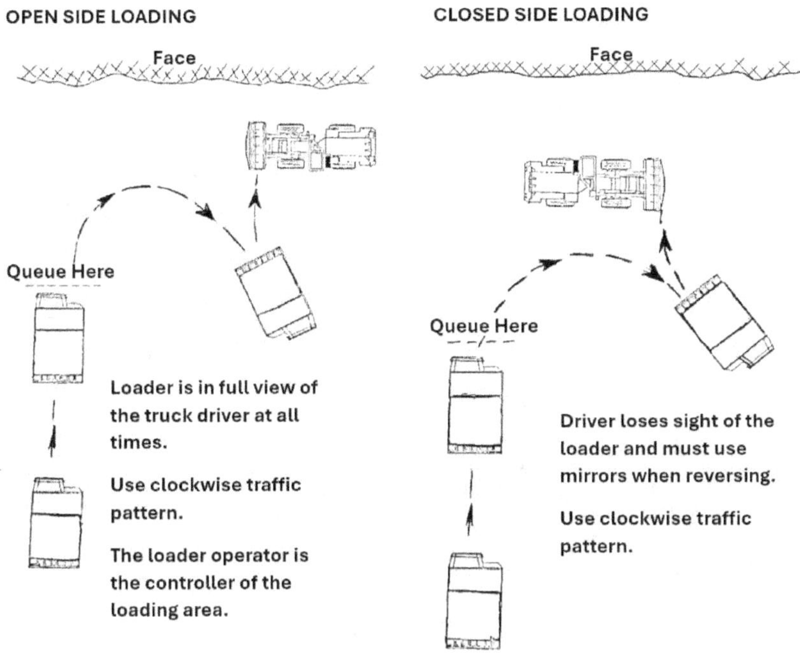

Figura 104: Carga lateral abierta y cerrada.

Mientras se carga el camión, es imprescindible que permanezca en la cabina. Asegúrese de que el operador de la máquina de carga distribuya la carga de manera uniforme en la carrocería del volquete. Una distribución desigual de la carga puede provocar un desgaste excesivo de los neumáticos, problemas de carga en los ejes e inestabilidad durante la descarga.

Figura 105: Carga correcta. Greg Goebel de Loveland CO, EE.UU., CC BY-SA 2.0, vía Wikimedia Commons.

Saliendo del Área de Carga: Antes de salir del área de carga, inspeccione cuidadosamente la ruta que planea tomar para asegurarse de que esté libre de obstrucciones u otros equipos y plantas. Salga del área con precaución para evitar accidentes.

Cuando esté Cargado: Siga las recomendaciones descritas en el manual de operación y mantenimiento del fabricante al moverse después de estar cargado.

Viajando Cargado: Conduzca el camión hacia el área de descarga, utilizando las marchas, frenos, bloqueos de diferencial y retardadores (si corresponde) según lo indicado en el manual del fabricante. Cumpla con las políticas de la empresa en cuanto a los procedimientos de viaje.

Viajando Cuesta Abajo: Al descender cuesta abajo con un camión cargado, mantenga una velocidad segura adecuada para el ancho de la carretera, las condiciones de la superficie de la carretera y otros factores del sitio de trabajo. Tenga precaución y mantenga el control, ya que las características de manejo del camión cargado pueden diferir significativamente de cuando está descargado.

Área de Descarga: Antes de descargar, asegúrese de que el área esté libre de obstáculos o personal. Si hay un observador presente, siga sus instrucciones para navegar de manera segura el proceso de descarga.

Marcha Atrás: Debido a la visibilidad limitada hacia la parte trasera del camión, tome todas las precauciones para evitar que trabajadores, plantas y equipos se coloquen detrás del camión mientras retrocede.

Descarga: Al descargar, siga las políticas y procedimientos de la empresa. Tenga en cuenta las áreas de peligro potencial, como obstrucciones, bordes, excavaciones y peligros aéreos. Operar la carrocería del volquete según las instrucciones del fabricante. Después de descargar, baje la carrocería del volquete como se recomienda para asegurarse de que descanse adecuadamente en el marco, con la palanca del volquete en la posición de flotación.

Entrando en el Área de Estacionamiento: Siga la política de la empresa al entrar y estacionar el camión en las áreas designadas.

Apagado del Motor: Apague el motor siguiendo las recomendaciones del fabricante para garantizar un mantenimiento y seguridad adecuados.

Descenso del Camión: Al bajar del camión, use tres puntos de contacto para asegurar la estabilidad y prevenir caídas.

Revisiones después de Apagar el Motor: Después de detener el motor, realice inspecciones alrededor del equipo de trabajo, la carrocería y el chasis para detectar cualquier signo de fugas de aceite, agua o combustible.

Operar camiones volquetes articulados (ADTs) puede parecer sencillo, especialmente con sus transmisiones automáticas que se asemejan a las de los vehículos cotidianos. Sin embargo, para asegurar un rendimiento óptimo y la longevidad de estas robustas máquinas, los operadores deben familiarizarse con funciones esenciales como retardadores, bloqueos de diferencial y operaciones de volquete, además de comprender sus limitaciones.

Las distinciones más aparentes entre los camiones de acarreo fuera de carretera y los vehículos típicos son su tamaño y peso. Los ADTs cargados pesan aproximadamente diez veces más que los vehículos personales y, a menudo, navegan por caminos no desarrollados. Operarlos de manera segura y eficiente requiere previsión al activar características como retardadores y bloqueos de diferencial con suficiente antelación para controlar la carga de manera efectiva.

Uso de Frenos de Eje o de Servicio: El uso excesivo de los frenos de eje o de servicio en lugar de los retardadores para frenar el camión puede acortar significativamente la vida útil de los frenos. Sin embargo, muchos operadores tienden a favorecer los frenos de servicio debido a su poder de frenado inmediato. No obstante, dominar el uso de los retardadores es crucial ya que requieren anticipación y aplicación antes del punto deseado de desaceleración.

Transmisiones Automáticas en Camiones Modernos: Las transmisiones automáticas en los camiones modernos son altamente eficientes, normalmente requiriendo solo seleccionar "D" para conducir. Sin embargo, ciertas condiciones pueden requerir la selección manual de marchas para optimizar el rendimiento, como pendientes pronunciadas o terrenos fangosos.

Cambio de Marchas: Al cambiar de marchas, especialmente cuesta abajo, es esencial anticipar la necesidad de una marcha diferente antes de que sea necesario. Este enfoque proactivo ayuda a mantener el control y previene el desgaste innecesario de la transmisión.

Uso de Bloqueos de Diferenciales: Entender cuándo y cómo usar los bloqueos de diferenciales es igualmente crítico. Aunque puede ser necesario activar todos los diferenciales en terrenos desafiantes, hacerlo innecesariamente puede reducir la eficiencia y aumentar el desgaste del camión.

Gestión de Caminos de Transporte: La gestión de los caminos de acarreo es otro aspecto crucial de la operación de los ADTs. Si bien estos camiones pueden navegar por caminos menos mantenidos, es esencial mantener la diligencia en el mantenimiento de las carreteras para prevenir accidentes y reducir los tiempos de ciclo.

Retorno a la Zona de Carga: Regresar a la zona de carga con un camión vacío requiere una precaución adicional, ya que las suspensiones de los camiones pesados están ajustadas para llevar una carga. Es necesario monitorear cuidadosamente la velocidad y las condiciones del suelo para garantizar la seguridad.

Descarga: Al descargar, los operadores deben posicionar el camión adecuadamente y prestar atención a posibles peligros como pendientes laterales y distribución de la carga. Sobrecargar los camiones no solo afecta la eficiencia del combustible sino que también compromete la seguridad y estabilidad.

Operaciones de Volcado: Los operadores también deben ser conscientes de las operaciones de volcado, especialmente al tratar con materiales pegajosos o al volcar cuesta abajo. Levantar lentamente y con atención la cama del volquete es crucial para prevenir accidentes y mantener la estabilidad.

Operación en Condiciones Húmedas y Resbaladizas: Cuando se opera un camión volquete en condiciones húmedas y resbaladizas, es esencial adherirse a las siguientes precauciones y requisitos:

- Identificar las causas de los derrapes y la pérdida de tracción.

- Ajustar la velocidad del camión al acercarse a las curvas o descender rampas.

- Reducir la velocidad y conducir según las condiciones.

- Familiarizarse con las técnicas de frenado y retardo.

- Comprender las características del vehículo cuando está cargado y descargado en condiciones húmedas.

Durante una serie de maniobras, familiarícese con los siguientes procedimientos operativos: (Nota: puede ser necesario un camión cisterna para simular condiciones húmedas.)

- Comprenda los requisitos para cambiar de dirección.

- Ajuste la aceleración adecuadamente.

- Practique los sistemas y procedimientos de frenado.

- Aprenda técnicas efectivas de retardo.

- Monitoree los instrumentos y medidores para detectar cualquier indicación.

En caso de pérdida de potencia del motor mientras se negocia una pendiente ascendente o descendente, siga este procedimiento:

- Aplique los frenos de servicio para detener el camión.

- Enganche los frenos de emergencia si es necesario.

- Si es posible, retroceda o dirija el camión hacia una berma de seguridad o descargue una carga en el lado descendente para estacionar de manera segura.

- Aplique el freno de estacionamiento y active las luces de emergencia.

- Informe del incidente al supervisor.

Si ocurre un mal funcionamiento de la dirección durante la operación, el sistema de dirección de emergencia se activará automáticamente. Siga estos pasos:

- Dirija el camión a una posición de estacionamiento segura.

- Aplique el freno de estacionamiento y apague el camión.

- Aísle el camión según sea necesario.

- Notifique al supervisor de inmediato.

Retardando el Camión de Acarreo al Navegar una Pendiente Descendente:

Antes de descender una pendiente, es crucial observar las siguientes precauciones. Primero, reduzca su velocidad adecuadamente. Luego, seleccione la posición de marcha correcta de acuerdo con la marcha recomendada y la velocidad de la carretera indicada en el "Gráfico de Retardo en Cabina". Si la temperatura del aceite de retardo excede el rango seguro, indicado al alcanzar la zona roja en el medidor o llegar a 100°C, tome medidas inmediatas. Cambie a la marcha inferior siguiente y, si es necesario, aplique el freno completo brevemente para reducir la velocidad y facilitar el cambio de marcha. Evite descender una pendiente con la transmisión en neutral, ya que esto podría llevar a la pérdida de control, lo que supone riesgos de lesiones, muertes y daños al camión.

Familiarícese con la red de caminos de acarreo en el sitio de trabajo y esté alerta a las pendientes descendentes que se aproximan. Opere el camión estrictamente de acuerdo con el manual de operación y mantenimiento del fabricante del camión o la política de la empresa para asegurar una navegación segura en pendientes.

Siempre mantenga el control de su camión de acarreo para prevenir accidentes y lesiones. Manténgase vigilante y adhiera a los protocolos de seguridad en todo momento.

Nota: Diferentes marcas y modelos de camiones de acarreo pueden requerir técnicas de operación variables para negociar pendientes. Consulte su manual para obtener instrucciones específicas.

Operación de Frenado: Para tractores 768C y camiones 769C equipados con frenos de discos múltiples enfriados por aceite en la parte trasera y frenos de disco seco en la parte delantera:

- Utilice la palanca de freno para accionar tanto los frenos delanteros como traseros moviéndola hacia la izquierda y presionando el pedal de freno.

- Mueva la palanca hacia la derecha y presione el pedal de freno para accionar solo el freno trasero.

- Evite usar los frenos de las ruedas delanteras para retenerse en largas pendientes pronunciadas para evitar el sobrecalentamiento y reducir la vida útil de los componentes de los frenos.

Freno de Servicio: El pedal del freno de servicio aplica los frenos de las cuatro ruedas o solo los frenos traseros, según la posición del interruptor del freno de las ruedas delanteras.

Retardador y Freno Secundario: El control del retardador aplica solo los frenos de las ruedas traseras, independientemente de la posición de la palanca del freno de las ruedas delanteras. El control del freno secundario aplica los frenos de las cuatro ruedas, independientemente de la posición del interruptor del freno de las ruedas delanteras. Esté preparado para usar el sistema de freno secundario si la presión de aire en el tanque de freno de servicio/retardo cae a aproximadamente 415 kPa (60 psi).

Freno de Estacionamiento: Accione el interruptor del freno de estacionamiento para activar solo los frenos de las ruedas traseras, independientemente de la posición del interruptor del freno de las ruedas delanteras.

Operación del Retardador: Al usar el pedal del freno de servicio para frenar o retardar, desactive el interruptor del freno de las ruedas delanteras para evitar el sobrecalentamiento. Aplique la palanca del retardador gradualmente en caminos resbaladizos para evitar el bloqueo de las ruedas traseras y un posible cambio descendente de la transmisión. Evite el uso frecuente del retardador; realice ajustes según sea necesario para mantener una velocidad segura durante el retardo.

Información y Condiciones de Retardo: Asegúrese de que la velocidad del suelo se mantenga a un nivel que evite el sobrecalentamiento de los frenos. Mantenga la velocidad del motor dentro del rango de operación verde para prevenir daños. Si la temperatura del aceite de freno se vuelve excesiva, detenga la máquina, haga funcionar el motor a velocidad moderada hasta que el aceite se enfríe, luego continúe a una velocidad más baja en una marcha inferior.

Retardo en Pendiente Descendente: Mantenga siempre la transmisión en marcha y evite descender en neutral.

Procedimientos Seguros de Marcha Atrás: Asegúrese de que las alarmas operativas de marcha atrás funcionen y los espejos retrovisores estén bien ajustados. Tenga precaución al retroceder debido a la visibilidad limitada hacia la parte trasera. Manténgase alejado de áreas peligrosas o de terreno blando.

Observador de Carga: Siga las instrucciones de un observador de carga si está presente, y manténgalo a la vista en todo momento mientras retrocede.

Área de Reversa: Asegúrese de que el área de reversa esté despejada y evite que alguien entre en la trayectoria del camión durante las maniobras de marcha atrás. Si no hay un observador disponible, designe a una persona de seguridad para monitorear la reversa en áreas peligrosas o de baja visibilidad.

Sistema de Freno de Emergencia: Ciertos camiones de acarreo están equipados con un sistema de frenado de emergencia dedicado diseñado para detener el vehículo de manera segura en situaciones críticas de frenado. La operación de este sistema generalmente implica una palanca operada manualmente o una activación automática desencadenada por una caída de presión de aire por debajo de un umbral predeterminado, como 60 psi.

Diferentes modelos de camiones pueden tener mecanismos de frenado de emergencia variables, por lo que es esencial consultar el manual del operador para obtener instrucciones específicas. Por ejemplo, en algunos modelos, cuando la presión de aire en el tanque principal desciende por debajo de cierto nivel, se activa una alarma de advertencia de baja presión de aire, lo que lleva al operador a activar el sistema de frenado de emergencia para detener el camión.

NOTA: Los sistemas de freno de emergencia están típicamente reservados para su uso en caso de una falla en el sistema de freno principal. Durante un escenario de frenado de emergencia, el operador del camión debe, si es posible:

- Mantener la calma y evitar el pánico.

- Esforzarse por mantener el control del camión.

- Alertar a otros tocando la bocina.

- Idear rápidamente una ruta de escape segura.

- Dirigir el camión lejos de taludes empinados.

- Emplear una técnica conocida como "bombeo" del pedal del freno si todas las ruedas se bloquean, permitiendo que las ruedas giren momentáneamente antes de bloquearse nuevamente por distancias cortas. Esto ayuda en la efectividad del frenado y facilita la respuesta de la dirección.

El frenado de emergencia puede ser necesario en las siguientes situaciones:

- Baja presión de aire en el sistema de frenado.

- Acción evasiva para evitar colisiones.

- Condiciones adversas de la carretera, como superficies resbaladizas (por ejemplo, arcilla o nieve).

- Pérdida de control del camión.

Al Prepararse para Recibir una Carga de una Unidad de Carga

Requisitos Generales del Sitio:

- Siga todas las regulaciones de vehículos y tráfico del sitio de la mina.

- Normalmente, diríjase al área de carga en dirección de las agujas del reloj, a menos que el operador de la unidad de carga o el supervisor indiquen lo contrario, o si hay un acuerdo mutuo entre todas las partes presentes.

- Si es necesario hacer fila, estacione al menos a una longitud de camión del camión precedente y escalonado hacia un lado para mantener la visibilidad en el espejo retrovisor de otros camiones.

- Establezca contacto por radio con el operador de la unidad de carga si se requiere comunicación.

- Asegúrese de que el sistema de monitoreo indique la llegada del camión a la unidad de carga.

Recepción de una Carga:

- Permanezca dentro de la cabina del camión a menos que el operador de la unidad de carga indique lo contrario.

- Salga del área de carga de inmediato al recibir la señal del operador de la unidad de carga, siempre que sea seguro hacerlo.

- Monitoree la pantalla para asegurarse de que la ubicación correcta de descarga del material en la carrocería del camión.

Posición de Carga (ejemplo):

- Posicione el camión aproximadamente a 20 metros del punto de carga en preparación para retroceder.

- Retroceda el camión hasta el punto de carga, ya sea en el lado de carga o en el lado de espera según corresponda (para pala).

- Evite conducir sobre cualquier material derramado.

- Detenga el camión debajo del balde de la unidad de carga o según lo indicado por el operador (lado de carga) o en la posición adecuada (lado de espera) para la pala.

- Presione el icono de "primer balde" cuando el primer balde de material se coloque en la carrocería del camión.

Excavadora:

- Asegúrese de la operación y secuencia de carga correctas.

- Acérquese a la unidad de carga en dirección de las agujas del reloj a menos que se indique lo contrario.

- Mantenga contacto visual con la excavadora durante la carga superior mientras retrocede.

- Mantenga el borde de seguridad a la vista para evitar retroceder hacia la zanja.

- Para carga inferior a 45°, retroceda el camión en un ángulo de 45° hacia el tensor de la cadena delantera. Para carga inferior a 900°, retroceda en un ángulo de 90° hacia el piñón de transmisión trasero o el costado de la cabina del operador, según la secuencia de excavación.

- Si no está seguro sobre la posición de localización, use los dientes del balde como guía.

Pala:

- Posicione el camión según lo indicado para carga unilateral, carga bilateral, lado de carga o espera, o carga modificada de paso con pala.

- Detenga el camión en la posición adecuada.

- Permanezca en la cabina del camión a menos que el operador de la unidad de carga indique lo contrario.

- Asegúrese de que el sistema de monitoreo de carga esté operativo durante la recepción de la carga.

- Retroceda el camión mientras el balde de la pala regresa a su posición de excavación.

Cargador:

- Prepare el camión para retroceder al punto de carga, asegurándose de que no esté a más de 20 metros de distancia.

- Retroceda el camión hasta el punto de carga.

- Posicione el camión en un ángulo de 45 grados con la cara de carga o según lo indique el operador.

- Tenga precaución para evitar conducir sobre derrames o rocas afiladas.

- Detenga el camión debajo del balde de la unidad de carga o según lo indique el operador, especialmente en el lado de carga.

- Permanezca dentro de la cabina del camión a menos que el operador de la unidad de carga indique lo contrario.

- Verifique que el sistema de monitoreo de carga esté operativo antes de recibir una carga.

Transporte de una Carga:

- Los operadores de camiones deben cumplir con las regulaciones del sitio de la mina y adherirse a las especificaciones del fabricante. Es esencial considerar las siguientes definiciones:

Pendiente: Se refiere al aumento vertical del terreno sobre la distancia horizontal, generalmente expresado como un porcentaje.

Retard Envelope (Rango de Retardo): El rango de RPM y/o velocidad de la carretera donde el retardador opera más efectivamente, variando según el tipo y modelo de camión. Consulte el manual del fabricante para obtener detalles específicos.

Navegación en una Pendiente Descendente: Esto implica determinar la velocidad de descenso adecuada a partir de la placa de grado/velocidad, seleccionar la marcha de descenso requerida antes de proceder cuesta abajo y configurar el interruptor RSC en la posición "ON" para camiones de transmisión mecánica.

Exceso de Velocidad: En caso de una situación de exceso de velocidad, los operadores deben mantener el retardo completo y aplicar el freno de servicio con una aplicación fuerte para reducir la velocidad. Es crucial no presionar ligeramente el pedal del freno durante el exceso de velocidad para evitar el sobrecalentamiento de los frenos.

Requisitos para Transportar una Carga desde la Unidad de Carga hasta el Sitio de Descarga:

- Conducir de acuerdo con las condiciones de la carretera, el clima y el tráfico.

- Observar todos los límites de velocidad del sitio de la mina.

- Ceder el paso a otros equipos y camiones cargados según sea necesario.

- Estar consciente de los vehículos ligeros en las carreteras de acarreo/rampas.

- Mantener una distancia segura del camión de adelante y observar sus luces de freno/retardo.

Consideraciones Ambientales

Polvo: Se deben hacer esfuerzos para minimizar o eliminar el polvo durante las operaciones del camión. El polvo visible y respirable debe gestionarse adecuadamente, y se pueden requerir medidas adicionales de supresión de polvo si el polvo generado por las ruedas es consistentemente visible por encima de cierta altura.

Derrames: Todos los derrames deben limpiarse de inmediato, considerándose los derrames mayores o aquellos que representen una amenaza para la seguridad o las vías fluviales como emergencias. Los derrames que superen los límites especificados localmente deben ser reportados a un supervisor.

Procedimiento Operativo para el Transporte de una Carga

- Conducir dentro del rango de velocidad recomendado, observando las regulaciones de tráfico y ajustando la velocidad según las condiciones de la carretera y del tráfico.

- Al acercarse a una pendiente descendente, alcanzar la velocidad de descenso requerida antes de proceder cuesta abajo, usar el sistema de retardo para mantener la velocidad y notificar a los supervisores si ocurre una situación de exceso de velocidad.

- Al acercarse al sitio de descarga y a las señales de ceder el paso o de detenerse, seguir los procedimientos designados para garantizar la seguridad y prevenir accidentes, incluyendo mantener una distancia segura entre camiones para evitar colisiones traseras.

Descarga en Lagunas de Lodo y Presas

La descarga en presas/lagunas de lodo debe realizarse solo durante las horas diurnas, con el área de descarga claramente marcada. El material no debe volcarse sobre el borde hacia la presa/laguna de lodo; en su lugar, debe depositarse antes y luego empujarse con un bulldozer.

Descarga en Tolvas de Carbón MTO

Los operadores de camiones deben adherirse al tránsito en sentido horario en el área de ROM y de acopio y estar atentos a otras operaciones en las cercanías. Antes de retroceder, deben asegurarse de que el área esté despejada de otros vehículos y luego retroceder hasta la tolva, haciendo contacto suave con el amortiguador. La descarga debe realizarse solo cuando las luces de control de ROM estén en verde, y si la tolva asignada está llena o fuera de servicio, se debe contactar con el despacho para recibir más instrucciones. El menú secundario en MAPS debe utilizarse si se descarga en un lugar diferente al asignado de ROM.

Descarga en Tolvas de Carbón MTO

La descarga en las tolvas de carbón MTO se refiere al proceso de descarga de material desde los camiones de acarreo a las tolvas designadas en el área de Run of Mine (ROM) y de acopio. Esto incluye:

1. **Tránsito en Sentido Horario:** Los operadores de camiones deben viajar en sentido horario dentro del área de ROM y de acopio. Esta dirección de viaje ayuda a mantener un movimiento organizado y previene colisiones o interrupciones en las operaciones.

2. **Atención a Otras Operaciones:** Los operadores deben ser conscientes de las actividades y operaciones en curso en el área circundante para evitar interferencias y garantizar la seguridad.

3. **Área Despejada Antes de Retroceder:** Antes de iniciar la maniobra de retroceso para acercarse a la tolva, los operadores deben asegurarse de que el área detrás del camión esté libre de obstáculos y otros vehículos para prevenir accidentes.

4. **Contacto Suave con el Amortiguador:** Al retroceder hacia la tolva, los operadores deben hacer un contacto suave con el

amortiguador o punto de parada para asegurar una posición precisa sin causar daños al camión o a la infraestructura.

5. **Luces de Control de ROM:** La descarga debe comenzar solo cuando las luces de control de ROM indiquen estado verde. Esto asegura que la tolva esté lista para recibir la carga y previene posibles problemas de sobrellenado o fallos en el equipo.

6. **Notificación al Despacho:** Si la tolva asignada está llena o no disponible por cualquier razón, los operadores son responsables de contactar al despacho para recibir más instrucciones. Esto asegura operaciones eficientes y previene retrasos o interrupciones.

7. **Menú Secundario en MAPS:** Si el operador necesita descargar material en un lugar distinto al bin de ROM designado, debe utilizar el menú secundario en el Sistema de Planificación de Activos de Mina (MAPS) para ingresar la información necesaria y asegurar la documentación y seguimiento adecuados de la carga.

Consejos de Operación

- **Selección de Marchas:** Los operadores deben seleccionar la marcha adecuada para la carga y el retardo en pendientes.

- **Patrones de Tráfico:** Deben estar familiarizados con los patrones de tráfico, las reglas de derecho de paso y mantener una distancia segura de otros equipos.

- **Planificación de Emergencias:** Es crucial planificar para emergencias.

Consejos de Acarreo

- **Medidas de Seguridad:** No usar el retardador para estacionar, mantener el interruptor del freno delantero encendido en todo momento y usar ARC para mantener una velocidad segura.

Consejos de Descarga

- **Seguridad:** La seguridad durante las operaciones de descarga es primordial, incluyendo la verificación de bermas de detención en paredes altas y la descarga en un patrón organizado.

- **Instrucciones:** Seguir las direcciones de bulldozers o jefes de descarga y ejercer precaución durante el proceso de descarga.

Descarga en Sitios de Acopio

- **Precaución:** Se requiere precaución para evitar colapsos y una posición adecuada del camión. Los operadores deben seguir las políticas y directrices de la empresa en todo momento.

Descarga en Tolvas

- **Procedimientos:** Los procedimientos para la descarga en tolvas deben seguirse estrictamente, adhiriéndose a las direcciones y señales de seguridad.

Descarga sobre un Terraplén

- **Posicionamiento:** La descarga sobre un terraplén requiere posicionar las ruedas traseras en paralelo para evitar volcaduras. Deben usarse dispositivos de seguridad como topes de ruedas y barreras de seguridad.

Descarga

- **Técnicas:** Las técnicas de descarga varían según el sitio, con precauciones de seguridad como asegurar que no haya personas cerca de la máquina y evitar levantar la carrocería de descarga sobre terreno irregular. Los operadores deben tener cuidado para evitar que cualquier parte de la carga atasque la puerta de la carrocería de descarga.

Conclusión de las Operaciones del Camión de Acarreo

Los procedimientos de estacionamiento para la seguridad del sitio son cruciales para garantizar el bienestar del personal y del equipo. Generalmente regidos por políticas de la empresa, los operadores de camiones de acarreo deben familiarizarse con estas regulaciones y adherirse a ellas de manera consistente. Al ingresar al área de estacionamiento, los operadores deben actuar con precaución, estar atentos a otros vehículos en las cercanías y respetar los límites de velocidad establecidos.

En ausencia de límites de velocidad, se debe mantener una velocidad segura para mitigar riesgos. Los camiones deben estacionarse lejos de los puntos de entrada y salida, áreas de reabastecimiento de combustible y cobertizos de combustible/aceite, con la carrocería de descarga bajada a menos que esté asegurada por una ayuda de seguridad. En pendientes, los camiones deben estacionarse en ángulo para evitar movimientos, asegurándose de aplicar el freno de estacionamiento.

Antes de abandonar el vehículo, el apagado del motor debe realizarse según las instrucciones del fabricante, permitiendo que el motor se enfríe gradualmente al ralentí. Los operadores deben mirar hacia la máquina al desmontar, usando pasamanos y escaleras para mayor estabilidad. Los procedimientos seguros de apagado incluyen seleccionar un área de estacionamiento adecuada, aplicar el retardador para reducir la velocidad y detener el camión, cambiar a neutral, activar el freno de estacionamiento y permitir que el motor se enfríe gradualmente.

Los procedimientos de estacionamiento nocturno deben seguirse, incluyendo apagar el motor, quitar las llaves de encendido, cerrar con llave la cabina y desmontar adecuadamente. Antes de la partida, se debe realizar una revisión exhaustiva alrededor del equipo, la carrocería y el chasis para detectar cualquier signo de fuga. Los procedimientos de estacionamiento deben alinearse con las recomendaciones del fabricante y las políticas de la empresa, enfatizando el estacionamiento en un terreno firme y nivelado, evitando pendientes, aplicando firmemente el freno de estacionamiento, bajando la carrocería de descarga y quitando las llaves de encendido mientras se cierra con llave la cabina para mayor seguridad.

Importancia de la Limpieza de un Camión de Acarreo

Seguridad: Un camión de acarreo limpio reduce el riesgo de accidentes y lesiones. La acumulación de suciedad, escombros y contaminantes puede obstruir la visibilidad, lo que lleva a posibles peligros durante la operación. Además, la limpieza asegura que componentes esenciales como luces, espejos y controles sean visibles y funcionales, mejorando la seguridad general para los operadores y los trabajadores en las cercanías.

Mantenimiento: La limpieza regular ayuda a identificar posibles problemas de mantenimiento temprano. Al eliminar la suciedad y la mugre, el personal de mantenimiento puede inspeccionar los componentes críticos más fácilmente, identificando signos de desgaste, daños o fugas. Abordar estos problemas rápidamente puede prevenir costosas averías y tiempos de inactividad, extendiendo en última instancia la vida útil del camión de acarreo.

Eficiencia: Un camión de acarreo limpio opera de manera más eficiente. La suciedad y los escombros pueden acumularse en los filtros de aire, sistemas de enfriamiento y otros componentes vitales, obstaculizando el rendimiento y la eficiencia del combustible. Al mantener estas áreas limpias, el camión puede operar a niveles óptimos, consumiendo menos combustible y reduciendo los costos operativos.

Cumplimiento: En muchas industrias, las regulaciones y estándares gobiernan la limpieza de los vehículos y equipos, particularmente en entornos donde la contaminación representa riesgos para la salud, la seguridad o el medio ambiente. La limpieza regular asegura el cumplimiento de estas regulaciones, evitando posibles multas o sanciones.

Protección Ambiental: Limpiar un camión de acarreo ayuda a prevenir la propagación de contaminantes en el medio ambiente. Los vehículos que operan en sitios mineros, de construcción o industriales pueden recoger sustancias como tierra, productos químicos o contaminantes, que pueden ser perjudiciales si se dispersan en cuerpos de agua o ecosistemas. La limpieza y contención adecuada de estas sustancias mitigan los impactos ambientales.

Imagen y Reputación: La apariencia de un camión de acarreo refleja la imagen y profesionalismo de la empresa. Una flota limpia y bien mantenida envía un mensaje positivo a los clientes, partes interesadas y al público, mejorando la reputación y credibilidad de la empresa.

En general, la limpieza regular de los camiones de acarreo es esencial para mantener la seguridad, eficiencia, cumplimiento, responsabilidad ambiental y una imagen de marca positiva. A continuación se presenta un procedimiento detallado para la limpieza de la cabina de un camión de acarreo articulado.

Cabina de Nuevo Estilo:

- Preste especial atención a la posible contaminación de los sellos de las puertas de la cabina, lo cual es una preocupación para el departamento.

- Levante la cubierta del motor, retire las cubiertas del radiador trasero y verifique todos los pasamanos en busca de extremos abiertos o agujeros de drenaje.

- Algunos modelos permiten la inclinación hidráulica de la cabina para acceder a la parte superior del bloque del motor.

Cabina de Estilo Antiguo:
- Similar a la cabina de nuevo estilo, inspeccione los sellos de las

puertas de la cabina en busca de contaminación.

- Retire el pre-filtro de aire y las cubiertas de las ventilaciones de la cabina.

- Los paneles traseros no fijados pueden estar ya removidos para la limpieza.

Limpieza Interior:
- Retire la alfombra de goma del suelo y la bandeja del piso no fijada para acceder al motor.

- Limpie e inspeccione la cubierta del filtro de aire.

- Los huecos internos de las puertas, los sellos de las puertas y las ventilaciones del aire acondicionado pueden albergar material de riesgo bioseguridad y requieren inspección.

Cubiertas de Ventilación y Pedales:
- Retire la parrilla de la cubierta de ventilación y verifique el filtro interno.

- Limpie e inspeccione los pedales de goma de la cabina.

Componentes Internos:
- Limpie detrás de todos los revestimientos de las paredes internas y asegure la accesibilidad durante la inspección.

- Limpie y asegure la accesibilidad de los paneles de control del joystick y las ventilaciones del aire acondicionado.

- Limpie internamente todos los compartimientos de almacenamiento y detrás de cualquier panel de la pared.

Consideraciones Especiales:
- Dependiendo del modelo, se puede quitar la bandeja del piso de

la cabina para acceder al bloque del motor.

- Retire el pre-filtro de aire y la cubierta de la ventilación del aire acondicionado para la limpieza e inspección.

- Limpie todos los canales de las escaleras y la parte inferior de los peldaños para una limpieza a fondo.

Alojamiento del Motor y Parte Delantera:
- Limpie la cubierta del motor de fibra de vidrio y verifique la limpieza de la espuma de aislamiento y las tuberías internas.

- Limpie e inspeccione la cubierta de admisión de aire.

- Verifique el enganche delantero en busca de cualquier canal hueco.

Radiador y Batería:
- Retire los paneles de la cubierta del radiador no fijados para acceder al radiador y las aletas del enfriador de aceite.

- Limpie el radiador y las aletas del enfriador de aceite en presencia del oficial de inspección.

- Afloje las correas de la batería para la limpieza e inspección de la parte inferior.

Arcos de Rueda, Llantas y Neumáticos:
- Verifique los arcos de las ruedas delanteras en busca de extremos abiertos o agujeros de drenaje.

- Limpie los canales dentro de los arcos de las ruedas y retire las cubiertas protectoras si están presentes.

- Verifique todas las repisas dentro de los arcos de las ruedas para asegurar la limpieza.

Punto de Articulación:

- Retire la grasa contaminada de todos los puntos de articulación y las mangueras hidráulicas.

- Enjuague los agujeros de drenaje en la parte trasera del chasis para asegurar la limpieza.

Chasis Trasero:

- Levante la bandeja de descarga para la limpieza e inspeccione el conducto plástico para asegurar la limpieza interna.

- Retire la grasa contaminada de la primera junta universal y verifique todas las repisas en busca de material de riesgo bioseguridad.

- Limpie las secciones de caja en la parte delantera del chasis trasero.

Bandeja de Descarga:

- Baje la bandeja de descarga para la inspección y enjuague las aberturas del escape para asegurar la limpieza.

- Verifique minuciosamente la "piel" interna de la bandeja en busca de grietas, fisuras o evidencia de reparaciones.

- Verifique las puertas de la bandeja de descarga en busca de grietas, fisuras o evidencia de reparaciones.

General:

- Asegure la limpieza de los guardabarros traseros y el hueco donde se unen a la bandeja.

- Verifique todos los arneses de cableado en busca de material de riesgo bioseguridad.

- Verifique la limpieza de las lámparas internas.

- Enjuague todos los tubos huecos para asegurar la limpieza.

Camiones Volquete

Los camiones volquete desempeñan un papel crucial en la industria de movimiento de tierras al facilitar el transporte y la eliminación de diversos materiales. Los gastos de transporte y eliminación a menudo constituyen una parte considerable de los costos asociados con los proyectos de movimiento de tierras. Por lo tanto, es imperativo buscar orientación experta para determinar el enfoque más rentable para cargar, transportar y eliminar los materiales.

Figura 106: Camión volquete pesado Mercedes-Benz Arocs. High Contrast, CC BY 3.0 DE, vía Wikimedia Commons.

Los materiales típicos transportados por los camiones volquete incluyen relleno limpio, arcilla, escombros, rocas, ladrillos, asfalto, relleno mixto y concreto. Si bien ciertos camiones y conductores están autorizados para transportar materiales contaminados, se requiere una gestión y organización meticulosa para manejar dichos materiales.

Hay tres categorías principales de camiones volquete:

1. Pequeños (Vehículos de tracción sencilla con capacidad de 5-6m³):

   ○ Los camiones volquete pequeños se utilizan predominantemente en espacios confinados con volúmenes de material limitados. Con frecuencia, se emplean junto con maquinaria de movimiento de tierras como cargadores Skidsteer y pequeñas excavadoras.

2. Medianos (Vehículos de tracción en tándem con capacidad de 10m³):

   ○ Los camiones volquete de tracción en tándem representan el tipo más común. Por lo general, ofrecen una mejor eficiencia de costos en comparación con los camiones más pequeños, pero pueden enfrentar limitaciones en espacios reducidos. Aunque no son tan económicos como los camiones con remolques para el transporte de grandes volúmenes (relleno limpio) y largas distancias, son versátiles y capaces de transportar diversos materiales.

3. Grandes (Vehículos de tracción en tándem y remolques volquete con capacidad de 22m³):

   ○ Los camiones con remolque grande se despliegan principalmente para transportar grandes volúmenes a largas distancias. Requieren un amplio espacio para maniobrar y volcar en comparación con otros tipos de camiones.

Figura 107: GMC General volquete mediano. Frank Denardo de Tucson, AZ, EE.UU., CC BY-SA 2.0, vía Wikimedia Commons.

Los camiones volquete son una presencia común en nuestras carreteras y encuentran un uso generalizado en diversas industrias. Sin embargo, la naturaleza inherente de los camiones volquete, con sus grandes bandejas inclinables que vuelcan para descargar toneladas de material, representa riesgos significativos para aquellos que trabajan cerca.

Desafortunadamente, ocurren accidentes, pero muchos pueden evitarse si las personas que operan los camiones volquete siguen los protocolos de seguridad y ejercen un buen juicio. A continuación, se presentan algunas recomendaciones para la operación segura de los camiones volquete:

Propietarios de camiones volquete:

- Deben asegurarse de que todos los vehículos se sometan a mantenimiento y servicio regular para mantener su funcionamiento adecuado.

- Además, deben garantizar que los conductores posean licencias válidas y reciban la capacitación adecuada para operar estos vehículos pesados.

Llenado adecuado:

- Es crucial llenar correctamente el camión volquete antes de comenzar el proceso de descarga. Los operadores deben ser conscientes de la capacidad máxima del camión y evitar sobrecargarlo.

- Además, llenar la bandeja inclinable de manera uniforme contribuye significativamente a una descarga suave y eficiente.

Precauciones durante el viaje:

- Cuando el camión volquete está cargado a su capacidad, se requiere extrema precaución durante el viaje al sitio de descarga.

- Los operadores deben evitar conducir a velocidades máximas y mantenerse alejados de pendientes empinadas y curvas pronunciadas siempre que sea posible.

- Una planificación eficaz con antelación puede ayudar a mitigar el riesgo de accidentes en el camino al destino.

En la zona de descarga:

- Al entrar en una zona de descarga, tanto el conductor como su asistente deben mantenerse atentos a otros vehículos y personas en el área, especialmente en condiciones climáticas adversas.

- Esta vigilancia se extiende a cuando están fuera del vehículo, ya que la presencia de múltiples camiones operando simultáneamente en la misma área aumenta el riesgo.

Proceso de descarga:

- La fase más peligrosa del proceso de descarga ocurre al liberar la carga. Esta acción resulta en un cambio significativo en el peso, la postura y la estabilidad del camión a medida que se descargan varias toneladas de material.

  - Estacionar en terreno nivelado: Estacionar el camión en terreno nivelado reduce significativamente el riesgo de que todo el vehículo vuelque cuando se eleva la bandeja inclinable para liberar la carga. Estacionar en una pendiente aumenta la probabilidad de un incidente de vuelco cuando se inclina la bandeja.

  - Volcar lentamente: A pesar de cualquier limitación de tiempo o urgencia, es imperativo ejecutar el proceso de descarga lentamente mientras se observa de cerca el camión y la bandeja en busca de posibles complicaciones.

  - Asegurar una comunicación efectiva: El conductor generalmente opera la bandeja, mientras que el asistente monitorea la posición del camión y garantiza la seguridad de las personas cercanas. El asistente debe establecer una comunicación clara con el conductor para detener el proceso si es necesario. Las señales preestablecidas y los llamados de advertencia facilitan una comunicación eficiente y una respuesta rápida en emergencias.

  - Utilizar estabilizadores: Si el camión está equipado con estabilizadores, activarlos consistentemente siempre que sea necesario. Evitar pasar por alto este paso bajo la suposición de que consume tiempo; un solo accidente puede tener consecuencias graves, poniendo en peligro vidas o causando daños extensos al equipo de la empresa.

Otras precauciones para prevenir accidentes:

- Colocar pasamanos y/o escalones en el camión para facilitar la inspección de la carga.

- Utilizar topes de rueda si se considera necesario.

- Implementar cualquier medida de seguridad adicional para mitigar efectivamente los riesgos de accidentes.

Los camiones volquete son vehículos diseñados para transportar cargas o mercancías dentro de una bandeja, con un lado o extremo capaz de levantarse para permitir que el contenido se deslice o se vuelque fuera.

El Proceso de Descarga de un Camión Volquete

El proceso de descarga de un camión volquete puede ser rápido, incluso con una carga sustancial. Sin embargo, existe el riesgo de que el vehículo se vuelque completamente durante esta acción. Los accidentes y situaciones peligrosas surgen con frecuencia debido a que los conductores de vehículos volquete no siguen los procedimientos de operación segura. Esta negligencia puede provocar muertes o lesiones graves para el conductor y otros involucrados. Además, en ausencia de prácticas de seguridad adecuadas, el vehículo en sí y la propiedad circundante pueden sufrir daños graves en caso de un accidente. Este documento tiene como objetivo informar a las partes interesadas de la industria y a la comunidad en general sobre los peligros asociados con el vuelco de camiones volquete.

Factores que Exacerban el Riesgo de Vuelco:

- **Terreno Irregular:** Los camiones volquete se utilizan comúnmente en entornos fuera de la carretera, como sitios de construcción, donde el suelo puede carecer de nivelación o estabilidad.

- **Pendiente Lateral:** Durante la descarga, cualquier pendiente lateral en el suelo puede causar que la caja se incline hacia un lado, desplazando su centro de gravedad más cerca del punto de vuelco. Si el suelo inestable causa que las ruedas de un lado del vehículo se hundan, esto aumenta aún más la inclinación lateral.

- **Materiales Específicos:** Ciertos materiales, como el suelo húmedo, pueden no deslizarse completamente fuera de la caja durante la descarga, dejando material residual en la parte superior que aumenta el riesgo de vuelco.

Peligros del Vuelco:

- El vuelco representa peligros para las personas cercanas, incluido el conductor, y también pone en riesgo el equipo, haciendo que los incidentes sean, lamentablemente, sucesos comunes.

Prácticas Seguras y Efectivas para Operadores de Camiones Volquete

- Poseer una licencia válida y apropiada para el camión que se opera.

- Adherirse a todas las regulaciones y leyes de tránsito.

- Asegurarse de que las cargas estén adecuadamente cubiertas y aseguradas cuando sea necesario.

- Mantener las barras de tiro, las compuertas traseras y los rieles laterales libres de cualquier material.

- Conducir de acuerdo con las condiciones de la carretera y la carga en todo momento.

- Emplear correctamente los procedimientos de descarga de cargas de manera consistente.

- Seguir todas las directrices y legislaciones ambientales durante las tareas.

- En caso de un incidente ambiental, hacer esfuerzos para contener y minimizar el daño al medio ambiente.

- Utilizar la bocina únicamente como un dispositivo de advertencia.

- Ceder el paso cuando sea apropiado para garantizar la seguridad de otros usuarios de la carretera.

- Mantener una distancia de seguimiento segura según las regulaciones pertinentes.

- Dejar suficiente espacio entre camiones para permitir el paso seguro de otros usuarios de la carretera.

- Reducir la velocidad de los camiones para minimizar el polvo y el ruido, especialmente cerca de viviendas privadas, obras viales y vehículos estacionados.

- Abstenerse de utilizar frenos de motor en áreas urbanizadas o donde los letreros lo prohíban.

- Demostrar un comportamiento tranquilo y cortés al interactuar con otros usuarios de la carretera y el público.

- Reconocer actos de cortesía de otros.

- Evitar operar camiones bajo la influencia de drogas o alcohol.

- Abstenerse de operar camiones cuando se esté fatigado.

- Informar de inmediato cualquier aspecto de las operaciones que pueda poner en peligro la seguridad, el medio ambiente o el bienestar público al supervisor.

- Usar el equipo de protección personal adecuado cuando sea necesario.

- Mantener el profesionalismo al usar radios, evitando el uso de lenguaje ofensivo.

- Mantener estándares de conducta libres de discriminación y acoso.

- Rechazar la sobrecarga de camiones.

- Prohibir pasajeros no autorizados en el camión.

- Mantener los camiones limpios y ordenados.

- Asegurar adecuadamente todos los artículos almacenados en la cabina.

- Prevenir la basura.

- Prohibir el transporte de artículos peligrosos, explosivos o armas de fuego en cualquier camión.

- Prohibir el transporte de animales en cualquier camión o remolque.

- Usar el cinturón de seguridad en todo momento.

- Prohibir fumar en los vehículos de la empresa.

- Utilizar dispositivos de manos libres al usar teléfonos y abstenerse de usar el teléfono durante la descarga en el sitio o en canteras de carga.

- Seguir los procedimientos de informe adecuados para lesiones, incidentes, peligros, casi accidentes y mantenimiento.

- Asegurar la finalización de las hojas de trabajo diarias de los conductores de logística (DDWS) por cada conductor.

Materiales Transportados por Camiones Volquete

Los camiones volquete transportan diversas mercancías, cada una con diferentes niveles de riesgo:

- **Arena y grava:** Representan un riesgo mínimo ya que fluyen fácilmente, pero la arena húmeda puede adherirse a las carrocerías de los remolques, aumentando el riesgo.

- **Suelo húmedo:** Generalmente representa un riesgo menor a menos que quede atrapado en los pozos de elevación del volquete.

- **Arcillas y grandes trozos de concreto:** Suelen representar un riesgo menor a menos que se queden atrapados alrededor del pozo de elevación.

- **Materiales grandes o de forma irregular:** Como rocas pesadas o desechos de demolición, pueden representar riesgos si se quedan atascados durante la descarga.

- **Polvo y ciertos productos de mezcla húmeda:** Pueden adherirse a las carrocerías de los remolques, afectando el equilibrio durante la descarga.

- **Distribución o desequilibrio de la carga:** Influye en la dinámica del vehículo en la carretera.

Las tareas constantes de descarga pueden llevar a la monotonía, aumentando el riesgo de distracción o falta de atención. Emplear un controlador de elevación de "hombre muerto" puede mitigar este riesgo al requerir que los conductores mantengan contacto con el controlador. Los pisos móviles también pueden reducir el riesgo facilitando la descarga de material sin volcar, aunque pueden no ser adecuados para todas las aplicaciones.

Debido a las variaciones en los procedimientos de carga y las condiciones del sitio, es imperativo que los conductores comprendan sus responsabilidades tanto con el vehículo como con la carga destinada al transporte en carreteras públicas. Mientras que muchos sitios operan con profesionalismo, utilizando personal capacitado para la carga y empleando básculas y servicios de lavado según sea necesario, otros pueden carecer de estas comodidades, lo que coloca responsabilidades adicionales sobre el conductor.

Considerar la naturaleza del material que se transportará y sus características de flujo es esencial antes de la carga. Ciertas cargas, particularmente aquellas con propiedades húmedas, pegajosas o sólidas, pueden exhibir diferentes tasas de movimiento durante el volcado, lo que representa peligros potenciales. El movimiento inesperado de la carga en la parte trasera o en un lado podría llevar a un desequilibrio del vehículo y contribuir a accidentes por vuelco, así como a posibles escenarios de sobrecarga del eje.

Es crucial distribuir uniformemente la carga a lo largo y ancho del cuerpo del camión, respetando los límites legales de peso por eje. No lograr una distribución adecuada puede resultar en un vehículo inestable, lo que representa peligros de conducción y riesgos de sobrecarga en los ejes y neumáticos, volviendo el vehículo ilegal. La distribución desigual del peso, exacerbada por el alto centro de gravedad de muchos volquetes, puede amplificar problemas durante maniobras, frenado y en carreteras con inclinación pronunciada.

El conductor tiene la responsabilidad de asegurar el cumplimiento con el peso bruto y los límites de peso por eje individuales. Proceder sin la certeza del cumplimiento legislativo es inaceptable. Los conductores deben estar capacitados para reconocer varios materiales y documentar los pesos individuales de las cargas, ya que los cuerpos de los volquetes a menudo superan las capacidades legales de peso.

Después de cargar en condiciones fuera de carretera, el conductor debe inspeccionar los dispositivos de sujeción, cerraduras, neumáticos y equipos montados bajos en busca de daños antes de salir del sitio. Emplear un sistema de lona adecuado para contener la carga y los escombros es esencial, y podría estar exigido por las regulaciones de planificación local.

Abordando preocupaciones sobre el impacto ambiental y la percepción pública, los conductores deben eliminar el exceso de escombros y limpiar las rocas/piedras entre los neumáticos duales, las barras de tiro y las partes superiores de las compuertas traseras. Se debe verificar el estado de las lámparas, las placas de marcadores reflectantes y las placas de matrícula antes de la partida, ya que pueden estar cubiertas de barro y suciedad dependiendo de las condiciones del terreno.

Dado que la mayoría de los cuerpos de los volquetes no son impermeables, los conductores deben permitir que el exceso de agua de las cargas húmedas se drene antes de salir del sitio.

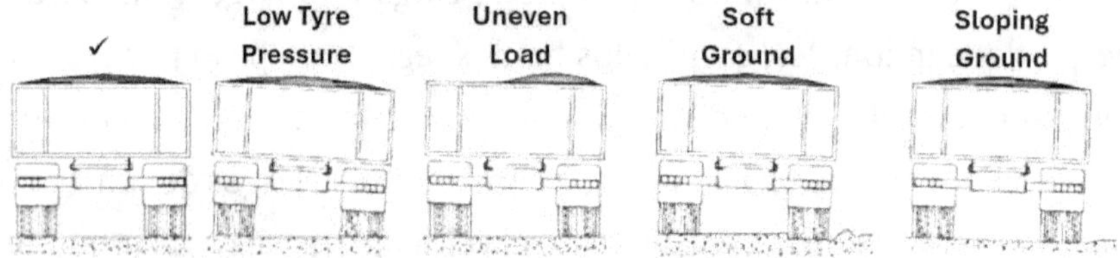

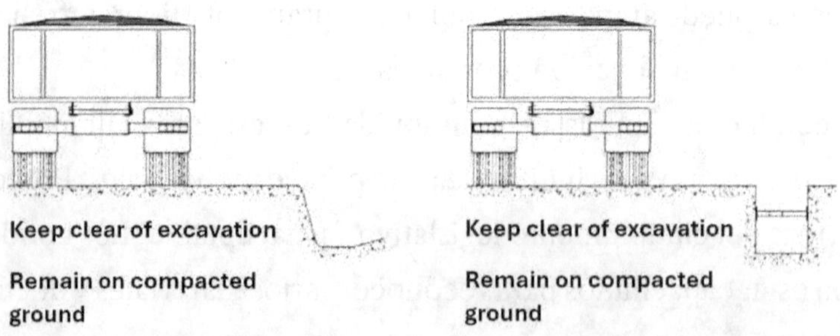

Figura 108: Posicionamiento y postura correctos e incorrectos.

Corresponde al conductor garantizar que el vehículo no supere el peso bruto autorizado ni los pesos individuales por eje. En consecuencia, los conductores deben abstenerse de proceder si tienen dudas sobre el cumplimiento de la legislación. Cabe destacar que la densidad de las cargas individuales puede variar significativamente, y muchas carrocerías de camiones volquete tienen la capacidad de acomodar más carga de la que legalmente pueden transportar en términos de peso. Por lo tanto, es imperativo que los conductores reciban capacitación para reconocer los diferentes tipos de materiales que se espera que transporten, y se debe conocer y documentar el peso de cada carga.

Al cargar el vehículo en condiciones fuera de carretera, el conductor debe realizar una inspección minuciosa de todos los dispositivos de sujeción, cerraduras, neumáticos y cualquier equipo montado bajo en busca de daños antes de salir del sitio. Además, se debe utilizar y asegurar adecuadamente un sistema de lona para retener la carga y evitar que se esparzan los escombros. Es notable que las regulaciones de planificación local pueden exigir el uso de sistemas de lonas.

Lamentablemente, algunos operadores de volquetes sufren de una imagen pública negativa debido a los residuos de barro y arcilla que ciertos operadores dejan en la carretera al salir de los sitios. Existe la percepción de que los volquetes son más propensos a causar daños debido a piedras voladoras y materiales sueltos. Por lo tanto, es responsabilidad del conductor asegurarse de que se eliminen los escombros excedentes y se retiren las piedras de entre los neumáticos duales, las barras de tiro y las partes superiores de las compuertas traseras.

Antes de salir del sitio, el conductor siempre debe inspeccionar el estado de las lámparas, las placas de marcadores reflectantes y las placas de matrícula, ya que pueden haberse cubierto de barro y suciedad dependiendo de las condiciones del terreno. Dado que la mayoría de las carrocerías de los volquetes no son impermeables, el conductor debe permitir que el exceso de agua de una carga húmeda se drene del cuerpo antes de partir.

Al llegar al sitio, el conductor debe ajustar la velocidad del vehículo según las condiciones predominantes. Al viajar fuera de la carretera pública, se debe prestar atención a las condiciones de la superficie, mantenerse en carreteras compactadas, evitar excavaciones y estar atento a cables aéreos y otras obstrucciones.

Antes de descargar la carga, es crucial que el conductor coloque el vehículo en un terreno plano y firme. Si es inevitable una pendiente, esta debe correr de extremo a extremo del vehículo en lugar de a lo ancho para evitar la inestabilidad. En el caso de un vehículo articulado, como un camión con remolque, deben alinearse en línea recta para evitar crear otra condición de inestabilidad.

En muchos casos, tener una cámara trasera instalada en el vehículo proporciona al operador una vista clara del área detrás del vehículo durante las operaciones de marcha atrás o descarga. Este equipo ahora es obligatorio en muchos sitios. Antes de descargar la carga, el conductor debe asegurarse de que el área donde se depositará la carga esté libre de personal y obstrucciones. El conductor no debe salir de la cabina a menos que use el equipo de protección personal (EPP) adecuado y haya aplicado el freno de estacionamiento.

Si el cuerpo está equipado con un sistema de bloqueo manual para la compuerta trasera, el conductor debe asegurarse de que la presión de la carga contra la compuerta trasera no represente un peligro para sí mismo ni para los demás. Es esencial evitar que alguien se coloque junto al vehículo durante la descarga, ya que esta es una área peligrosa. Un accidente que involucre a una persona parada junto a un volquete generalmente es causado por uno de tres factores, todos los cuales pueden tener consecuencias fatales.

Para mantener el control de la carga durante la descarga, se deben considerar las propiedades de tasa de flujo del material que se transporta. El cuerpo debe inclinarse adecuadamente para adaptarse a los materiales que se descargan, asegurando una operación suave y evitando los choques repentinos causados por un volcado rápido, bajadas bruscas o paradas repentinas. Es importante asegurarse de que una carga de flujo libre no salga a una velocidad excesiva y que las cargas húmedas o pegajosas no creen una situación peligrosa si no se mueven.

Figura 109: Descarga de volquete. Agência de Notícias do Acre, CC BY 2.0, vía Wikimedia Commons.

Los conductores deben permanecer en la cabina durante todo el proceso de descarga, utilizando los espejos para monitorear y ajustar la tasa de descarga. Si el conductor tiene alguna preocupación sobre la seguridad del proceso de descarga, ya sea relacionada con las condiciones del terreno o del sitio, la carga en sí, el vehículo y el equipo auxiliar, o la proximidad a personas, la descarga debe detenerse de inmediato y la carrocería debe bajarse lentamente hasta que el riesgo esté mitigado.

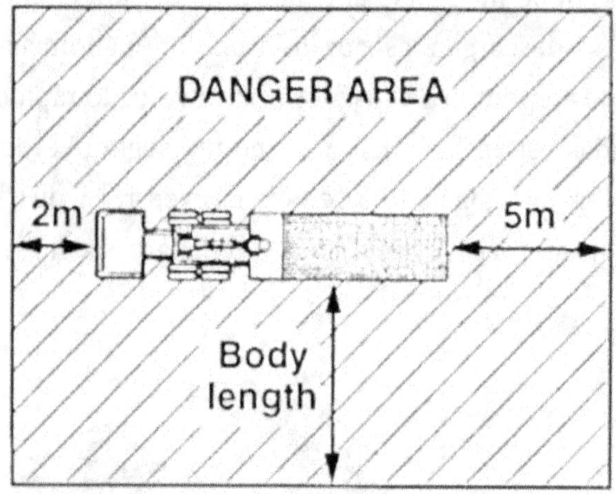

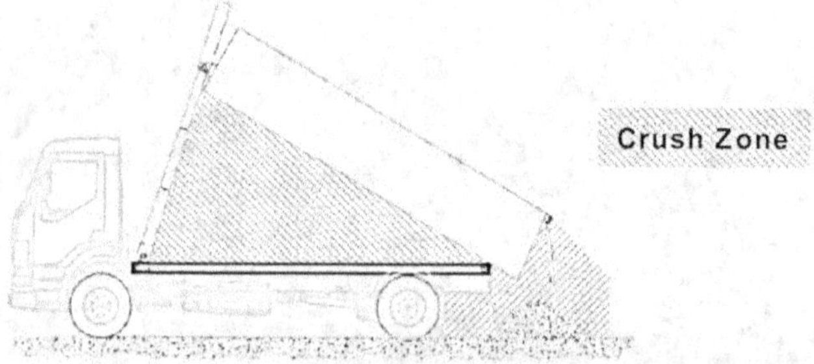

Figura 110: Zonas de peligro alrededor del volquete.

Si la descarga de la carga es obstaculizada por material previamente volcado, puede ser aceptable mover el vehículo lentamente hacia adelante. Sin embargo, antes de hacerlo, el conductor debe evaluar si es seguro hacerlo con la carrocería en su ángulo de volcado actual y, si es necesario, bajar la carrocería parcial o totalmente antes de moverse.

9

Operaciones de Superficie

Operaciones de Estabilización

Los estabilizadores de suelo y los recicladores de carreteras solían ser máquinas similares, pero han evolucionado hasta convertirse en equipos de construcción de carreteras altamente especializados, con características distintivas. Otros términos utilizados para describirlos incluyen perfiladoras de carreteras, reclamadoras de carreteras, fresadoras de carreteras, planeadoras de carreteras y perfiladoras de pavimentos.

La evolución de la estabilización in situ proviene del uso de ripper y estabilizadores hacia "potentes" reclamadoras más avanzadas, que permiten la pulverización y mezcla en uno o dos procesos. Las reclamadoras y estabilizadores están diseñados con una caja de mezcla ubicada en el centro.

Figura 111: Estabilizador-Reciclador Bomag MPH125. Bob Adams de Amanzimtoti, Sudáfrica, CC BY-SA 2.0, vía Wikimedia Commons.

Estas máquinas especialmente diseñadas cuentan con rotores especiales para mezclar materiales dentro de la campana de mezcla. Los equipos agrícolas, perfiladoras, azadas rotativas y niveladoras no son sustitutos adecuados para la estabilización in situ, ya que a menudo carecen de propiedades de mezcla efectivas, lo que provoca grietas en el pavimento.

Las perfiladoras, ya sean estándar o modificadas, no pueden utilizarse para estabilizar materiales de pavimento debido a los diferentes diseños de rotor en comparación con los estabilizadores. Las perfiladoras suelen emplear dientes tipo bala y un tambor, mientras que los estabilizadores cuentan con dientes anchos en patas largas para mezclar materiales.

Los resultados obtenidos con perfiladoras han sido insatisfactorios, resultando en "trozos" de agregado de cemento y fallos localizados del pavimento.

En cambio, los estabilizadores equipados con dientes tipo bala tienen la capacidad de pulverizar el asfalto y los materiales de pavimento existentes. Sin embargo, los dientes largos y anchos de los estabilizadores no están diseñados para cortar y recuperar materiales compactados. En su lugar, el rotor del estabilizador está específicamente diseñado para mezclar el aglutinante con el material pulverizado del pavimento.

En la década de 1990, se introdujeron las reclamadoras/estabilizadoras, marcando un avance significativo en la maquinaria de construcción de carreteras. Estas máquinas cuentan con rotores con dientes en forma de bala sobre patas largas, diseñadas para mezclar eficazmente el material pulverizado del pavimento.

Las reclamadoras/estabilizadoras son capaces de recuperar materiales de pavimento existentes hasta una profundidad de 500 mm, aunque compactar material más allá de 400 mm de profundidad puede presentar desafíos. Las máquinas modernas de CMI y Wirtgen ahora están disponibles en configuraciones tanto de reclamadora como de estabilizadora.

Diferentes países a menudo emplean una terminología variada, lo que dificulta distinguir entre diferentes máquinas y los procesos que implican.

Estabilizador de Suelo: Una máquina estabilizadora de suelo mezcla el pavimento existente con cal que se ha esparcido en la superficie, con agua introducida a través de una tubería grande en la parte frontal. Es un vehículo de construcción equipado con un tambor metálico motorizado con filas de cuchillas o paletas de mezcla. Estas paletas mezclan suelo, un agente aglutinante (típicamente cemento Portland o cal) y agua en la cámara de mezcla. Generalmente, los estabilizadores de suelo no cortan ni fresan asfalto o concreto duro o muy grueso. Los estabilizadores de suelo modernos se han vuelto más potentes y a menudo usan puntas de carburo en lugar de paletas, haciéndolos más similares a recicladores de carreteras capaces de mezclar la antigua superficie de la carretera en la mezcla. Los estabilizadores de suelo mezclan un concreto de baja resistencia y realizan una función similar a la de una mezcladora de concreto pero en el suelo. Algunos estabilizadores modernos usan puntas de carburo de tungsteno similares a las que se encuentran en las fresadoras de pavimento, aunque en menor medida.

Fresadora de Pavimento: Una fresadora de pavimento, como una perfiladora de pavimento de Wirtgen, elimina la capa superior de la carretera para facilitar la colocación de una nueva. Este vehículo de construcción cuenta con un tambor metálico motorizado con filas de dientes con punta de carburo de tungsteno diseñados para cortar la capa superior de un camino pavimentado de concreto o asfalto. Con la sostenibilidad como prioridad, el material extraído por la fresadora a menudo se recicla en nuevo asfalto. En algunos casos, todo el pavimento de la carretera puede ser removido, generalmente debido a daños que requieren reemplazo. Las fresadoras de pavimento son máquinas muy potentes, con algunos motores que superan los 500 hp. Por lo general, están montadas sobre cuatro orugas, aunque también se utilizan configuraciones con tres orugas o ruedas.

Reciclador de Carreteras: Un reciclador de carreteras combina elementos de los procesos de estabilización de suelo y fresado de pavimento. Puede implicar la mezcla de cemento o cal y agua con el pavimento existente, generalmente asfalto delgado. Este proceso generalmente se refiere a la mezcla de la carretera de asfalto con un aglutinante y la base en un solo paso. En un reciclador de carreteras, el tambor delantero con numerosos dientes, similares a los de una fresadora de pavimento, se utiliza para remover superficies de asfalto o concreto muy duras. Los tambores posteriores, con menos dientes dispuestos en un patrón de espina de pescado para reducir la carga del motor, pertenecen al reciclador de carreteras. Solo unos pocos dientes cortan a la vez, y esta disposición de dientes también facilita el transporte del material hacia el centro, donde puede ser recogido fácilmente por una cinta transportadora.

Figura 112: Mezcladora rotativa Caterpillar RM500.

Un mezclador rotativo es un tipo de equipo de mezcla comúnmente utilizado en diversas industrias para mezclar, homogeneizar o agitar materiales. Consiste en un contenedor o tambor montado sobre un eje, que rota para mezclar los contenidos a fondo. La rotación del mezclador facilita el movimiento de los materiales dentro del contenedor, asegurando una mezcla o mezcla uniforme.

Estas son algunas funciones y aplicaciones comunes de los mezcladores rotativos:

1. **Mezcla:** Los mezcladores rotativos se utilizan principalmente para combinar diferentes componentes o ingredientes para crear una mezcla homogénea. Esto es común en industrias como el procesamiento de alimentos, productos farmacéuticos, productos químicos y cosméticos, donde la mezcla precisa es esencial para la calidad del producto.

2. **Combinación:** Se utilizan para mezclar materiales de difer-

entes viscosidades o densidades para lograr una composición uniforme. Esto es particularmente útil en la producción de varios productos, incluyendo pinturas, adhesivos y polímeros.

3. **Homogeneización:** Los mezcladores rotativos ayudan a descomponer las partículas y dispersarlas uniformemente a lo largo de una mezcla, resultando en un producto suave y consistente. Este proceso es crucial en industrias como la farmacéutica y alimentaria, donde la uniformidad es crítica para la eficacia y calidad del producto.

4. **Agitación:** Proporcionan acción de agitación o mezcla para mantener los materiales en suspensión y evitar su sedimentación. Esto es importante en aplicaciones como las reacciones químicas, donde mantener una mezcla de reacción consistente es esencial para la cinética de la reacción y el rendimiento del producto.

Los mezcladores rotativos son equipos versátiles utilizados en diversas industrias para mezclar, combinar, homogeneizar y agitar materiales para lograr las propiedades o composiciones deseadas.

Una máquina recicladora en frío se utiliza en el proceso de reciclaje en frío, que es un método para rehabilitar o reconstruir pavimentos de asfalto existentes. Esta máquina está diseñada para reciclar el pavimento de asfalto existente pulverizándolo en su lugar, mezclándolo con nuevos agentes aglutinantes y aditivos, y luego relayéndolo como una nueva capa de pavimento sin necesidad de calentar el material.

La máquina recicladora en frío generalmente realiza varias funciones clave:

1. **Pulverización:** Pulveriza el pavimento de asfalto existente en su lugar, descomponiéndolo en partículas más pequeñas.

2. **Mezcla:** La máquina mezcla el pavimento de asfalto pulveriza-

do con nuevos agentes aglutinantes, como emulsiones o betún espumado, así como aditivos como cemento o cal.

3. **Homogeneización:** Asegura que la mezcla de los materiales viejos y nuevos esté bien mezclada y homogeneizada para crear un material de pavimento uniforme y estable.

4. **Relayado:** Una vez que el proceso de reciclaje se completa, la máquina recicladora en frío coloca la mezcla reciclada como una nueva capa de pavimento, que luego se compacta para lograr la densidad y suavidad deseadas.

Las máquinas recicladoras en frío juegan un papel crucial en el proceso de reciclaje en frío, permitiendo la rehabilitación eficiente y rentable de pavimentos de asfalto existentes mientras se reduce la necesidad de nuevos materiales y se minimiza el impacto ambiental.

Figura 113: Recicladora en frío. Christina Plati, Andreas Loizos, Vasilis Papavasiliou, Antonis Kaltsounis, CC BY 4.0, vía Wikimedia Commons.

Un estabilizador de suelo es un vehículo de construcción diseñado para mezclar el suelo existente con otros materiales, como cal, cemento o emulsión asfáltica, para mejorar su resistencia, durabilidad y capacidad de carga. Aquí está cómo funciona típicamente un estabilizador de suelo:

1. **Preparación:** Antes de que comience la estabilización del suelo, la superficie a tratar generalmente se prepara mediante nivelación y compactación para eliminar cualquier residuo suelto, rocas o vegetación.

2. **Aplicación del Agente Aglutinante:** El estabilizador de suelo está equipado con una tolva o tanque que contiene el agente aglutinante, que suele ser cal, cemento o emulsión asfáltica. El agente aglutinante se distribuye uniformemente sobre la superficie del suelo utilizando un mecanismo distribuidor, como una cinta transportadora o un rociador.

3. **Mezcla:** Una vez que se ha distribuido el agente aglutinante, el estabilizador de suelo lo incorpora al suelo utilizando cuchillas de mezcla o paletas montadas en un tambor rotatorio. A medida que el estabilizador de suelo avanza, la acción de mezcla combina el agente aglutinante con el suelo, asegurando una distribución y uniformidad completas.

4. **Control de Humedad:** En algunos casos, se puede agregar agua al suelo para alcanzar el contenido de humedad deseado para una compactación y aglutinación óptimas. El estabilizador de suelo puede tener un tanque de agua y boquillas rociadoras para controlar los niveles de humedad durante la mezcla.

5. **Compactación:** Después de la mezcla, el suelo estabilizado se compacta utilizando rodillos o compactadores para lograr

la densidad y resistencia deseadas. La compactación ayuda a mezclar aún más el suelo y el agente aglutinante, así como a mejorar la capacidad de carga y la resistencia a la penetración del agua.

6. **Curado:** Dependiendo del tipo de agente aglutinante utilizado, el suelo estabilizado puede requerir un período de curado para permitir que el agente aglutinante reaccione químicamente y fortalezca el suelo. Los tiempos de curado varían según factores como la temperatura, la humedad y el tipo de agente aglutinante.

Los estabilizadores de suelo son equipos esenciales para mejorar las propiedades de ingeniería del suelo, haciéndolo adecuado para diversas aplicaciones de construcción, como la construcción de carreteras, cimientos de edificios y proyectos de recuperación de tierras. Juegan un papel crucial en mejorar la estabilidad, durabilidad y rendimiento del suelo, contribuyendo en última instancia a la longevidad y sostenibilidad de los proyectos de infraestructura.

La preparación para las operaciones con estabilizadores de suelo implica varios pasos clave para garantizar la estabilización exitosa y eficiente del suelo con fines de construcción. Aquí tienes una guía completa sobre cómo prepararse para las operaciones con estabilizadores de suelo:

- **Evaluación del Sitio:**

  - Realiza una evaluación exhaustiva del sitio de construcción para comprender las condiciones del suelo, las características del terreno y los requisitos del proyecto.

  - Identifica cualquier posible peligro, como servicios públicos subterráneos, pendientes inestables o preocupaciones ambientales, que puedan afectar las operaciones de estabilización del suelo.

- **Análisis del Suelo:**

  - Recoge muestras de suelo de varias ubicaciones en el sitio para su análisis en laboratorio.

  - Analiza las muestras de suelo para determinar su composición, contenido de humedad, plasticidad, capacidad de carga y otras propiedades relevantes.

  - Utiliza los resultados del análisis del suelo para seleccionar los agentes estabilizadores apropiados y determinar las proporciones de mezcla óptimas para lograr los resultados deseados de estabilización del suelo.

- **Inspección y Preparación del Equipo:**

  - Inspecciona el equipo de estabilización del suelo para asegurar que esté en condiciones de funcionamiento adecuadas y libre de defectos o fallos.

  - Verifica todos los componentes del estabilizador de suelo, incluyendo la cámara de mezcla, las cuchillas, las cintas transportadoras y los sistemas de control, para garantizar su limpieza, lubricación y funcionalidad.

  - Instala el estabilizador de suelo en el sitio de construcción, asegurando que esté posicionado de manera segura y accesible para su operación.

- **Preparación del Agente Estabilizador:**

  - Adquiere los agentes estabilizadores requeridos, como cal, cemento o emulsión bituminosa, según el análisis del suelo y las especificaciones del proyecto.

  - Almacena los agentes estabilizadores en contenedores

apropiados y asegúrate de que estén bien sellados para prevenir la contaminación o absorción de humedad.

○ Prepara los agentes estabilizadores según las instrucciones del fabricante, incluyendo las proporciones de mezcla, los periodos de hidratación y los requisitos de temperatura.

- **Medidas de Seguridad:**

  ○ Implementa protocolos y procedimientos de seguridad para garantizar la protección de los trabajadores, el equipo y el medio ambiente durante las operaciones con estabilizadores de suelo.

  ○ Proporciona equipo de protección personal (EPP) para todo el personal involucrado en la operación, incluyendo chalecos de seguridad, cascos, guantes y protección ocular.

  ○ Establece zonas de exclusión y señales de advertencia para prevenir el acceso no autorizado al área de trabajo y minimizar el riesgo de accidentes o lesiones.

- **Consideraciones Ambientales:**

  ○ Desarrolla un plan de gestión ambiental para mitigar los posibles impactos de las operaciones con estabilizadores de suelo en los ecosistemas circundantes, los recursos hídricos y la calidad del aire.

  ○ Implementa medidas de control de la erosión, como cercas de sedimentos, pacas de paja o trampas de sedimentos, para prevenir la erosión del suelo y la escorrentía de sedimentos del sitio de construcción.

  ○ Cumple con los requisitos regulatorios y obtén los permisos necesarios para las actividades de estabilización del suelo, especialmente si trabajas cerca de áreas protegidas o cuerpos de agua.

- **Comunicación y Coordinación:**

  - Coordina las operaciones con estabilizadores de suelo con otras actividades de construcción y partes interesadas del proyecto, incluidos ingenieros, contratistas, inspectores y agencias ambientales.

  - Comunica los cronogramas del proyecto, los objetivos y las pautas de seguridad a todo el personal involucrado en el proceso de estabilización del suelo para asegurar una colaboración efectiva y el cumplimiento de los objetivos del proyecto.

Operar un estabilizador de suelo implica varios pasos esenciales para garantizar una estabilización del suelo efectiva. Aquí tienes una guía completa sobre cómo operar un estabilizador de suelo:

Inspección previa a la operación: Realiza una inspección minuciosa de la máquina estabilizadora de suelo para asegurarte de que está en buenas condiciones de funcionamiento. Verifica todos los componentes, incluidos la cámara de mezcla, las cuchillas, el sistema hidráulico, el motor y los controles, en busca de signos de daño o mal funcionamiento. Asegúrate de que todas las características de seguridad, como botones de parada de emergencia y luces de advertencia, estén operativas. Asegúrate de que todas las herramientas necesarias y el equipo de protección personal (EPP) estén disponibles.

Preparación del sitio: Evalúa las condiciones del suelo en el lugar de trabajo para determinar el método de estabilización y los aditivos necesarios. Limpia el área de trabajo de cualquier residuo, piedras u obstáculos que puedan interferir con la operación del estabilizador de suelo. Nivela la superficie para lograr la compactación y pendiente deseadas para una estabilización efectiva del suelo.

Aplicación de aditivos: Determina el tipo y la cantidad adecuada de agente estabilizador (por ejemplo, cal, cemento o betún) según el tipo de suelo y los requisitos del proyecto. Carga el agente estabilizador en la tolva o tanque de almacenamiento del estabilizador de suelo. Ajusta la tasa de aplicación y la proporción de mezcla según las especificaciones proporcionadas por el fabricante o el ingeniero.

Mezcla y procesamiento: Enciende la máquina estabilizadora de suelo y activa la cámara de mezcla. Alimenta gradualmente el agente estabilizador en el suelo a medida que la máquina avanza, asegurando una mezcla y distribución completas. Supervisa el proceso de mezcla y ajusta la velocidad y configuración de la máquina según sea necesario para lograr la consistencia y estabilización deseadas del suelo.

Compactación y acabado: Utiliza equipos de compactación, como rodillos o compactadores, para compactar el suelo estabilizado a la densidad requerida. Realiza pruebas periódicas, como pruebas de contenido de humedad y de compactación, para asegurarte de que el suelo estabilizado cumple con las especificaciones del proyecto. Termina la superficie estabilizada nivelando, moldeando y aplicando cualquier tratamiento superficial adicional, como sellado o pavimentación.

Inspección y mantenimiento posterior a la operación: Inspecciona la superficie del suelo estabilizado para verificar su uniformidad, estabilidad y cumplimiento con los requisitos del proyecto. Aborda cualquier área de preocupación, como compactación desigual o estabilización insuficiente, mediante retrabajo o tratamiento adicional. Limpia y mantén la máquina estabilizadora de suelo según las pautas del fabricante para garantizar un rendimiento confiable en futuras operaciones.

Una fresadora de pavimento, también conocida como perfiladora de pavimento o fresadora en frío, es un vehículo de construcción utilizado para retirar la capa superior de una carretera pavimentada con concreto o asfalto. Aquí te explicamos cómo funciona típicamente una fresadora de pavimento:

1. Preparación: Antes de comenzar la fresado, se inspecciona la superficie de la carretera que se va a retirar para evaluar su condición y determinar la extensión del fresado requerido. Se eliminan o marcan cualquier obstáculo o peligro en la superficie de la carretera para evitarlos.

2. Posicionamiento: La fresadora de pavimento se coloca al inicio de la sección que se va a fresar. Generalmente está montada sobre orugas o ruedas para movilidad y estabilidad durante la operación. El tambor de fresado, que contiene filas de dientes con punta de carburo de tungsteno, se posiciona sobre la superficie de la carretera.

3. Fresado: El tambor de fresado se baja sobre la superficie de la carretera y se activa la máquina para comenzar el fresado. El tambor rotativo gira rápidamente y los dientes de carburo de tungsteno muerden la superficie del pavimento, cortando y retirando la capa superior de asfalto o concreto.

4. Eliminación de Material: A medida que el tambor de fresado gira, los dientes de carburo de tungsteno muelen y pulverizan el material del pavimento, rompiéndolo en piezas más pequeñas. Estas piezas se transportan mediante una cinta transportadora o un sistema de sinfín a un área de recolección o a un camión para su eliminación del sitio de trabajo.

5. Control de Profundidad: La profundidad del fresado se controla ajustando la profundidad del tambor de fresado y la velocidad de avance de la máquina. Esto permite al operador retirar con precisión el espesor deseado del pavimento, evitando daños a las capas subyacentes o a los servicios públicos.

6. Calidad de la Superficie: Las fresadoras de pavimento modernas a menudo incluyen características para optimizar la calidad de la superficie, como sistemas de nivelación automática y configuraciones múltiples del tambor de fresado. Estas características ayudan a garantizar una superficie fresada lisa y uniforme que cumpla con las especificaciones del proyecto.

7. Reciclaje: En muchos casos, el material fresado se recicla para su uso en nuevas mezclas de asfalto o concreto. Este proceso de reciclaje reduce los residuos y conserva los recursos naturales al reutilizar materiales existentes en proyectos de construcción de carreteras.

Las fresadoras de pavimento desempeñan un papel crucial en los proyectos de rehabilitación y construcción de carreteras, ya que eliminan eficientemente las superficies de pavimento deterioradas y preparan la carretera para nuevas capas o tratamientos. Son equipos esenciales para mantener y mejorar la infraestructura de carreteras y autopistas.

La preparación para las operaciones de fresado de pavimento implica varios pasos importantes para garantizar el fresado exitoso de superficies de asfalto o concreto. Aquí tienes una guía completa sobre cómo prepararse para las operaciones de fresado de pavimento:

1. **Evaluación del Sitio:**

   ◦ Realiza una evaluación exhaustiva del sitio de construcción de la carretera para entender las condiciones del pavimento existente, los patrones de tráfico y los requisitos del proyecto.

   ◦ Identifica cualquier obstáculo, como líneas de servicios públicos, señalización o estructuras, que pueda interferir con las operaciones de fresado.

2. Inspección y Configuración del Equipo:

- Inspecciona el equipo de fresado de pavimento para asegurarte de que esté en buen estado de funcionamiento y libre de defectos o fallas.

- Verifica todos los componentes de la máquina fresadora, incluidos los tambores de corte, las cintas transportadoras, los sistemas hidráulicos y los controles, para asegurarte de que estén limpios, lubricados y funcionales.

- Configura la máquina fresadora en el sitio de trabajo, asegurándote de que esté posicionada de manera segura y accesible para su operación.

3. Control de Tráfico y Medidas de Seguridad:

- Establece medidas de control de tráfico para garantizar la seguridad de los trabajadores y conductores durante las operaciones de fresado.

- Utiliza conos de tráfico, barricadas y señales de advertencia para desviar el tráfico lejos del área de trabajo y crear una zona de seguridad alrededor de la máquina fresadora.

- Proporciona banderilleros o personal de control de tráfico para gestionar el flujo de tráfico y comunicar a los conductores sobre desvíos o cierres de carriles.

4. Protección Ambiental:

- Implementa medidas de protección ambiental para minimizar el polvo, ruido y escombros generados durante las operaciones de fresado.

- Utiliza camiones de agua o sistemas de supresión de polvo

para controlar el polvo en el aire y mantener la calidad del aire en las proximidades del sitio de trabajo.

○ Desecha los materiales de desecho del fresado adecuadamente, siguiendo las regulaciones y directrices para el reciclaje o eliminación de escombros de asfalto y concreto.

5. Manejo de Materiales y Logística:

○ Coordina la entrega de materiales de fresado, como reemplazos de asfalto o concreto, al sitio de trabajo de manera oportuna.

○ Asegura que haya espacio de almacenamiento adecuado para el equipo de fresado, repuestos y suministros de mantenimiento.

○ Planifica la remoción y transporte de materiales fresados fuera del sitio para reciclaje o eliminación, si es necesario.

6. Capacitación de Operadores y Comunicación:

○ Proporciona capacitación a los operadores de equipo sobre técnicas adecuadas de fresado, procedimientos de seguridad y operación del equipo.

○ Comunica los objetivos del proyecto, los cronogramas y las pautas de seguridad a todo el personal involucrado en las operaciones de fresado de pavimento.

○ Establece líneas claras de comunicación entre los operadores, supervisores y gerentes de proyecto para abordar cualquier problema o preocupación que pueda surgir durante las actividades de fresado.

7. Cumplimiento Regulatorio:

- Obtén los permisos y aprobaciones necesarios para las actividades de fresado de pavimento de las autoridades locales o agencias de transporte.

- Asegura el cumplimiento de los requisitos regulatorios, como ordenanzas de ruido, regulaciones ambientales y protocolos de gestión del tráfico, durante todo el proceso de fresado.

Operar una fresadora de pavimento implica varios pasos para eliminar eficientemente la capa superior de carreteras pavimentadas con concreto o asfalto. Aquí tienes una guía sobre cómo operar una fresadora de pavimento:

1. **Inspección previa a la operación:**

   - Realiza una inspección minuciosa de la máquina fresadora de pavimento para asegurarte de que esté en buenas condiciones de funcionamiento.

   - Verifica todos los componentes, incluidos el tambor de fresado, los dientes de corte, las cintas transportadoras, los sistemas hidráulicos y los controles, en busca de signos de daño o mal funcionamiento.

   - Asegúrate de que todas las características de seguridad, como los botones de parada de emergencia y las luces de advertencia, estén funcionales.

   - Asegúrate de que todas las herramientas necesarias y el equipo de protección personal (EPP) estén disponibles.

2. **Preparación del sitio:**

   - Evalúa la condición del pavimento de la carretera para determinar la profundidad y el ancho de fresado adecuados.

- Limpia el área de trabajo de cualquier residuo, obstáculo o vehículo que pueda interferir con la operación de fresado.

- Establece medidas de control de tráfico, como conos de tráfico, barricadas y señales de advertencia, para desviar el tráfico fuera de la zona de trabajo.

3. Operación de fresado:

- Enciende la máquina fresadora de pavimento y activa el tambor de fresado.

- Ajusta la configuración de profundidad y ancho de fresado según las especificaciones del proyecto y la condición del pavimento.

- Avanza gradualmente la máquina fresadora a lo largo del camino de fresado designado, asegurando una remoción uniforme y consistente de la superficie del pavimento.

- Monitorea de cerca el proceso de fresado, ajustando la velocidad de la máquina y los parámetros de corte según sea necesario para lograr los resultados de fresado deseados.

- Coordina con el personal en tierra para gestionar el flujo de tráfico y garantizar la seguridad de los trabajadores y conductores en las proximidades de la operación de fresado.

4. Manejo de material:

- Utiliza cintas transportadoras u otros equipos de manejo de materiales para recolectar y retirar los escombros de asfalto o concreto fresado del área de trabajo.

- Desecha el material fresado adecuadamente, siguiendo las regulaciones y directrices para el reciclaje o eliminación de escombros de pavimento.

5. **Inspección y mantenimiento posterior a la operación:**

- Inspecciona la superficie fresada para verificar su uniformidad, suavidad y cumplimiento con las especificaciones del proyecto.

- Aborda cualquier área de preocupación, como fresado desigual o daño a las capas subyacentes del pavimento, mediante retrabajo o tratamiento adicional.

- Limpia y mantén la máquina fresadora de pavimento según las pautas del fabricante para garantizar un rendimiento confiable en futuras operaciones.

Un reciclador de carreteras es una máquina versátil utilizada en proyectos de construcción y rehabilitación de carreteras. Se usa principalmente para recuperar y estabilizar materiales de pavimento existentes, creando una base estable para nuevas superficies de carreteras. Aquí te explicamos cómo funciona típicamente un reciclador de carreteras:

1. Preparación: Antes de que el reciclador de carreteras comience su operación, se inspecciona la superficie del pavimento existente para evaluar su condición y adecuación para el reciclaje. Se eliminan los escombros, la vegetación u obstáculos en la superficie para garantizar una operación segura y efectiva.

2. Cámara de Mezcla: El reciclador de carreteras está equipado con una cámara de mezcla donde se lleva a cabo el proceso de recuperación y estabilización. Esta cámara suele estar ubicada entre los tambores delantero y trasero de la máquina.

3. Recuperación: El tambor delantero del reciclador de carreteras,

que contiene filas de dientes con punta de carburo de tungsteno, gira y corta la superficie del pavimento existente. A medida que avanza, los dientes rompen el material del pavimento, pulverizándolo en partículas más pequeñas.

4. Estabilización: Simultáneamente, el reciclador añade un agente aglutinante, como cemento, cal o asfalto espumado, en la cámara de mezcla. Este agente aglutinante ayuda a estabilizar el material del pavimento recuperado, mejorando su resistencia y durabilidad.

5. Mezcla: La acción giratoria de los tambores del reciclador mezcla a fondo el material del pavimento recuperado con el agente aglutinante, asegurando una distribución uniforme y una estabilización óptima. Algunos recicladores de carreteras también pueden incorporar agua en el proceso de mezcla para lograr el contenido de humedad deseado.

6. Control de Gradación: El reciclador de carreteras puede incluir características para controlar la gradación del material reciclado, asegurando que cumpla con las especificaciones de distribución y uniformidad del tamaño de las partículas. Esto ayuda a optimizar el rendimiento y la longevidad del material de base reciclado.

7. Compactación: Después de la mezcla y estabilización, el material del pavimento reciclado se compacta utilizando el tambor trasero del reciclador o un accesorio de compactador separado. La compactación ayuda a lograr la densidad y estabilidad deseadas de la capa base reciclada, preparándola para la colocación de nuevas superficies de pavimento.

8. Preparación de la Superficie: Una vez que la capa base reciclada

está compactada y estabilizada, está lista para un tratamiento adicional o para una capa de asfalto o concreto nuevo. El reciclador de carreteras también puede incluir características para dar forma y nivelar la base reciclada para cumplir con los requisitos del proyecto.

Los recicladores de carreteras juegan un papel crítico en las prácticas sostenibles de construcción de carreteras al recuperar y reutilizar materiales de pavimento existentes, reduciendo los desechos y conservando los recursos naturales. Ofrecen una solución rentable y respetuosa con el medio ambiente para la rehabilitación de carreteras y autopistas, proporcionando una base duradera y estable para nuevas superficies de pavimento.

Preparativos para las operaciones con recicladores de carreteras:

Evaluación del Sitio: Realiza una evaluación exhaustiva del sitio de construcción de la carretera para evaluar las condiciones del pavimento existente, los patrones de tráfico y los requisitos del proyecto. Identifica cualquier obstáculo, como líneas de servicios públicos, señalización o estructuras, que puedan interferir con las operaciones de reciclaje.

Inspección y Configuración del Equipo: Inspecciona el equipo del reciclador de carreteras para asegurarte de que esté en condiciones óptimas de funcionamiento y libre de defectos o fallas. Verifica todos los componentes de la máquina recicladora, incluida la cámara de mezcla, las cintas transportadoras, los sistemas hidráulicos y los controles, para asegurar que estén limpios, lubricados y funcionales. Configura el reciclador de carreteras en el sitio de trabajo, asegurando que esté posicionado de manera segura y accesible para su operación.

Medidas de Control de Tráfico y Seguridad: Establece medidas de control de tráfico para garantizar la seguridad de los trabajadores y conductores durante las operaciones de reciclaje. Utiliza conos de tráfico, barricadas y señales de advertencia para desviar el tráfico fuera del área de trabajo y crear una zona de seguridad alrededor de la máquina recicladora. Proporciona banderilleros o personal de control de tráfico para gestionar el flujo de tráfico y comunicar a los conductores sobre desvíos o cierres de carriles.

Protección Ambiental: Implementa medidas de protección ambiental para minimizar el polvo, ruido y escombros generados durante las operaciones de reciclaje. Utiliza camiones de agua o sistemas de supresión de polvo para controlar el polvo en el aire y mantener la calidad del aire en las proximidades del sitio de trabajo. Desecha los materiales reciclados adecuadamente, siguiendo las regulaciones y directrices para el reciclaje o eliminación de escombros de asfalto y concreto.

Manejo de Materiales y Logística: Coordina la entrega de materiales de reciclaje, como aglutinantes y aditivos, al sitio de trabajo de manera oportuna. Asegura que haya espacio de almacenamiento adecuado para el equipo reciclador, repuestos y suministros de mantenimiento. Planifica el transporte de materiales reciclados al lugar adecuado para su reutilización o eliminación, si es necesario.

Capacitación y Comunicación del Operador: Proporciona capacitación a los operadores de equipo sobre técnicas adecuadas de reciclaje, procedimientos de seguridad y operación del equipo. Comunica los objetivos del proyecto, los cronogramas y las pautas de seguridad a todo el personal involucrado en las operaciones del reciclador de carreteras. Establece líneas claras de comunicación entre operadores, supervisores y gerentes de proyecto para abordar cualquier problema o preocupación que pueda surgir durante las actividades de reciclaje.

Cumplimiento Regulatorio: Obtén los permisos y aprobaciones necesarios para las operaciones del reciclador de carreteras de las autoridades locales o agencias de transporte. Asegura el cumplimiento de los requisitos regulatorios, como ordenanzas de ruido, regulaciones ambientales y protocolos de gestión del tráfico, durante todo el proceso de reciclaje.

Operaciones de Rodillos Compactadores

Un rodillo compactador es una maquinaria utilizada para compactar materiales como tierra, arena y relleno limpio, típicamente como parte de proyectos importantes. Estas máquinas emplean fuerza estática con hidráulicos para comprimir y reducir el tamaño de la tierra y otros materiales. Los rodillos compactadores están ampliamente disponibles para alquiler en todo el país y son uno de los equipos más comúnmente utilizados en los sitios de construcción en toda Australia.

Los rodillos son máquinas muy solicitadas, conocidas por sus habilidades de compactación y la capacidad de alisar uniformemente los materiales de superficie. Aunque se utilizan predominantemente en la construcción de carreteras, también encuentran aplicaciones en la agricultura, proyectos de vertederos y en la compactación de concreto, grava, asfalto y tierra para crear una base nivelada para la colocación precisa de superficies. Generalmente, los rodillos comparten características comunes independientemente del tipo, incluyendo un tambor (ya sea liso y estático o vibratorio), un medidor de compactación, un sistema de agua, neumáticos y protección para el conductor.

Es crucial diferenciar entre un rodillo y una placa compactadora, ya que ambos a menudo se etiquetan como compactadores. La última se refiere a un equipo sin ruedas, que se maneja caminando detrás de él, de un tamaño similar al de un cortacésped típico, utilizado comúnmente en proyectos de construcción más pequeños.

Un rodillo, ya sea autopropulsado o remolcado, sirve como una máquina vital en la industria de la construcción, encargada principalmente de compactar diversos materiales de construcción. Puede venir en diferentes configuraciones, como neumáticos de goma, tambor liso, tambor acolchado o de tipo rejilla (abierta).

El proceso de compactación empleado por un rodillo típicamente involucra uno o más de los siguientes métodos:

- Peso estático

- Amasado

- Vibración

- Impacto

Los rodillos de rejilla se utilizan específicamente para descomponer materiales de construcción de gran tamaño. Los tambores acolchados, por otro lado, pueden presentar variaciones como de pata de cabra, pata de almohadilla, pata de apisonamiento o pata de cuña.

Figura 114: Un rodillo compactador con conductor a bordo con tambores vibratorios para pavimento de asfalto. Marc-Lautenbacher, CC BY-SA 4.0, vía Wikimedia Commons.

Los rodillos desempeñan un papel importante en la construcción de bases sólidas para diversos proyectos de construcción, que van desde obras viales hasta proyectos agrícolas y de vertederos. Son expertos en compactar concreto, grava, asfalto y tierra para crear una base nivelada y resistente, facilitando la colocación precisa de superficies.

Típicamente, los rodillos comparten características comunes independientemente de su tipo, incluyendo un tambor (ya sea liso y estático o vibratorio), un medidor de compactación, un sistema de agua, neumáticos y protección para el conductor. Su capacidad para mejorar la capacidad de carga de las superficies los hace indispensables en obras viales, proyectos de construcción y minería, donde preparan el suelo antes de la aplicación de concreto o betún y mitigan los riesgos vehiculares en sitios mineros.

Existen dos tipos principales de rodillos según su mecanismo de operación: estáticos y dinámicos. Los rodillos vibratorios, también conocidos como rodillos dinámicos, utilizan tanto el peso como la vibración para compactar materiales, mientras que los rodillos estáticos se basan únicamente en el peso sin vibración. Los rodillos estáticos, equipados con ruedas de tambor tipo hexpad, pata de cabra o apisonador, son adecuados para suelos cohesivos y arcillosos, mientras que los rodillos vibratorios se prefieren para suelos granulares como grava y arena.

Los rodillos dinámicos vibratorios emplean oscilación, peso y vibración para aumentar la densidad del suelo y fortalecer la capacidad de carga de la superficie. Utilizan tambores para transmitir las fuerzas de compactación generadas por mecanismos inductores de vibración, compactando eficazmente el suelo, vertederos y otros materiales superficiales al eliminar vacíos de aire y aumentar la densidad. La combinación de peso estático y vibraciones inducidas permite a los rodillos dinámicos atravesar materiales superficiales con resistencia friccional o cohesiva, asegurando una compactación completa y bases estables para proyectos de construcción.

Existen varios tipos de rodillos. Un rodillo de tres puntos es un rodillo estático que utiliza su peso masivo combinado con oscilación para la compactación superficial. Estos rodillos de compactación estática se emplean comúnmente en superficies de suelos granulares, semi-cohesivos, cohesivos, de asfalto y arcillosos, así como en situaciones donde los métodos de vibración pueden dificultar los esfuerzos de compactación o ser inadecuados, como en puentes.

Los rodillos de neumáticos múltiples, como el Caterpillar CW34 y CW12, están disponibles en variantes estáticas y dinámicas (vibratorias). Las versiones dinámicas, que utilizan amasado dinámico, son adecuadas para aplicaciones en mezcla asfáltica en caliente, bases de agregados, mezclas tibias y frías. Los rodillos de neumáticos múltiples estáticos utilizan neumáticos neumáticos, lo que los hace ideales para trabajos de superficie y sellado. Las variantes estáticas se utilizan para la prueba de compactación, suelos estabilizados con cemento y asfaltos, y para el acabado final en la construcción de carreteras. Los neumáticos neumáticos están especialmente diseñados para compactar mezclas asfálticas, bases de suelos y subbases.

Los rodillos de patas (o rodillos pata de cabra), como el Caterpillar CP533E y CP44B, son máquinas de compactación dinámica que emplean una rueda de tambor acolchada única y mecanismos vibratorios. Su característica distintiva es la rueda del tambor frontal con un diseño de banda acolchada único. Estos rodillos versátiles se utilizan en una amplia gama de tipos de proyectos, funcionando eficazmente en casi todos los tipos de suelos semi-cohesivos y cohesivos y arcillosos.

Los rodillos de tambor liso, como el Caterpillar CB16 y CB8, son ideales para suelos no cohesivos (granulares) como grava, arena y suelos mixtos. A diferencia del tambor rugoso de un rodillo pata de cabra, un rodillo de tambor liso utiliza una banda de rodadura lisa en su rueda de tambor. Estos rodillos de compactación comunes han desempeñado un papel vital en la construcción y mejora de carreteras en toda Australia.

Los compactadores de vertederos, como el CAT 836K, son máquinas grandes utilizadas principalmente para la compactación de vertederos y desechos en proyectos importantes en toda Australia. Es poco probable encontrarlos en proyectos de viviendas en el centro de la ciudad.

Los rodillos neumáticos (generalmente rodillos de neumáticos múltiples estáticos), como el Caterpillar CW34, se emplean a menudo en mezclas en frío, suelo de subbase o material granular para aumentar la densidad e identificar áreas débiles para reparación antes del pavimentado. Además, se utilizan en mezclas asfálticas en caliente para las fases iniciales de descomposición e intermedias para aumentar la densidad y sellar la superficie de la capa.

Los rodillos vibratorios tándem (o rodillos utilitarios de tambor) son compactadores abiertos con conductor a bordo, como el Caterpillar CB1-7, que se ven comúnmente en proyectos de obras viales. El ancho de compactación estándar de estos compactadores varía de 900 mm a 2130 mm.

Los rodillos utilizados en sitios de construcción civil abarcan varios tipos, cada uno con propósitos específicos:

Rodillo neumático autopropulsado: También conocido como rodillos de neumáticos de goma, estos rodillos se emplean para terminar asfalto recién sellado, asegurando una superficie lisa y transitable. Distribuyen la compactación de manera uniforme a través de los neumáticos y compactan la superficie aplicando presión del peso del rodillo y la acción de rodadura de los neumáticos.

Figura 115: Rodillo vial Ammann AP240 (rodillo neumático auto-propulsado). Orderinchaos, CC BY 4.0, vía Wikimedia Commons.

Tambor liso autopropulsado: Rodillo vibratorio: Conocidos como rodillos básicos, estas máquinas compactan superficies mediante el peso del rodillo y la acción de rodadura y vibración del tambor del rodillo.

Figura 116: Rodillo de tambor liso autopropulsado. Judgefloro, CC0, vía Wikimedia Commons.

Rodillo vibratorio de tambor acolchado autopropulsado: Estos rodillos se utilizan para la compactación y pulverización de materiales. Equipados con bloques cuadrados o rectangulares adheridos al tambor, mejoran la capacidad del rodillo para compactar y pulverizar el suelo de manera efectiva.

Figura 117: Rodillo vibratorio de tambor acolchado autopropulsado. James Wagner, U.S. Navy, Dominio público, vía Wikimedia Commons.

Rodillo vibratorio de doble tambor autopropulsado: Con tambores que vibran a diferentes velocidades y frecuencias, estos rodillos logran mayores niveles de compactación. Operar en la configuración a media potencia resulta en una vibración rápida para compactación superficial, mientras que la configuración completa proporciona una vibración más lenta para una compactación más profunda. Los rodillos vibratorios ofrecen una ventaja sobre los rodillos estáticos, ya que pueden alcanzar niveles de compactación más altos con el mismo peso de la máquina.

Figura 118: Rodillo vial L&T 752, rodillo de doble tambor autopropul-sado. Ask27, CC BY-SA 4.0, vía Wikimedia Commons.

Rodillo de Tambor Liso Autopropulsado (Incluyendo de Tres Puntos): A menudo conocidos como rodillos estáticos, estas máquinas funcionan de manera similar a los rodillos de tambor liso, utilizando su peso para compactar materiales. La compactación se logra a través del peso del rodillo y la acción de rodadura de los tambores o ruedas del rodillo.

Los rodillos de compactación, también conocidos como compacta-dores vibratorios, tienen el propósito de reorganizar las partículas del suelo para aumentar la densidad y reducir los vacíos, mejorando así la capacidad de carga del suelo. Durante el proceso de relleno de un área para ser rodada, las capas de suelo debajo del área de trabajo se denominan capas de relleno. La efectividad de las primeras capas compactadas depende de la composición de los materiales del suelo. Una compactación inadecuada de estas capas puede resultar en grietas de asentamiento en el relleno y en la superficie sobre él, o en cualquier estructura soportada por la superficie.

Probablemente hayas visto un rodillo en acción durante los proyectos de repavimentación de carreteras, donde el tambor en la parte frontal aplasta y aplana la superficie. El tipo de rodillo utilizado varía dependiendo de los requisitos específicos del trabajo, la escala del proyecto y el tipo de suelo que se está compactando. Dos tipos comunes de rodillos son el rodillo liso y el rodillo pata de cabra.

Rodillo Liso: Los rodillos lisos se emplean con frecuencia en la construcción de carreteras para crear superficies lisas y niveladas. Son populares en la construcción de carreteras debido a su capacidad para comprimir y compactar grava, asfalto, rocas y arena utilizando una combinación de impacto, presión estática y vibración. Los rodillos lisos son particularmente efectivos para unir las partículas de suelo granular. Sin embargo, cuando el suelo contiene rocas grandes, el grosor de la capa debe exceder el tamaño de la roca más grande en doce pulgadas.

Existen dos tipos de rodillos lisos: el rodillo de un solo tambor, también conocido como apisonadora, que presenta un solo tambor de acero en la parte frontal y neumáticos en la parte trasera para el movimiento; y el rodillo de doble tambor, que tiene dos tambores de acero, uno en la parte frontal y otro en la trasera, proporcionando movimiento a través de la acción de ambos tambores en lugar de neumáticos.

Rodillo Pata de Cabra: Los rodillos pata de cabra, también conocidos como rodillos de pie de apisonamiento, están equipados con almohadillas cónicas que penetran y compactan el suelo para mejorar su resistencia. Al igual que los rodillos lisos, los rodillos pata de cabra aplican presión, vibración e impacto durante la compactación. Sin embargo, también ejercen una fuerza manipulativa, asegurando una compactación uniforme a lo largo del proceso. Cuando la almohadilla penetra en la superficie de la capa, rompe los enlaces entre las partículas, mejorando la efectividad de la compactación.

Los rodillos pata de cabra presentan dos tipos de formas de almohadillas: almohadillas cuadradas, efectivas para alisar superficies y compactar suelos semi-cohesivos con capas de menos de seis pulgadas de grosor; y almohadillas ovaladas, adecuadas para suelos cohesivos con capas más gruesas (seis a dieciocho pulgadas). Aunque la almohadilla ovalada es más pequeña y menos efectiva en el sellado de superficies en comparación con la almohadilla cuadrada, aplica mayor presión. Los rodillos pata de cabra son más adecuados para compactar suelos a mayores profundidades, especialmente cuando el suelo está compuesto de arcilla, marga y/o limo.

Un compactador de rodillo remolcado es un tipo de equipo de compactación que se remolca detrás de un vehículo, típicamente un tractor u otra maquinaria de alta resistencia. Está diseñado para compactar diversos materiales como suelo, grava, asfalto o concreto para aumentar la densidad y reducir los vacíos. Los compactadores de rodillo remolcados vienen en diferentes configuraciones y tipos, incluyendo rodillos de rejilla, rodillos neumáticos de múltiples neumáticos, rodillos vibratorios de tambor acolchado y rodillos vibratorios de tambor liso. Se utilizan comúnmente en la construcción, la construcción de carreteras, el paisajismo y otros proyectos de ingeniería civil para preparar el terreno para una construcción posterior o para mejorar la estabilidad y durabilidad de las superficies.

Rodillo de Rejilla Remolcado: Utilizado para descomponer material rocoso mientras lo compacta simultáneamente, estos rodillos son típicamente remolcados por un tractor.

Rodillo Neumático de Múltiples Neumáticos Remolcado: Compuesto por una serie de neumáticos neumáticos o de goma, este rodillo amasa y alisa la superficie. Compacta la superficie aplicando presión con el peso del rodillo y la acción de rodadura de los neumáticos.

Rodillo Vibratorio de Tambor Acolchado Remolcado: A menudo remolcado por otra maquinaria, como un motoniveladora o tractor, este rodillo sirve para múltiples propósitos y ayuda a reducir los costos en el sitio.

Rodillo Vibratorio de Tambor Liso Remolcado: Este accesorio remolcado se utiliza para compactar materiales usando vibración.

Aquí están los componentes principales de un rodillo compactador:

1. Tambor: El tambor es el componente cilíndrico del rodillo compactador que entra en contacto con la superficie a compactar. Puede ser liso o acolchado, dependiendo del tipo de compactación requerida. Los tambores lisos se utilizan típicamente para compactar materiales no cohesivos como grava y asfalto, mientras que los tambores acolchados, también conocidos como tambores de pata de cabra, se utilizan para suelos cohesivos como la arcilla.

2. Motor: El motor proporciona la energía necesaria para conducir el rodillo compactador y operar sus sistemas hidráulicos. Generalmente se encuentra dentro del cuerpo de la máquina y puede ser alimentado por combustible diésel o gasolina.

3. Sistema Hidráulico: El sistema hidráulico controla varias funciones del rodillo compactador, como la dirección, la vibración y el movimiento del tambor. Consiste en bombas hidráulicas, cilindros, mangueras y válvulas que trabajan juntas para transmitir el fluido hidráulico y controlar el movimiento de los diferentes componentes.

4. Sistema de Agua: Muchos rodillos compactadores están equipados con un sistema de agua que rocía agua sobre la superficie a compactar. Esto ayuda a reducir la fricción y el aumento de calor, previene que el material se adhiera al tambor y mejora la eficiencia de la compactación.

5. Cabina del Operador: La cabina del operador es donde se sienta el operador y controla el rodillo compactador. Generalmente contiene el volante, los controles para ajustar la frecuencia y amplitud de la vibración, medidores para monitorear el rendimiento del motor y un asiento para el operador.

6. Estructura y Chasis: La estructura y el chasis proporcionan el soporte estructural para el rodillo compactador y albergan el motor, el sistema hidráulico y otros componentes. Generalmente están hechos de acero de alta resistencia para soportar las tensiones de las operaciones de compactación.

7. Mecanismo Vibratorio (Opcional): Algunos rodillos compactadores están equipados con un mecanismo vibratorio que hace que el tambor vibre durante la compactación. Esto ayuda a mejorar la eficiencia de la compactación al reducir los vacíos en el material y aumentar su densidad.

8. Neumáticos o Orugas: Dependiendo del diseño del rodillo compactador, puede estar equipado con neumáticos o orugas para la movilidad. Los neumáticos son comunes en compactadores más pequeños y remolcados, mientras que los compactadores más grandes y autopropulsados a menudo usan orugas para una mejor tracción y estabilidad en terrenos irregulares.

Figura 119: Componentes de rodillo compactador.

Las operaciones con rodillos compactadores implican varios peligros que los operadores y trabajadores deben tener en cuenta para garantizar la seguridad en los sitios de construcción. Algunos de los peligros comunes asociados con las operaciones de rodillos compactadores incluyen lesiones por aplastamiento, vuelcos, accidentes por golpes, caídas, atrapamiento, lesiones relacionadas con la vibración, exposición al ruido, quemaduras e incendios, exposición a productos químicos, y sobreesfuerzo y fatiga.

Las lesiones por aplastamiento pueden ocurrir debido al gran peso del rodillo compactador y la fuerza ejercida por su tambor, especialmente si una persona queda atrapada debajo o entre la máquina y otro objeto. Los vuelcos son otra preocupación, que pueden resultar de una operación inadecuada, terreno irregular o velocidad excesiva, particularmente con rodillos compactadores autopropulsados, lo que representa un riesgo significativo de lesiones o muerte.

Los trabajadores que operan o trabajan cerca de rodillos compactadores también pueden estar en riesgo de accidentes por golpes, donde
podrían ser golpeados por partes móviles como el tambor o los componentes hidráulicos, lo que puede provocar lesiones que van desde
moretones menores hasta traumas graves. Las caídas son otro peligro,
ya que los operadores que trabajan sobre o alrededor de los rodillos
compactadores pueden resbalar y caer en superficies irregulares o resbaladizas, resultando en fracturas, esguinces o lesiones en la cabeza.

El atrapamiento representa un riesgo serio, ya que la ropa suelta,
las joyas u otros artículos pueden quedar atrapados en las partes
móviles del rodillo compactador, provocando lesiones graves o incluso
la muerte. La exposición prolongada a la vibración producida por los
rodillos compactadores puede causar trastornos musculoesqueléticos
como el síndrome de vibración mano-brazo (HAVS) o el síndrome de
vibración de cuerpo entero (WBVS), afectando nervios, vasos sanguí-
neos y articulaciones.

Además, los rodillos compactadores generan altos niveles de ruido
durante su operación, lo que puede causar pérdida de audición u otros
problemas auditivos si los trabajadores no están adecuadamente protegidos con equipos de protección auditiva. Las quemaduras e incendios
son peligros adicionales, ya que el motor, los sistemas hidráulicos y
otros componentes de los rodillos compactadores representan un riesgo de quemaduras para los operadores y trabajadores cercanos. Las fugas de combustible o de líquido hidráulico pueden provocar incendios
si no se abordan rápidamente.

La exposición a productos químicos es otra preocupación, ya que los
trabajadores pueden estar expuestos a productos químicos peligrosos
como líquidos hidráulicos o combustible durante las operaciones con
rodillos compactadores. La inhalación, el contacto con la piel o la
ingestión de estos productos químicos pueden provocar efectos en la
salud que van desde irritaciones hasta intoxicaciones. Finalmente, el

sobreesfuerzo y la fatiga son riesgos asociados con la operación de rodillos compactadores, ya que el esfuerzo físico y la concentración requeridos pueden llevar a una disminución del estado de alerta y un mayor riesgo de accidentes.

Para mitigar estos peligros, los empleadores deben proporcionar capacitación adecuada, equipos de protección personal y protocolos de seguridad para las operaciones con rodillos compactadores. El mantenimiento y las inspecciones regulares del equipo, la comunicación adecuada entre los trabajadores y la adherencia a las pautas de seguridad también pueden ayudar a prevenir accidentes y lesiones en los sitios de construcción.

Antes de encender el motor, realiza verificaciones previas al inicio. Camina alrededor del rodillo y busca cualquier irregularidad o anomalía.

Inspección de Componentes
Estructura:

- Evalúa la condición general del rodillo en busca de signos de desgaste.

- Busca indicios de fugas de aceite o fluidos.

Tambores y Ruedas:

- Examina la superficie y condición del tambor.

- Verifica la condición y presión de los neumáticos para asegurarte de que cumplen con las especificaciones del fabricante.

Fluidos y Lubricación:

- Confirma que los niveles de aceite del motor, la transmisión y los sistemas hidráulicos, así como el combustible, estén en los niveles apropiados.

- Asegúrate de que el nivel de refrigerante cumpla con las especificaciones.

- Sigue las pautas del fabricante para revisar el fluido de la transmisión.

- Lubrica las partes según sea necesario para asegurar un funcionamiento suave.

Motor:
- Inspecciona la condición y seguridad de la batería.

- Verifica los niveles de electrolito e inspecciona posibles daños o desgaste.

Cilindros Hidráulicos y Mangueras:
- Inspecciona los cilindros hidráulicos y las mangueras de presión en busca de grietas, fugas, fracturas, abultamientos y pistones doblados.

Accesorios y Equipos Auxiliares:
- Evalúa la condición y seguridad de los accesorios.

Calcomanías y Señalización:
- Asegúrate de que todas las calcomanías y señalización estén intactas en la máquina.

Ventanas:
- Verifica que las ventanas estén limpias para una visibilidad óptima desde el asiento del operador.

Cabina:
- Verifica que el asiento y el cinturón de seguridad estén en buenas condiciones y limpios.

Historial de Servicio y Libro de Registro:
- Revisa el medidor de horas de la máquina, las recomendaciones

del fabricante y el libro de registro para los requisitos de servicio.

- Utiliza instrumentos o sistemas informáticos para obtener esta información en modelos más nuevos.

Para detalles específicos de los componentes, consulta el manual del operador, ya que los requisitos pueden variar según la marca.

Las verificaciones operativas se realizan después de arrancar el motor:

- Sube al asiento del operador utilizando tres puntos de contacto.

- Ajusta el asiento para mayor comodidad y visibilidad máxima.

- Abrocha el cinturón de seguridad.

- Arranca el rodillo siguiendo las instrucciones del fabricante.

- Deja que el motor funcione en ralentí durante la duración requerida.

Controles y Funciones:

- Asegúrate de que todos los medidores e instrumentos funcionen correctamente sin alarmas ni advertencias.

- Prueba todas las luces y dispositivos de advertencia por seguridad.

- Confirma la seguridad y funcionalidad de los accesorios.

- Evalúa el funcionamiento del sistema de vibración o compactación.

- Prueba todos los movimientos, incluyendo giros y frenado, y verifica el dispositivo de parada de emergencia.

- Prueba los dispositivos de comunicación y cualquier otro sistema o función instalado.

Después de completar las verificaciones operativas, inspecciona en busca de signos externos de fugas de aceite o fluidos, que pueden ocurrir durante el arranque debido a la rotura de una manguera.

En el curso de las operaciones con rodillos en la construcción civil, es esencial:

1. Evaluar los materiales involucrados en la tarea.

2. Operar el equipo de manera segura dentro de los parámetros técnicos y limitaciones especificadas.

3. Utilizar el equipo solo para las tareas para las que está expresamente diseñado.

4. Mantener una vigilancia continua para identificar y abordar posibles peligros.

La coordinación efectiva con otros trabajadores es vital durante la planificación y ejecución para asegurar claridad respecto a:

- La naturaleza del trabajo que se está realizando.

- Detalles operativos como métodos, horarios y ubicación.

- Responsabilidades asignadas a cada miembro del equipo.

Es fundamental que todos los trabajadores comprendan claramente sus respectivos roles y los de sus compañeros antes de comenzar el trabajo, facilitando tanto la seguridad como la eficiencia.

Puede ser necesario colaborar con varias personas, incluyendo:

- Supervisores y gerencia.

- Operadores de otras maquinarias y vehículos.

- Personal de control de tráfico u otros trabajadores en el sitio.

- Líderes de equipo.

- Personal de seguridad del sitio.

El terreno, las condiciones prevalecientes y las pendientes en el sitio influyen significativamente en la operación de la máquina. En consecuencia, los operadores deben adaptar sus técnicas a estos factores. Por ejemplo:

- Ajustar la velocidad adecuadamente al encontrar terreno áspero o pedregoso.

- Emplear métodos específicos de rodadura, como ascender y descender pendientes en lugar de atravesarlas.

- Navegar por zanjas con precaución y en ángulo para asegurar un paso seguro.

La vigilancia es primordial al montar o desmontar la maquinaria, ya que las prácticas incorrectas pueden provocar lesiones. Asegúrate de:

- Limpiar el calzado y las manos antes de subir.

- Utilizar pasamanos, agarraderas, escaleras o escalones para montar.

- No usar los controles como soporte.

- Nunca intentar subir a una máquina en movimiento.

- Mantener tres puntos de contacto en todo momento.

- Subir y bajar las escaleras de manera segura y sensata.

- Familiarizarse con las señales de bocina del sitio.

La adherencia a las prácticas operativas seguras fundamentales es crucial para la realización de las tareas sin riesgo. Estas incluyen:

- Monitoreo regular de peligros y comunicación de los mismos a los compañeros de trabajo.

- Confirmar la idoneidad del rodillo para las condiciones del suelo y las tareas a realizar.

- Adherirse a velocidades de conducción seguras en relación con las condiciones y el terreno prevalecientes.

- Asegurarse de que el rodillo permanezca dentro de las tolerancias y límites de capacidad especificados.

- Evitar áreas con agujeros o suelo blando.

- Tener precaución al navegar por el lado alto de las zanjas para prevenir colapsos.

Antes de montar la máquina, realiza una verificación final del perímetro para asegurar la ausencia de obstáculos o personas en la vecindad. Utiliza técnicas adecuadas de montaje, manteniendo tres puntos de contacto.

Si está equipado con una Estructura de Protección contra Vuelcos (ROPS), siempre abrocha los cinturones de seguridad antes de la operación. Antes de arrancar, verifica la posición correcta de todos los controles, incluyendo avance/retroceso, dirección, transmisión y acelerador. Asegúrate de que el freno de estacionamiento esté activado antes de iniciar el arranque. Prueba todos los controles operativos y de apagado para asegurar su correcto funcionamiento.

Antes de arrancar el motor, es esencial familiarizarse con el protocolo de arranque preciso descrito en el manual de operación de tu máquina. Adhiérete estrictamente a estas instrucciones para asegurar un proceso de arranque seguro.

Al Arrancar el Motor: Realiza una revisión exhaustiva de todos los indicadores para asegurarte de que muestren lecturas precisas. Verifica que el área de trabajo sea segura para probar la funcionalidad de los controles y accesorios. Opera todos los controles para asegurar su correcto funcionamiento y respuesta mientras te familiarizas con el "sentir" operativo de la máquina. Mantente atento a cualquier sonido anormal, olores inusuales o señales visuales de problemas. Inspecciona minuciosamente todos los dispositivos e indicadores de advertencia y seguridad. Si se identifica algún problema relacionado con la seguridad, toma medidas inmediatas apagando la máquina, rectificando el problema o informando a tu supervisor. No reanudes la operación hasta que el problema esté resuelto. Prueba el funcionamiento de los frenos de servicio y de estacionamiento en terreno nivelado siempre que sea posible. Evalúa el rendimiento de los frenos de servicio, incluidos los frenos hidrostáticos si están presentes, tanto en operación hacia adelante como hacia atrás.

Trabajando en Pendientes: Al operar en pendientes, es crucial seguir precauciones específicas: Minimiza el desplazamiento lateral en colinas siempre que sea posible para reducir el riesgo de deslizamiento o vuelco. Evita el exceso de velocidad del motor o de la máquina. Antes de ascender o descender pendientes pronunciadas, asegúrate de seleccionar una marcha apropiada para tener suficiente potencia o frenado del motor. Si la máquina tiene una caja de cambios, elige una marcha baja; para transmisiones hidrostáticas, mantén el control de velocidad en la posición de viaje lento, cerca de neutral, evitando el desplazamiento total. Asegúrate de que tanto los controles de cambio de marcha como los controles hidrostáticos estén en sus posiciones de viaje lento para máquinas equipadas con ambos. Engrana completamente las transmisiones manuales de tipo engranaje antes de ascender pendientes y abstente de cambiar de marcha mientras estés en pendientes. Mantén una distancia segura de voladizos, zanjas profundas o agujeros. Detén la máquina con el freno de estacionamiento activado si estás cerca de un punto de vuelco o caída. Planifica las maniobras cuidadosamente antes de proceder. Mantente vigilante ante posibles peligros como bordes colapsables, rocas caídas y deslizamientos. Observa los obstáculos aéreos además de los peligros a nivel del suelo. Ten precaución cerca de obstáculos y terrenos excesivamente accidentados, navegando alrededor de ellos con cuidado. Viaja a un ritmo lento y constante sobre terrenos irregulares y laderas, ajustando la velocidad según las condiciones de trabajo.

Conducción al Área de Trabajo: Antes de compactar cualquier superficie, es necesario conducir el rodillo al área de trabajo designada: Asegúrate de que la ruta esté despejada y viaja a una velocidad segura. Verifica ambos hombros antes de retroceder. Evita el desplazamiento lateral en colinas siempre que sea posible para minimizar el riesgo de vuelco. Si desciendes una pendiente, procede directamente hacia abajo en lugar de cruzarla o hacerlo en diagonal para mantener la estabilidad. Reduce la velocidad y selecciona una marcha apropiada para el viaje cuesta abajo. Opta por una marcha baja para controlar el descenso durante el viaje cuesta abajo, típicamente la misma marcha utilizada para ascender. Ten precaución al cambiar de marcha durante el viaje cuesta arriba, especialmente con rodillos pesados, para evitar la pérdida de control. Si no hay suficiente potencia para subir una pendiente, retrocede la colina y selecciona la marcha adecuada para el ascenso. Nunca dejes que el rodillo descienda en punto muerto.

Técnicas de Rodillo: Los operadores de rodillos desempeñan un papel crucial en la obtención de resultados óptimos en los sitios de construcción al emplear diversas técnicas adaptadas para cumplir con las especificaciones de diseño específicas. Estas técnicas no pueden simplemente aprenderse de un manual; requieren práctica en el sitio y orientación de operadores o entrenadores experimentados. Algunas técnicas efectivas incluyen adherirse con precisión a los patrones de rodillo designados, mantener velocidades óptimas, identificar posibles superficies duras o irregulares, determinar la necesidad de accesorios, seleccionar las marchas adecuadas para diferentes pendientes y asegurar una compactación suave mediante una velocidad constante y uniforme.

Operar Accesorios: Operar dentro de los límites de diseño especificados y las recomendaciones operativas asegura el uso seguro y efectivo tanto del rodillo como de sus accesorios.

Compactación: Durante el proceso de compactación, es vital mantener una velocidad segura y aceptable, seguir una trayectoria de viaje adecuada y activar el dispositivo de compactación según sea necesario. Utilizar los patrones de rodillo correctos, que típicamente implican de 3 a 6 pasadas por segmento del área de trabajo, es crucial para lograr los grados de compactación deseados de manera eficiente. La velocidad de vibración controlada por los controles del tambor afecta el resultado de la compactación, con una vibración más rápida resultando en una compactación más ligera y una vibración más lenta produciendo una compactación más pesada.

Figura 120: Compactación de grava con rodillo para carril temporal. OregonDOT, CC BY 2.0, vía Wikimedia Commons.

Procedimientos de Nivelación: La nivelación con el rodillo implica eliminar bultos y protuberancias del área de trabajo para lograr los gradientes especificados. El equipo de nivelación debe calibrarse regularmente y verificarse con los puntos de referencia del sitio. La información y los procedimientos de nivelación generalmente se discuten durante las reuniones informativas de la tarea.

Obras Viales: Al usar un rodillo vibratorio, es importante conducir lentamente contra el bordillo sobre el suelo no compactado sin activar el vibrador inicialmente. Las operaciones de rodillo en una carretera deben comenzar desde el borde de la acera y avanzar en pasadas superpuestas hacia el centro de la calzada. El vibrador debe apagarse antes de detener el rodillo para evitar daños en el suelo.

Figura 121: Rodillos compactando asfalto. Edal Anton Lefterov, CC BY-SA 3.0, vía Wikimedia Commons.

Sellado y Acabado de la Superficie: El sellado y acabado es la etapa final de la construcción o mantenimiento de carreteras, donde el rodillo desempeña un papel crucial al presionar el agregado en el asfalto líquido sin aplastarlo. Pueden ser necesarias varias pasadas para completar adecuadamente la superficie, conduciendo el rodillo lentamente para lograr el mejor resultado. El rodillado debe cesar una vez que el asfalto se haya endurecido para evitar dañar la unión entre el agregado y el asfalto.

Desmontaje Adecuado: Al desmontar de la máquina, asegúrate de que esté completamente detenida y el motor apagado. Utiliza los escalones y agarraderas provistos para un desmontaje seguro, manteniendo tres puntos de contacto en todo momento. Evita saltar de la máquina para prevenir lesiones.

Antes de comenzar la compactación, es esencial evaluar los materiales disponibles para determinar los métodos de manejo más adecuados. Los diferentes materiales presentan características variadas; por ejemplo, la arcilla exhibe mayor cohesión y resistencia al rodillado en comparación con la capa superficial del suelo. Los diversos materiales encontrados en los sitios de construcción pueden incluir capa superficial del suelo, arcillas, limos, grava, barro, piedra (que puede ser metamórfica, ígnea o sedimentaria), así como materiales mezclados u orgánicos, y mezclas bituminosas.

En la construcción civil, la compactación implica comprimir materiales en un espacio dado para lograr la estabilidad deseada en el suelo. Este proceso implica eliminar espacios de aire, vacíos y humedad atrapada dentro de los materiales, mientras se empuja más material en el espacio. Los diferentes tipos de suelo se compactan de manera diferente; por ejemplo, la arena puede requerir mezclarse con otros materiales antes de la compactación. La arcilla, por otro lado, requiere un contenido de humedad preciso. Evaluar el tipo de materiales, el área de trabajo y el grado del sitio ayuda a determinar la idoneidad de la máquina para lograr el nivel de compactación requerido. Es crucial entender la cantidad o porcentaje de compactación deseado, que se puede encontrar en los planes del sitio, planes de aseguramiento de calidad o consultando con supervisores u oficiales de aseguramiento de calidad del sitio.

Compactación Pesada:

Se emplean varios tipos de rodillos para tareas de compactación pesada:

- **Rodillos Vibratorios de Tambor Liso Simple:** Ideales para compactar suelo granular, estos rodillos son versátiles y adecuados para varios proyectos de construcción.

- **Rodillos Vibratorios de Tambor Acolchado Simple:** Diseñados específicamente para suelos cohesivos como arcillas pesadas o limos, estos rodillos juegan un papel crucial al masajear los vacíos de aire y agua fuera del material para una compactación efectiva.

- **Rodillos Vibratorios de Doble Tambor para Asfalto:** Optimizados para la compactación de asfalto, estos rodillos cuentan con doble amplitud y altas frecuencias de vibración para una compactación eficiente.

- **Rodillos Combinados para Asfalto:** Equipados con cuatro neumáticos de goma en la parte trasera, estos rodillos se utilizan para la compactación de asfalto, asegurando una textura de superficie más densa y suave.

- **Rodillos Neumáticos:** Máquinas versátiles adecuadas tanto para asfalto como para suelos granulares, que cuentan con neumáticos de goma para masajear las piedras de la superficie para un asfalto más denso.

- **Rodillos Estáticos de Tambor de Acero:** Utilizados en áreas donde la vibración del suelo no es factible, estos rodillos dependen de la carga lineal estática para una compactación eficiente.

- **Compactadores de Apisonamiento:** Ideales para suelos cohesivos y semi-cohesivos, estas máquinas dependen de una alta velocidad de operación para amplificar la presión y lograr una compactación efectiva.

Cada tipo de rodillo ofrece características y beneficios únicos adecuados para requisitos específicos de compactación, asegurando resultados óptimos en los sitios de construcción.

Una vez completadas las operaciones, garantizar que el rodillo esté estacionado de manera segura es primordial para facilitar el acceso y mantener la seguridad en el sitio. Las prácticas de estacionamiento seguro abarcan varias medidas:

- Detén el rodillo en una superficie plana y nivelada dentro del área designada, asegurando que los puntos de acceso permanezcan despejados. Si es inevitable estacionar en una superficie inclinada, coloca el rodillo transversalmente a la pendiente, siempre que no haya un área nivelada disponible.

- Estaciona lejos de voladizos, excavaciones, vías de acceso y áreas propensas a condiciones de marea o inundación.

- Evita estacionar cerca de sitios de repostaje para asegurar el acceso a otras máquinas en el sitio.

- Activa los bloqueos y frenos, y coloca los accesorios en la posición de apagado, adhiriéndote a los protocolos de seguridad específicos del sitio.

En casos donde sea necesario estacionar en una vía de acceso público, instala luces, señales y barricadas para advertir a los peatones y automovilistas.

Los procedimientos de apagado implican varios pasos:

- Permite que el motor se enfríe antes de apagarlo, típicamente equivalente al tiempo de calentamiento.

- Monitorea los niveles de temperatura y presión durante el enfriamiento controlado.

- Realiza una inspección exhaustiva alrededor del rodillo para identificar cualquier signo de daño o fallas.

- Asegura el vehículo, utiliza dispositivos de bloqueo o aislamiento aplicables, y retira las llaves para evitar el uso no autorizado.

- Asegúrate de almacenar el equipo correctamente de acuerdo con las pautas del sitio y del fabricante.

Cualquier problema descubierto durante los procedimientos de apagado debe documentarse según los requisitos del lugar de trabajo.

Los chequeos post-operativos son esenciales para preparar el rodillo para el siguiente operador y asegurar la funcionalidad continua y la seguridad del equipo. Estos chequeos generalmente implican la inspección de varios componentes, similares a los chequeos previos al inicio, incluyendo:

- Niveles de fluidos.

- Condición del tambor o los neumáticos.

- Hidráulica, como cilindros, mangueras y conexiones.

- Integridad estructural y accesorios en busca de daños o desgaste.

Realizar chequeos post-operativos exhaustivos contribuye a la longevidad del equipo y a condiciones de trabajo seguras en el sitio.

Transportar un rodillo entre sitios de trabajo generalmente implica el uso de un remolque, ya que la mayoría de los rodillos son demasiado lentos y pesados para el viaje por carretera. Las operaciones de transporte deben cumplir con varias regulaciones y requisitos, incluyendo:

- Códigos de práctica

- Requisitos de gestión del tráfico

- Regulaciones del sitio

- Códigos de tráfico y normas de tránsito

Al cargar el rodillo en el transporte, se debe tener precaución, y se recomienda la asistencia de un observador para guiar el rodillo de manera segura por las rampas. Una vez cargado, el rodillo debe estar firmemente asegurado para evitar cualquier movimiento durante el transporte.

Si se transporta un rodillo a través de una carretera pública, es imprescindible cumplir estrictamente con las normas de tráfico.

Figura 122: Transportando un rodillo en remolque. Henryk Borawski, CC BY-SA 3.0, vía Wikimedia Commons.

El tráfico debe detenerse para permitir el paso del rodillo sin interferencias, lo que requiere la implementación de un plan de gestión del tráfico aprobado y vehículos de escolta. Es importante tener en cuenta que mover un rodillo de pata de cabra de cualquier tipo sobre una superficie sellada puede causar daños significativos a la superficie de la carretera.

10

Movimiento de Tierras en Entornos de Minería y Construcción Civil

Entornos de Minería

En las operaciones mineras, varios tipos de equipos de movimiento de tierras colaboran de manera coordinada para extraer, transportar y procesar materiales de manera eficiente. Las excavadoras sirven como máquinas versátiles para excavar y cargar materiales en camiones. A menudo trabajan junto a volquetes para retirar la sobrecarga o extraer mineral del frente de la mina, además de ayudar en la creación de caminos de acceso, nivelar terrenos y preparar áreas para otros equipos.

Los volquetes son indispensables para transportar materiales como sobrecarga, mineral o roca de desecho desde el sitio de excavación hasta las áreas de procesamiento o vertido. Operan junto a las excavadoras, facilitando el movimiento de grandes volúmenes de material a distancias cortas o medias dentro del sitio de la mina.

Los bulldozers juegan un papel crucial en empujar, esparcir y nivelar materiales, especialmente sobrecarga o roca de desecho. Son fundamentales para despejar la vegetación, establecer caminos de acceso y remodelar el terreno para facilitar las operaciones mineras, a menudo trabajando en conjunto con excavadoras y volquetes para optimizar los procesos de manejo de materiales.

Las cargadoras se utilizan para cargar materiales en camiones o en equipos de procesamiento como trituradoras y cribas. Manejan diversos materiales, incluidos mineral, sobrecarga y roca de desecho, asegurando un flujo constante de material a lo largo de la operación minera. Las cargadoras complementan a las excavadoras y volquetes en las tareas de manejo de materiales.

Las motoniveladoras se emplean para nivelar y graduar superficies como caminos de acceso y bancos de mina, asegurando operaciones suaves y seguras para otros equipos. Mantienen los gradientes de los caminos adecuados, controlan el escurrimiento del agua y preparan las superficies para el transporte y el movimiento del equipo.

Figura 123: Motoniveladora Caterpillar 120H. CC BY-SA 3.0, vía Wikimedia Commons.

Las plataformas de perforación crean agujeros de voladura para explosivos, facilitando la extracción de mineral o la remoción de sobrecarga. Trabajan con cargadoras, excavadoras y camiones de acarreo para optimizar el proceso de voladura y maximizar la eficiencia de la extracción de material.

Las trituradoras y cribas procesan los materiales extraídos en tamaños manejables para su procesamiento o eliminación posterior. A menudo operan en conjunto con cargadoras o sistemas de transporte, alimentando, triturando y separando materiales según su tamaño y composición.

Los sistemas de transporte mueven materiales a granel a largas distancias dentro del sitio de la mina o entre diferentes etapas de procesamiento. Mejoran la eficiencia del manejo de materiales, reducen la necesidad de mano de obra manual y minimizan el tráfico de camiones, mejorando así la seguridad y la productividad en las operaciones mineras.

En conclusión, la colaboración entre varios equipos de movimiento de tierras es crucial para optimizar las operaciones mineras, maximizar la productividad y asegurar la extracción y el procesamiento eficientes de los materiales mientras se prioriza la seguridad y la sostenibilidad ambiental.

Los protocolos de seguridad para equipos de movimiento de tierras en minería generalmente incluyen un conjunto integral de directrices y procedimientos para garantizar la seguridad de los trabajadores y la operación eficiente del equipo. Algunos protocolos de seguridad comunes para equipos de movimiento de tierras en minería incluyen:

1. Capacitación y Certificación de Operadores: Todos los operadores deben recibir una capacitación exhaustiva sobre el equipo específico que operarán. Puede ser necesaria la certificación o licencia para asegurar que los operadores estén calificados y sean competentes para operar la maquinaria de manera segura.

2. Inspecciones Previas a la Operación: Antes de comenzar cualquier trabajo, los operadores deben realizar inspecciones previas a la operación para verificar cualquier problema mecánico, fugas hidráulicas u otros peligros potenciales. Cualquier problema debe ser informado y solucionado antes de operar el equipo.

3. Equipo de Protección Personal (EPP): Los trabajadores deben usar EPP adecuado, incluyendo cascos, gafas de seguridad, ropa de alta visibilidad, guantes y botas con punta de acero, para protegerse de los peligros potenciales en el lugar de trabajo.

4. Procedimientos de Operación Segura: Se deben establecer directrices claras para la operación segura de equipos de movimiento de tierras, incluyendo procedimientos adecuados de arranque y apagado, prácticas seguras de carga y descarga, y

protocolos para trabajar cerca de otros equipos o personal.

5. Mantenimiento del Equipo: El mantenimiento y servicio regular de los equipos de movimiento de tierras son esenciales para asegurar que operen de manera segura y eficiente. Esto incluye inspecciones rutinarias, lubricación y reparaciones según sea necesario.

6. Comunicación: La comunicación efectiva entre operadores, observadores, supervisores y otro personal es crítica para prevenir accidentes y coordinar las actividades laborales de manera segura.

7. Gestión del Tráfico: En sitios mineros más grandes, pueden ser necesarios planes de gestión del tráfico para controlar el movimiento de equipos de movimiento de tierras y otros vehículos para minimizar el riesgo de colisiones y accidentes.

8. Procedimientos de Emergencia: Los trabajadores deben estar familiarizados con los procedimientos de emergencia, incluyendo rutas de evacuación, protocolos de primeros auxilios y procedimientos de apagado de emergencia para el equipo.

9. Consideraciones Ambientales: Los operadores deben ser conscientes de los peligros ambientales, como condiciones de suelo inestables, pendientes pronunciadas o cuerpos de agua, y tomar las precauciones adecuadas para mitigar los riesgos.

10. Evaluación de Riesgos e Identificación de Peligros: Se deben realizar evaluaciones de riesgos regularmente para identificar peligros potenciales asociados con las operaciones de movimiento de tierras y desarrollar estrategias para mitigar estos riesgos.

Estos protocolos de seguridad son componentes esenciales de un sistema integral de gestión de la seguridad en las operaciones mineras, destinados a garantizar la salud y el bienestar de los trabajadores y minimizar el riesgo de accidentes y lesiones.

Durante las operaciones de minería a cielo abierto, los operadores se encontrarán con varios términos específicos de la minería, que incluyen, pero no se limitan a:

- **Franja (Strip):** Un área de tierra designada para actividades mineras.

- **Excavación libre (Free Dig):** Material que puede ser removido sin necesidad de voladura.

- **Cara volada (Shot Face):** Material que ha sido perforado y volado antes de su remoción.

- **Voladura preparada (Sleeping Shot):** Un área preparada para la voladura pero que aún no ha sido detonada.

- **Fallo de voladura (Misfire):** Un barreno que no detona como se esperaba.

- **Frente de trabajo (Work Face):** El área inmediata donde se están llevando a cabo las actividades mineras.

- **Unidad de carga (Loading Unit):** Cualquier maquinaria capaz de cargar camiones, como una pala o una cargadora frontal.

- **Banco (Bench):** Un nivel dentro del tajo que se está minando.

- **Altura del banco (Bench Height):** La distancia entre el piso del banco y la parte superior del frente de trabajo.

- **Piso (Floor):** El nivel al que se requiere que una unidad de carga trabaje.

- **Pie (Toe):** El punto donde el frente de trabajo o la pared se encuentra con el piso.

- **Ala/Cola (Wing/Tail):** El material que se extiende desde el frente de trabajo de una unidad de carga hacia el área de carga de camiones.

- **Derrame (Spillage):** Material suelto que cae de las unidades de acarreo cargadas, a menudo cerca de las unidades de carga o en las esquinas de las carreteras de acarreo.

- **Punto blando (Soft Spot):** Una sección de la superficie de la carretera con material de relleno deficiente, como barro.

- **Tierra de protección (Windrow):** Diferentes tipos incluyen tierra de protección de seguridad, tierra de protección de descarga y tierra de protección de captura, que sirven para diversos propósitos de seguridad y operacionales.

- **Rehabilitación (Rehab):** La restauración de áreas minadas a su condición anterior después de que cesan las actividades mineras.

- **Pared alta (High Wall):** La pared en avance en una operación a cielo abierto.

- **Pared baja (Low Wall):** La pared opuesta a la pared alta.

- **Sobrecarga (Overburden):** Material encima de la primera capa de carbón.

- **Intercapa (Interburden):** Capas de material entre capas de carbón.

- **Acopio (Stockpile):** Material acumulado para cargar con equipos como cargadoras o traíllas.

- **Vertedero (Dump):** Un área designada para materiales de desecho.

- **Baches (Potholes):** Agujeros que se desarrollan en las superficies de caminos o vertederos debido a las cargas de tráfico.

- **Línea de estacas (Pegline):** Una línea de estacas usada para marcar el límite de áreas de excavación o vertederos.

- **Finos (Fines):** Material de tamaño más pequeño utilizado para acabar o rellenar baches.

La minería de extracción superficial, también conocida como minería a cielo abierto, es un método de extracción de depósitos minerales que están cerca de la superficie de la Tierra. Esta técnica de minería se utiliza comúnmente para recuperar minerales como carbón, cobre, hierro, oro, diamantes y varios otros recursos. La minería de superficie implica la remoción de capas de suelo, roca y otros materiales que cubren los depósitos minerales deseados.

Existen varios métodos de extracción superficial, cada uno adecuado para diferentes condiciones geológicas y ambientales:

1. Minería a cielo abierto (Open-pit mining): Este método implica la excavación de un gran tajo o cantera para acceder al depósito mineral. Las minas a cielo abierto se utilizan típicamente para minerales que se encuentran en grandes depósitos horizontales cerca de la superficie. El proceso comienza con la remoción de la sobrecarga (la capa de suelo y roca que cubre el depósito mineral) utilizando equipos pesados como excavadoras, bulldozers y camiones de acarreo. Una vez que se remueve la sobrecarga, el depósito mineral se extrae utilizando técnicas de perforación, voladura y excavación.

Figura 124: Minería a cielo abierto. ПАО «Гайский ГОК»/Rinat Gareev, CC BY-SA 4.0, vía Wikimedia Commons.

2. Minería de superficie (Strip mining): La minería de superficie es similar a la minería a cielo abierto, pero se utiliza típicamente para minerales que se encuentran en vetas o capas horizontales cerca de la superficie. En la minería de superficie, la sobrecarga se elimina en franjas o capas, exponiendo el depósito mineral. Este método se usa comúnmente para la minería de carbón, ya que las vetas de carbón a menudo se encuentran en capas paralelas a la superficie.

Figura 125: Operaciones de minería de superficie en la "mina Navajo" de la Utah Construction and Mining Company. Lyntha Scott Eiler, Dominio público, vía Wikimedia Commons.

3. Minería de remoción de cimas de montañas: Este método se utiliza para extraer depósitos de carbón que se encuentran debajo de la superficie de las crestas de las montañas. En la minería de remoción de cimas de montañas, se elimina toda la cima de la montaña utilizando explosivos y maquinaria pesada para acceder a las vetas de carbón debajo. La sobrecarga y la roca de desecho se vierten en valles y arroyos cercanos, lo que genera un impacto ambiental significativo y controversia.

4. Explotación de canteras: La explotación de canteras es un tipo de minería de superficie utilizada para extraer materiales de construcción como piedra caliza, granito y mármol. Las canteras son grandes fosas abiertas donde se extrae roca para su uso en construcción, paisajismo y otras aplicaciones. El proceso implica perforar, volar y triturar roca para producir agregado o piedra dimensional.

La minería de extracción superficial tiene varias ventajas sobre la minería subterránea, incluyendo menores costos operativos, mayor productividad y condiciones de trabajo más seguras para los mineros. Sin embargo, también puede tener impactos ambientales significativos, incluyendo la destrucción de hábitats, la erosión del suelo y la contaminación del agua. Como resultado, las operaciones de minería superficial a menudo están sujetas a estrictas regulaciones ambientales y monitoreo para minimizar su impacto en el entorno circundante.

La minería a cielo abierto es una técnica de minería de superficie utilizada para extraer minerales u otros materiales geológicos que se encuentran cerca de la superficie de la Tierra. Este método de minería implica la excavación de una gran fosa abierta o cantera para acceder al depósito mineral. Las minas a cielo abierto se utilizan comúnmente para minerales como carbón, cobre, oro, hierro y varios tipos de agregados.

Aquí hay una descripción detallada de cómo opera la minería a cielo abierto:

1. Exploración y Planificación: El proceso comienza con estudios geológicos y exploración para identificar posibles depósitos minerales. Los geólogos analizan las formaciones rocosas, realizan encuestas y toman muestras para determinar el tamaño, el grado y la calidad del depósito mineral. Una vez que se identifica un depósito viable, los ingenieros de minería desarrollan un plan para la extracción del mineral.

2. Preparación del Sitio: Antes de que comiencen las operaciones mineras, se debe preparar el sitio. Esto puede implicar la limpieza de la vegetación, la eliminación de la capa superior del suelo y el nivelado del terreno para crear un área de trabajo estable. También se pueden construir caminos de acceso e infraestructura como oficinas, talleres y plantas de procesamiento.

3. Perforación y Voladura: El siguiente paso es eliminar la sobrecarga, que es la capa de suelo, roca y otros materiales que cubren el depósito mineral. Se utilizan plataformas de perforación para

perforar agujeros en la roca, y se insertan explosivos en los agujeros. Luego se lleva a cabo la voladura para romper la roca y aflojar la sobrecarga, lo que facilita su remoción.

4. Excavación: Una vez que la sobrecarga ha sido volada, se elimina utilizando grandes equipos de movimiento de tierras como excavadoras, bulldozers y camiones de acarreo. Las excavadoras se utilizan para cargar la sobrecarga en los camiones de acarreo, que la transportan a vertederos de desechos o áreas designadas para su almacenamiento.

5. Extracción de Minerales: Después de que se ha eliminado la sobrecarga, el depósito mineral queda expuesto y listo para su extracción. Dependiendo del tipo de mineral y las características geológicas del depósito, se pueden utilizar varios métodos de extracción. Esto puede incluir técnicas de perforación, voladura y excavación para remover el mineral o la roca portadora de mineral del tajo.

6. Transporte y Acarreo: Una vez que el mineral ha sido extraído, se carga en camiones de acarreo para su transporte a plantas de procesamiento o acopios. Los camiones de acarreo pueden llevar el mineral directamente a las instalaciones de procesamiento para su posterior refinamiento o a acopios donde se almacena para su uso futuro o envío.

7. Reclamación y Cierre: A medida que avanzan las operaciones mineras, las áreas del tajo que ya no están en uso pueden ser reclamadas y rehabilitadas. Esto típicamente implica remodelar el terreno, recontornear las paredes del tajo y revegetar el área para restaurarla a su estado natural. Una vez que las operaciones mineras se completan, el tajo se cierra y el sitio puede ser reutilizado para otros fines o dejado en su estado natural.

Las operaciones de minería a cielo abierto requieren una planificación, coordinación y gestión cuidadosas para asegurar la extracción segura y eficiente de minerales mientras se minimizan los impactos ambientales. Estas operaciones a menudo implican equipos de movimiento de tierras a gran escala, actividades de voladura y la gestión de materiales de desecho, lo que hace que la gestión ambiental y el cumplimiento de las regulaciones sean aspectos esenciales del proceso minero.

En contraste, la minería de superficie, también conocida como minería a cielo abierto, es una técnica de minería utilizada para extraer minerales, menas o depósitos de carbón que están cerca de la superficie. Este método implica la remoción de capas de suelo, roca y vegetación para exponer el depósito mineral, que luego se extrae.

Aquí hay una descripción detallada de cómo opera la minería de superficie:

1. Exploración y Planificación: El proceso comienza con estudios geológicos y exploración para identificar posibles depósitos minerales. Los geólogos analizan las formaciones rocosas y realizan estudios para determinar el tamaño, grado y calidad del depósito. Los ingenieros de minas desarrollan un plan para la extracción del mineral, teniendo en cuenta factores como la profundidad y el grosor del depósito, el tipo de mineral y consideraciones ambientales.

2. Preparación del Sitio: Antes de que comiencen las operaciones mineras, se debe preparar el sitio. Esto puede implicar la limpieza de la vegetación, la eliminación de la capa superior del suelo y el nivelado del terreno para crear un área de trabajo estable. También se pueden construir caminos de acceso e infraestructura como oficinas, talleres y plantas de procesamiento.

3. Remoción de Sobrecarga: Una vez que el sitio está preparado, se elimina la sobrecarga, que es la capa de suelo, roca y otros ma-

teriales que cubren el depósito mineral. Esto generalmente se hace utilizando grandes equipos de movimiento de tierras como excavadoras, bulldozers y camiones de acarreo. Las excavadoras se utilizan para remover la sobrecarga y cargarla en camiones de acarreo, que la transportan a vertederos de desechos o áreas designadas para su almacenamiento.

4. Extracción de Minerales: Después de que se ha eliminado la sobrecarga, el depósito mineral queda expuesto y listo para su extracción. Dependiendo del tipo de mineral y las características geológicas del depósito, se pueden utilizar varios métodos de extracción. Esto puede incluir técnicas de perforación, voladura y excavación para remover la mena o la roca portadora de minerales de la superficie.

5. Transporte y Acarreo: Una vez que el mineral ha sido extraído, se carga en camiones de acarreo para su transporte a plantas de procesamiento o acopios. Los camiones de acarreo pueden llevar el mineral directamente a las instalaciones de procesamiento para su posterior refinamiento o a acopios donde se almacena para su uso futuro o envío.

6. Reclamación y Cierre: A medida que avanzan las operaciones mineras, las áreas que ya no están en uso pueden ser reclamadas y rehabilitadas. Esto típicamente implica remodelar el terreno, recontornear el paisaje y revegetar el área para restaurarla a su estado natural. Una vez que las operaciones mineras se completan, el sitio se cierra y la tierra puede ser reutilizada para otros fines o dejada en su estado natural.

Al igual que la minería a cielo abierto, las operaciones de minería de superficie requieren una planificación, coordinación y gestión cuidadosas para asegurar la extracción segura y eficiente de minerales mientras se minimizan los impactos ambientales. Estas operaciones a menudo implican equipos de movimiento de tierras a gran escala, actividades de voladura y la gestión de materiales de desecho, lo que hace que la gestión ambiental y el cumplimiento de las regulaciones sean aspectos esenciales del proceso minero.

La gestión del tráfico en los sitios mineros implica la planificación, organización y control de los movimientos vehiculares y peatonales para asegurar la seguridad, eficiencia y productividad dentro de la operación minera. Así es como generalmente funciona la gestión del tráfico en los sitios mineros:

1. Planificación del Tráfico: Antes de que comiencen las operaciones mineras, se desarrolla un plan integral de gestión del tráfico para identificar posibles peligros, establecer rutas de tráfico, designar áreas de estacionamiento y definir límites de velocidad. Este plan tiene en cuenta la disposición del sitio de la mina, los tipos de vehículos y equipos utilizados y el movimiento del personal.

2. Rutas de Tránsito Designadas: Se establecen rutas de tránsito claras y bien definidas para diferentes tipos de vehículos y equipos dentro del sitio de la mina. Estas rutas están señalizadas con letreros, marcas viales y barreras para guiar el tráfico y prevenir conflictos entre vehículos.

3. Separación del Tráfico: Para minimizar el riesgo de accidentes, el tráfico se separa en diferentes carriles o áreas según el tipo de vehículo, la velocidad y la dirección del viaje. Por ejemplo, los camiones de acarreo pueden tener rutas separadas de los vehículos ligeros, y los caminos peatonales pueden estar separados de los carriles para vehículos.

4. Límites de Velocidad: Se establecen y hacen cumplir límites de velocidad para controlar la velocidad de los vehículos dentro del

sitio de la mina y reducir el riesgo de colisiones. Estos límites tienen en cuenta el terreno, la visibilidad, las condiciones de la carretera y la presencia de peatones y otros vehículos.

5. Dispositivos de Control del Tráfico: Se utilizan varios dispositivos de control del tráfico, como señales, semáforos, barricadas y conos, para regular el flujo de tráfico, indicar peligros y proporcionar orientación a los conductores. Por ejemplo, se instalan señales de alto, ceda el paso y semáforos en las intersecciones para gestionar la prioridad de paso.

6. Sistemas de Comunicación: Se utilizan sistemas de comunicación efectivos, como radios bidireccionales, señales manuales y alarmas audibles, para coordinar los movimientos del tráfico y transmitir información importante a conductores y operadores. Esto asegura que los vehículos y equipos puedan navegar de manera segura por el sitio de la mina y evitar colisiones.

7. Monitoreo y Vigilancia del Tráfico: Los operadores de la mina utilizan cámaras de vigilancia, sistemas de seguimiento de vehículos y personal estacionado en ubicaciones clave para monitorear los movimientos del tráfico e identificar cualquier desviación del plan de gestión del tráfico. Esto permite una intervención rápida en caso de emergencia o congestión del tráfico.

8. Capacitación y Concienciación: Todo el personal, incluidos conductores, operadores y peatones, recibe capacitación sobre prácticas seguras de tráfico y la importancia de adherirse a las normas y regulaciones de tráfico. Se ofrecen sesiones informativas de seguridad y recordatorios regulares para reforzar el comportamiento seguro y aumentar la conciencia sobre los posibles peligros.

9. Respuesta a Emergencias: Se establecen protocolos para responder a incidentes de tráfico, accidentes y emergencias en el sitio de la mina. Esto incluye procedimientos para brindar asistencia médica, evacuar al personal, asegurar el área y documentar el incidente para su investigación y prevención de futuros ocurrencias.

10. Mejora Continua: Los operadores de la mina revisan y actualizan regularmente sus planes de gestión del tráfico basándose en comentarios, observaciones e informes de incidentes. Esto les permite identificar áreas de mejora, implementar acciones correctivas y mejorar la seguridad y eficiencia general en la gestión del tráfico.

La implementación de la gestión del tráfico en los sitios mineros impacta significativamente en los equipos de movimiento de tierras y las operaciones de varias maneras. La planificación del tráfico integra las operaciones de los equipos de movimiento de tierras en el plan general de gestión del tráfico, asegurando que sus movimientos se alineen con las rutas de tráfico y áreas de estacionamiento designadas. Esta planificación previene la congestión y los conflictos entre diferentes tipos de vehículos y equipos, optimizando la eficiencia y la seguridad.

Las rutas de tránsito designadas dictan que el equipo de movimiento de tierras siga rutas de tránsito claras y bien definidas establecidas dentro del sitio de la mina. Estas rutas se adaptan al tamaño y los patrones de movimiento de varios tipos de equipos, minimizando el riesgo de colisiones y asegurando operaciones fluidas.

La separación del tráfico segrega el equipo de movimiento de tierras de otros vehículos y peatones según factores como velocidad, tamaño y función. Por ejemplo, los camiones de acarreo pueden tener rutas separadas de los vehículos ligeros, y se proporcionan áreas designadas para que equipos como excavadoras y cargadoras operen de manera segura sin interferencias.

Límites de velocidad se aplican al equipo de movimiento de tierras para asegurar una operación segura dentro del sitio de la mina, considerando factores como el terreno, la visibilidad y la presencia de peatones. Esto permite a los operadores de equipo mantener el control y prevenir accidentes.

Dispositivos de control del tráfico aseguran que los operadores de equipos de movimiento de tierras cumplan con las regulaciones de tráfico mediante el uso de señales, semáforos y barricadas para regular sus movimientos y navegar de manera segura por el sitio de la mina. Estos dispositivos ayudan a prevenir accidentes y guían a los operadores a lo largo de las rutas y procedimientos designados.

Sistemas de comunicación permiten una coordinación efectiva entre los operadores de equipos y los controladores de tráfico, asegurando operaciones de movimiento de tierras sin conflictos ni interrupciones. Herramientas como radios bidireccionales transmiten información e instrucciones importantes a los operadores, mejorando la seguridad y la eficiencia.

Monitoreo y vigilancia del tráfico rastrean los movimientos del equipo de movimiento de tierras utilizando cámaras de vigilancia y sistemas de seguimiento de vehículos. Esto permite a los controladores de tráfico identificar desviaciones del plan de gestión del tráfico de manera oportuna, interviniendo en emergencias o congestiones para minimizar interrupciones.

Capacitación y concienciación proporcionan a los operadores de equipos formación sobre prácticas de tráfico seguro y les educan sobre la importancia de cumplir con las normas y regulaciones de tráfico. Las sesiones informativas de seguridad periódicas refuerzan el comportamiento seguro y aumentan la conciencia sobre los peligros potenciales asociados con las operaciones de movimiento de tierras.

Protocolos de respuesta a emergencias establecen procedimientos para responder a incidentes de tráfico que involucren equipos de movimiento de tierras, asegurando medidas de emergencia rápidas y efectivas. Esto incluye proporcionar asistencia médica, evacuar al personal y asegurar el área para prevenir más accidentes o lesiones.

Mejora continua implica que los operadores de la mina revisen y actualicen continuamente sus planes de gestión del tráfico para mejorar la seguridad y la eficiencia en las operaciones de movimiento de tierras. Los comentarios, observaciones e informes de incidentes impulsan las acciones correctivas, promoviendo una cultura de mejora continua y concienciación sobre la seguridad.

Trabajar en una mina a cielo abierto implica enfrentar un entorno desafiante y dinámico moldeado por varios factores inherentes a las operaciones mineras. Las condiciones de trabajo típicas dentro de tales minas abarcan varios aspectos clave:

Topografía y Terreno: Las minas a cielo abierto suelen estar situadas en diversas ubicaciones geográficas, que van desde llanuras planas hasta regiones montañosas escarpadas. El terreno afecta significativamente la accesibilidad, las rutas de transporte y el despliegue de maquinaria pesada.

Clima: El clima de la región donde se encuentra la mina es crucial para determinar las condiciones de trabajo. Los mineros pueden enfrentar temperaturas extremas, que van desde el calor abrasador hasta el frío extremo, dependiendo de la estación y la ubicación geográfica. Además, factores como la lluvia, la humedad y los patrones de viento pueden influir en la seguridad y la eficiencia operativa.

Polvo y Materia Particulada: Las operaciones mineras a cielo abierto generan una cantidad sustancial de polvo y materia particulada, especialmente durante las actividades de perforación, voladura y manejo de materiales. Los mineros pueden enfrentar exposición a contaminantes en el aire, lo que representa riesgos para la salud respiratoria si no se gestionan adecuadamente mediante sistemas de ventilación y equipos de protección personal (EPP).

Ruido y Vibración: Niveles elevados de ruido y vibraciones del suelo debido a la maquinaria pesada, las actividades de voladura y los vehículos de transporte son comunes dentro del sitio de la mina. La exposición prolongada a tales condiciones puede provocar pérdida auditiva, fatiga y trastornos musculoesqueléticos entre los trabajadores.

Peligros para la seguridad: Existen varios peligros para la seguridad en las minas a cielo abierto, incluyendo desprendimientos de rocas, colapsos, fallos de equipos y accidentes vehiculares. La estricta adherencia a los protocolos de seguridad, el uso adecuado de equipos de protección personal (EPP) y la capacitación regular son esenciales para mitigar estos riesgos y prevenir accidentes.

Horario de trabajo y trabajo por turnos: Las operaciones mineras a menudo se realizan de manera continua, lo que requiere que los trabajadores se adhieran a horarios de turnos que pueden incluir turnos diurnos, nocturnos y rotativos. Las largas horas y los patrones de sueño irregulares pueden contribuir a la fatiga y afectar el bienestar general.

Ubicaciones remotas: Muchas minas a cielo abierto están situadas en áreas remotas o aisladas, lo que plantea desafíos logísticos para el transporte, alojamiento, instalaciones médicas y acceso a comodidades para los trabajadores y sus familias.

Factores ambientales: Las actividades de minería a cielo abierto pueden tener impactos ambientales significativos, como la disrupción de hábitats, la erosión del suelo, la contaminación del agua y la alteración del paisaje. Cumplir con las regulaciones ambientales e implementar medidas de mitigación son necesarios para gestionar estos impactos de manera efectiva.

Trabajo en equipo y colaboración: A pesar de los desafíos, el trabajo en equipo y la colaboración son cruciales en las minas a cielo abierto. La comunicación efectiva, la coordinación y la confianza mutua aseguran la operación segura y eficiente de la mina.

En resumen, trabajar en una mina a cielo abierto demanda resistencia, adaptabilidad y un fuerte compromiso con la seguridad y la gestión ambiental. Los mineros deben navegar por diversas condiciones de trabajo y desafíos mientras se esfuerzan por lograr la excelencia operativa y prácticas de extracción de recursos sostenibles.

Entorno de Construcción Civil

El equipo de movimiento de tierras es fundamental en los proyectos de construcción civil, cumpliendo roles diversos y cruciales para el desarrollo de infraestructuras.

Preparación del Sitio: Inicialmente, el equipo de movimiento de tierras es instrumental para limpiar los sitios de construcción eliminando impedimentos como vegetación, rocas y escombros. Utilizando bulldozers, excavadoras y cargadoras, el terreno se nivela para establecer una base sólida para edificios, carreteras, puentes y otras estructuras.

Excavación: Las excavadoras son esenciales para cavar zanjas, cimentaciones y sótanos necesarios para erigir edificios y colocar servicios subterráneos como tuberías, sistemas de drenaje y alcantarillado. Además, facilitan la excavación de canales y reservorios necesarios para la gestión efectiva del agua.

Manejo de Materiales: Las cargadoras y excavadoras se despliegan para el manejo y transporte eficiente de materiales de construcción como tierra, grava, arena y agregados a través del sitio de construcción. Cargan y descargan camiones, gestionan pilas de material y distribuyen recursos a diversas áreas según las necesidades de construcción.

Movimiento de Tierras y Nivelación: Los bulldozers, motoniveladoras y tráillas se utilizan para tareas de movimiento de tierras y nivelación, dando forma al terreno para cumplir con las especificaciones de diseño. Estas máquinas cortan y rellenan tierra para establecer pendientes, terraplenes y superficies de carreteras, asegurando un drenaje adecuado y estabilidad estructural.

Compactación: Los compactadores y rodillos se emplean para compactar capas de tierra, grava y asfalto para alcanzar la densidad y estabilidad requeridas. Preparan la subrasante para carreteras, estacionamientos y cimientos de edificios, mejorando la durabilidad y longevidad de las capas de pavimento.

Demolición: El equipo de movimiento de tierras, especialmente las excavadoras y bulldozers, son fundamentales en las tareas de demolición. Desmontan estructuras, carreteras y pavimentos existentes, triturando concreto y limpiando escombros para dar paso a nuevos proyectos de construcción.

Instalación de Servicios Públicos: Las excavadoras juegan un papel vital en la excavación de zanjas para la colocación de servicios públicos subterráneos como tuberías de agua, líneas de alcantarillado, conductos eléctricos y cables de telecomunicaciones. Al cavar zanjas meticulosamente según las dimensiones prescritas, minimizan la interrupción de la infraestructura existente.

Paisajismo y Acabado: El equipo de movimiento de tierras se utiliza en tareas de paisajismo y acabado, abarcando la nivelación y el contorno del terreno para crear céspedes, parques y áreas recreativas estéticamente agradables. Además, ayudan a esparcir tierra vegetal, plantar árboles e instalar sistemas de riego para mejorar la funcionalidad y el atractivo del sitio.

El equipo de movimiento de tierras es un activo indispensable en los proyectos de construcción civil, facilitando la ejecución sin problemas de tareas que van desde la preparación inicial del sitio hasta los toques finales. Al garantizar la eficiencia, el cumplimiento de los estándares de calidad y la consideración por la seguridad y la sostenibilidad ambiental, estas máquinas juegan un papel crucial en la finalización oportuna de los proyectos.

Como ejemplo de un proyecto típico de construcción civil, podemos considerar la construcción de carreteras. Para iniciar la construcción de una carretera, el requisito principal es adquirir el equipo y los materiales adecuados. En un sitio de construcción de carreteras típico, se puede encontrar una variedad de maquinaria que incluye cargadoras sobre ruedas, mezcladoras de asfalto, rodillos compactadores, excavadoras, retroexcavadoras, minicargadoras y cargadoras compactas de orugas.

En términos de materiales para la construcción de carreteras, el asfalto y el concreto se destacan como los componentes principales. El asfalto, una mezcla de agregados y un agente aglutinante, se compone típicamente de roca triturada, arena, grava o material reciclado, con betún que actúa como el aglutinante que mantiene la mezcla unida. La calidad del asfalto depende de la calidad de los agregados utilizados, con materiales de mayor grado asegurando la integridad a largo plazo de la carretera.

Luego sigue la preparación del sitio, que involucra principalmente tareas de limpieza y excavación. Esta fase implica la eliminación de árboles, vegetación y otros impedimentos que puedan obstruir la construcción. Equipos como excavadoras, mini-excavadoras, cargadoras compactas de orugas y maquinaria similar se utilizan comúnmente para operaciones de movimiento de tierras y limpieza del terreno.

Pueden surgir consideraciones especiales dependiendo de la ubicación de la carretera, lo que puede requerir medidas como un drenaje mejorado o la construcción de puentes. Las autopistas que atraviesan regiones montañosas pueden requerir la excavación de túneles o la instalación de estructuras de protección contra peligros naturales como deslizamientos de tierra o desprendimientos de rocas. Para tales tareas, equipos de alta resistencia como camiones volquetes articulados, cargadoras sobre ruedas y excavadoras son indispensables.

Figura 126: Máquinas pesadas para pavimentación de asfalto en Canadá. Marc-Lautenbacher, CC BY-SA 4.0, vía Wikimedia Commons.

La nivelación del camino es otro aspecto crítico de la preparación, que implica la remoción o adición de tierra para asegurar una superficie uniforme. La pendiente y el drenaje adecuados son esenciales para prevenir problemas como baches, especialmente en regiones que experimentan diversas condiciones climáticas. Equipos como bulldozers, compactadores de suelo y cargadoras sobre ruedas se utilizan comúnmente para tareas de nivelación y conformación de pendientes.

Después de la preparación del sitio, el primer paso es colocar la subbase, que proporciona una base estable debajo del asfalto. La subbase, compuesta de materiales como concreto reciclado, relleno granular o agregados triturados, se compacta para mejorar el drenaje y la resistencia a la hinchazón y contracción inducidas por la temperatura. Equipos como rodillos de pata de cabra y de pies de oveja ayudan a compactar la subbase, con el grosor y la densidad ajustados según los requisitos de carga esperados.

Posteriormente a la subbase, se aplica la capa de unión, utilizando típicamente betún como material de unión principal. El betún, conocido por su durabilidad y versatilidad, sirve como la estructura de soporte de la carretera, contribuyendo significativamente a su fiabilidad y longevidad. Finalmente, la instalación del asfalto completa el proceso, proporcionando una superficie de conducción lisa. El asfalto, fácilmente instalado y alisado con rodillos como los rodillos tándem o de doble tambor, ofrece una solución de carretera estéticamente atractiva y duradera.

Como otro ejemplo, la demolición implica el proceso de desmantelar estructuras, carreteras o pavimentos existentes para dar paso a nuevos proyectos de construcción. El equipo de movimiento de tierras, especialmente las excavadoras y bulldozers, desempeñan un papel crucial en esta tarea.

Las excavadoras son máquinas versátiles equipadas con un brazo hidráulico y una cuchara, capaces de realizar trabajos de demolición con precisión. Pueden alcanzar áreas elevadas y desmantelar selectivamente secciones de edificios o infraestructuras. Las excavadoras se utilizan a menudo para derribar paredes, retirar techos y deshacer estructuras de concreto.

Figura 127: Demolición de edificios utilizando una excavadora. Halibutt, CC BY-SA 3.0, vía Wikimedia Commons.

Los bulldozers, por otro lado, son máquinas poderosas con una gran hoja en la parte frontal. Se emplean para empujar y limpiar escombros, aplanar superficies y nivelar el terreno después de la demolición. Los bulldozers pueden manejar eficientemente materiales pesados como escombros de concreto y fragmentos de metal, despejando el sitio para el trabajo de construcción posterior.

Juntas, las excavadoras y los bulldozers trabajan en tándem para demoler estructuras, carreteras o pavimentos existentes. Aplasta el concreto, retira los escombros y limpia el sitio, preparándolo para nuevos proyectos de construcción. Su versatilidad, potencia y precisión los convierten en herramientas indispensables en el proceso de demolición, asegurando la remoción eficiente y segura de la infraestructura antigua para dar paso al desarrollo moderno.

Los operadores de equipos de movimiento de tierras en la construcción civil navegan una variedad de condiciones de trabajo influenciadas por los detalles del proyecto, factores de ubicación y la maquinaria involucrada. Su entorno de trabajo típico abarca los siguientes aspectos:

Trabajo al aire libre: Operando predominantemente al aire libre, los operadores enfrentan diversas condiciones climáticas, desde calor abrasador hasta frío extremo, y soportan lluvia, viento y otras variables ambientales que pueden afectar su comodidad y seguridad.

Sitios de construcción: Las tareas se desarrollan en sitios de construcción de naturaleza variada, que abarcan áreas urbanas con limitaciones espaciales hasta ubicaciones remotas caracterizadas por terrenos accidentados. Los sitios pueden presentar suelos irregulares, escombros y superficies rugosas, presentando posibles peligros en medio de proyectos de ingeniería civil en curso.

Ruido y vibración: La operación de equipos pesados de movimiento de tierras emite un ruido considerable y vibraciones, exponiendo a los operadores a períodos prolongados de sonidos fuertes de maquinaria y ruido de motores. Tales condiciones plantean riesgos de pérdida auditiva y fatiga, con vibraciones que pueden causar incomodidad y problemas musculoesqueléticos.

Medidas de seguridad: Los operadores se adhieren estrictamente a los protocolos de seguridad destinados a la prevención de accidentes y la mitigación de lesiones. Se equipan con equipo de protección personal (EPP) adecuado, incluyendo cascos, guantes, botas de seguridad y ropa de alta visibilidad. La capacitación rigurosa asegura la competencia en la operación del equipo y la identificación de peligros.

Largas horas: A menudo se les requiere trabajar horas extendidas para acomodar las demandas de construcción en picos y los plazos del proyecto, lo que puede implicar madrugadas, noches y turnos de fin de semana. Balancear tales horarios puede inducir fatiga e impactar el equilibrio entre el trabajo y la vida personal.

Demandas físicas: La operación de equipos pesados de movimiento de tierras exige robustez física, resistencia y destreza. Los operadores participan en tareas que requieren subir y bajar de las cabinas de los equipos, maniobrar controles y mantener acciones repetitivas durante períodos prolongados, subrayando el rigor físico del trabajo.

Trabajo en equipo y comunicación: Miembros integrales de los equipos de construcción, los operadores colaboran estrechamente con compañeros, supervisores y gerentes de proyectos. La comunicación y el trabajo en equipo efectivos son primordiales para la coordinación de tareas, la garantía de seguridad y la optimización de la productividad en los sitios de construcción.

Conciencia ambiental: Los operadores exhiben una aguda conciencia ambiental, particularmente cuando operan equipos cerca de áreas sensibles como cuerpos de agua, humedales o zonas residenciales. El cumplimiento de las regulaciones ambientales y la adherencia a las mejores prácticas son vitales para minimizar los impactos ecológicos.

Los operadores de equipos de movimiento de tierras en la construcción civil navegan un entorno de trabajo dinámico caracterizado por la exposición al aire libre, ruido, vibraciones, largas horas, esfuerzo físico y prioridades de seguridad. A pesar de estos desafíos, su experiencia y contribuciones son indispensables para la ejecución exitosa de proyectos de construcción, vitales para la construcción de infraestructuras y instalaciones esenciales.

11

Cálculos del Operador

E ste capítulo describe una serie de cálculos útiles para los operadores de equipos de movimiento de tierras. Los operadores de equipos de movimiento de tierras necesitan realizar cálculos en varias etapas de su trabajo para garantizar eficiencia, precisión y seguridad. Algunos escenarios comunes donde son necesarios los cálculos incluyen:

1. **Manejo de Materiales:** Los operadores a menudo necesitan calcular el volumen, peso y densidad de los materiales que están siendo movidos o transportados por su equipo. Esto les ayuda a determinar el tamaño adecuado del balde, la capacidad de carga y la distribución de materiales para optimizar la eficiencia y prevenir sobrecargas.

2. **Preparación del Sitio:** Antes de comenzar tareas de excavación o nivelación, los operadores pueden necesitar calcular la cantidad de suelo o roca que debe ser removida o añadida para lograr las pendientes y grados deseados. Esto implica medir distancias, profundidades y volúmenes para planificar con precisión las operaciones de excavación y relleno.

3. **Gestión de Cargas:** Al cargar camiones u otros vehículos con

equipos de movimiento de tierras, los operadores deben calcular el peso de la carga para asegurarse de que cumpla con los límites de peso legales y no exceda la capacidad del vehículo. La sobrecarga puede presentar riesgos de seguridad y resultar en multas o daños al equipo.

4. **Análisis del Terreno:** Los operadores pueden necesitar evaluar la pendiente, estabilidad y capacidad de carga del terreno usando cálculos para determinar las rutas más seguras y eficientes para el movimiento del equipo. Esto ayuda a prevenir accidentes, minimizar la erosión del suelo y evitar daños al equipo y la infraestructura.

5. **Medidas de Seguridad:** Los cálculos también son esenciales para implementar medidas de seguridad, como determinar distancias de trabajo seguras desde los bordes de las excavaciones, evaluar la estabilidad de pendientes y terraplenes, y calcular las capacidades de carga de estructuras temporales como rampas y bermas.

6. **Eficiencia del Combustible:** Los operadores pueden calcular las tasas de consumo de combustible basándose en las especificaciones del equipo, las condiciones operativas y la distancia recorrida para optimizar la eficiencia del combustible y reducir los costos operativos.

Densidad del Material

Para la carga de baldes, antes de realizar tareas como cargar, transportar y apilar, es esencial evaluar el tamaño del balde, el peso y la capacidad adecuados para el trabajo específico. Comienza calculando la densidad promedio del material que planeas mover, luego compara esta cifra con la carga máxima de vuelco y la capacidad de levantamiento de las cargadoras para asegurar un manejo eficiente del material. Si trabajas con varios materiales, selecciona el tamaño del balde basado en el material más pesado que manejará. Comprender la capacidad del balde de cada máquina disponible permite a los supervisores determinar el equipo más adecuado para la tarea en cuestión. Además, considera las propiedades físicas del material que se está cargando, ya que la cantidad de material transportado por ciclo de la máquina puede no siempre alinearse con la capacidad nominal del balde. Esta discrepancia, conocida como el Factor de Transporte, varía dependiendo del tipo de material y afecta la eficiencia operativa. La tabla mostrada como Figura 128 proporciona factores de transporte típicos para baldes de cargadoras [13].

MATERIAL DESCRIPTION	FILL FACTOR
LOOSE MATERIAL	
Mixed Moist Aggregates	95-100%
Uniform Aggregates up to 3mm/1/8"	95-100%
3mm – 9mm/1/8"-3/8"	90-95%
12mm – 20mm/1/2"-3/4"	85-90%
24mm/1" and over	85-90%
BLASTED ROCK	
Well blasted	80-95%
Average Blasted	75-90%
Poorly blasted	60-75%
OTHER	
Rock Dirt Mixtures	100-120%
Moist Loam	100-110%
Soil, Boulders, roots	80-100%
Cemented Materials	85-95%

Figura 128: Factores típicos de transporte para baldes de cargadoras.

El cálculo básico para la producción de una cargadora es: Producción por hora = Cantidad de material que el balde transporta por carga x Número de cargas del balde por hora

Capacidad de la Máquina El material manejado por una cargadora está típicamente en estado banco o en una pila suelta. Para convertir el material excavado en el balde a metros cúbicos banco, multiplicas la capacidad nominal del balde por el factor de carga. Para obtener la capacidad final de la máquina, este resultado debe ser multiplicado por el factor de transporte, como se demuestra a continuación: Metros cúbicos banco por ciclo = Capacidad nominal del balde x Factor de carga x Factor de transporte Si el material está en estado suelto, la producción de la máquina se puede determinar multiplicando la capacidad nominal del balde por el factor de transporte: Metros cúbicos sueltos por ciclo = Capacidad nominal del balde x Factor de transporte

Cálculo de Área Los cálculos de área más frecuentemente encontrados implican rectángulos, cuadrados y círculos.

Rectángulo Un rectángulo es una superficie plana caracterizada por tener un lado (la longitud) más largo que el otro (el ancho). Para determinar el área de una superficie rectangular plana, multiplicas la longitud por el ancho. Ambas medidas deben estar en las mismas unidades, típicamente milímetros o metros. El área se expresa típicamente en milímetros cuadrados (para áreas muy pequeñas) o más comúnmente en metros cuadrados. Por ejemplo, supongamos que hay un área de carretera que mide 1500 metros de longitud y 8 metros de ancho, que se debe cubrir con una mezcla de grava, aglutinante y agua. El área total se calcula de la siguiente manera: 1500 x 8 = 12,000 metros cuadrados.

Cuadrado Un cuadrado representa un caso particular de un área rectangular, donde tanto la longitud como el ancho son idénticos. En consecuencia, el área de un cuadrado se puede calcular como Longitud x Longitud, o simplemente Longitud al cuadrado. Por ejemplo, considera una pieza cuadrada de madera contrachapada que mide 1200 mm en cada lado (equivalente a 1.2 m). Su área se calcula de la siguiente manera: 1.2 x 1.2 m = 1.44 metros cuadrados. Para evitar el uso repetitivo del término "metros cuadrados" al expresar un área, se pueden emplear cualquiera de las siguientes abreviaciones:

- m^2

- sq m.

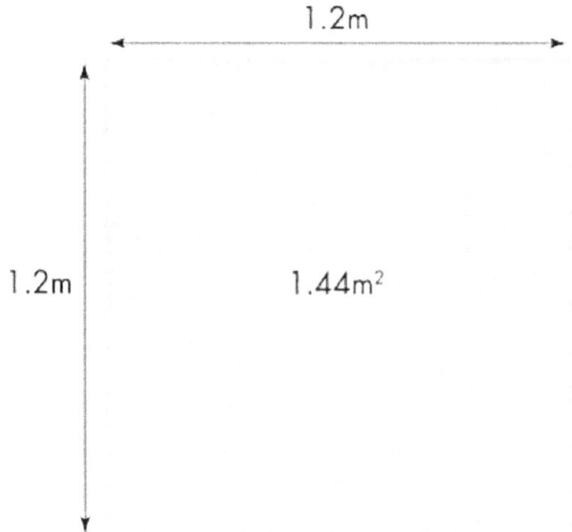

Figura 129: Área de un cuadrado.

Círculo

El área de un círculo es un cálculo fundamental que se aplica a menudo en los proyectos de construcción.

Un círculo es una figura geométrica donde cada punto a lo largo de su borde exterior, conocido como el perímetro, está equidistante del centro. La medida a través de un círculo, de un lado al otro pasando por el centro, se denomina diámetro, mientras que la distancia desde el centro a cualquier punto en el perímetro se conoce como radio. La circunferencia denota la distancia total alrededor del perímetro del círculo.

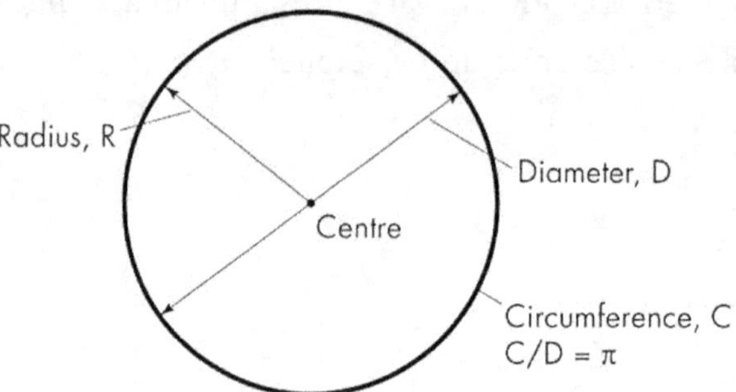

Figura 130: Componentes de un círculo.

En todos los círculos, la relación entre la circunferencia y el diámetro produce un valor constante conocido como Pi (π), representado por el símbolo griego π. Pi es un número irracional, aproximadamente igual a 3.1416 para cálculos prácticos. Para determinar el área encerrada por un círculo, se pueden emplear una de las dos fórmulas siguientes:

$$\text{Area} = \pi R^2$$

$$\text{Area} = \frac{\pi D^2}{4}$$

Figura 131: Fórmulas para calcular el área de un círculo.

Cálculo de Volúmenes

El término "volumen" se refiere al espacio ocupado por un objeto tridimensional, ya sea un bloque sólido de concreto o un vacío. En el trabajo de construcción, se requieren principalmente dos tipos de cálculos de volumen: para espacios rectangulares y cúbicos, y para espacios cilíndricos.

Volúmenes de Espacios Rectangulares y Cúbicos: El volumen de un espacio con dimensiones rectangulares se determina multiplicando su longitud, ancho y profundidad. Todas las medidas deben estar en las mismas unidades, típicamente en milímetros o metros. El volumen se expresa a menudo en milímetros cúbicos o centímetros cúbicos para espacios más pequeños, o más comúnmente en metros cúbicos. Un cubo, donde todos los lados son iguales, representa un caso especial de un espacio rectangular. Su volumen se puede calcular multiplicando la longitud de un lado por sí mismo dos veces, conocido como Longitud al cubo. Por ejemplo, un bloque cúbico de madera con una longitud de lado de 100 mm (equivalente a 0.1 m) tiene un volumen de 0.001 metros cúbicos:

0.1 x 0.1 x 0.1 = 0.001 metros cúbicos.

Para simplificar, los términos "metros cúbicos" se pueden abreviar como "m³" o "cu m".

Relación entre Medidas Cúbicas de Fluidos y Sólidos

En el sistema métrico, comúnmente utilizado en Australia, existen dos tipos de medidas cúbicas: "litros" (símbolo L) para volúmenes de fluidos y metros cúbicos (etc.) principalmente para sólidos. Un litro comprende 1000 mililitros (mL), con cada mililitro casi equivalente a 1 centímetro cúbico. Como un centímetro constituye 1/100 de metro, un metro cúbico comprende:

100 x 100 x 100 = 1,000,000 cm³ (centímetros cúbicos).

Esto equivale a 1,000,000 mililitros, haciendo que un metro cúbico sea equivalente a 1000 litros. En consecuencia—

1 m³ = 1,000,000 / 1000 = 1000 litros. Sin embargo, cuando se trata de cantidades sustanciales de agua u otros fluidos, cualquiera de las medidas puede usarse indistintamente por conveniencia. Por ejemplo:

- El volumen de agua dispensada por un camión cisterna puede denotarse en kilolitros (miles de litros) o metros cúbicos (1 kL = 1 m³).

- La capacidad de agua de un embalse puede expresarse en mega-litros (millones de litros) o metros cúbicos (1 ML = 1000 m³).

Densidad Aparente La densidad aparente del suelo (DA), también conocida como densidad aparente seca, cuantifica el peso del suelo seco (Msolids) dividido por el volumen total del suelo (Vsoil). Este volumen total del suelo incluye tanto el volumen de sólidos como los poros, que pueden contener aire (Vair), agua (Vwater), o ambos (ver figura 1). Los valores promedio de los componentes de aire, agua y sólidos en el suelo son fácilmente medibles y proporcionan información valiosa sobre el estado físico del suelo. La DA del suelo y la porosidad, que representan el número de espacios porosos, ofrecen información sobre el tamaño, la forma y la disposición de las partículas y los vacíos, conocidos colectivamente como estructura del suelo. Tanto la DA como la porosidad (Vpores) sirven como indicadores de la adecuación del suelo para el crecimiento de las raíces y su permeabilidad, siendo cruciales para el sistema suelo-planta-atmósfera. El suelo con una DA baja (<1.5 g/cm^3) es generalmente preferido ya que facilita el movimiento óptimo de aire y agua a través del suelo.

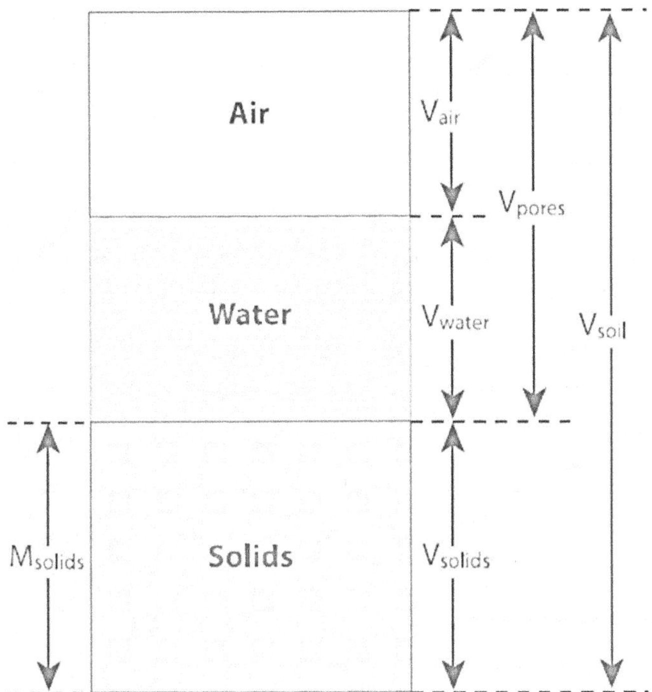

Figura 132: Composición estructural del suelo, que contiene la fracción de suelo (Vsolids) y el espacio poroso para aire (Vair) y agua (Vwater).

Comprender la densidad aparente del suelo (DA) y sus implicaciones es esencial para los operadores de equipos de movimiento de tierras por varias razones. En primer lugar, la DA proporciona información crucial sobre la composición y estructura del suelo, incluyendo la disposición de las partículas y los espacios porosos. Este conocimiento ayuda a los operadores a evaluar la idoneidad del suelo para actividades de construcción o excavación. Además, la DA influye en la permeabilidad y porosidad del suelo, lo que a su vez afecta la facilidad con la que el aire y el agua pueden moverse a través del suelo. Para los operadores que trabajan con maquinaria pesada como excavadoras y bulldozers, se prefiere un suelo con baja DA (<1.5 g/cm³) ya que permite un movimiento óptimo del equipo y minimiza el riesgo de compactación del suelo. Comprender la DA ayuda a los operadores a tomar decisiones informadas sobre la selección de equipos, prácticas de manejo del suelo y planificación de proyectos para asegurar operaciones de movimiento de tierras eficientes y efectivas, minimizando el impacto ambiental.

Para asegurar la precisión y tener en cuenta la variabilidad, es aconsejable realizar múltiples mediciones de densidad aparente en la misma ubicación a lo largo del tiempo y a varias profundidades dentro del suelo, como a 10, 30 y 50 cm de profundidad, para evaluar tanto las condiciones del suelo superficial como del subsuelo. Comparar la densidad aparente entre diferentes prácticas de manejo, como suelo cultivado versus no cultivado, también puede proporcionar información valiosa sobre cómo se ven afectadas las propiedades físicas del suelo.

El método más común para medir la densidad aparente del suelo implica recolectar un volumen conocido de suelo utilizando un anillo de metal presionado en el suelo (núcleo intacto) y luego determinar el peso después de secarlo. Al muestrear el suelo, es importante crear una superficie horizontal plana no perturbada a la profundidad deseada utilizando herramientas apropiadas.

El anillo de acero se martilla suavemente en el suelo, y se debe tener cuidado de no compactar en exceso el suelo. Después de excavar cuidadosamente alrededor del anillo y retirarlo con el suelo intacto, se elimina el exceso de suelo y la muestra se sella en una bolsa de plástico, etiquetada con la fecha y la ubicación. Las fuentes comunes de error incluyen la interrupción del suelo durante el muestreo, el recorte inexacto y la medición imprecisa del volumen del anillo. Calcular el volumen del suelo implica medir la altura y el diámetro del anillo para determinar su volumen utilizando la fórmula para el volumen de un cilindro.

El peso del suelo seco se calcula pesando un recipiente a prueba de horno, transfiriendo el suelo a él y secándolo antes de volver a pesarlo. La densidad aparente se calcula luego dividiendo el peso del suelo seco por el volumen del suelo, típicamente expresado en megagramos por metro cúbico (Mg/m^3), aunque también se usan unidades equivalentes como gramos por centímetro cúbico (g/cm^3) y toneladas por metro cúbico (t/m^3).

Cantidad de Suelo o Roca a Retirar

Antes de comenzar las tareas de excavación o nivelación, los operadores de equipos de movimiento de tierras a menudo necesitan determinar la cantidad de suelo o roca que debe ser excavada o añadida para lograr los niveles y pendientes específicos requeridos por el proyecto de construcción. Este proceso implica cálculos y mediciones cuidadosas para asegurar una planificación precisa de las operaciones de excavación y relleno.

Por ejemplo, supongamos que un proyecto de construcción implica la construcción de una carretera con una pendiente especificada. Antes de comenzar la excavación, los operadores necesitarían calcular el volumen de suelo que debe ser removido para lograr la pendiente deseada de la carretera. Medirían la longitud, el ancho y la profundidad del área de excavación para determinar el volumen total de suelo a excavar.

De manera similar, en un proyecto de paisajismo, los operadores pueden necesitar calcular la cantidad de suelo o roca necesaria para rellenar un área y crear una pendiente deseada para propósitos de drenaje. Este cálculo implica medir las dimensiones del área a rellenar y calcular el volumen requerido para lograr la pendiente deseada.

En ambos escenarios, los cálculos precisos son esenciales para asegurar que las operaciones de excavación o relleno se lleven a cabo de manera eficiente y de acuerdo con las especificaciones del proyecto. No calcular correctamente las cantidades de suelo o roca podría resultar en retrasos, sobrecostos o una nivelación incorrecta, afectando el éxito general del proyecto de construcción.

Cálculo de Ejemplo:

Escenario: Construcción de una Carretera con una Pendiente Especificada

Dado: Longitud de la carretera = 100 metros

Ancho de la carretera = 6 metros

Pendiente deseada de la carretera = 2% (o 2 metros de elevación sobre 100 metros)

Cálculo:

Determinar el volumen de suelo a excavar:

Calcular la diferencia de elevación entre los puntos alto y bajo de la carretera:

Elevación = Longitud de la carretera * Pendiente deseada de la Carretera

Elevación = 100 metros * 2% = 2 metros

Determinar el área de la sección transversal de la carretera:

Área de la sección transversal = Longitud de la carretera * Ancho de la Carretera

Área de la sección transversal = 100 metros * 6 metros = 600 metros cuadrados

Calcular el volumen de suelo a excavar utilizando el área de la sección transversal y la elevación:

Volumen de suelo = Área de la sección transversal * Elevación

Volumen de suelo = 600 metros cuadrados * 2 metros = 1200 metros cúbicos

Resultado: Los operadores de equipos de movimiento de tierras necesitarían excavar aproximadamente 1200 metros cúbicos de suelo para lograr la pendiente deseada de la carretera para el proyecto de construcción. Este cálculo asegura que la operación de excavación se lleve a cabo con precisión y de acuerdo con las especificaciones del proyecto, evitando retrasos y asegurando el éxito del proyecto de construcción de la carretera.

Análisis del Terreno

El Análisis del Terreno implica evaluar varios aspectos de la tierra para determinar su idoneidad para el movimiento de equipos y actividades de construcción. Este proceso incluye la evaluación de factores como la pendiente, la estabilidad y la capacidad de carga para identificar rutas seguras y eficientes para el movimiento de equipos, minimizando riesgos y posibles daños al medio ambiente y la infraestructura. A continuación, se detalla cómo se lleva a cabo este análisis, junto con cálculos de ejemplo:

- Evaluación de la Pendiente:

  - El análisis de la pendiente implica medir la inclinación del terreno para determinar el gradiente o la inclinación.

  - Esto se puede hacer utilizando un clinómetro o un clinómetro digital, que mide el ángulo de elevación o depresión.

  - Por ejemplo, si se mide un ángulo de pendiente de 10 grados, indica que el terreno sube o baja 10 grados sobre una distancia horizontal.

  - Los cálculos pueden implicar convertir porcentajes de pendiente a grados o viceversa, dependiendo de los requisitos del proyecto.

- Evaluación de la Estabilidad:

  - La evaluación de la estabilidad implica determinar la estabilidad del terreno para soportar equipos y prevenir deslizamientos de tierra o colapsos.

  - Esto puede implicar la realización de pruebas de suelo, como la prueba de compactación Proctor o la Prueba de Penetración Estándar (SPT), para evaluar la resistencia y estabilidad del suelo.

  - Los ingenieros pueden utilizar fórmulas empíricas o software geotécnico para analizar las propiedades del suelo y predecir la estabilidad bajo diferentes condiciones de carga.

- Cálculo de la Capacidad de Carga:

  - La capacidad de carga se refiere a la máxima capacidad de soporte de carga del suelo sin sufrir asentamientos excesivos o fallos.

  - Se determina en base al tipo de suelo, densidad, contenido de humedad y otros factores.

  - Un método común para calcular la capacidad de carga es utilizando la ecuación de capacidad de carga de Terzaghi:

$$Q = cN_c + \gamma D_N q + 0.5\gamma BN\gamma$$

Where:

Q = Ultimate bearing capacity of the soil

c = Cohesion of the soil

N_c, N_q, N_γ = Bearing capacity factors

D = Depth of the footing

γ = Unit weight of the soil

B = Width of the footing

Figura 133: La ecuación de capacidad de carga de Terzaghi.

Cálculo de Ejemplo para la Capacidad de Carga:

Dado:

- Cohesión (cc) = 10 kPa

- Profundidad de la zapata (DD) = 2 metros

- Peso unitario del suelo (γγ) = 18 kN/m³

- Ancho de la zapata (BB) = 1 metro

Usando la ecuación de capacidad de carga de Terzaghi: $Q = cN_c + \gamma D_N\_q + 0.5\gamma BN\_\gamma$

$Q = (10)(5) + (18)(2)(30) + (0.5)(18)(1)(20)$

$Q = 50 + 1080 + 180$

$Q = 1310 \, kN$

Resultado: La capacidad de carga última del suelo es de 1310 kN. Este valor ayuda a determinar la carga segura que el suelo puede soportar, guiando el movimiento de equipos y las actividades de construcción para prevenir fallos del suelo o asentamientos excesivos. Al realizar un análisis del terreno y cálculos como estos, los operadores de equipos de movimiento de tierras pueden tomar decisiones informadas para asegurar la seguridad, eficiencia y protección ambiental durante las operaciones de construcción.

Profundidad de Excavación de Zanja

El cálculo de la profundidad de excavación de una zanja implica determinar la profundidad a la que se debe cavar una zanja para cumplir con los requisitos de un proyecto de construcción. Este cálculo es crucial para asegurar que la zanja sea lo suficientemente profunda como para acomodar servicios públicos, tuberías o cimientos, mientras se adhieren a las normas de seguridad e ingeniería. A continuación, se muestra un ejemplo de cómo funciona el cálculo de la profundidad de excavación de una zanja:

Consideremos un proyecto de construcción que requiere la instalación de una tubería subterránea. Las especificaciones del proyecto indican que la tubería debe enterrarse a una profundidad mínima de 5 pies (1.52 metros) para garantizar una protección adecuada y prevenir daños.

Para calcular la profundidad de excavación de la zanja, seguimos estos pasos:

1. Revisar las Especificaciones del Proyecto: Consulte las especi-

ficaciones del proyecto para determinar la profundidad mínima requerida para la excavación de la zanja.

2. Considerar las Condiciones del Suelo: Evalúe las condiciones del suelo en el sitio de construcción, incluyendo el tipo de suelo, la estabilidad y cualquier servicio público o estructura subterránea existente.

3. Tener en Cuenta el Tamaño y la Profundidad de la Tubería: Considere el tamaño y el diámetro de la tubería que necesita instalarse. Por ejemplo, si la tubería tiene un diámetro de 12 pulgadas (0.3048 metros), puede requerir una profundidad de zanja que permita al menos 12 pulgadas de cobertura sobre la tubería para protegerla de fuerzas externas y factores ambientales.

4. Calcular la Profundidad Total: Sume la profundidad mínima requerida especificada en las especificaciones del proyecto a la profundidad adicional necesaria para acomodar el tamaño de la tubería. Por ejemplo, si el proyecto especifica una profundidad mínima de 5 pies y la tubería requiere 12 pulgadas de cobertura, la profundidad total de la excavación de la zanja sería de 5 pies 12 pulgadas (1.52 + 0.3048 = 1.8248 metros).

5. Verificar los Requisitos: Verifique la profundidad calculada con las especificaciones del proyecto y los códigos de construcción locales para asegurar el cumplimiento con las normas de seguridad y regulaciones.

Corte y Relleno

El cálculo de corte y relleno es un proceso fundamental en las operaciones de movimiento de tierras, donde se determina el volumen de material que debe ser removido (corte) de un área y colocado en otra área (relleno) para lograr los niveles y pendientes deseados en los proyectos de construcción. Este cálculo es esencial para garantizar que las actividades de movimiento de tierras se ejecuten de manera eficiente y precisa, minimizando costos e impactos ambientales.

A continuación, se muestra un ejemplo de cómo funciona el cálculo de corte y relleno: Consideremos un proyecto de construcción que involucra el desarrollo de un sitio de construcción en terreno desigual. El objetivo es nivelar el sitio y crear una superficie plana para la construcción mientras se mantienen los requisitos adecuados de drenaje y pendiente.

- Levantamiento: Comience realizando un levantamiento del sitio para determinar las elevaciones y la topografía existentes. Esta información se obtiene típicamente utilizando instrumentos de levantamiento como estaciones totales o dispositivos GPS.

- Establecer Niveles de Diseño: Basándose en las especificaciones del proyecto y el diseño de ingeniería, establezca los niveles y pendientes deseados para el sitio. Esto incluye determinar la elevación de la superficie terminada y cualquier pendiente requerida para el drenaje.

- Calcular Volúmenes de Corte y Relleno: Utilizando los datos levantados, calcule el volumen de material que debe cortarse de las áreas donde la elevación existente es mayor que el nivel terminado deseado (corte) y el volumen de material necesario para rellenar las áreas donde la elevación existente es menor que el nivel deseado (relleno).

  - Por ejemplo, si la elevación existente en cierto punto del sitio es de 100 metros y el nivel terminado deseado es de 95 metros, el volumen de corte se calcularía en base a la diferencia entre las dos elevaciones.

  - De manera similar, si la elevación existente en otro punto es de 90 metros y el nivel terminado deseado es de 95 metros, el volumen de relleno se calcularía en base a la diferencia de elevaciones.

- Ajuste por Expansión y Contracción: Dependiendo de las características del suelo o material que se está excavando, pueden necesitarse ajustes por expansión (aumento de volumen cuando se excava) o contracción (disminución de volumen cuando se coloca). Estos factores se determinan típicamente en base a pruebas de laboratorio o datos empíricos.

- Verificar Cálculos: Verifique los volúmenes de corte y relleno calculados para asegurar la precisión. Esto puede implicar revisar los cálculos con un ingeniero civil o utilizar software especializado para estimación de movimientos de tierras.

Al calcular con precisión los volúmenes de corte y relleno, los operadores de equipos de movimiento de tierras pueden gestionar eficientemente las actividades de excavación y relleno, asegurando que el sitio se prepare de acuerdo con los requisitos del proyecto mientras se minimiza el desperdicio de material y los impactos ambientales.

Cálculos de Seguridad

Los cálculos de seguridad en operaciones de movimiento de tierras implican evaluar la estabilidad de las pendientes y la capacidad de carga para garantizar la operación segura del equipo y la protección del personal y la propiedad contra posibles peligros, como deslizamientos de tierra, colapsos o vuelcos del equipo.

Cálculo de Ejemplo: Estabilidad de la Pendiente

- Levantar el Sitio: Utilice equipos de levantamiento para medir los ángulos de la pendiente y la topografía del área donde se realizarán las actividades de movimiento de tierras.

- Calcular la Estabilidad de la Pendiente: Determine el factor de seguridad (FOS) de la pendiente para evaluar su estabilidad. El factor de seguridad es la relación entre las fuerzas que resisten el fallo de la pendiente y las fuerzas que causan el fallo de la pendiente.

- Por ejemplo, si la fuerza motriz que causa el fallo de la pendiente (como la gravedad actuando sobre la masa de suelo) es mayor que las fuerzas de resistencia (como la cohesión y fricción del suelo), la pendiente puede ser inestable. Un factor de seguridad menor a 1 indica inestabilidad.

- Calcule el factor de seguridad utilizando principios de ingeniería y métodos de análisis de estabilidad de pendientes como el método de Bishop, el método de Janbu o el análisis de equilibrio límite.

- Mitigar Riesgos: Con base en el factor de seguridad calculado, implemente medidas adecuadas para mitigar riesgos y asegurar la estabilidad de la pendiente. Esto puede incluir reforzar la pendiente con muros de contención, técnicas de estabilización del suelo o ajustar el ángulo de la pendiente.

Cálculo de Ejemplo: Capacidad de Carga

- Determinar los Requisitos de Capacidad de Carga: Identifique las cargas que se ejercerán sobre el suelo por el equipo de movimiento de tierras y las estructuras, como edificios o carreteras.

- Análisis del Suelo: Realice pruebas de suelo para determinar la capacidad de carga del suelo, que es la carga máxima que el suelo puede soportar sin sufrir asentamientos excesivos o fallos.

- Calcular la Capacidad de Carga: Utilice fórmulas empíricas o principios de ingeniería geotécnica para calcular la capacidad de carga del suelo basada en sus propiedades, como la cohesión, el ángulo de fricción interna y la densidad.

- ○ Por ejemplo, la ecuación de capacidad de carga de Terzaghi se puede utilizar para calcular la capacidad de carga última del suelo en función de su cohesión, estrés efectivo y área de soporte.

- Verificar la Seguridad: Asegúrese de que la capacidad de carga calculada exceda las cargas esperadas del equipo y las estructuras para prevenir el fallo o asentamiento del suelo.

Al realizar cálculos de seguridad para la estabilidad de pendientes y la capacidad de carga, los operadores de equipos de movimiento de tierras pueden identificar posibles peligros, evaluar riesgos e implementar medidas adecuadas para mantener un entorno de trabajo seguro y prevenir accidentes o daños a la propiedad.

Calcular el factor de seguridad (FOS) es crucial para evaluar la estabilidad de las pendientes en las operaciones de movimiento de tierras. Para este propósito, se emplean varios principios de ingeniería y métodos de análisis de estabilidad de pendientes, incluidos el método de Bishop, el método de Janbu y el análisis de equilibrio límite.

1. Método de Bishop: El método de Bishop es un enfoque ampliamente utilizado para analizar la estabilidad de las pendientes. Considera la resistencia al corte del suelo y las fuerzas que actúan sobre la pendiente para determinar el factor de seguridad. El método implica dividir la pendiente en secciones y analizar el equilibrio de fuerzas y momentos para cada sección. Al considerar factores como las propiedades del suelo, la geometría de la pendiente y las cargas externas, el método de Bishop calcula el factor de seguridad contra el fallo de la pendiente.

2. Método de Janbu: El método de Janbu es otra técnica de análisis

de estabilidad de pendientes que evalúa el factor de seguridad basado en los parámetros de resistencia del suelo y la geometría de la pendiente. Implica dividir la pendiente en secciones verticales y analizar la estabilidad de cada sección bajo diferentes condiciones de carga. El método tiene en cuenta factores como la presión del agua de poros, las propiedades del suelo y la inclinación de la pendiente para calcular el factor de seguridad y evaluar la estabilidad de la pendiente.

3. Análisis de Equilibrio Límite: El análisis de equilibrio límite es un enfoque general utilizado para analizar la estabilidad de las pendientes y estructuras. Asume que la pendiente está al borde del fallo y evalúa el equilibrio de fuerzas y momentos para determinar el factor de seguridad. Varios métodos, como el método de secciones, el método del círculo de deslizamiento sueco y el método de Spencer, caen bajo la categoría de análisis de equilibrio límite. Estos métodos consideran factores como la resistencia al corte del suelo, la geometría de la pendiente y las cargas externas para calcular el factor de seguridad y evaluar la estabilidad de la pendiente.

Estos principios de ingeniería y métodos de análisis de estabilidad de pendientes proporcionan enfoques sistemáticos para calcular el factor de seguridad y evaluar la estabilidad de las pendientes en las operaciones de movimiento de tierras. Al utilizar estos métodos, los ingenieros y los operadores de equipos de movimiento de tierras pueden evaluar los riesgos asociados con la inestabilidad de las pendientes e implementar medidas apropiadas para garantizar la seguridad y prevenir el fallo de las pendientes.

Aquí hay cálculos de ejemplo para cada uno de los métodos de análisis de estabilidad de pendientes mencionados:

- Método de Bishop: Supongamos que tenemos una pendiente

con los siguientes parámetros:

- Ángulo de la pendiente: 30 grados

- Cohesión del suelo (c): 10 kN/m²

- Peso unitario del suelo (γ): 18 kN/m³

- Coeficiente sísmico horizontal (Kh): 0.2

- Coeficiente sísmico vertical (Kv): 0.1

Usando el método de Bishop, calculamos el factor de seguridad de la siguiente manera:

- Determine la superficie de deslizamiento crítica y divida la pendiente en secciones.

- Calcule la fuerza motriz y la fuerza de resistencia para cada sección.

- Sume las fuerzas motrices y las fuerzas de resistencia para encontrar el factor de seguridad total.

- Por ejemplo, si la suma de las fuerzas de resistencia es 120 kN y la suma de las fuerzas motrices es 100 kN, el factor de seguridad es 120/100 = 1.2.

Estos cálculos demuestran cómo los ingenieros y los operadores de equipos de movimiento de tierras pueden utilizar diferentes métodos de análisis de estabilidad de pendientes para evaluar el factor de seguridad y evaluar la estabilidad de las pendientes en las operaciones de movimiento de tierras.

Tasa de Producción

El cálculo de la tasa de producción implica estimar la velocidad a la que el material se retira o se coloca por unidad de tiempo durante las operaciones de movimiento de tierras. Este cálculo es crucial para la planificación y programación del proyecto para asegurar que los plazos se cumplan de manera eficiente.

Para realizar un cálculo de la tasa de producción, se deben considerar varios factores, incluyendo el tipo de material que se está moviendo, la capacidad del equipo de movimiento de tierras, la distancia que el material necesita ser transportado y las condiciones operativas en el sitio de construcción. A continuación, se muestra un ejemplo de cómo calcular la tasa de producción para la remoción de material:

Supongamos que tenemos un proyecto para excavar suelo de un sitio de construcción utilizando una excavadora. Las especificaciones son las siguientes:

- Capacidad del balde de la excavadora: 2 metros cúbicos

- Tiempo de ciclo para cada viaje (incluyendo carga y descarga): 10 minutos

- Densidad del suelo: 1.5 toneladas por metro cúbico

- Calcular el volumen teórico de suelo excavado por hora:

  - Número de ciclos por hora

= 60 minutos por hora / Tiempo de ciclo por viaje
= 60 / 10 = 6 ciclos por hora

- Volumen de suelo excavado por hora

= Capacidad del balde de la excavadora * Número de ciclos por hora
= 2 metros cúbicos/balde * 6 ciclos por hora
= 12 metros cúbicos por hora

- Calcular el peso de suelo excavado por hora:

  - Peso de suelo excavado por hora

= Volumen de suelo excavado por hora * Densidad del suelo
= 12 metros cúbicos/hora * 1.5 toneladas por metro cúbico

= 18 toneladas por hora

Por lo tanto, la tasa de producción para la remoción de material en este escenario es de 18 toneladas por hora.

Cálculos similares se pueden realizar para la colocación de material, teniendo en cuenta factores como la capacidad del equipo utilizado para colocar material, la distancia que el material necesita ser transportado y el tiempo requerido para cada ciclo.

Estos cálculos de la tasa de producción ayudan a los gestores de proyectos y a los operadores de equipos de movimiento de tierras a estimar los cronogramas del proyecto, asignar recursos de manera eficiente y asegurar que los proyectos de construcción progresen sin problemas y cumplan con los plazos establecidos.

Referencias

1.Indeed. *Excavator operator salary*. 2024 [cited 2024 12/3/2024]; Available from: https://www.indeed.com/career/excavator-operator/salaries.

2.talent.com. *Excavator Operator average salary in Canada, 2024*. 2024 [cited 2024 12/3/2024]; Available from: https://ca.talent.com/salary?job=excavator+operator.

3.Seek. *Excavator Operator salary*. 2024 [cited 2024 12/3/2024]; Available from: https://www.seek.com.au/career-advice/role/excavator-operator/salary.

4.Seek UK. *Excavator operator salary in United Kingdom*. 2024 [cited 2024 12/3/2024]; Available from: https://uk.indeed.com/career/excavator-operator/salaries.

5.Glassdoor. *Haul Truck Operator Salaries in Australia*. 2024 [cited 2024 12/3/2024]; Available from: https://www.glassdoor.com.au/Salaries/haul-truck-operator-salary-SRCH_KO0,19.htm.

6.Indeed. *Backhoe operator salary in United States*. 2024 [cited 2024 12/3/2024]; Available from: https://www.indeed.com/career/backhoe-operator/salaries.

7.Seek UK. *Backhoe operator salary in United Kingdom*. 2024 [cited 2024 12/3/2024]; Available from: https://uk.indeed.com/career/backhoe-operator/salaries.

8.Goulet, S. and L. Anderson, *Skid Steer Operator Safety and Development*. 2007.

9.Lane, K., *How to Operate a Skid Steer*. 2022.

10.Symons, R., *Front End Loader Operation and Maintenance Manual*. 1985: Montana Department of Highways.

11.Cumming, M., *Complete Guide To Front End Loader Extensions*, in *Construction Know-How*. 2017, Machines4U.

12.Custom Truck, *Operators Manual, Load King, 4000 Gallon Water Tank*. 2018.

13.Caterpillar. *Bucket Fill Factors*. 2024 [cited 2024 12/3/2024]; Available from: https://www.cat.com/en_US/articles/ci-articles/bucket-fill-factors.html.

Índice

Maniobrabilidad, 29, 32, 34, 36–38, 40–41, 65, 113–116, 118, 184, 193, 240, 253–254, 317, 324–325, 332, 413–414, 420, 440

Mantenimiento, 22–24, 30–31, 38, 53, 78, 87, 101–102, 108, 115, 120–121, 126–128, 132–133, 138, 147, 152, 155, 171, 174–175, 178, 186–187, 214–215, 218, 238, 253, 259, 269, 311, 313–314, 335, 338, 342, 345–346, 362, 366, 379–381, 383, 386, 388–389, 417, 424, 426, 428–429, 441, 444, 446, 453, 456–457, 459, 461, 474, 481, 487, 507, 511, 514, 517, 533, 542, 553